大学物理竞赛
精选详解350题

刘家福 编

国防工业出版社
·北京·

内容简介

本书共分8章。前6章按照《理工科类大学物理课程教学基本要求》的前6个板块编写,第七章对应《基本要求》的第七、第九两个板块。前7章的每一章均由"内容精粹""解题要术""精选习题"及"习题详解"等四节构成,第八章为综合性习题及其详解。"内容精粹"和"解题要术"可以较好地帮助学生掌握大学物理的基本概念、原理和方法。全书共选入习题350余个,覆盖面宽,相当数量的题目难度较大,其详尽的解答能够提高学生分析问题、解决问题的能力。

本书可以作为非物理类专业大学生学习大学物理课程的学习指导书,尤其适于作为大学物理竞赛和考研参考用书。

图书在版编目(CIP)数据

大学物理竞赛精选详解350题 / 刘家福编. —北京:国防工业出版社,2024.9 重印
ISBN 978 – 7 – 118 – 09434 – 3

Ⅰ.①大... Ⅱ.①刘... Ⅲ.①物理学 – 高等学校 – 习题集 Ⅳ.①O4 – 44

中国版本图书馆 CIP 数据核字(2014)第 188310 号

※

国防工业出版社出版发行
(北京市海淀区紫竹院南路23号 邮政编码100048)
北京凌奇印刷有限责任公司印刷
新华书店经售

*

开本 710×1000 1/16 印张 22¼ 字数 408 千字
2024年9月第1版第7次印刷 印数 6201—6700 册 定价 56.00 元

(本书如有印装错误,我社负责调换)

| 国防书店:(010)88540777 | 发行邮购:(010)88540776 |
| 发行传真:(010)88540755 | 发行业务:(010)88540717 |

前　言

大学物理是高等学校理工科非物理类各专业的一门重要基础理论课，它在培养学生思维方法、研究能力及科学素养等方面具有不可替代的作用。北京物理学会举办的大学生物理竞赛历史久、影响大，对促进学生学好物理发挥了积极的作用。根据长期的教学实践，结合对物理竞赛的多年跟踪研究，完成了本书的编写。

本书共 8 章。前 7 章的每一章均由"内容精粹""解题要术""精选习题"及"习题详解"构成，第八章为综合性习题及其详解，全书共选入习题 350 余个。其中，"内容精粹"突出重点，总结了必须掌握的基本概念、基本理论；"解题要术"突破难点，凝炼了重要的分析、解决问题的方法；所选入的试题覆盖面宽，相当数量的题目难度较大，有益于学生对大学物理课程内容的深入思考和理解；习题的详尽解答既利于学生自我检验，也利于他们能力提升。本书作为一本教学指导书，于那些对物理学抱有浓厚兴趣的学生、意欲参加大学物理竞赛的选手、准备大学物理课程考试的考研者，都具有重要的参考价值。

感谢张昌芳、刘影、王洋、刘炳灿等对编者完成书稿所给予的帮助。

书中不当之处在所难免，恳请读者批评指正。

编　者

2014 年 7 月

目 录

第一章 力学 … 1

第一节 内容精粹 … 1
一、质点运动学 … 1
二、牛顿运动定律 … 2
三、动量守恒定律 … 3
四、角动量守恒定律 … 4
五、质心和质心参考系 … 5
六、机械能守恒定律 … 6
七、质点在有心力场中的运动 … 7
八、刚体的定轴转动 … 8
九、刚体的"平动加转动"问题 … 10

第二节 解题要术 … 10
一、质点运动学 … 10
二、牛顿运动定律 … 11
三、动量守恒定律 … 11
四、角动量守恒定律 … 11
五、机械能守恒定律 … 12
六、刚体转动 … 12

第三节 精选习题 … 12
第四节 习题详解 … 31

第二章 振动和波 … 92

第一节 内容精粹 … 92
一、机械振动 … 92
二、机械波 … 95

第二节 解题要术 … 98

一、机械振动 …………………………………… 98
　　　二、机械波 ……………………………………… 99
　　第三节　精选习题 ………………………………… 100
　　第四节　习题详解 ………………………………… 104

第三章　热学 …………………………………………… 117

　第一节　内容精粹 …………………………………… 117
　　　一、气体动理论 ………………………………… 117
　　　二、热力学第一定律 …………………………… 121
　　　三、热力学第二定律 …………………………… 123
　第二节　解题要术 …………………………………… 124
　　　一、理想气体状态方程 ………………………… 124
　　　二、分子数分布律 ……………………………… 125
　　　三、分子碰撞和输运过程 ……………………… 125
　　　四、热力学第一定律的应用 …………………… 125
　　　五、热力学第二定律 …………………………… 126
　　第三节　精选习题 ………………………………… 126
　　第四节　习题详解 ………………………………… 135

第四章　电磁学 ………………………………………… 160

　第一节　内容精粹 …………………………………… 160
　　　一、真空中的静电场 …………………………… 160
　　　二、有导体时的静电场 ………………………… 162
　　　三、有电介质时的静电场 ……………………… 163
　　　四、恒定电流 …………………………………… 165
　　　五、真空中的稳恒磁场 ………………………… 166
　　　六、有磁介质时的磁场 ………………………… 168
　　　七、电磁感应 …………………………………… 169
　　　八、电磁场和电磁波 …………………………… 170
　第二节　解题要术 …………………………………… 171
　　　一、真空中的静电场 …………………………… 171
　　　二、有导体时的静电场 ………………………… 173
　　　三、有电介质时的静电场 ……………………… 173
　　　四、恒定电流 …………………………………… 174

五、真空中的稳恒磁场 …………………………………… 174
　　　六、有磁介质时的磁场 …………………………………… 175
　　　七、电磁感应 ……………………………………………… 175
　第三节　精选习题 …………………………………………… 176
　第四节　习题详解 …………………………………………… 197

第五章　光学 …………………………………………………… 243

　第一节　内容精粹 …………………………………………… 243
　　　一、光的干涉 ……………………………………………… 243
　　　二、光的衍射 ……………………………………………… 246
　　　三、光的偏振 ……………………………………………… 248
　第二节　解题要术 …………………………………………… 250
　　　一、光的干涉 ……………………………………………… 250
　　　二、光的衍射 ……………………………………………… 251
　　　三、光的偏振 ……………………………………………… 251
　第三节　精选习题 …………………………………………… 252
　第四节　习题详解 …………………………………………… 263

第六章　狭义相对论力学基础 ………………………………… 290

　第一节　内容精粹 …………………………………………… 290
　　　一、狭义相对论运动学 …………………………………… 290
　　　二、狭义相对论动力学 …………………………………… 292
　第二节　解题要术 …………………………………………… 293
　　　一、相对论运动学 ………………………………………… 293
　　　二、相对论动力学 ………………………………………… 294
　第三节　精选习题 …………………………………………… 294
　第四节　习题详解 …………………………………………… 297

第七章　量子物理基础 ………………………………………… 305

　第一节　内容精粹 …………………………………………… 305
　　　一、量子论 ………………………………………………… 305
　　　二、原子中的电子 ………………………………………… 309
　　　三、激光、固体、原子核 ………………………………… 310
　第二节　解题要术 …………………………………………… 311

一、量子论 ……………………………………………… 311
　　二、薛定谔方程的应用 ………………………………… 311
　第三节　精选习题 ………………………………………… 312
　第四节　习题详解 ………………………………………… 315

第八章　综合习题 ……………………………………………… 325
　第一节　精选习题 ………………………………………… 325
　第二节　习题详解 ………………………………………… 332

第一章 力 学

第一节 内容精粹

一、质点运动学

1. 运动方程、位移、速度、加速度

质点在坐标系中的位置随时间的变化描绘出质点的轨迹曲线,该曲线方程 $r = r(t)$ 即质点的运动方程。由运动方程可以方便地得到质点的位移 Δr、速度 v 和加速度 a。

$$r = r(t), \quad \Delta r = r(t + \Delta t) - r(t)$$

$$v(t) = \frac{\mathrm{d}r(t)}{\mathrm{d}t}, \quad a(t) = \frac{\mathrm{d}v(t)}{\mathrm{d}t} = \frac{\mathrm{d}^2 r(t)}{\mathrm{d}t^2}$$

以上相互关系是普遍性的,在任意参照系及其上的任意坐标系中均成立。

2. 自然坐标系和曲线运动、圆周运动

自然坐标系建立在质点的轨迹上,选取轨迹上的一点为"原点",选取相对原点的某一方向为"轴"的正方向,质点的位置由质点相对原点的曲线长度唯一确定,位置、位置变化、速度和加速度表示为

$$s = s(t), \quad \Delta s = s(t + \Delta t) - s(t)$$

$$v(t) = \frac{\mathrm{d}s(t)}{\mathrm{d}t}\tau, \quad a(t) = \frac{\mathrm{d}^2 s(t)}{\mathrm{d}t^2}\tau + \frac{v^2}{\rho}n$$

式中:τ、n 分别是 t 时刻质点所在位置处轨迹曲线的切向、法向单位矢量,与"轴"正方向一致的切向为 τ 的正方向,指向曲线凹侧的法向为 n 的正方向,τ 和 n 的大小为一个单位,但方向可以时刻改变。

圆周运动:圆周运动是曲率半径 $\rho = R = $ 常量的曲线运动。

$$v = R\omega, \quad a_\tau = R\frac{\mathrm{d}\omega}{\mathrm{d}t} = R\beta, \quad a_n = \frac{v^2}{R} = R\omega^2$$

式中:ω 是质点做圆周运动的角速度;β 是角加速度。

3. 直线运动

直线运动问题可以分为两个基本类型:
第一类问题:① 已知 $x = x(t)$,求 $v(t)$;
② 已知 $v = v(t)$,求 $a(t)$;
③ 已知 $x = x(t)$,求 $a(t)$。

这类问题直接通过导数求解。
第二类问题:① 已知 $a = a(t)$,求 $v(t)$、$x(t)$,则

$$v(t) = v(t_0) + \int_{t_0}^{t} a(\tau) d\tau$$

$$x(t) = x(t_0) + \int_{t_0}^{t} v(s) ds$$

② 已知 $a = a(v)$,求 $v(t)$、$x(t)$,则

$$t = t_0 + \int_{v_0}^{v} \frac{d\tau}{a(\tau)}$$

先求出 $v = v(t)$,再求 $x = x(t)$。
③ 已知 $a = a(x)$,求 $v(t)$、$x(t)$,则

$$v^2 = v_0^2 + 2\int_{x_0}^{x} a(\tau) d\tau,\text{求出 } v = v(x)$$

$$t = t_0 + \int_{x_0}^{x} \frac{ds}{v(s)},\text{求出 } x = x(t)$$

这类问题需要积分求解,而且必须已知初始条件。

三维空间中复杂的运动是直线运动的合成,所以,求解直线运动问题是最基本的。实际上,掌握了一维运动的求解,三维运动问题也就解决了。

在圆周运动中,θ、ω、β 与此处的 x、v、a 有对等的关系,求解问题的方法一致。

4. 相对运动

设质点在 S 系中的位矢(位置矢量)、速度和加速度分别为:$\boldsymbol{r}$、$\boldsymbol{v}$、$\boldsymbol{a}$;在 S' 系中的位矢、速度、加速度分别为:$\boldsymbol{r}'$、$\boldsymbol{v}'$、$\boldsymbol{a}'$;S' 系原点 O' 相对 S 系原点 O 的位矢为 $\boldsymbol{r}_0$,在 S 系中的速度、加速度分别为 $\boldsymbol{v}_0$、$\boldsymbol{a}_0$。它们之间满足关系:

$$\boldsymbol{r} = \boldsymbol{r}' + \boldsymbol{r}_0, \quad \boldsymbol{v} = \boldsymbol{v}' + \boldsymbol{v}_0, \quad \boldsymbol{a} = \boldsymbol{a}' + \boldsymbol{a}_0$$

这些关系也称为经典力学的伽利略变换。

二、牛顿运动定律

1. 牛顿运动定律

牛顿第一定律定义了惯性、惯性系,说明了力、运动状态改变和力的联系。

牛顿第二定律:在惯性参考系中,质量为 m 的质点受到合力 F 的作用时,产生加速度 a,它们之间满足

$$F = \frac{\mathrm{d}(mv)}{\mathrm{d}t} = ma$$

合力和加速度之间有因果关系,即力是原因,加速度是结果;它们之间还有瞬时性,一旦 F 存在,则产生 a,一旦 F 消失,也不再有 a。

牛顿第三定律:相互作用的两物体间,作用力和反作用力是同种性质的力,大小相等、方向相反、作用在同一直线上。

$$F_{12} = -F_{21}$$

作用力和反作用力同时存在、同时消失。

2. 牛顿力学中常见的力

万有引力和重力:质量会在空间中产生引力场,引力场之间发生相互作用,质量分别为 m_1 和 m_2 的两质点,相距为 r 时,彼此间的引力为 $F = G\frac{m_1 m_2}{r^2}$;质量为 m 的质点,在地球表面附近受到地球的引力(重力)为 $F = mg$。

压力和张力:物体间的正压力总是垂直于接触面;绳子的张力总是沿着绳子方向。

弹性力:弹簧相对原长改变 x 时,弹簧张力为 $F = -kx$。

摩擦力:滑动摩擦力 $f_k = \mu_k N$,静摩擦力 $f_s \leq \mu_s N$。

流体阻力:流体对在其中运动的物体产生阻力,流体阻力与多种因素有关,如流体的种类、密度、温度以及物体的形状、速度等。与物体运动速度的关系:低速时近似与速度成正比,速度较高时近似与速度平方成正比,等等。

3. 非惯性系中牛顿第二定律的变形

在惯性系中的牛顿第二定律:

$$F = ma$$

在非惯性系中,有

$$F + (-ma_0) = ma'$$

在相对于惯性系以加速度 a_0 运动的非惯性系中观察,质点产生的加速度 a' 与其质量 m 的积,等于质点所受作用力 F(真实力)与惯性力($-ma_0$,虚拟力)的合力。

三、动量守恒定律

1. 力与力的冲量

设物体受到合力 $F(t)$ 的作用,在 $t_1 \leq t \leq t_2$ 时间内,力(对物体)的冲量 I 定

义为

$$I = \int_{t_1}^{t_2} F(t)\,dt$$

冲量与过程有关,不是状态的函数,不能有 $I(t)$。

2. 质点的动量定理

力的作用改变物体的运动状态,设 t_1、t_2 时刻物体的动量分别为 P_1、P_2,则物体的动量改变量就是 t_1 至 t_2 时间内,力对物体的冲量:

$$I = P_2 - P_1$$

3. 质点系的动量定理

合外力对质点系的冲量,等于各外力对质点系的冲量的矢量和:

$$I = \sum_i I_i$$

质点系的总动量定义为所有质点的动量的矢量和:

$$P = \sum_j P_j$$

质点系内质点间的相互作用力不改变质点系的总动量,质点系总动量的改变等于合外力对质点系的冲量:

$$I = P_2 - P_1$$

4. 动量守恒定律

质点受合力为零的过程中,动量保持不变;质点系受合外力为零的过程中,质点系的总动量保持不变:

$$F \equiv 0 \Rightarrow P \equiv 常矢量$$

四、角动量守恒定律

1. 力对点的力矩

设力 F 的作用点(如质点)相对某一点 O 的位矢是 r,则 F 对 O 的力矩 M 定义为

$$M = r \times F$$

2. 运动质点对点的角动量

设某时刻质量为 m 的质点运动动量为 P、速度为 v、相对某一点 O 的位矢是 r,则该质点对 O 点的角动量 L 定义为

$$L = r \times P = r \times (mv)$$

3. 角动量定理和角动量守恒定律

对某一点 O,如果质点受到力矩 M 的作用,则质点相对该点的角动量 L 发生变化,而且有

$$\frac{\mathrm{d}L}{\mathrm{d}t} = M$$

如果质点受到的对某一点的合力矩保持为零,则质点运动相对该点的角动量保持不变:

$$M \equiv 0 \Rightarrow L \equiv 常矢量$$

角动量定理和角动量守恒定律对质点系同样适用。在质点系情况下,M 是质点系受到的相对某一点的合外力矩(是外力力矩的矢量和,而不是合外力之力矩,下同),L 是质点系相对该点的总角动量。质点系内部相互作用力的力矩矢量和为零。

五、质心和质心参考系

1. 质心

对质点系或质量连续分布的物体(可以是几个物体),定义其质心位矢 r_C 为

$$r_C = \frac{\sum\limits_{i} m_i r_i}{\sum\limits_{i} m_i} \quad 或 \quad r_C = \frac{\int r \mathrm{d}m}{\int \mathrm{d}m}$$

地面附近质量分布范围不是太大的系统,其质心与重心重合。

2. 质心运动定理

合外力 F 作用在总质量为 m 的质点系上,引起质点系运动状态发生变化。相应地,质心运动状态发生变化。质心的运动相当于质量为 m 的质点受到力 F 的作用。

$$F = m a_C$$

如果 $F \equiv 0$,则 $v_C \equiv 常矢量$ 或 $v_C \equiv 0$。

3. 质心系

质心系:质点的质心在其中静止的平动参考系。

在质心系中,质点系的总动量恒为零:

$$P = 0$$

所以,质心系也称为零动量参考系。

在质心系中,质点系所受外力对质心的合力矩等于质点系对质心的角动量

的变化率。

在质心系中,当质点系所受外力对质心的合力矩恒等于零时,质点系对质心的角动量守恒,而不强求质心系一定是惯性系。

六、机械能守恒定律

1. 力的功和动能定理

力 F 的作用点(如质点)发生位移 $d\boldsymbol{r}$ 时,作功为

$$dA = \boldsymbol{F} \cdot d\boldsymbol{r}$$

在有限的过程中,质点由状态 a 运动到状态 b,力 $\boldsymbol{F}$ 作功为

$$A_{ab} = \int_a^b \boldsymbol{F} \cdot d\boldsymbol{r}$$

力的功与质点运动过程有关。

合力的功等于各分力的功的代数和。

质点的动能定理:质点从状态 a 变化到状态 b 的过程中,质点动能的增加量等于外力作功,即

$$A_{ab} = E_{kb} - E_{ka}$$

质点系的动能定理:质点系从状态 a 变化到状态 b 的过程中,质点系总动能的增加量等于外力作功和质点间内力作功的和,即

$$A_{外ab} + A_{内ab} = E_{kb} - E_{ka}$$

2. 保守力的功与势能

作功只与状态的变化有关,而与过程无关的力,称为保守力:

$$\oint \boldsymbol{F} \cdot d\boldsymbol{r} = 0$$

定义状态函数——势能,使得在过程 $a \rightarrow b$ 中,保守力的功等于系统势能的减少量:

$$A_{保ab} = E_{pa} - E_{pb}$$

引力势能(取 $r = \infty$ 处为势能零点):

$$E_p = -G\frac{m_1 m_2}{r}$$

重力势能(取地面上方 $y = a$ 处为势能零点):

$$E_p = mg(y - a)$$

弹性势能（取弹簧相对于原长其长度改变为 x_0 时势能为零）：

$$E_p = \frac{1}{2}kx^2 - \frac{1}{2}kx_0^2$$

由势能求保守力：

$$F_l = -\frac{dE_p}{dl}$$

3. 功能原理

质点系从状态 a 变化到状态 b 的过程中，质点系机械能的增加量等于外力作功和质点间非保守内力作功的和，即

$$A_{外ab} + A_{非保守内ab} = E_b - E_a$$

4. 机械能守恒定律

在一过程中，如果外力不作功（$A_{外} \equiv 0$），也没有非保守内力作功（$A_{非保守内} \equiv 0$），则系统的机械能保持不变：

$$E \equiv 常量$$

七、质点在有心力场中的运动

1. 有心力场中质点轨迹的微分方程

以力心为原点建立平面极坐标系，设质量为 m 的质点受到的力为 $F(r)$，则质点运动的径向微分方程为

$$m\left(\frac{d^2r}{dt^2} - r\omega^2\right) = F(r)$$

式中：$\omega = \dfrac{d\theta}{dt}$ 是质点位矢的旋转角速度。

质点的角动量 L 是一个守恒量

$$L = mr\omega$$

引入新的变量 $R = 1/r$，可以得到质点运动轨迹的微分方程

$$\frac{d^2R}{d\theta^2} + R = -\frac{m}{L^2}\frac{1}{R^2}F$$

2. 质点在万有引力作用下的运动

在力心质量为 M 的万有引力场中

$$F = -G\frac{Mm}{r^2} = -GMmR^2$$

质点轨迹的微分方程为

$$\frac{d^2 R}{d\theta^2} + R = G\frac{Mm^2}{L^2}$$

由此可以解出质点的轨迹为

$$r = \frac{p}{1 + e\cos(\theta - \theta_0)}$$

其中

$$p = \frac{L^2}{GMm^2} \qquad e = \sqrt{1 + \frac{2L^2 E}{G^2 M^2 m^3}}$$

E 是系统的总机械能（是守恒量）。

当 $\theta = \theta_0$ 时，r 取得最小值，对应于轨道的近心点。如果当初建立坐标系时取力心至近心点的连线为极轴方向，即 $\theta_0 = 0$，那么质点的轨迹方程就是

$$r = \frac{p}{1 + e\cos\theta}$$

(1) 当 $E > 0$ 时，$e > 1$，质点的运动轨迹是双曲线；

(2) 当 $E = 0$ 时，$e = 1$，质点的运动轨迹是抛物线；

(3) 当 $E = -\dfrac{G^2 M^2 m^3}{2L^2}$ 时，$e = 0$，质点做圆周运动，半径为

$$r = p$$

(4) 当 $-\dfrac{G^2 M^2 m^3}{2L^2} < E < 0$ 时，$0 < e < 1$，质点的轨迹为椭圆，e 是偏心率。

质点的近心距离 $r_{\min} = \dfrac{p}{1 + e}$，远心距离 $r_{\max} = \dfrac{p}{1 - e}$；椭圆的半长轴 $a = \dfrac{r_{\min} + r_{\max}}{2}$，半短轴 $b = \sqrt{r_{\min} r_{\max}}$。

八、刚体的定轴转动

1. 定轴转动定律

定轴转动的刚体受到对转轴的合力矩 M 作用时，刚体的转动状态发生变化，产生角加速度 β，且

$$M = J\beta$$

2. 转动惯量

刚体对轴的转动惯量为

$$J = \sum_i m_i r_i^2 \text{ 或 } J = \int r^2 \mathrm{d}m$$

刚体对轴的转动惯量受刚体与轴的相对位置、刚体的质量密度和总质量、刚体的形状和大小等因素的影响。这里的"轴"不一定是定轴转动的"转轴"。

平行轴定理:设总质量为 m 的刚体对过质心 C 的一轴(质心轴)的转动惯量为 J_C,另一轴与质心轴平行,相距为 d,那么刚体对该轴的转动惯量 J 为

$$J = J_C + md^2$$

垂直轴定理:设平面刚体所在平面内有两个相互垂直的轴 X 和 Y,另有一轴 Z 过它们的交点并垂直于刚体平面,则刚体对这三轴的转动惯量间满足关系

$$J_Z = J_X + J_Y$$

3. 力矩的功和动能定理

力矩的功:力作用在刚体上,使刚体转动 $\mathrm{d}\theta$ 的角度,力作功可以用力矩表示为 $\mathrm{d}A = M\mathrm{d}\theta$,称为力矩作功。在有限过程中,力矩作功为

$$A = \int_{\theta_1}^{\theta_2} M\mathrm{d}\theta$$

动能定理:力改变刚体的运动状态,这体现为力矩的功与刚体转动动能的改变量相等,即

$$A = \frac{1}{2}J\omega_2^2 - \frac{1}{2}J\omega_1^2$$

4. 机械能守恒定律

刚体的重力势能:

$$E_p = mgh_C$$

式中:h_C 是刚体质心(重心)相对重力势能零点的高度。

机械能守恒定律:含有刚体的系统,在运动过程中如果只有保守内力作功,则系统的机械能守恒。

如果刚体不是定轴转动,而是绕平动轴转动,则刚体动能含两部分,一部分为刚体的转动动能,另一部分为刚体的平动动能。

5. 角动量守恒

定轴转动的刚体,如果所受合外力矩 $M \equiv 0$,则刚体对转轴的角动量 $L = (J\omega) \equiv$ 常量。

设一轴过刚体质心(质心轴),刚体对该轴的角动量为 J_C;另有一轴,与质心轴平行,质心对该轴的角动量为 J_0。那么,刚体对该轴的角动量,等于 J_C 与 J_0

之和：
$$J = J_C + J_O$$

九、刚体的"平动加转动"问题

日常生活和工程实践中，常见刚体绕某一轴转动而该轴平动的问题，而转轴往往通过刚体的质心（质心轴）。

设刚体的质量为 m，质心轴的平动速度为 v_C，刚体绕质心轴的转动角速度为 ω，转动惯量为 J_C，则刚体的动能为

$$E_k = \frac{1}{2}mv_C^2 + \frac{1}{2}J_C\omega^2$$

任意时刻总存在一点 O，设其相对其做圆周运动的圆心的位置矢量为 r_O，满足

$$v_C + \omega \times r_O = 0$$

即该点对地的速度为零，称为"瞬时转动中心"——瞬心。

称过瞬心且与质心轴平行的轴为瞬时轴，该时刻整个刚体（刚体上所有质元）即绕该瞬时轴以角速度 ω 转动。设刚体对该瞬时轴的转动惯量为 J_O，则刚体的动能亦为

$$E_k = \frac{1}{2}J_O\omega^2$$

第二节 解题要术

一、质点运动学

1. 注重运用矢量分析问题

质点的位矢、速度和加速度都是矢量，有时候运用矢量分析的方法显得特别方便，尤其是在分析各物理矢量方向间的关系时。例如，根据两矢量的标积是否为零判断它们是否相互垂直，根据两矢量的叉乘是否为零判断它们是否相互平行，等等。

2. 注意运动的合成与分解

三维空间一般的曲线运动可以分解为三个相互垂直方向的直线运动，三个相互垂直方向的直线运动可以合成为一般的三维曲线运动。当然，几个曲线运动（或不是相互垂直方向的几个直线运动）均可以同时分解为三个相互垂直方向

的直线运动,再合成后即为这几个曲线运动的合成。

3. 注意第二类问题的求解

前面列出了第二类问题的三种情况,求解时用到物理量的定义关系,微分、导数运算技术,有时候要充分利用已知条件(或初始条件)和积分技术(如变量替换、分部积分等)以得到最简化结果。

二、牛顿运动定律

一定要注意牛顿第二定律只能在惯性系中运用。运用牛顿第二定律时,首先要用隔离物体法对物体逐一进行受力分析,对每一物体逐一标出所受接触力和非接触力;其次要假设每一物体的加速度,根据牛顿第二定律列出它们运动的矢量方程;然后选取惯性参照系,建立坐标系,根据矢量方程写出标量方程组;最后求解讨论。要充分利用辅助关系。

在非惯性系中运用牛顿第二定律时,切记惯性力。

非惯性系并非永远是非惯性系,某些时刻(相对惯性系的加速度 $a_0 = 0$ 时)也是惯性系。有时借助非惯性系会有助于分析解决问题,这时一定要注意伽利略变换的运用。

三、动量守恒定律

一定要注意在惯性系中运用动量守恒定律。

如果某一过程中质点(或质点系)受到合力(合外力)的作用,那么动量不守恒。但是,只要质点(或质点系)在某一方向始终不受合(外)力,则动量在该方向的分量保持不变。

最常见的是光滑水平面上系统的动量守恒、质心的水平坐标不变或匀速直线运动。

四、角动量守恒定律

一定要注意在惯性系中运用角动量守恒定律。

如果某一过程中质点或质点系受到对一点的合外力矩的作用,那么系统对该点的角动量不守恒。但是,只要合外力矩在某一方向的分量为零,则系统的角动量在该方向的分量保持不变。

最常见的情况是系统所受合外力始终平行于某一轴、合外力或其延长线始终经过一点(或交于某一轴)。

在质心系中,如果系统所受对质心的合外力矩为零,则系统对质心的角动量守恒。而质心系可以是非惯性系,这是特例。这时要注意伽利略变换关系的运用。

五、机械能守恒定律

动能定理适于求部分力所作的功。

功能原理适于求非保守力所作的功(相互作用的系统动能的改变量扣除系统所受外力和保守内力的功)。

一定要注意在惯性系中运用机械能守恒定律。把所有相互作用的物体纳入系统,不存在外力,再考察是否有非保守内力作功。具体问题中,如果涉及万有引力、弹性力、物体高度变化时,就应该优先分析机械能守恒定律的条件是否满足。

六、刚体转动

定轴转动刚体问题,一定选沿轴的某一方向为正方向,只有这样,才能确定力矩、角速度、角加速度、角动量等的符号。

绕平动的质心轴转动的刚体,转动遵守转动定律,平动遵守质心运动定理。

在既有刚体转动、又有质点运动的情况下,刚体转动运用转动定律,质点运动运用牛顿运动定律。

经常会用到质心系中的角动量守恒定律分析解决问题。

第三节 精选习题

1.1 (填空) 已知质点的运动学方程为 $r = 2t\boldsymbol{i} + (4 - t^2)\boldsymbol{j}$,在 $t > 0$ 的时间内,位矢、速度二者中,能与加速度垂直的是_____。

1.2 (填空) 某颗恒星(处理成一个点)S 外围半径 R 处为尘埃组成的球壳所包围,该星发射的光首先被尘埃球壳所吸收,然后由尘埃发射光。当该恒星突然经历一次新星爆炸发出很强的光脉冲后,在远处地球上的观察者将先看到由右图中 A 处辐射的光,然后才看到由 P 处辐射的光,总的效果是一个以 A 为中心、半径 r 不断增大的光环。将真空光速记为 c,光环从出现到半径达

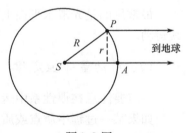

题1.2图

最大,其间历时_____,过程中光环半径 r 随时间 t 增大的速率 dr/dt 与 r 之间的函数关系为 $dr/dt = $ _____。

1.3 (填空) 在地面上的同一地点分别以 v_1 和 v_2 的初速先后向上抛出两个小球,第二个小球抛出后经过 Δt 时间与第一个小球在空中相遇。改变两球抛出的时间间隔,便可以改变 Δt 的值。若 $v_1 > v_2$,则 Δt 的最大值为_____;若

$v_1 < v_2$,则 Δt 的最大值为_____。

1.4（填空） 哈雷彗星的周期为 76 年,已知它离太阳最近距离是 8.9×10^{10} m,则它离太阳的最远距离约为地球平均轨道半径的_____倍(已知地球平均轨道半径为 14.95×10^{10} m)。

1.5（填空） 质点以加速度 $a = -f(t)$ 做直线减速运动,经历时间 T 后停止,在这段时间质点运动的距离为_____。

1.6（填空） 地面上垂直竖立高 20m 的旗杆,已知正午时分太阳在旗杆正上方。在下午 14 时整,杆顶在地面上影子速度的大小为_____m/s;在时刻_____,杆影将伸展至 20m。

1.7（填空） 做直线运动的质点,在 $t \geqslant 0$ 时,它沿 X 轴方向的速度为 $v_x = \alpha x$,其中 α 为一个正的非零常量。已知 $t = 0$ 时,质点位于 $x_0 > 0$ 的位置,那么质点运动过程中的加速度 a_x 与位置 x 之间的函数关系为 $a_x =$ _____,质点位置 x 与时间 t 之间的函数关系为 $x =$ _____。

1.8（填空） 飞机以 350km/h 的速度飞行,在北纬_____飞行的飞机上,乘客可以看见太阳不动地停在空中。

1.9（填空） 半径为 R 的圆环静止在水平地面上,$t = 0$ 时刻开始以恒定的角加速度 β 沿直线纯滚动。任意 $t > 0$ 时刻,环上最低点的加速度大小为_____,最高点的加速度大小为_____。

1.10（填空） 如题 1.10 图所示,小球从竖直平面的 O 点斜向上方抛出,抛射角为 θ,速度大小为 v_0。在此竖直平面内作 OM 射线与小球抛射方向垂直,小球到达 OM 射线时的速度分解为图示中与 OM 射线垂直方向上的分量 $v_\perp$ 和沿 OM 射线方向上的分量 $v_{//}$,则 $v_\perp =$ _____,$v_{//} =$ _____。

1.11（填空） 如题 1.11 图所示,有一倾角为 θ 的斜面放置在光滑的桌面上,在斜面上放置一木块,斜面与木块间的摩擦因数为 μ($< \tan\theta$),为使木块对斜面静止,木块的加速度 a 必须满足:_____。

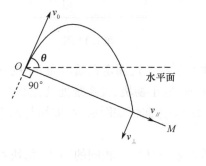

题 1.10 图

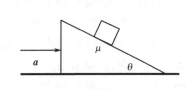

题 1.11 图

1.12（填空） 半径为 r 的小球在空气中下降速度为 v 时，所受空气阻力为 $f(v) = 3.1 \times 10^{-4} rv + 0.87 r^2 v^2$，式中各量均为 SI 制。则半径为 2mm 的雨滴在降落过程中所能达到的最大速度（收尾速度）为_____ m/s。

1.13（计算） 将一条边 AB_1 长度等于 $3L$、另一条边 AB_2 长度等于 $4L$ 的长方形闭合光滑细管道 AB_1CB_2 按题 1.13 图示方式悬挂在竖直平面内，上端 A 和下端 C 均被固定，对角线 AC 处于竖直方位。$t = 0$ 时刻，将静止在 A 端两侧的小球 1、2 同时释放。假设管道在 B_1、B_2 处有极小的圆弧段，可确保小球无碰撞地拐弯，且拐弯时间可略。(1) 试求球 1 沿 AB_1C 通道到达 C 端的时刻 T_1 和球 2 沿 AB_2C 通道到达 C 端的时刻 T_2（不考虑球 1、2 是否会碰撞）；(2) 将(1)问所得 T_1、T_2 中小者记为 T_0，假设管道匀质，球 1、2 质量同为 m，将固定端 C 所受水平外力记为 F。试在 $0 \leq t < T_0$（略去小球在 B_1 或 B_2 拐弯处的无穷小时间段）时间范围内，确定 F 的方向（朝右还是朝左）和大小 F。

1.14（填空） 在一车厢内，有题 1.14 图所示的水平桌面、质量分别为 m_A 和 m_B 的物块 A 和 B、轻绳和质量可忽略的滑轮装置。(1) 设系统处处无摩擦，车厢具有向上的加速度 a_0，则物块 B 相对于车厢竖直向下的加速度 $a =$ _____。(2) 设 B 与桌子侧面间的摩擦因数 $\mu \geq m_A / m_B$，系统其余部分均无摩擦，今使车厢具有水平向右的匀加速度 a_0，则 a_0 取值范围为_____时，能使物块 B 相对车厢不动。

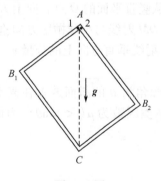

题 1.13 图

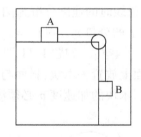

题 1.14 图

1.15（计算） 如题 1.15 图所示，水平轻绳跨过固定在质量为 m_1 的水平物块的一个小圆柱棒后，斜向下连接质量为 m_2 的小物块，设系统处处无摩擦，将系统从静止状态自由释放后，假设两物块的运动方向恒如图所示，即绳与水平桌面的夹角 α 始终不变，试求 α、a_1 和 a_2。

1.16（填空） 如题 1.16 图所示，堆放着三块完全相同的物体，每块物体的质量均为 m，设各接触面间的静摩擦因数与滑动摩擦因数相同，均为 μ。若要将最底下的一块物体抽出,则作用在其上的水平力 F 至少为_____。

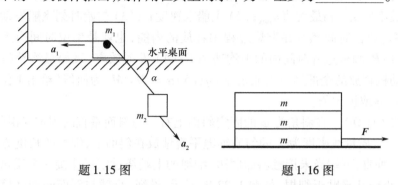

题 1.15 图   题 1.16 图

1.17（填空） 将一空盒放在电子秤上,将秤的读数调整为零,然后从高出盒底 1.8m 处将小石子以 100 个/s 的速率注入盒中,若每个石子质量为 10g,落下的高度差均相同,且落在盒内后立即停止运动,则石子开始注入盒后 10s 时,秤的读数为（取 $g = 10\text{m/s}^2$）_____。

1.18（填空） 质量为 M 的男子,站在磅秤上做双手上抛小球的游戏,球有三个,每个质量均为 m。抛球过程中,男子用左手接住空中落下的一个球,再传递给右手,右手接过小球,并将小球向上抛出。假设每只手中至多只留有一个小球,左手接球点高度与右手抛球点高度相同,每个小球离开右手后的升高量均达 H,每个小球的运动周期都相同,空气阻力可忽略。那么,系统运动周期的可取范围为_____,磅秤的平均读数为_____。

1.19（填空） 用铁锤将一铁钉击入木板,设铁钉受到的阻力与其进入木板内的深度成正比,铁锤两次击钉的速度相同,第一次将钉击入木板内 1cm,则第二次能将钉继续击入的深度为_____。

1.20（计算） 人在岸上用轻绳拉小船,如题 1.20 图所示。岸高 h,船质量 m,绳与水面夹角为 φ 时,人左行速度和加速度分别为 v 和 a。(1) 不计水的水平阻力,假设船未离开水面,试求人施于绳端拉力提供的功率 P；(2) 若 $a = 0, v = v_0$（常量）,φ 从较小锐角开始,达何值时,船有离开水面趋势（即此时水面对船的竖直方向支持力为零）？

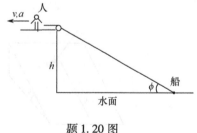

题 1.20 图

1.21（计算） 静止于太空惯性系 S 的飞船,主体（不包含燃料）质量为 M_0,携带的燃料质量为 M_R,某时刻发动机点火使飞船开始沿直线方向朝前加速运动。已知单位时间燃烧的燃料质量为 m_0,燃料全部生成物的喷射速度（生成物相对飞船的朝后速度)为常量 u,在一直到燃料烧尽的全过程中,试求:(1)飞船加速度的最小值 $a_{\min}$ 和最大值 $a_{\max}$;(2)飞船末速度 v_e;(3)初始时刻飞船发动机提供的功率(单位时间燃料在燃烧过程中释放的内能,也就是单位时间内系统内能的增量)P_i 和全过程时间内的平均功率 $\bar{P}$;(4)发射效率(飞船最终获得的动能占发动机释放的全部燃料内能之比)η;(5)$\alpha = M_R/M_0$ 为何值(给出1位有效数字)时,η 取极大值。

  1.22(计算) 在斜角为 φ 的固定斜面上有一与斜面垂直的固定光滑细棍,一条长为 L、质量线密度为 λ 的匀质细绳平直地放在斜面上,细绳的长度方向与斜面底边垂直,下端尚未接触斜面底边。细绳的上端绕过细棍连接一个质量为 m 的小球,小球几乎贴近细棍,如题1.22图所示。设绳、小球与斜面间的摩擦因数相同,其数值等于 $\frac{1}{2}\tan\varphi$,系统开始时处于静止状态。

  (1)如果而后小球能沿斜面下滑,试求小球质量 m 的可取值,并给出其下限值 m_0。

  (2)若小球质量为上问中的 m_0,小球因受扰动而下滑,不考虑绳是否会甩离细棍,试求小球下滑 $l < L$ 距离时的下滑速度 v 和下滑加速度 a。

  (3)接上问,再求小球从下滑距离达 $L/2$ 处到下滑距离达 L 处所经历的时间 T。

  1.23(计算) 长 L 的均匀软绳静止对称地挂在光滑固定的细钉上,如题1.23图(a)所示。后因扰动,软绳朝右侧滑下,某时刻左侧绳段长度记为 x,如题1.23图(b)所示。(1)$x(x < L/2)$ 达何值时,细钉为软绳提供的向上支持力 N 恰好为零?(2)N 恰好为零时,突然将细钉撤去,再经过多长时间 t,软绳恰好处于伸直状态?

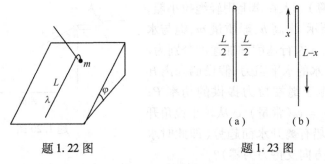

题1.22图   题1.23图

  1.24(填空) 如题1.24图所示,车厢在水平轨道上以恒定的速度 u 向右行使,车厢内有一摆线长为 l、小球质量为 m 的单摆。开始时摆线与竖直方向夹角为 φ_0,摆球在图示位置相对车厢静止,而后自由摆下,那么摆球第一次到达最低位置时相对地面的速率为_____,相对于地面,在这一下摆过程中摆线对小球所作总功为_____。

1.25（填空） 如题1.25图所示,静止的立方体形水平放置的箱内装有一半容积的水,当将箱底左下角的小孔P打开时,水以v_0的速率向外流出。今使水箱水平朝右以$a=g$的加速度运动,设外界和水箱内气体压强几乎始终相同,待箱中的水达到稳定状态时打开小孔P,那么,这时水将以$v=$_____的速率相对水箱向外流出。

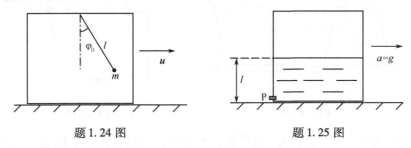

题1.24图   题1.25图

1.26（计算） 车厢内的滑轮装置如题1.26图所示,平台C与车厢一起运动,滑轮固定不转动,只是为轻绳提供光滑的接触。物块A与水平桌面间摩擦因数$\mu=0.25$,A的质量$m_A=20\text{kg}$,物块B的质量$m_B=30\text{kg}$。今使车厢沿图示水平朝左方向匀加速运动,加速度$a_0=2\text{m/s}^2$,假定稳定后绳将倾斜不晃,试求绳中张力T。

1.27（填空） 上方开口,横截面积为S_0的均匀薄圆筒水平放置,筒内盛有密度分别为ρ_1、ρ_2的两种不全混合的理想流体,高度分别为h_1、h_2,如题1.27图所示。筒的侧面底部有一面积$S\ll S_0$的小孔,开始时小孔用木塞塞住,而后打开木塞,此时从小孔向外流出的流体速度为$v=$_____。

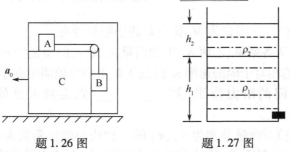

题1.26图   题1.27图

1.28（填空） 质量可忽略的圆台形薄壁容器内,盛满均匀液体。容器按题1.28图（a）所示方式平放在水平地面上时,因液体重力而使容器底面受压强记为P_1,地面给容器底板向上的支持力记为N_1;容器按题1.28图（b）所示方式

17

放置时,相应的力学参数记为 P_2、N_2。那么,必定有 P_1 _____ P_2,N_1 _____ N_2。(分别选填"小于""等于"或"大于")

1.29（填空） 如题 1.29 图所示,一根跨越一固定的水平光滑细杆的轻绳,两端各系一个小球,球 A 放置于地面,球 B 被拉到与细杆同一水平的位置。在绳刚被拉直时放手,使球 B 从静止状态向下摆动。设两球质量相等,则球 A 刚要离开地面时,跨越细杆的两段绳之间的夹角为 _____ 。

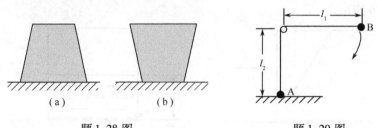

题 1.28 图　　　　题 1.29 图

1.30（填空） 一摆长为 l 的单摆自水平位置开始自由向下摆动,其速度在竖直方向的分量逐渐增大,后又逐渐减小。当摆线与竖直方向的夹角 θ = _____ 时,此竖直分量具有最大值,此最大值 v_m = _____ 。

1.31（填空） 人造卫星绕地球做圆周运动,考虑受到空气的摩擦阻力,人造卫星的速率将 _____ ,轨道半径将 _____ 。(两空填"增大"或"减小")

1.32（填空） 如题 1.32 图所示,质量为 M 的滑块静止置于光滑的水平地面上,质量为 m 的小球从静止开始沿滑块的圆弧面下滑,圆弧半径为 R。当小球滑到最低点 A 时,相对于地面,小球的运动轨迹在该点的曲率半径 ρ_A = _____ 。

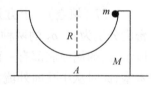

题 1.32 图

1.33（填空） 一质量为 M,长为 L 的小船静浮在水面上,船的两头各站甲、乙两人,甲的质量为 M,乙的质量为 m($M > m$)。现两人同时以相同的相对于船的速率 v_0 向位于船正中间但固定在水中的木桩走去。忽略船与水之间的阻力作用,则 _____ 先走到木桩处,所需的时间为 _____ 。

1.34（填空） 质量分别为 m_1、m_2 的两物块与弹性系数为 k 的轻弹簧构成的系统如题 1.34 图所示,物块与地面光滑接触,右侧水平外力使弹簧压缩量为 l,物块静止。将右侧水平外力撤去后,系统质心 C 可获得的最大速度值为 _____ ,可获得的最大加速度值为 _____ 。

1.35（填空） 如题 1.35 图所示,ABC 为等边三角形,连接 AB 边、AC 边的中

点 B_1、C_1，再连接 AB_1、AC_1 的中点 B_2、C_2，…，如此继续下去，构成无限内接等边三角形系列。设所有线段的质量线密度相等，BC 边的质量为 m，长度为 a，那么等边三角形系列的总质量为 _____ m，系统质心与 BC 边的距离为 _____ a。

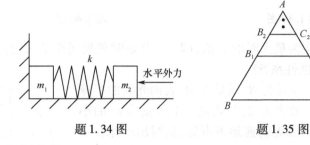

题 1.34 图　　　　　题 1.35 图

1.36（计算）　球状小水滴在静止的雾气中下落，下落过程中吸附了全部遇到的水气分子。设水滴始终保持球状，雾气密度均匀，略去空气的黏力，重力加速度 g 视为不变。试证经过足够长的时间后，水滴下落的加速度趋于稳定值，并求出此值。（附：一阶线性微分方程 $\dfrac{dy}{dx} + p(x)y = Q(x)$ 的通解为 $y(x) = e^{-\int p(x)dx}\left(\int Q(x)e^{\int p(x)dx}dx + C\right)$，其中 C 是积分常量）

1.37（填空）　平直铁轨上停着一节质量 $M = 20m$ 的车厢，车厢与铁轨间摩擦可略。有若干名学生列队前行，教员押后，每名学生的质量同为 m。当学生与教员发现前面车厢时，都以相同速度 v_0 跑步，每名学生在接近车厢时又以 $2v_0$ 速度跑着上车坐下，教员却因跑步速度没有改变而恰好未能上车。据此可知，学生人数为 _____，全过程中由教员、学生和车厢构成的系统，其动能损失量为 _____。

1.38（计算）　质量为的长平板以速度 V 在光滑水平面上做直线运动，现将一速度为零、质量为 m 的木块放在长平板上，板与木块间的滑动摩擦因数为 μ。求木块在长平板上滑行多远才能与板取得共同的速度？

1.39（计算）　具有半圆柱形凹槽的木块放置在光滑地面上，木块质量为 M。质量为 m 的质点从最高点由静止下滑，摩擦力忽略不计，如题1.39图所示。求质点下滑至最低点时对木块的压力。

1.40（计算）　在某惯性系 S 中有两个质点 A 和 B，质量分别为 m_1 和 m_2，它们只受彼此间的万有引力作用。开始时两个质点相距 l_0，质点 A 静止，质点 B 沿连线方向的初速为 v_0（$v_0 < \sqrt{2Gm_2/l_0}$，G 为引力常数）。为使质点 B 保持速度 v_0 不变，可对质点 B 沿连线方向施一变力 F，如题1.40图所示。试求：(1) 两个质点

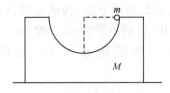
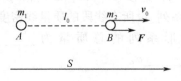

题 1.39 图　　　　　　　　　题 1.40 图

的最大间距,及间距为最大时的 F 值;(2) 从开始时刻到间距最大的过程中,变力 F 作的功(相对惯性系 S)。

1.41（计算）　半径为 R、质量为 M、表面光滑的半球放在光滑水平面上,在其正上方放置一个质量为 m 的小滑块。当小滑块从顶端无初速地下滑后,试写出小球在下滑过程中未离开圆柱面这段时间内相对地面的 $O-XY$ 坐标的运动轨迹方程：_____。在题 1.41 图所示的 θ 角位置处开始脱离半球,求 M、m、θ 间的关系。

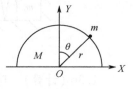

题 1.41 图

1.42（计算）　有人设计了这样一个小车,如题 1.42 图所示,其意图是依靠摆球下落时撞击挡板反弹回来,再次撞击挡板又反弹回来,如此反复使小车前进。请你帮他作进一步分析：在摆球初始位置水平、初始速度为零的情况下：(1) 摆球与挡板第一次撞击后的瞬间,小车的速度是多少?(2) 摆球反弹回来后能否回到原来的水平位置?为什么?(3) 摆球第二次与挡板撞击后的瞬间,小车的速度又是多少?(设小车质量为 M_1,摆球质量为 M_2,摆球重心到悬点的距离为 h,摆球与挡板撞击时正好在其铅直位置,碰撞为完全弹性的,小车与地面间无摩擦)

1.43（填空）　如题 1.43 图所示,由质量相同的小木块 1、2 和轻绳连接的系统,木块 1 离地面足够高,木块 2 与水平桌面间无摩擦,且与桌面侧棱相距 l。小滑轮质量可略,它与轻绳间也无摩擦。将系统从图示静止状态自由释放后,系统质心加速度大小为 $a_c =$ _____,当木块 2 将到桌边时,系统质心速度大小为 $v_{ce} =$ _____。

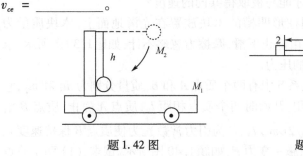

题 1.42 图　　　　　　　　　题 1.43 图

1.44（填空） 在边长为 l 的正方形光滑台球桌面 $ABCD$ 上,有两个静止的小球 P 和 Q,其中 P 到 AB 边和 AD 边的距离同为 $l/4$,Q 到 CD 边和 AD 边的距离也同为 $l/4$,如题 1.44 图所示。令 P 对准 BC 边的 S 点以速度 v 运动,相继与 BC 边及 CD 边弹性碰撞后,恰好能打中 Q。则 S 点与 C 点的距离为_____,P 从开始运动到与 Q 相碰,期间经过的时间为_____。

1.45（计算） 一长 $L = 4.8\text{m}$ 的轻车厢静止于光滑水平轨道上,固定于车厢地板上的击发器 A 自车厢正中部以 $u_0 = 2\text{m/s}$ 的速度将质量为 $m_1 = 1\text{kg}$ 的物体沿车厢内光滑地板弹出,与另一质量 $m_2 = 1\text{kg}$ 的物体碰撞并粘在一起,此时 m_2 恰好与一端固定于车厢的水平放置的轻弹簧接触,如题 1.45 图所示。弹簧刚度系数 $k = 400\text{N/m}$,长度 $l = 0.30\text{m}$,车厢和击发器的总质量 $M = 2\text{kg}$。求车厢自静止至弹簧压缩最甚时的位移（不计空气阻力,m_1 和 m_2 视作质点）。

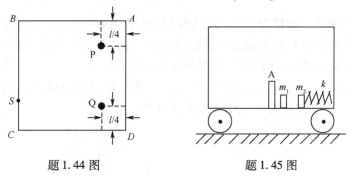

题 1.44 图　　　　　　题 1.45 图

1.46（计算） 将劲度系数为 k、自由长度为 L、质量为 m 的均匀柱形弹性体竖直朝下,上端固定,下端用手托住。(1) 设开始时弹性体处于静止的平衡状态,其长度恰为 L,试求此时手的向上托力 F_0;(2) 而后将手缓慢向下移动,最终与弹性体下端分离,试求期间手的托力所做的功 W。

1.47（计算） 小滑块 A 位于光滑水平桌面上,小滑块 B 处在位于桌面上的光滑小槽中,两滑块的质量都是 m,并用长为 L、不可伸长、无弹性的轻绳相连。开始时,A、B 间的距离为 $L/2$,A、B 间的连线与小槽垂直,如题 1.47 图所示（图示平面为桌面）。今给滑块 A 一冲击,使之获得平行于槽的速度 v_0,求滑块 B 开始运动时的速度。

1.48（计算） 如题 1.48 图所示,质量为 M 的物体,在光滑水平平面上运动,动能为 E_0。由于其内部机构使物体分裂成两块,它们的质量为 λM 和 $(1-\lambda)M$,$(0 < \lambda < 1)$,并分别沿与物体最初运动方向夹角为 θ 的对称方向在光滑水平平面上平动。求:(1) 分裂后两块物体的速率 v_1 和 v_2;(2) 能使物体沿上述方向分裂成两块的内部机构所提供的最小能量。

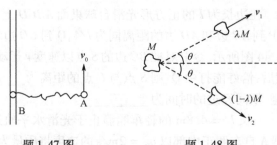

题 1.47 图　　　　　　　　　题 1.48 图

1.49（填空） 光滑水平面上有 4 个相同的匀质光滑小球,其中球 2、3、4 静止于题 1.49 图所示位置,球 1 具有图示方向初速度 v_0。设小球间将发生的碰撞都是弹性的,最后这 4 个球中停下来的是_____,运动的球中速度最小值为_____。

1.50（填空） 质量为 M 的质点固定不动,在万有引力作用下,质量为 m 的质点绕 M 做半径为 R 的圆周运动,取圆轨道上的 P 点为参考点,如题 1.50 图所示。在图中 1 处,m 所受万有引力相对 P 点的力矩大小为_____,相对 P 点的角动量大小为_____。在图中 2 处,m 所受万有引力相对 P 点的力矩大小为_____,相对 P 点的角动量大小为_____。

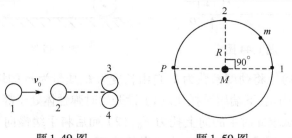

题 1.49 图　　　　　　　　　题 1.50 图

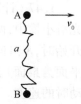

题 1.51 图

1.51（计算） 两个质量相同的小球 A、B,用长为 $2a$ 的无弹性且不可伸长的轻绳连接。开始时 A、B 位于同一竖直线上,B 在 A 的下方,相距为 a,如题 1.51 图所示。今给 A 一个水平速度 v_0,同时静止释放 B,不计空气阻力,且设绳一旦伸直便不再回缩,问经过多长时间,A、B 恰好第一次位于同一水平线上?

1.52（填空） 金属丝绕着铅直轴弯成等距螺旋线,螺距 $h = 2$cm,旋转圆半径 $R = 3$cm。在金属丝上穿一小珠,小珠由无速度开始下滑,不计摩擦。小珠在第一圈螺旋末端处的水平方向速度大小为_____m/s,总的加速度大小为_____m/s^2。

1.53（填空） 一火箭在环绕地球的椭圆轨道上运动,为使它进入逃逸轨道需要增加能量,为此发动机进行了短暂的点火,把火箭的速度改变了 Δv,只有当这次点火在轨道的_____点,且沿着_____方向时,所需 Δv 最小。

1.54（填空） 气态星球 S 的半径为 R,密度设为常量 ρ,过 S 中心点的某坐标面 $O-xy$ 如题 1.54 图所示。在 $x_0 = R/2, y_0 = 0$ 处有一飞行器 P,它具有朝着 y 轴方向的初速度 v_0,P 在而后运动过程中受到的气体阻力可忽略。当 $v_0 =$ _____ 时,P 恰好不会运动到 S 的表面外,此种情况下,P 的运动轨道方程为_____。

1.55（填空） 在光滑水平面上有一内壁光滑的固定圆环,三个质量分别为 m_1、m_2、m_3 的小球沿着环的内壁做圆周运动,初始时刻各球的位置和运动方向如题 1.55 图所示,各自速度大小分别为 v_{10}、v_{20}、v_{30}。而后,小球间发生的碰撞为非弹性碰撞。那么三个小球最终都会停止运动的条件是_____。从初始状态到最终全部停止运动的过程中,系统的动能、动量和相对圆环中心的角动量中不守恒的量是_____。

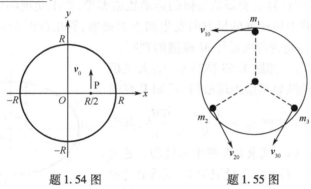

题 1.54 图   题 1.55 图

1.56（填空） 将地面重力加速度记为 g,地球半径记为 R,则第一宇宙速度 $v_1 =$ _____,第二宇宙速度 $v_2 =$ _____。

1.57（计算） 地球质量 $M = 5.98 \times 10^{24}$ kg,月球质量 $m = 7.3 \times 10^{22}$ kg,月球中心与地球中心相距 $r_0 = 3.84 \times 10^8$ m,万有引力常量 $G = 6.67 \times 10^{-11}$ m³/(kg·s²)。(1) 只考虑地球和月球之间的万有引力,试求月球中心绕地-月系统质心作圆周运动的周期(这也是月球中心绕地球中心做圆周运动的周期) T_0(答案以"天"为单位)。(2) 将中国农历一个月的平均时间记为 $\bar{T}$(以"天"为单位),造成 T_0 与 $\bar{T}$ 之间差异的主要原因是什么?(3) 已知月球绕地球运动的轨道平面与地球绕太阳运动的轨道平面几乎重合,题 1.57 图中统一地用 $O-XY$ 坐标平面表示。某时刻太阳、地球、月球在 $O-XY$ 平面上的位置以及地球绕太阳运动方向和月球绕地球运动方向如题 1.57 图所示。试在 $O-XY$ 平面上画出经过 T_0 时间,太阳、地球、月球的位置;再画出经过 $\bar{T}$ 时间,太阳、地球、月球的位置。(4)计算中国农历一个月的平均时间 $\bar{T}$(答案以"天"为单位)。

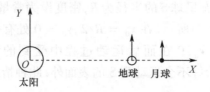

题 1.57 图

1.58(计算) 一个质量为 m 的卫星围绕着质量为 M、半径为 R 的大星体做半径为 $2R$ 的圆运动。从远处飞来一个质量为 $2m$、速度为 $v=\sqrt{GM/R}$ 的小流星,恰好沿着卫星的运动方向追上卫星并和卫星发生激烈的碰撞,结成一个新的星体,作用时间非常短暂。假定碰撞前后位置的变化可以不计,新星的方向仍沿原来的方向。(1)用计算表明新的星体的运动轨道类型,算出轨道的偏心率 e;(2)如果小流星沿着卫星速度的反方向发生如上的碰撞,算出此时新星体的轨道偏心率 e,给出星体能否与大星体 M 碰撞的判断。

1.59(计算) 如题 1.59 图所示,航天飞机 P 沿 $A \neq B$ 的椭圆轨道绕地球航行。已知 P 在图中 D 处(远地点)速度 $v_D = \dfrac{A-C}{B}\sqrt{\dfrac{GM_S}{A}}$,其中 M_S 为地球质量。(1)试求 P 在图中 E 处和 F 处的速度 v_E 和 v_F;(2)将 P 的质量记为 M,试求 P 的轨道能量 E(定义为动能和引力势能之和);(3)设题图中的椭圆轨道偏心率 $e=\dfrac{C}{A}=\dfrac{\sqrt{3}}{2}$,再设 P 的

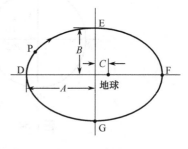

题 1.59 图

主体携带着一个太空探测器。当 P 航行到图中 D 处时,P 的主体朝后发射探测器,结果使 P 的主体进入圆轨道航行,而探测器相对地球恰好沿抛物线轨道远去。已知抛物线轨道能量为零,试求 P 的主体质量 m_1 与探测器质量 m_2 的比值 $\gamma(\gamma = m_1/m_2)$。

1.60(计算) 如题 1.60 图(a)所示,半径为 $4d$ 的圆环固定在水平桌面上,内侧四个对称位置上静放着质量同为 m 的小木块 1、2、3、4,小木块与环内壁间没有摩擦,小木块与桌面间的摩擦因数同为 μ。对木块 1 施加方向始终沿着圆环切线方向、大小不变的推力 F。木块 1 被推动后,相继与木块 2、3、4 发生完全非弹性碰撞,最后恰好一起停在木块 1 的初始位置,全过程中木块 1 绕行圆环一周。

(1) 将四个木块构成的系统的质心记为 C，木块 1、2、3、4 和 C 的初始位置已在图(b)所示的 $O-XY$ 坐标平面上给出。通过分析，请在此坐标平面上准确画出从木块 1 开始运动到最后停下的全过程中 C 的运动轨迹；(2) 试求推力 F；(3) 以环心为参考点，试求全过程中系统曾经有过的角动量最大值 $L_{\max}$ 以及系统质心 C 曾经有过的角动量最大值 $L_{C,\max}$。

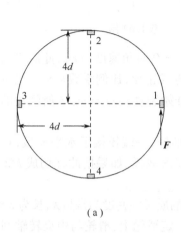
(a)

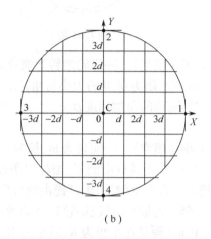
(b)

题 1.60 图

1.61（计算） 水平桌面上有一个内外半径几乎同为 R 的水平固定圆形轨道，小球 1、2 用一根长为 R 的轻绳连接后紧挨着放在环道内，轻绳在环道外。球 1 的质量为 m，球 2 的质量为 $2m$。今如题 1.61 图所示，让球 1、2 同时具有方向相反、大小同为 v_0 的切向速度，在而后的运动过程中设系统处处无摩擦。(1) 设轻绳无弹性，且不可伸长，当绳伸直长度达 R 时，绳对两球立刻有作用力，经过非常短的时间作用力即消失。假设过程中绳和环道均不损耗机械能，试求此过程中绳对球 1、2 分别提供的冲量大小。(2) 改设绳是自由长度为 R，弹性系数可记为 k 的均匀弹性绳。(2.1) 若绳长第一次达到 $2R$ 时，球 1 速度刚好第一次降为零，试求 k 值；(2.2) 取 (2.1) 问所得 k 值，已知从绳长达 R 开始到绳长达 $2R$ 的过程中，球 1 经过的路程是球 2 经过的路程的 α 倍 $(1 > \alpha > 0)$。将两球从题图开始运动的时刻记为 $t = 0$，试求两球第一次碰撞的时刻 t_e。

1.62（填空） 用两根相同的匀质细杆对称地连接成题 1.62 图所示的 T 字形尺，过 T 字形尺上的某一点 P 取垂直于 T 字形尺所在平面的转轴，将 T 字形尺相对该轴的转动惯量记为 $I(P)$。已知每一根细杆的长度为 L，那么，所有 $I(P)$ 中最小者 $I(P_1)$ 对应的 P_1 点的位置在连接点下方 _____ 处；所有 $I(P)$ 中最大者 $I(P_2)$ 对应的 P_2 点的位置在连接点下方 _____ 处。

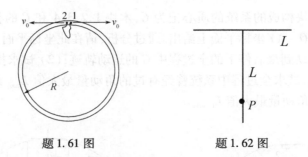

题1.61图　　　　　　题1.62图

1.63（填空） 一飞轮的转动惯量为 J，在 $t = 0$ 时角速度为 ω_0，此后飞轮经历制动过程，阻力矩 M 的大小与角速度 ω 的平方成正比，比例系数 $k > 0$。当 $\omega = \omega_0/3$ 时，飞轮的角加速度 $\beta =$ ＿＿＿＿＿。从开始制动到 $\omega = \omega_0/3$ 所经过的时间 $t =$ ＿＿＿＿＿。

1.64（填空） 一质量为 m、长为 l 的均匀细杆，一端铰接于水平地板，且竖直直立着。若让其自由倒下，则杆以角速度 ω 撞击地板。如果把此杆切成 $l/2$ 长度，仍由竖直自由倒下，则杆撞击地板角速度为 ＿＿＿＿＿。

1.65（论证） 系统如题1.65图所示，细绳的质量线密度为常量 λ，长为 $\pi R + H$，其中 πR 段搭在半径为 R、质量为 $M = \lambda H$ 的定滑轮上，滑轮与中央转轴间无摩擦，滑轮与绳间的摩擦将保证两者间恒无相对滑动。绳左侧 H 的下端恰好与水平地面接触，绳的右端连接质量为 $m = \frac{1}{2}\lambda H$ 的小重物。开始时系统处于运动状态，小重物具有竖直向下的速度 v_0，绳各处的运动速率也相应为 v_0，滑轮的转动角速度也相应为 $\omega_0 = v_0/R$。不必考虑绳是否会甩离滑轮，试证为使小重物能到达地面，取值范围应为：$v_0 > \frac{H}{2}\sqrt{\dfrac{g}{2(\pi R + 2H)}}$。

1.66（填空） 如题1.66图所示，质量为 M、长度为 L 的刚性匀质细杆，能绕着过其端点 O 的水平轴无摩擦地在竖直平面上摆动。今让此杆从水平静止

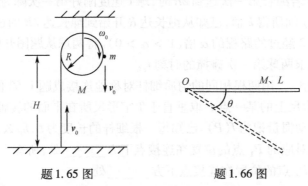

题1.65图　　　　　　题1.66图

状态自由地摆下,当细杆摆到图中虚线所示 θ 角位置时,它的转动角速度 $\omega = $ _____,转动角加速度 $\beta = $ _____;当 $\theta = 90°$ 时转轴为细杆提供的支持力 $N = $ _____。

1.67(填空) 如题 1.67 图所示,长 l、质量 M 的匀质重梯上端 A 靠在光滑的竖直墙上,下端 B 落在水平地面上,梯子与地面的夹角为 $60°$。一个质量也为 M 的胖男子从 B 端缓慢爬梯,到达梯子的中点时,梯子尚未滑动,稍过中点,梯子即会滑动,据此可知梯子与地面间的摩擦因数 $\mu = $ _____。令质量为 $2M/3$ 的瘦男子替换胖男子从 B 端缓慢爬梯,为使梯子不会滑动,他可到达的最高位置与 B 端相距 _____。

1.68(计算) 如题 1.68 图所示,质量为 $2m$ 的匀质圆盘形滑轮可绕过中心 O 并与盘面垂直的水平固定光滑轴转动,转轴半径线度可忽略,物体 1、2 的质量分别为 m 和 $2m$,它们由轻质不可伸长的细绳绕过滑轮挂在两侧。细绳与滑轮间的摩擦因数处处相同,记为 μ。开始时,滑轮与两物体均处于静止状态,而后若 $\mu = 0$,则滑轮不会转动;若 $\mu \neq 0$,但较小时,滑轮将会转动,同时滑轮与绳之间有相对滑动;当 μ 达到某临界值 μ_0 时,滑轮与绳之间的相对滑动刚好消失,试求 μ_0 值。

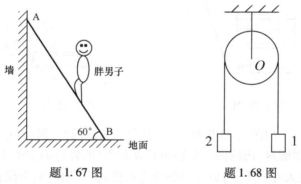

题 1.67 图 题 1.68 图

1.69(填空) 如题 1.69 图所示,有两均匀实心圆柱轮子,质量各为 m_1 和 m_2,半径各为 R_1 和 R_2,两转轴互相平行。两轮绕各自的中心轴沿逆时针方向旋转,角速度各为 ω_{10} 和 ω_{20}。移动两轮以使它们接触,当转动状态稳定后,两轮的

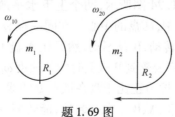

题 1.69 图

角速度分别为:ω_1 = _____, ω_2 = _____。

1.70（计算） 一均匀细棒质量为 M，置于光滑水平面上，在棒的两个端点各蹲着一只质量为 m 的青蛙，若两青蛙以相同速率、相同对地仰角，各自向不同的一侧同时起跳，以使细棒在水平面上旋转，而当两青蛙下落时刚好能各落在棒的另一端点，求 m/M 的取值范围。

1.71（计算） 如题 1.71 图所示，在光滑水平桌面上，整齐地互相平行地排列着一组长为 l、质量为 m 的均匀细杆，杆间距离是足够大的。今有一质量为 M 的小球以垂直于杆的速度 V_0 与细杆一端做弹性碰撞。随着细杆的旋转，此杆的另一端又与小球弹性相碰，而后小球再与第二杆、第三杆、…… 相碰。当 M/m 为何值时，M 才能仍以速度 V_0 穿出细杆阵列？

1.72（计算） 质量为 m 的小圆环套在一长为 l，质量为 M 的光滑均匀杆 AB 上，杆可以绕过其 A 端的固定轴在水平面上自由旋转。开始时，杆旋转的角速度为 ω_0，而小环位于 A 点处。当小环受到一微小的扰动后，即沿杆向外滑行。试求当小环脱离杆时的速度(如题 1.72 图所示方向用与杆的夹角 θ 表示)。

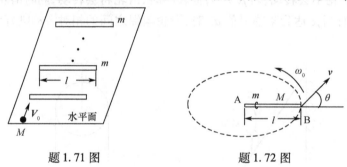

题 1.71 图   题 1.72 图

1.73（计算） 如题 1.73 图所示，半径同为 R，质量分别为 $m_1 = m$ 和 $m_2 = 3m/2$ 的两个匀质圆盘，边缘部位分别用长 R 和 $2R$ 的轻杆固定地连接后，挂在高度差为 R 的两块天花板下，可以无摩擦地左右摆动。开始时两个摆盘静止在如图所示位置，质量为 m_1 的摆盘自由释放后，将以角速度 ω_0 与质量为 m_2 的静止摆盘发生弹性对心正碰撞。试求碰撞后瞬间，两个摆盘的右向摆动角速度 ω_1 和 ω_2（均带正负号）。

1.74（计算） 如题 1.74 图所示，两个上下水平放置的相同的均匀薄圆盘 A、B，盘半径为 R，质量为 M，两盘的中心都在同一根竖直轴上，B 盘与轴固定，A 盘与轴不固定。先使 A 盘转动，B 盘不动，然后让 A 盘下落到 B 盘上并与之粘在一起共同转动，已知 A 盘将要落到 B 盘上时的角速度 ω_0，并假设空气对盘表面任意点附近单位面积上的摩擦力正比于盘在该点处的线速度，比例常数为 K，轴与轴承间的摩擦可以忽略。求：A、B 粘在一起后，能转多少圈？

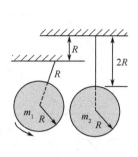
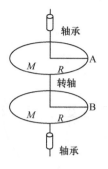

题 1.73 图   题 1.74 图

1.75（填空） 一个人想用长为 l 的竿子打在岩石上的办法把竿子折断，为此，他用手拿住竿子的一端，让竿子绕该端做无位移转动，此人希望当竿子打在岩石的瞬时，手受到的冲击力最小，则竿子离手 $x =$ _____ 的地方打在岩石上最好。

1.76（计算） 有一长为 l、质量为 m 的匀质细杆，置于光滑水平面上，可绕过杆中心 O 点的光滑固定竖直轴转动。初始时杆静止，有一质量与杆相同的小球沿与杆垂直的速度 v 飞来，与杆端点碰撞，并粘附于杆端点上，如题 1.76 图所示。(1) 定量分析系统碰撞后的运动状态；(2) 若去掉固定轴，杆中点不固定，再求碰撞后系统的运动状态。

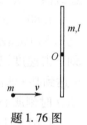

题 1.76 图

1.77（计算） 均匀细杆 AOB 的 A 端、B 端和中央位置 O 处各有一个光滑小孔，先让杆在光滑的水平大桌面上绕 O 孔以角速度 ω_0 做顺时针方向旋转，如题 1.77 图所示（图平面为大桌面）。今将一光滑细棍迅速地竖直插入 A 孔，棍在插入前后无任何水平方向移动。稳定后，在迅速拔去 A 端细棍的同时，将另一光滑细棍如前所述插入 B 孔；再次稳定后，又在迅速拔去 B 端细棍的同时，将另一光滑细棍如前所述插入 O 孔。试求最终稳定后细杆 AOB 绕 O 孔的旋转方向和旋转角速度 ω 的大小。

1.78（计算） 表面呈几何光滑的刚体无转动地竖直自由下落，如题 1.78 图所示，图中水平虚线对应过刚体唯一的最低点部位 P_1 的水平切平面，图中竖直虚线 P_1P_2 对应过 P_1 点的铅垂线，图中 C 为刚体质心。设 C 与铅垂线 P_1P_2 确定的竖直平面即为图平面，将 C 到 P_1P_2 的距离记为 d，刚体质量记为 m，刚体相对于过 C 且与图平面垂直的水平转轴的转动惯量记为 I_C，设有 $I_C > md^2$，已知刚体与水平地面将发生的碰撞是弹性的，且无水平摩擦力。试在刚体中找出这样的点部位，它们在刚体与地面碰撞前、后的两个瞬间，速度方向相反，大小不变。

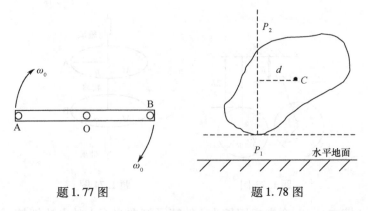

题 1.77 图　　　　　　　　题 1.78 图

1.79（填空） 质量、半径相同的匀质圆环 A、匀质圆盘 B 和匀质球体 C，开始时旋转角速度同为零，在水平地面上从同一"起跑线"以相同的水平初速度朝同一方向运动。若 A、B、C 与地面间的摩擦因数相同，那么，A、B、C 中最先达到匀速纯滚动状态的是_____，最终动能损失量最大的是_____。

1.80（填空） 匀质圆柱体，$t = 0$ 开始在倾角为 θ 的斜面上从静止释放，如题 1.80 图所示。如果圆柱体与斜面间摩擦因数 $\mu = 0$，圆柱体平动下滑，$t > 0$ 时刻下滑速度记为 v_0。若 $\mu > 0$，但较小，圆柱体会连滚带滑地沿斜面向下运动。当 μ 达到某一临界值 $\mu_0 = $ _____ 时，圆柱体恰好能纯滚动地沿斜面向下运动，t 时刻质心速度为 v_0 的 _____ 倍。

1.81（计算） 如题 1.81 图所示，光滑水平面上有一半径为 R 的固定圆环，长 $2l$ 的匀质细杆 AB 开始时绕着中心 C 点旋转，C 点靠在环上，且无初速度。假设而后细杆可无相对滑动地绕着圆环外侧运动，直到细杆的 B 端与环接触后彼此分离。已知细杆与圆环间的摩擦因数 μ 处处相同，试求 μ 的取值范围。

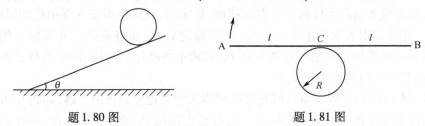

题 1.80 图　　　　　　　　题 1.81 图

1.82（计算） 题 1.82 图中所示倾角为 θ 的斜面，相切地接上一段半径为 R 的圆弧曲面，后者又与水平地面相切。半径 $r < R$ 匀质小球，开始时静止在斜面上，两者接触点距斜面底端的高度为 h。小球自由释放后，可以沿斜面、圆弧面和水平地面做纯滚动。设小球与斜面间的摩擦因数处处同为常数 μ_1；小球与圆弧面间的摩擦因数处处同为常数 μ_2；小球与水平地面间的摩擦因数处处同为常数

μ_3。试求 μ_1、μ_2、μ_3 各自取值范围。

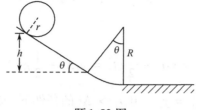

题1.82图

第四节　习 题 详 解

1.1　位矢

$$r = 2ti + (4 - t^2)j, v = 2i - 2tj, a = -2j。$$

令 $r \cdot a = -2(4 - t^2) = 0$，在 $t > 0$ 范围内解出 $t = 2$；

令 $v \cdot a = 4t = 0$，解出 $t = 0$，在 $t > 0$ 范围内无解。

1.2　$\dfrac{R}{c}$；$\dfrac{c\sqrt{R^2 - r^2}}{r}$

地球上观察到光环出现时，其光来自 A 点的尘埃辐射；光环边缘的光，来自 B 点的尘埃辐射。

恒星 S 发出的光脉冲同时到达 A、B 两点，再在 A、B 两点引发尘埃辐射，传播到地球，时间差为

$$\Delta t = R/c$$

题1.2图

光环出现（A 点的尘埃辐射传播到地球）时开始计时，$t = 0$。观察到光环的半径变为 r 时（P 点的尘埃辐射传播到地球），时刻为

$$t = \frac{R - \sqrt{R^2 - r^2}}{c}$$

两边对 t 求导，得 $1 = \dfrac{r}{c\sqrt{R^2 - r^2}} \cdot \dfrac{dr}{dt}$，所以

$$\frac{dr}{dt} = \frac{c\sqrt{R^2 - r^2}}{r}$$

1.3　$2v_2/g$；$(v_2 - \sqrt{v_2^2 - v_1^2})/g$

以竖直向上为 Y 轴正方向，地面为原点。第一小球的运动方程为

$$y_1 = v_1 t_1 - \frac{1}{2} g t_1^2$$

第二小球的运动方程为

$$y_2 = v_2 t_2 - \frac{1}{2} g t_2^2 = v_2 \Delta t - \frac{1}{2} g (\Delta t)^2$$

本题的目的是：在 $y_1 = y_2 \geqslant 0$、$t_1 > \Delta t$ 的条件下，求 Δt 的最大值。

由 $y_1 = y_2$，即 $v_1 t_1 - \frac{1}{2} g t_1^2 = v_2 \Delta t - \frac{1}{2} g (\Delta t)^2$，得

$$\Delta t = \frac{v_2 \pm \sqrt{v_2^2 - 2 g v_1 t_1 + g^2 t_1^2}}{g}$$

在 $0 < t_1 \leqslant 2 v_1/g$ 范围内，$v_2^2 - 2 g v_1 t_1 + g^2 t_1^2$ 的极值是 v_2^2（对应 $t_1 = 2 v_1/g$）和 $v_2^2 - v_1^2$（对应 $t_1 = v_1/g$）。

当 $v_1 > v_2$ 时，只有取 $t_1 = 2 v_1/g$、$\Delta t = 2 v_2/g$，才符合要求；当 $v_1 < v_2$ 时，只有取 $t_1 = v_1/g$、$\Delta t = (v_2 - \sqrt{v_2^2 - v_1^2})/g$，才符合要求。

1.4 <u>35</u>

开普勒行星运动第三定律：各行星的公转周期的平方与其轨道半长轴的立方成正比。

以 T 和 T_0、a 和 a_0 分别表示地球和哈雷彗星的公转周期、轨道半长轴，$r_{\max}$ 和 $r_{\min}$ 分别表示哈雷彗星的远日距离和近日距离，则

$$T^2/a^3 = T_0^2/a_0^3, \quad a = \frac{1}{2}(r_{\max} + r_{\min})$$

所以

$$\frac{r_{\max}}{a_0} = 2 a/a_0 - r_{\min}/a_0 = 2(T/T_0)^{2/3} - r_{\min}/a_0 \approx 35$$

1.5 $\int_0^T \mathrm{d}t \int_t^T f(\tau)\mathrm{d}\tau$ 或 $\int_0^T t\, f(t)\mathrm{d}t$

质点的速度

$$v(t) = v_0 + \int_0^t a(\tau)\mathrm{d}\tau = v_0 - \int_0^t f(\tau)\mathrm{d}\tau$$

因为 $v(T) = 0$，所以 $v_0 = \int_0^T f(\tau)\mathrm{d}\tau$。

质点的位移

$$x - x_0 = \int_0^T v(t)\,dt = \int_0^T \left[\int_0^T f(\tau)\,d\tau - \int_0^t f(\tau)\,d\tau\right]dt = \int_0^T dt \int_t^T f(\tau)\,d\tau$$

$$= \left[t\int_t^T f(\tau)\,d\tau\right]\Big|_0^T - \int_0^T t\,d\left[\int_t^T f(\tau)\,d\tau\right] = \int_0^T t f(t)\,dt$$

1.6 $\pi/1620$；<u>下午 15 时整</u>

在地面上看，太阳自东朝西绕杆顶转动，角速度 $\omega = \dfrac{2\pi}{24 \times 60 \times 60}(\text{rad/s})$。从正午时分开始计时，杆的影长为

$$S = h\tan\omega t$$

杆顶在地面上影子的速度大小为

$$v = dS/dt = h\omega \sec^2\omega t$$

下午 14 时整，$t = 2 \times 60 \times 60$，所以 $v = \pi/1620(\text{m/s})$。当影长等于 20m 时，$h = S$，则

$$t = \frac{1}{\omega}\arctan\frac{S}{h} = 10800(\text{s})$$

即为下午 15 时整。

1.7 <u>$\alpha^2 x$</u>；<u>$x_0 e^{\alpha t}$</u>

$$a_x = \frac{dv_x}{dt} = \frac{d(\alpha x)}{dt} = \alpha v_x = \alpha^2 x$$

由 $v_x = \dfrac{dx}{dt} = \alpha x$，得 $\dfrac{dx}{x} = \alpha dt$，两边积分 $\int_{x_0}^x \dfrac{dx}{x} = \int_0^t \alpha dt$，最后得

$$x = x_0 e^{\alpha t}$$

1.8 <u>约 78° 自东朝西</u>

如果飞机保持在地心与太阳的连线上，则乘客看太阳几乎不动地停在空中。由于地球自西向东自转，飞机应自东朝西飞行。

设地心、飞机的连线与地轴夹角（纬度）为 φ，地球半径为 R，地球系中太阳绕地球转动的角速度计为 ω，则飞机飞行速度 v 应满足：

$$v \approx \omega R \cos\varphi$$

即

$$\varphi = \arccos\frac{v}{\omega R} \approx 78°$$

33

1.9 $R\beta^2 t^2$;$\sqrt{4+\beta^2 t^4}R\beta$

设圆环向右运动。

圆环中心的加速度为 $R\beta$,向右;环上所有点相对圆环中心运动。

相对环中心,最低点的切向加速度为 $R\beta$,向左;法向加速度为 $v^2/R = (R\beta t)^2/R = R\beta^2 t^2$,向上;对地的加速度向上,大小为 $R\beta^2 t^2$。

相对环中心,最高点的切向加速度为 $R\beta$,向右;法向加速度为 $R\beta^2 t^2$,向下;对地的加速度向右下,大小为 $\sqrt{(2R\beta)^2+(R\beta^2 t^2)^2}=\sqrt{4+\beta^2 t^4}R\beta$。

1.10 v_0;$2v_0\cot\theta$

如题 1.10 图,取 OM 射线方向为 X 轴正方向,初速 v_0 的方向为 Y 轴正方向,则小球的运动可视为 Y 轴上竖直上抛(初速为 v_0、加速度为 $-g\sin\theta$)与 X 轴上匀加速直线运动(初速为 0、加速度为 $g\cos\theta$)的合成,所以

$$v_\perp = v_0$$
$$v_{//} = g\cos\theta \cdot \frac{2v_0}{g\sin\theta} = 2v_0\cot\theta$$

1.11 $\dfrac{\tan\theta-\mu}{1+\mu\tan\theta}g \leq a \leq \dfrac{\tan\theta+\mu}{1-\mu\tan\theta}g$

设木块质量为 m,其受力分析如题 1.11 图所示,对木块应用牛顿第二定律:

$$m\boldsymbol{g}+\boldsymbol{f}+\boldsymbol{N}=m\boldsymbol{a}$$

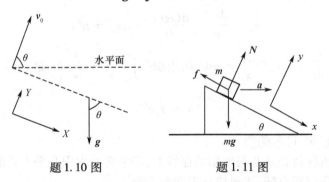

题 1.10 图　　　　题 1.11 图

建立惯性参照系,选 X 轴平行于斜面,Y 轴垂直于斜面。牛顿第二定律的分量形式为

$$mg\sin\theta - f = ma\cos\theta$$
$$N - mg\cos\theta = ma\sin\theta$$

"相对静止"要求:

$$-\mu N \leq f \leq \mu N$$

由以上三式解出:

$$\frac{\tan\theta - \mu}{1 + \mu\tan\theta}g \le a \le \frac{\tan\theta + \mu}{1 - \mu\tan\theta}g$$

1.12 9.6

雨滴的密度为 $\rho = 1 \times 10^3 \text{kg/m}^3$,质量为 $M = \frac{4\pi r^3}{3}\rho$。雨滴达到收尾速度时,其受力必平衡,故有

$$Mg = f(v)$$

解出

$$v = 9.6 \text{m/s}$$

1.13 (1) 记小球 1 从 A 到 B_1、从 B_1 到 C 所用时间分别为 T_{11}、T_{12},到达 B_1 时的速度大小为 v_{10};小球 2 从 A 到 B_2、从 B_2 到 C 所用时间分别为 T_{21}、T_{22},到达 B_2 时的速度大小为 v_{20},如题 1.13 图(a)所示,有

$$\frac{1}{2}g\sin\theta \cdot T_{11}^2 = 3L$$

$$T_{11} = \sqrt{10L/g}$$

$$v_{10} = g\sin\theta \cdot T_{11} = \frac{3}{5}\sqrt{10gL}$$

$$v_{10}T_{12} + \frac{1}{2}g\cos\theta \cdot T_{12}^2 = 4L$$

$$T_{12} = \frac{1}{2}\sqrt{10L/g}$$

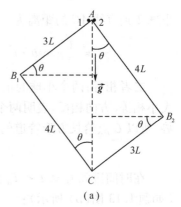

题 1.13 图

所以

$$T_1 = T_{11} + T_{12} = \frac{3}{2}\sqrt{10L/g}$$

$$\frac{1}{2}g\cos\theta \cdot T_{21}^2 = 4L$$

$$T_{21} = \sqrt{10L/g}$$

$$v_{20} = g\cos \cdot T_{21} = \frac{4}{5}\sqrt{10gL}$$

$$v_{20}T_{22} + \frac{1}{2}g\sin\theta \cdot T_{22}^2 = 3L$$

$$T_{22} = \frac{1}{3}\sqrt{10L/g}$$

所以
$$T_2 = T_{21} + T_{22} = \frac{4}{3}\sqrt{10L/g}$$

（2）由（1）问的结果可知
$$T_0 = \frac{4}{3}\sqrt{10L/g}$$

小球 1、2 同时到达 B_1、B_2，记 $t_1 = \sqrt{10L/g}$，可将时间 $0 \leqslant t < T_0$ 分为两个区间：$0 \leqslant t < t_1$ 及 $t_1 \leqslant t < T_0$，分别进行讨论。

在时间区间 $0 \leqslant t < t_1$ 内的任意时刻 t，小球 1 到直线 AC 的距离为
$$x_1 = \frac{1}{2}g\sin\theta \cdot t^2 \cdot \cos\theta$$

小球 2 到直线 AC 的距离为
$$x_1 = \frac{1}{2}g\cos\theta \cdot t^2 \cdot \sin\theta$$

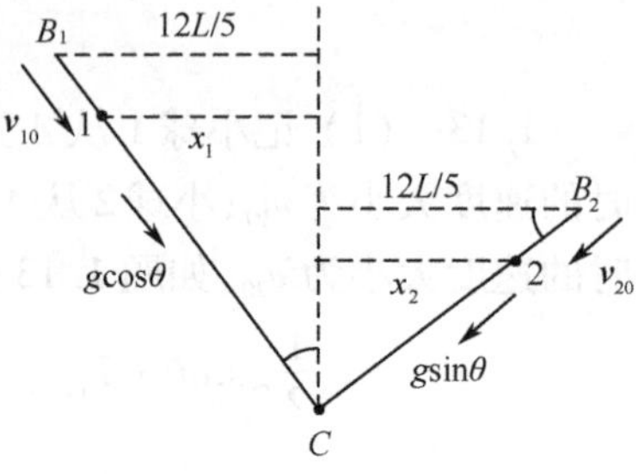

二者相等，两个小球的重力对 A 点的力矩大小相等、方向相反。表明两个小球的重力不产生使长方形管道绕 A 点转动的趋势。所以 C 点给长方形管道的水平外力为零，即

题 1.13 图

$$F = 0$$

在时间区间 $t_1 \leqslant t < T_0$ 内的任意时刻 t，小球 1、2 到直线 AC 的距离分别为（如题 1.13 图（b）所示）：
$$x_1 = \frac{12}{5}L - \left[v_{10}\sin\theta \cdot (t - t_1) + \frac{1}{2}g\cos\theta \cdot \sin\theta \cdot (t - t_1)^2\right]$$
$$x_2 = \frac{12}{5}L - \left[v_{20}\cos\theta \cdot (t - t_1) + \frac{1}{2}g\sin\theta \cdot \cos\theta \cdot (t - t_1)^2\right]$$

小球 1、2 所受的重力对 A 点的力矩分别有使长方形管道逆时针、顺时针相对 A 点加速转动的趋势，以逆时针为正方向，合力矩为
$$M = mg(x_1 - x_2) = \frac{7}{25}\sqrt{10gL}mg(t - t_1)$$

固定点 C 应给长方形管道施加水平向左的力 F，其对 A 点的力矩为顺时针方向，力矩的大小应为 M，即

$$F \cdot 5L = M$$

$$F = \frac{M}{5L} = \frac{7}{125}mg(t-t_1)\sqrt{10g/L} \quad (t_1 = \sqrt{10L/g})$$

1.14 $\dfrac{m_B}{m_A + m_B}(g + a_0); a_0 \geq \dfrac{m_B g}{m_A + \mu m_B}$

（1）物块 A 受到重力 $m_A \boldsymbol{g}$、桌上表面支持力 $\boldsymbol{N}_A$ 和轻绳拉力 $\boldsymbol{F}_A$，相对车厢的加速度设为 $\boldsymbol{a}'_A$，如题 1.14 图(a)所示；物块 B 受到重力 $m_B \boldsymbol{g}$ 和轻绳拉力 $\boldsymbol{F}_B$，相对车厢的加速度设为 $\boldsymbol{a}'_B$，如题 1.14 图(b)所示。在车厢参考系中，有

$$\boldsymbol{N}_A + \boldsymbol{F}_A + m_A \boldsymbol{g} + (-m_A \boldsymbol{a}_0) = m_A \boldsymbol{a}'_A$$

$$\boldsymbol{F}_B + m_B \boldsymbol{g} + (-m_B \boldsymbol{a}_0) = m_B \boldsymbol{a}'_B$$

它们分别在水平向右、竖直向下方向的分量方程为

$$F_A = m_A a'_A$$

$$m_B g - F_B + m_B a_0 = m_B a'_B$$

其中，$F_A = F_B, a'_A = a'_B = a$，所以

$$a = \frac{m_B}{m_A + m_B}(a_0 + g)$$

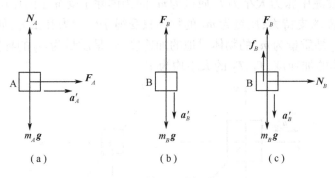

题 1.14 图

（2）物块 A 受力仍如题 1.14 图(a)所示；物块 B 受重力 $m_B \boldsymbol{g}$、轻绳拉力 $\boldsymbol{F}_B$、桌侧面正压力 $\boldsymbol{N}_B$ 及摩擦力 $\boldsymbol{f}_B$，相对车厢的加速度记为 $\boldsymbol{a}'_B$，如题 1.14 图(c)所示。在车厢参考系中，有

$$\boldsymbol{N}_A + \boldsymbol{F}_A + m_A \boldsymbol{g} + (-m_A \boldsymbol{a}_0) = m_A \boldsymbol{a}'_A$$

$$\boldsymbol{F}_B + m_B \boldsymbol{g} + \boldsymbol{N}_B + \boldsymbol{f}_B + (-m_B \boldsymbol{a}_0) = m_B \boldsymbol{a}'_B$$

假设物块 B 有相当车厢竖直向下的运动趋势，则物块 A 在水平向右方向的分量方程为

$$F_A - m_A a_0 = m_A a'_A$$

物块 B 在水平向右、竖直向下方向的分量方程分别为

$$N_B - m_B a_0 = 0$$

$$m_B g - F_B - f_B = m_B a'_B$$

其中,$F_A = F_B, f_B = \mu N_B, a'_A = a'_B = a$,所以解出

$$a = \frac{m_B g - (m_A + \mu m_B) a_0}{m_A + m_B}$$

物块 B 相对车厢不动,即 a 不大于零,所以

$$a_0 \geqslant \frac{m_B}{m_A + \mu m_B} g$$

讨论:如果假定 a_0 很大以至会发生物块 A 向左、物块 B 向上相对车厢以大小为 a 的加速度运动,则可以解出

$$a = -\frac{m_B g + (\mu m_B - m_A) a_0}{m_A + m_B}$$

由于 $\mu \geqslant m_A / m_B$,所以不会出现 $a > 0$ 的解,即这种情况的运动不可能发生。

1.15 设绳中张力大小为 T。质量为 m_1 的物体除了受绳子的作用力之外,还受重力和桌面的支持力;质量为 m_2 的物体只受绳子作用力和重力;如题 1.15 图所示。图中 $\boldsymbol{a}_1$ 是质量为 m_1 的物体对地的加速度,$\boldsymbol{a}_2$ 是质量为 m_2 的物体相对质量为 m_1 的物体的加速度,$\boldsymbol{T}_1$、$\boldsymbol{T}_2$ 的大小均为 T。

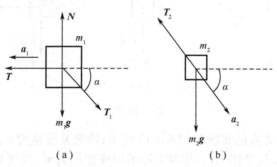

题 1.15 图

质量为 m_1 的物体在水平桌面上运动,有

$$T - T\cos\alpha = m_1 a_1$$

质量为 m_2 的物体对地的加速度为 $\boldsymbol{a}_1 + \boldsymbol{a}_2$,其在水平和竖直方向的运动分

别有
$$T\cos\alpha = m_2(a_1 - a_2\cos\alpha)$$
$$m_2 g - T\sin\alpha = m_2 a_2 \sin\alpha$$

a_1 与 a_2 的大小相等,记为 a
$$a_1 = a_2 = a$$

由以上五式,消去 T、a_1、a_2,保留 a 和 α,可得
$$m_1\cos\alpha - m_2(1-\cos\alpha)^2 = 0$$
$$a\tan\alpha - g = 0$$

解出
$$\alpha = \arccos\left\{\frac{1}{2}\left[\frac{m_1}{m_2} + 2 - \sqrt{\frac{m_1}{m_2}\left(\frac{m_1}{m_2}+4\right)}\right]\right\}$$
$$a_1 = a_2 = a = g\cot\alpha$$

1.16 $\underline{6\mu mg}$

在水平方向上,最底下的物体上、下两面受到摩擦力,分别是 $2\mu mg$、$3\mu mg$,其加速度计为 a,则
$$F - 2\mu mg - 3\mu mg = ma$$

在水平方向上,上面两个物体受到最下面物体的摩擦力,为 $2\mu mg$。最下面物体恰能抽出时,上面两物体一起运动,其加速度计为 a',则
$$2\mu mg = 2ma'$$

按题目要求,$a \geq a'$,解出
$$F \geq 6\mu mg$$

1.17 $\underline{10.6\text{kg}}$

每个石子碰到盒底并停止时对盒的冲量为 $0.06\text{N}\cdot\text{s}$。每秒钟盒底受到的冲量为 $6\text{N}\cdot\text{s}$,因此平均冲击力为 6N。10s 时,秤上已堆积的石子总质量为 10kg。故秤的读数为 10.6kg。

1.18 $\underline{2\sqrt{2H/g} < T < 6\sqrt{2H/g};(M+3m)g}$

如果男子左手接球传递、右手接球抛出的速度极其迅速,可以不考虑球在手中停留的时间,三个球近似齐抛齐落,这时周期最短,设为 $T_{\min}$,则
$$T_{\min} = 2t, \quad H = \frac{1}{2}gt^2$$

所以
$$T_{\min} = 2\sqrt{2H/g}$$

因为每只手中至多只有一个小球,所以必须保证至少有一个小球在空中运动,这时的周期最长,设为 $T_{\max}$,则
$$T_{\max} = 3T_{\min}$$

将男子与小球看作一个系统,系统的质心没有运动,所以系统受到的合外力为零,即磅秤对系统的支撑力与系统受到的重力平衡。

1.19 $(\sqrt{2}-1)\mathrm{cm}$

两次击钉,铁锤的动能相同。根据功能原理,两次击钉的过程中,木板对铁钉的阻力作功相同。

木板对铁钉阻力的大小为 $F = kx$,则
$$\int_0^{x_1} kx\mathrm{d}x = \int_{x_1}^{x_2} kx\mathrm{d}x$$

即 $x_2 = \sqrt{2}x_1$,第二次将钉继续击入的深度为
$$x_2 - x_1 = (\sqrt{2}-1)x_1$$

1.20 (1) 设人的拉力为 T,则
$$P = Tv$$

人的拉力在水面的分量 $T\cos\varphi$ 使船产生加速度 a_s
$$T\cos\varphi = ma_s$$

记船到滑轮的距离为 l,到岸边的距离为 x,船速为 v_s,则
$$x = \sqrt{l^2 - h^2}$$
$$v_s = \frac{\mathrm{d}x}{\mathrm{d}t} = -\frac{lv}{x}$$
$$a_s = \frac{\mathrm{d}v_s}{\mathrm{d}t} = -\frac{h^2v^2}{x^3} - \frac{la}{x} = -\frac{a}{\cos\varphi} - \frac{v^2}{h}\tan^3\varphi$$

这里的负号表示小船向左运动、加速。

所以
$$P = Tv = T|v| = \frac{ma_s v}{\cos\varphi} = \frac{mv}{\cos\varphi}\left(\frac{a}{\cos\varphi} + \frac{v^2}{h}\tan^3\varphi\right)$$

(2) 水面对船的竖直方向支持力为
$$N = mg - T\sin\varphi$$

当 $a = 0, v = v_0$ 时

$$N = mg - \frac{mv_0^2}{h}\tan^4\varphi$$

令 $N = 0$,则

$$\varphi = \arctan\sqrt[4]{gh/v_0^2}$$

1.21 （1）在太空中,飞船 - 燃料系统不受合外力作用,系统的动量守恒。记任意的 t 时刻,飞船的质量为 M,速度为 v；经 dt 时间,飞船的质量变为 $M + dM$,即燃烧掉的燃料质量为 $-dM = m_0 dt$,飞船的速度增为 $v + dv$。根据动量守恒

$$(M + dM)(v + dv) + (-dM)(v + dv - u) = Mv$$

得

$$Mdv + udM = 0 \tag{1}$$

将 $-dM = m_0 dt, dv = adt$ 代入上式,得

$$a = \frac{m_0}{M}u = \frac{m_0}{M_0 + M_R - m_0 t}u$$

其中,$0 \leq t \leq M_R/m_0$。所以

$$a_{\min} = \frac{m_0}{M_0 + M_R}u \text{（对应飞船刚点火时）}$$

$$a_{\max} = \frac{m_0}{M_0}u \text{（对应燃料烧尽时）}$$

（2）由(1)式得

$$\frac{dv}{u} = -\frac{dM}{M}$$

两边取积分

$$\int_0^v \frac{dv}{u} = -\int_{M_0 + M_R}^{M} \frac{dM}{M}$$

得

$$v = u\ln\frac{M_0 + M_R}{M}$$

所以

$$v_e = u\ln\frac{M_R + M_0}{M_0} \tag{2}$$

(3) 在 $t \to t + \mathrm{d}t$ 时间内,系统动能的增量为

$$\mathrm{d}E_k = \frac{1}{2}(M + \mathrm{d}M)(v + \mathrm{d}v)^2 + \frac{1}{2}(-\mathrm{d}M)(v + \mathrm{d}v - u)^2 - \frac{1}{2}Mv^2$$

$$= (M\mathrm{d}v + u\mathrm{d}M)v - \frac{1}{2}u^2\mathrm{d}M = -\frac{1}{2}u^2\mathrm{d}M = \frac{1}{2}m_0 u^2 \mathrm{d}t$$

所以

$$P_i = \frac{1}{2}m_0 u^2, \quad \overline{P} = \frac{1}{2}m_0 u^2$$

(4) 飞船最终获得的动能为

$$E_{ke} = \frac{1}{2}M_0 v_e^2 = \frac{1}{2}M_0 u^2 \left(\ln \frac{M_R + M_0}{M_R}\right)^2$$

释放的全部燃料内能为

$$U = \overline{P}\frac{M_R}{m_0} = \frac{1}{2}M_R u^2$$

因此

$$\eta = \frac{E_{ke}}{U} = \frac{M_0}{M_R}\left(\ln \frac{M_R + M_0}{M_0}\right)^2$$

(5) 将 $M_R = \alpha M_0$ 代入上式,得

$$\eta = \frac{1}{\alpha}[\ln(1 + \alpha)]^2$$

当 η 取极值时,$\dfrac{\mathrm{d}\eta}{\mathrm{d}\alpha} = 0$,即

$$\frac{2\alpha}{1 + \alpha} = \ln(1 + \alpha)$$

这个超越方程的近似解为 $\alpha \approx 3.925$,所以取 $\alpha = 4$,此时

$$\eta = \eta_{\max} = 65\%$$

1.22 如果小球贴近细棍时能下滑,以后也能下滑。

(1) 设上端绳中张力为 T,则小球下滑要求沿斜面方向小球受到的合外力斜向下、绳受到的合外力斜向上:

$$mg\sin\varphi > \mu mg\cos\varphi + T$$

$$T > \lambda Lg\sin\varphi + \mu \lambda Lg\cos\varphi$$

两式联立解出

$$m > \frac{\sin\varphi + \mu\cos\varphi}{\sin\varphi - \mu\cos\varphi}\lambda L = 3\lambda L$$

即

$$m > 3\lambda L, \quad m_0 = 3\lambda L$$

（2）以绳、小球、斜面、地球为系统，没有外力作功。根据功能原理，非保守力（摩擦力）作功等于系统的机械能的增量：

$$-\mu(m_0 + \lambda L)g\cos\varphi \cdot l = \frac{1}{2}(m_0 + \lambda L)v^2 - m_0 gl\sin\varphi + \lambda gl(L-l)\sin\varphi$$

解出

$$v = \sqrt{\frac{m_0 - 3\lambda L + 2\lambda l}{m_0 + \lambda L}gl\sin\varphi} = \sqrt{\frac{g\sin\varphi}{2L}}l$$

$$a = \frac{dv}{dt} = \sqrt{\frac{g\sin\varphi}{2L}}\frac{dl}{dt} = \frac{gl\sin\varphi}{2L}$$

（3）由 $v = \frac{dl}{dt} = \sqrt{\frac{g\sin\varphi}{2L}}l$，得

$$\int_{L/2}^{L}\frac{dl}{l} = \sqrt{\frac{g\sin\varphi}{2L}}\int_{0}^{T}dt$$

即

$$T = \sqrt{\frac{2L}{g\sin\varphi}}\ln 2$$

1.23 （1）软绳质量记为 M，以固定细钉处为重力势能零点，题1.23(a) 状态时系统的重力势能为 $-\frac{1}{4}MgL$，图(b) 状态的重力势能为 $-M\frac{x}{L}g\frac{x}{2} - M\frac{L-x}{L}g\frac{L-x}{2} = -\frac{Mg}{2L}[x^2 + (L-x)^2]$，根据机械能守恒

$$-\frac{1}{4}MgL = -\frac{Mg}{2L}[x^2 + (L-x)^2] + \frac{1}{2}Mv^2$$

得软绳整体运动的速率

$$v = \sqrt{\frac{g}{2L}}(L - 2x)$$

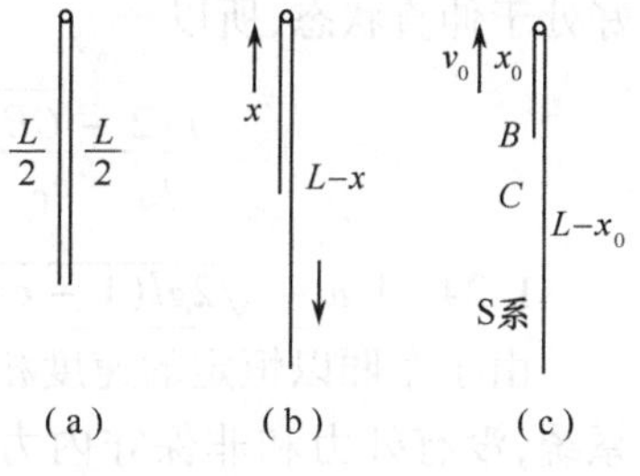

题1.23图

取竖直向下的方向为正方向，图(b)对应的软绳动量为

$$P = \frac{(L-x)-x}{L}Mv = \frac{M}{L}\sqrt{\frac{g}{2L}}(L-2x)^2$$

利用质点系的动量定理

$$Mg - N = \frac{dP}{dt} = \frac{2Mg}{L^2}(L-2x)^2$$

N 恰好为零时，对应的 x 便为

$$x = x_0 = \frac{1}{4}(2-\sqrt{2})L$$

(2) $x = x_0$ 时，有

$$v = \sqrt{\frac{g}{2L}}(L-2x_0) = \frac{1}{2}\sqrt{gL}$$

取初速方向竖直向下，大小为 v 的自由落体参考系 S，S 系中软绳右侧绳段初速为零，左侧绳段向上初速为

$$v_0 = 2v = \sqrt{gL}$$

如题 1.23 图(c) 所示。

初态软绳的质心 C 在 B 端下方，且

$$\overline{CB} = \frac{L^2 - 4Lx_0 + 2x_0^2}{2L}$$

S 系中此时 B 端上行速度为 v_0，质心 C 的上行速度为

$$v_C = \frac{x_0}{L}v_0$$

此后 B、C 在 S 系中一直做匀速直线运动。当 B、C 的距离达到 $L/2$ 时，软绳恰好处于伸直状态，所以

$$t = \frac{L/2 - \overline{CB}}{v_0 - v_C} = \frac{(2L-x_0)x_0}{(L-x_0)v_0} = \frac{14 - 9\sqrt{2}}{4}\sqrt{\frac{L}{g}}$$

1.24 $|u - \sqrt{2gl(1-\cos\varphi_0)}|$；$-mu\sqrt{2gl(1-\cos\varphi_0)}$

由于车厢以恒定的速度相对地球运动，它也是惯性系。考察小球、地球这个系统，没有外力和非保守内力作功，机械能守恒。以小球的最低位置为势能零点，则

$$\frac{1}{2}mv'^2 = mgl(1-\cos\varphi_0)$$

所以
$$v' = \sqrt{2gl(1-\cos\varphi_0)}$$

其中 v' 是小球在最低点时相对车厢的速率,第一次到达最低点时 v' 向左。这时小球相对于地面的速率为

$$v = |u - v'| = |u - \sqrt{2gl(1-\cos\varphi_0)}|$$

在地面参照系中,考察小球、车厢、地球这个系统,没有外力作功。根据功能原理,摆线对小球所作总作功就等于系统机械能的增量(车厢恒速运动,动能不变,摆线对车厢作功为零)

$$A = \frac{1}{2}mv^2 - \frac{1}{2}mu^2 - mgl(1-\cos\varphi_0) = -mu\sqrt{2gl(1-\cos\varphi_0)}$$

1.25 $\sqrt{2}v_0$

当打开 P 时,由于孔很小,箱中水面下降速度极慢,可不考虑箱中水的动能。$\mathrm{d}V$ 体积的水流出,相当于水面处 $\mathrm{d}V$ 体积的水运动到小孔处并流出。由机械能守恒定律可知

$$v_0 = \sqrt{2gl}$$

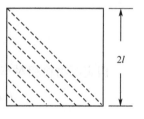

题 1.25 图

当水箱向右加速运动时,以水箱为参照系,它是非惯性系,箱中水受到向左的惯性力作用,惯性力与重力大小相等。稳定时,水体的等压强线如题 1.25 图中虚线所示。此时,水箱中的水可认为是在 $g' = \sqrt{2}g$ 的力场中从高度 $h = \sqrt{2}l$ 处下落。套用前式,水流出小孔 P 的速率为

$$v = \sqrt{2g'h} = \sqrt{4gl} = \sqrt{2}v_0$$

1.26 物块 A 受桌面支持力、摩擦力、重力和绳子张力,如题 1.26 图(a)所示。

物块 B 受重力和绳子张力,如题 1.26 图(b)所示。

先假设两物块相对车厢静止,物块 A 的运动方程为

$$\boldsymbol{f} + \boldsymbol{N}_A + \boldsymbol{G}_A + \boldsymbol{T} + (-m_A\boldsymbol{a}_0) = 0$$

物块 B 的运动方程为

$$\boldsymbol{G}_B + \boldsymbol{T}' + (-m_B\boldsymbol{a}_0) = 0$$

在竖直(向上为正)和水平(向右为正)方向的分量方程为

$$-f + T + m_A a_0 = 0$$

$$N_A - m_A g = 0$$

$$-m_B g + T'\cos\theta = 0$$

$$-T'\sin\theta + m_B a_0 = 0$$

由后两式得

$$T' = m_B \sqrt{a_0^2 + g^2}$$

利用 $T = T'$,得

$$f = m_A a_0 + m_B \sqrt{a_0^2 + g^2} > \mu m_A g$$

所以两物块不是静止在车厢中。

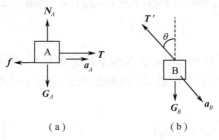

题 1.26 图

假定两物块相对车厢的加速度分别为 a_A、a_B,如题 1.26 图(b)所示,则有

$$\boldsymbol{f} + \boldsymbol{N}_A + \boldsymbol{G}_A + \boldsymbol{T} + (-m_A \boldsymbol{a}_0) = m_A \boldsymbol{a}_A$$

$$\boldsymbol{G}_B + \boldsymbol{T}' + (-m_B \boldsymbol{a}_0) = m_B \boldsymbol{a}_B$$

在竖直(向上为正)和水平(向右为正)方向的分量方程为

$$T - f + m_A a_0 = m_A a_A$$

$$N_A - m_A g = 0$$

$$-m_B g + T'\cos\theta = -m_B a_B \cos\theta$$

$$-T'\sin\theta + m_B a_0 = m_B a_B \sin\theta$$

另外,有以下关系:

$$f = \mu N_A$$

$$a_A = a_B$$

$$T = T'$$

由以上七式联立解出

$$T = \frac{m_A m_B}{m_A + m_B}(\sqrt{a_0^2 + g^2} + \mu g - a_0) = 125.4(\text{N})$$

1.27 $\sqrt{2g\left(\frac{\rho_2}{\rho_1}h_2 + h_1\right)}$

设打开木塞后在很短的时间内流出的流体体积为 ΔV。在此期间,流体的重力势能减少了,原因在于重力作功。由于 $S \ll S_0$,不考虑流体表面下降速度。重力的功相当于把 A 这块流体搬到 B、同时把 A' 这块流体搬到 B' 的过程中所作的功,为 $\rho_2 \Delta V g h_2 + \rho_1 \Delta V g h_1$。流体在流动过程中机械能守恒,故有

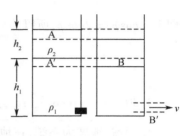

题 1.27 图

$$\rho_2 \Delta V g h_2 + \rho_1 \Delta V g h_1 = \frac{1}{2}\rho_1 \Delta V v^2$$

所以

$$v = \sqrt{2g\left(\frac{\rho_2}{\rho_1}h_2 + h_1\right)}$$

1.28 等于;等于

将容器和液体视为一体(一个系统),受到的外力只有重力和地面给容器底板向上的支持力,此二力平衡。题 1.28 图(a)、(b)所示两种情况下系统受重力相等,所以地面给容器底板向上的支持力也就相等。

液体因重力对容器底面的压强 $P = h\gamma$,其中,h、γ 分别是液体深度、密度,所以

$$P_1 = P_2$$

1.29 $\varphi = \arccos\frac{1}{3}$

在 A 球离地之前,被释放的 B 球一直在竖直平面内以 l_1 为半径做圆周运动。以小球 B、地球为系统,以地面为参照系,B 球下摆的过程中,只有重力作功,系统的机械能守恒。选细杆所在高度为重力势能零点,当摆线与水平线夹角为 θ 时,有

$$-mgl_1\sin\theta_1 + \frac{1}{2}mv^2 = 0$$

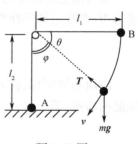

题 1.29 图

由此得出
$$v = \sqrt{2gl_1\sin\theta} = \sqrt{2gl_1\cos\varphi}$$

当绳中张力等于小球 A 的重力($T = mg$)时,A 球刚好离地,对 B 球可运用牛顿第二运动定律写出法向的分量方程:
$$mg - mg\cos\varphi = m\frac{v^2}{l_1}$$

即 $1 - \cos\varphi = 2\cos\varphi$,所以
$$\varphi = \cos^{-1}\frac{1}{3}$$

1.30 $\theta = \arccos\frac{\sqrt{3}}{3}$;$v_{\perp\max} = \frac{2}{3}\sqrt{\sqrt{3}gl}$

以摆球、地球为系统,在地面参照系中,系统的机械能守恒。取悬点高度为重力势能零点,当摆线与竖直线夹角为任意的 θ 时,有
$$-mgl\cos\theta + \frac{1}{2}mv^2 = 0$$

所以速率 $v = \sqrt{2gl\cos\theta}$,速度的竖直分量
$$v_\perp = v\sin\theta = \sqrt{2gl\cos\theta}\cdot\sin\theta$$

令 $\frac{\mathrm{d}v_\perp}{\mathrm{d}\theta} = 0$,得 $2\cos^2\theta - \sin^2\theta = 0$,解得 $\theta = \cos^{-1}\frac{\sqrt{3}}{3}$ 或 $\theta = \sin^{-1}\frac{\sqrt{6}}{3}$。因为 $v_\perp$ 先增大后减小,所以此时具有最大值。将 $\sin\theta$ 和 $\cos\theta$ 代入 $v_\perp$ 的表达式中,得
$$v_{\perp\max} = \frac{2}{3}\sqrt{\sqrt{3}gl}$$

1.31 增大;减小

设人造卫星质量为 m、绕地球做圆周运动的速率为 v、轨道半径为 r、地球质量为 M。则在地球参照系中,卫星、地球系统的机械能为
$$E = -G\frac{Mm}{r} + \frac{1}{2}mv^2$$

应用功能原理,在 $\mathrm{d}t$ 时间内,外力和非保守内力(无)作的功应等于系统机械能的增量,即
$$\mathrm{d}A_f = \mathrm{d}E = G\frac{Mm}{r^2}\mathrm{d}r + mv\mathrm{d}v$$

卫星受到的万有引力即做圆周运动所需的向心力为 $G\dfrac{Mm}{r^2} = m\dfrac{v^2}{r}$，故此

$$2v\mathrm{d}v = -G\dfrac{M}{r^2}\mathrm{d}r$$

因为 $\mathrm{d}A_f < 0$，由以上两式得

$$\mathrm{d}v > 0, \quad \mathrm{d}r < 0$$

1.32　$\underline{\rho_A = \left(\dfrac{M}{M+m}\right)^2 R}$

设小球滑至最低点 A 时，小球相对滑块的速率为 v'，相对地面的速率为 v。此时，滑块对地面的加速度为零，在滑块参照系和地面参照系中，小球的加速度相等，因此有 $\dfrac{v'^2}{R} = \dfrac{v^2}{\rho_A}$，即

$$\rho_A = \dfrac{v^2}{v'^2}R$$

小球与滑块构成的系统在水平方向不受外力，动量的水平分量守恒。设小球到达 A 点时，滑块的对地速度为 V，则有 $mv + MV = 0$，即

$$V = -\dfrac{m}{M}v$$

根据相对运动的速度变换关系，有 $v' = v - V = \dfrac{M+m}{M}v$，所以

$$\rho_A = \left(\dfrac{M}{M+m}\right)^2 R$$

1.33　$\underline{\text{乙}；\dfrac{(2M+m)}{6Mv_0}L}$

在水面建立一维坐标系，坐标轴 X 的正方向与从甲到乙的方向一致。以甲、乙两人及船为系统，系统在水平方向不受外力，动量的水平分量守恒。设任一时刻船对水面的速度为 V，沿 X 轴正方向，则甲对水面的速度为 $v_1 = V + v_0$，乙对水面的速度为 $v_2 = V - v_0$，动量守恒给出

$$MV + M(V + v_0) + m(V - v_0) = 0$$

得

$$V = \dfrac{m - M}{2M + m}v_0 < 0$$

$V<0$ 说明船向 X 轴负向运动, $v_1=\dfrac{2m+M}{2M+m}v_0$, $v_2=\dfrac{3M}{2M+m}v_0$, $v_1<v_2$。所以乙先到达木桩。

根据题意,有 $\int_0^{\Delta t}v_2\mathrm{d}t=L/2$,所以

$$\Delta t=\dfrac{(2M+m)}{6Mv_0}L$$

1.34 $\dfrac{kl}{m_1+m_2}$;$\dfrac{\sqrt{km_2}}{m_1+m_2}l$

撤去水平外力后,m_1 保持静止,m_2 加速运动,直至弹簧恢复原长。弹簧恢复原长瞬间以后,以两物块和弹簧为系统,系统运动过程中,受到的合外力为零,根据质心运动定理,系统的质心做匀速直线运动,加速度为零。

撤去水平外力后到弹簧恢复原长前,m_2 始终受到弹簧的推力,向右加速,速度越来越大;但弹簧的推力越来越小,m_2 的加速度越来越小。所以,刚撤去水平外力时,系统质心的加速度最大,弹簧恢复原长时系统质心的速度最大,分别记为 a_m、v_m,则有

$$kl=m_2a_2,\quad a_m=\dfrac{m_2a_2}{m_1+m_2}=\dfrac{kl}{m_1+m_2}$$

$$\dfrac{1}{2}kl^2=\dfrac{1}{2}m_2v_2^2,\quad v_m=\dfrac{m_2v_2}{m_1+m_2}=\dfrac{\sqrt{km_2}}{m_1+m_2}l$$

1.35 4;$\dfrac{5\sqrt{3}}{24}$

用 m_i 表示第 i 个线段的质量,则等边三角形系列的总质量为

$$M=\sum_i m_i=2m+m\left[1+\dfrac{1}{2}+\left(\dfrac{1}{2}\right)^2+\left(\dfrac{1}{2}\right)^3+\left(\dfrac{1}{2}\right)^4+\cdots\right]$$

一个首项为 b、公比为 r 的无穷几何级数,其求和公式为 $s=\dfrac{b}{1-r}$,故有

$$M=4m$$

系统的质心与 BC 边的距离为 $l=\dfrac{1}{M}\sum_i m_i l_i$。其中 l_i 是第 i 个线段中点到 BC 边的距离。

AB 边和 AC 边的质量同为 m,二者的中点与 BC 边的距离同为 $\dfrac{\sqrt{3}}{4}a$。

BC、B_1C_1、B_2C_2、B_3C_3、… 各边的质量为 m、$\frac{1}{2}m$、$\left(\frac{1}{2}\right)^2 m$、$\left(\frac{1}{2}\right)^3 m$、$\left(\frac{1}{2}\right)^4 m$、…,各边中点与 BC 边距离为 0、$\frac{1}{2} \cdot \frac{\sqrt{3}}{2}a$、$\left[\frac{1}{2} + \left(\frac{1}{2}\right)^2\right] \cdot \frac{\sqrt{3}}{2}a$、$\left[\frac{1}{2} + \left(\frac{1}{2}\right)^2 + \left(\frac{1}{2}\right)^3\right] \cdot \frac{\sqrt{3}}{2}a$、$\left[\frac{1}{2} + \left(\frac{1}{2}\right)^2 + \left(\frac{1}{2}\right)^3 + \left(\frac{1}{2}\right)^4\right] \cdot \frac{\sqrt{3}}{2}a$、…,所以

$$l = \frac{\sqrt{3}}{8}a + \frac{a}{4}\left\{\left(\frac{1}{2}\right)^2 + \left(\frac{1}{2}\right)^2\left[\frac{1}{2} + \left(\frac{1}{2}\right)^2\right] + \left(\frac{1}{2}\right)^3\left[\frac{1}{2} + \left(\frac{1}{2}\right)^2 + \left(\frac{1}{2}\right)^3\right] + \cdots\right\}\frac{\sqrt{3}}{2}$$

大括号内各项的第一项求和得 $\left(\frac{1}{2}\right)^2\left[1 + \frac{1}{2} + \left(\frac{1}{2}\right)^2 + \cdots\right]$,大括号内各项的第二项求和得 $\left(\frac{1}{2}\right)^4\left[1 + \frac{1}{2} + \left(\frac{1}{2}\right)^2 + \cdots\right]$,大括号内各项的第三项求和得 $\left(\frac{1}{2}\right)^6\left[1 + \frac{1}{2} + \left(\frac{1}{2}\right)^2 + \cdots\right]$,… 所以

$$l = \frac{\sqrt{3}}{8}a + \frac{a}{4}\left[\left(\frac{1}{2}\right)^2 + \left(\frac{1}{2}\right)^4 + \left(\frac{1}{2}\right)^6 + \cdots\right] \cdot \left[1 + \frac{1}{2} + \left(\frac{1}{2}\right)^2 + \cdots\right]\frac{\sqrt{3}}{2}$$

$$= \frac{5\sqrt{3}}{24}a$$

1.36 记水和水汽的质量密度分别为 ρ_1 和 ρ_2。设任意时刻 t,水滴的半径为 r,质量为 m,下落速度为 v;在 $\mathrm{d}t$ 时间内,水滴的质量增加 $\mathrm{d}m$,半径增大 $\mathrm{d}r$。

$$m = \frac{4}{3}\pi r^3 \rho_1, \quad \mathrm{d}m = 4\pi r^2 \rho_1 \mathrm{d}r$$

在 $\mathrm{d}t$ 时间内,水滴下落高度 $v\mathrm{d}t$,吸收水汽质量为

$$\mathrm{d}m' = \rho_2 \pi r^2 v \mathrm{d}t$$

因为 $\mathrm{d}m = \mathrm{d}m'$,所以

$$v = \frac{4\rho_1}{\rho_2}\frac{\mathrm{d}r}{\mathrm{d}t}, \quad a = \frac{\mathrm{d}v}{\mathrm{d}t} = \frac{4\rho_1}{\rho_2}\frac{\mathrm{d}^2 r}{\mathrm{d}t^2} \tag{1}$$

水滴是一个变质量系统,其动力学方程为

$$m\frac{\mathrm{d}v}{\mathrm{d}t} + v\frac{\mathrm{d}m}{\mathrm{d}t} = mg$$

即
$$\frac{dv}{dt} + \frac{3v}{r}\frac{dr}{dt} = g$$

利用式(1),由该式得出

$$\frac{d^2r}{dt^2} + \frac{3}{r}\left(\frac{dr}{dt}\right)^2 = \frac{\rho_2 g}{4\rho_1} \tag{2}$$

为了由式(2)求解 $r = r(t)$,令 $x = \frac{dr}{dt}$,则 $\frac{d^2r}{dt^2} = x\frac{dx}{dr}$,式(2)变形为

$$x\frac{dx}{dr} + \frac{3}{r}x^2 = \frac{\rho_2 g}{4\rho_1}$$

再令 $y = x^2$,则 $x\frac{dx}{dr} = \frac{1}{2}\frac{dy}{dr}$,上式变形为

$$\frac{dy}{dr} + \frac{6}{r}y = \frac{\rho_2 g}{2\rho_1} \tag{3}$$

式(3)的通解为

$$y(r) = e^{-\int \frac{6}{r}dr}\left(\frac{\rho_2 g}{2\rho_1}\int e^{\int \frac{6}{r}dr}dr + C\right)$$

即

$$y = x^2 = \left(\frac{dr}{dt}\right)^2 = \frac{\rho_2 g}{14\rho_1}r + \frac{C}{r^6}$$

式中:C 是积分常量。

经过足够长的时间,水滴的半径变得足够大,上式右边第二项与第一项相比,可以略去,故得

$$\frac{dr}{dt} = \sqrt{\frac{\rho_2 g}{14\rho_1}r}$$

当 $t = 0$ 时,水滴只是"小滴",半径可以忽略,所以

$$r = \frac{\rho_2 g}{56\rho_1}t^2$$

最后得

$$a = \frac{4\rho_1}{\rho_2}\frac{d^2r}{dt^2} = \frac{1}{7}g$$

1.37　$\underline{20}$；$20mv_0^2$

"步步为营"式的分析：车厢原来停在铁轨上，第一名学生跳上车坐下后，具有一个共同的速度v_1。学生从跳起到在车厢上坐下的过程中，学生、车厢系统水平方向不受外力，动量的水平分量守恒：

$$m \cdot 2v_0 = (M+m)v_1$$

从第二个学生从跳起到在车厢上坐下的过程中，学生、车厢系统水平方向不受外力，动量的水平分量守恒。设坐稳后的车厢速度为v_2，则有

$$m \cdot 2v_0 + (M+m)v_1 = (M+2m)v_2$$

设学生人数为n，类似地，有

$$m \cdot 2v_0 + (M+2m)v_2 = (M+3m)v_3$$

$$\cdots$$

$$m \cdot 2v_0 + [M+(n-1)m]v_{n-1} = (M+nm)v_n$$

n个方程，左右分别相加，得

$$n \cdot m \cdot 2v_0 = (M+nm)v_n$$

"一步到位"式分析：车厢原来停在铁轨上，每一名学生从跳起来到在车上坐下的过程中，学生、车厢系统水平方向不受外力，系统动量的水平分量守恒，即有

$$n \cdot m \cdot 2v_0 = (M+nm)v_n$$

"教员恰好未能上车"，说明$v_n = v_0$，所以

$$n = 20$$

全过程中，由教员、学生和车厢构成的系统的动能损失为

$$n \cdot \frac{1}{2}m(2v_0)^2 - \frac{1}{2}(M+nm)v_0^2 = 20mv_0^2$$

1.38　以平板和木块为研究系统，系统在水平方向不受外力。以水平地面为参照系，系统动量的水平分量守恒。以V'表示平板和木块的共同速度，则有

$$MV = (M+m)V'$$

在达到共同速度前，木块和平板间的滑动摩擦力为

$$F = \mu mg$$

木块的加速度为

$$a_1 = F/m = \mu g$$

平板的加速度为
$$a_2 = F/M = \mu mg/M$$

木块相对于水平地面运动的距离为
$$S_1 = \frac{V'^2}{2a_1}$$

平板相对于水平地面的运动距离为
$$S_2 = \frac{V^2 - V'^2}{2a_2}$$

所以,木块在平板上运动的距离为
$$S = S_2 - S_1 = \frac{MV^2}{2(M+m)\mu g}$$

本题也可以采用以下两种方法求解:

(1) 已知始态木块相对平板的速度是 V,末态木块相对平板的速度是 0。利用解出的 a_1 和 a_2,即得到木块相对平板的加速度($a_1 + a_2$)。所以,可以解出木块在平板上的运动距离 S。

(2) 利用解出的共同速度 V',可以求出水平地面参照系中系统动能的增量。竖直方向的力不作功,水平方向只有摩擦力作功。根据动能定理,摩擦力作功 $-\mu mgS$ 等于系统动能的增量。由此可以解出木块和平板的相对运动距离 S。

1.39 设质点下滑到最低点时,质点对地的速度为 v,质点对木块的速度为 v',木块对地的速度为 V,则

在木块参照系中,质点做圆周运动,质点运动到最低点时,木块的加速度为零。设此时木块对质点的支撑力为 N,则有
$$N - mg = mv'^2/R$$

其中
$$v' = v - V$$

以质点和木块为研究对象(系统),系统在水平方向不受外力,在地面参照系中,系统动量的水平分量守恒
$$mv + MV = 0$$

以质点、木块和地球为系统,在质点下滑的过程中,只有重力作功。在地面参照系中,系统的机械能守恒,选质点下滑到最低点处为重力势能零点,则
$$mgR = \frac{1}{2}mv^2 + \frac{1}{2}MV^2$$

质点在最低点时,对木块的压力 N' 与 N 大小相等、方向相反,即竖直向下,大小为

$$N' = \left(3 + \frac{2m}{M}\right)mg$$

1.40 (1) 在质点 B 上建立参照系 S',由于 B 相对惯性系 S' 匀速运动,S' 系也是惯性系。在 S' 系中,质点 B 静止,质点 A 背离 B 运动,初速为 v_0。以质点 A 和 B 为系统,仅有万有引力作功,系统的机械能守恒:

$$-G\frac{m_1 m_2}{l_{\max}} = \frac{1}{2}mv_0^2 - G\frac{m_1 m_2}{l_0}$$

解得最大间距

$$l_{\max} = \frac{2Gm_2}{2Gm_2 - l_0 v_0^2} l_0$$

变力总与万有引力平衡,在质点间距最大时

$$F = F_{引} = G\frac{m_1 m_2}{l_{\max}^2} = \frac{(2Gm_2 - l_0 v_0^2)^2 m_1}{4 l_0^2 G m_2}$$

(2) 在惯性系 S 中考察,当间距 $l = l_{\max}$ 时,质点 A 和 B 有共同的速度 v_0。在 S 系中运用功能原理,外力的功等于系统机械能的增量

$$W = \left[\frac{1}{2}(m_1 + m_2)v_0^2 - G\frac{m_1 m_2}{l_{\max}}\right] - \left[\frac{1}{2}m_2 v_0^2 - G\frac{m_1 m_2}{l_0}\right] = m_1 v_0^2$$

1.41 $\left(1 + \dfrac{m}{M}\right)^2 x^2 + y^2 = r^2$

以 X 和 x、V 和 v 分别表示任意时刻半球质心和小滑块的横坐标、对地速度,根据水平方向系统的动量守恒,有

$$MV_x + mv_x = 0$$

该方程对时间积分,并考虑到初始条件 $X_0 = 0$、$x_0 = 0$,可得(也可直接由质心运动定理得)

$$MX + mx = 0$$

利用相对运动关系,小球的位置坐标为

$$x = X + r\sin\theta$$

$$y = r\cos\theta$$

由以上三式得小球的轨迹方程

$$\left(1+\frac{m}{M}\right)^2 x^2 + y^2 = r^2$$

设滑块脱离半球的瞬间，半球相对地面的速度为 V_f，滑块相对半球的速度为 v_f。

滑块脱离半球瞬间，半球不受外力，加速度为零，滑块相对半球的运动是圆周运动，遵守牛顿第二定律，因此

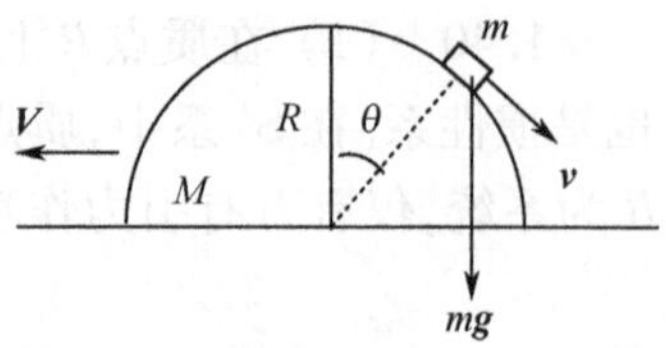

$$mg\cos\theta = m\frac{v_f^2}{R}$$

题 1.41 图

以滑块、半球为系统，水平方向不受外力，在地面参照系中，系统动量的水平分量守恒：

$$m(v_f\cos\theta - V_f) - MV_f = 0$$

以滑块、半球、地球为系统，在地面参照系中应用机械能守恒定律：

$$mgR(1-\cos\theta) = \frac{1}{2}m[(v_f\cos\theta - V_f)^2 + v_f^2\sin^2\theta] + \frac{1}{2}MV_f^2$$

由以上各式，解出

$$\frac{m}{M+m}\cos^2\theta - 3\cos\theta + 2 = 0$$

1.42 以摆球、小车为系统，在摆球下摆的过程中，系统在水平方向不受外力，地面参照系中观察，系统动量的水平分量守恒。

以摆球、小车和地球为系统，在摆球下摆的过程中，只有重力作功，地面参照系中观察，系统的机械能守恒。

由于摆球是在铅直位置与竖直挡板碰撞，所以是正碰，而且是完全弹性碰撞，碰撞瞬间前后系统的动能相等，势能未变，机械能也相等。即摆球在下摆的过程中直到碰撞后，系统的机械能守恒。

(1) 以 V_1、V_2 表示碰撞瞬间后小车、摆球的速率，以水平向右的方向为正方向，动量的水平分量守恒：

$$M_1V_1 - M_2V_2 = 0$$

机械能守恒：

$$\frac{1}{2}M_1V_1^2 + \frac{1}{2}M_2V_2^2 = M_2gh$$

解出：

$$V_1 = M_2 \sqrt{\frac{2gh}{M_1 M_2 + M_1^2}} \quad (\text{向右})$$

$$V_2 = M_1 \sqrt{\frac{2gh}{M_1 M_2 + M_1^2}} \quad (\text{向左})$$

(2) 在摆球向右上摆时,车向左运动,整个过程与摆球下摆时完全相反,但同样遵守动量的水平分量守恒和机械能守恒。因此,摆球在反弹后仍能回到水平位置而静止,同时小车也回到原处而静止。

(3) 摆球在回到水平位置后,再次下摆、碰撞、反弹回到水平位置,…… 如此周而复始,摆球第二次与挡板撞击后小车的速度与第一次撞击后的车速大小相等。摆球摆动的过程中,小车左右往返运动,并不能不断地沿一个方向前进。

1.43 $\frac{\sqrt{2}}{2}g$;$\sqrt{2gl}$

如题 1.43 图,木块 1 受到重力和绳子拉力的作用,木块 2 受到绳子拉力和桌面支持力作用,有

$$mg - T_1 = ma$$
$$T_2 = ma$$

其中,$T_1 = T_2$,所以

$$a = g/2, v = \sqrt{2al} = \sqrt{gl}$$

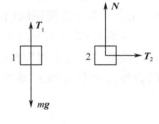

题 1.43 图

以水平向右为 X 轴正方向、竖直向下为 Y 轴正方向,已知:

$$\boldsymbol{a}_1 = a\boldsymbol{j}, \boldsymbol{a}_2 = a\boldsymbol{i}, \boldsymbol{v}_1 = v\boldsymbol{j}, \boldsymbol{v}_2 = v\boldsymbol{i}$$

所以

$$\boldsymbol{a}_c = \frac{1}{2}a(\boldsymbol{i}+\boldsymbol{j}), \boldsymbol{v}_c = \frac{1}{2}v(\boldsymbol{i}+\boldsymbol{j})$$

$$a_c = \frac{\sqrt{2}}{2}a = \frac{\sqrt{2}}{4}g, v_{ce} = \frac{\sqrt{2}}{2}v = \frac{\sqrt{2}}{2}\sqrt{gl}$$

1.44 $\frac{l}{4}$;$\frac{\sqrt{13}}{2}\frac{l}{v}$

如题 1.44 图所示,记 P 到 BC 边的垂足为 E、Q 到 CD 边的垂足为 F。设小球 P 与 BC 边碰撞后,在 R 点与 CD 边碰撞。由于是弹性碰撞,△PES、△RCS、△RFQ 是相似三角形。

57

设 $\overline{CS} = x$, $\overline{CR} = y$, 则 $\overline{ES} = \dfrac{3l}{4} - x$, $\overline{FR} = \dfrac{3l}{4} - y$,
有以下关系

$$\dfrac{x}{3l/4 - x} = \dfrac{y}{3l/4}, \quad \dfrac{x}{l/4} = \dfrac{y}{3l/4 - y}$$

由此两式即可解出

$$x = \dfrac{l}{4}, \quad y = \dfrac{3l}{8}$$

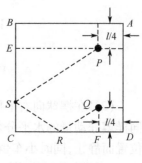

题 1.44 图

P 从开始运动到与 Q 相碰,期间经过的时间为

$$t = \left(\sqrt{(3l/4 - x)^2 + (3l/4)^2} + \sqrt{x^2 + y^2} + \sqrt{y^2 + (l/4)^2}\right) \div v = \dfrac{\sqrt{13}\,l}{2v}$$

1.45 这个问题中,有三个关键时刻:击发器击发完毕瞬间(记为 t_1)、m_1 和 m_2 完全非弹性碰撞瞬间(记为 t_2)、弹簧被压缩最甚瞬间(记为 t_3)。

时刻 t_1:质量为 m_1 的物体对地的速度为 u_0,向右;设车厢的速度为 V,向左;此时质量为 m_2 的物体静止。以车厢、m_1、m_2 为系统,在地面参照系中,系统受到的合外力为零,系统的动量守恒,即 $m_1 u_0 - MV = 0$

$$V = \dfrac{m_1}{M} u_0$$

时刻 t_2:设瞬间后粘连体对地的速度为 u,向右。以两个物体为系统,地面参照系中,碰撞过程中系统受到的合外力为零,系统的动量守恒,即 $m_1 u_0 = (m_1 + m_2) u$

$$u = \dfrac{m_1}{m_1 + m_2} u_0$$

时间 t_2 到 t_3:以车厢、m_1、m_2、弹簧为系统,地面参照系中,系统受到的合外力为零,系统的动量守恒,时刻 t_3 系统的各部分相对地面皆静止。这段过程中,没有非保守内力作功,设弹簧的最大压缩量为 Δl,系统的机械能守恒

$$\dfrac{1}{2} MV^2 + \dfrac{1}{2}(m_1 + m_2) u^2 = \dfrac{1}{2} k (\Delta l)^2$$

$$\Delta l = \sqrt{\dfrac{MV^2 + (m_1 + m_2) u^2}{k}} = \sqrt{\dfrac{1}{k}\left(\dfrac{1}{M} + \dfrac{1}{m_1 + m_2}\right)}\, m_1 u_0$$

从时刻 t_1 到时刻 t_2,记 $\Delta t = t_2 - t_1$。m_1 相对车厢的速度为 $u_0 + V$,相对车厢的运动距离为 $\dfrac{L}{2} - l$,所以 $(u_0 + V)\Delta t = \dfrac{L}{2} - l$。车厢相对地面向左运动的距离为

$$\Delta x_1 = V\Delta t = \frac{m_1}{m_1 + M}\left(\frac{L}{2} - l\right)$$

从时刻 t_2 到时刻 t_3，记 $\Delta t' = t_3 - t_2$。车厢和粘连体均变速运动，记它们的速度为 $V(t)$ 和 $u(t)$，由动量守恒

$$(m_1 + m_2)u(t) - MV(t) = (m_1 + m_2)u - MV = 0$$

得

$$u(t) = \frac{u}{V}V(t) = \frac{M}{m_1 + m_2}V(t)$$

在时间 $\Delta t'$ 内，粘连体相对车厢的速度为

$$u'(t) = u(t) + V(t) = \frac{m_1 + m_2 + M}{m_1 + m_2}V(t)$$

两边积分，得

$$\int_{t_2}^{t_3} u'(t)\,\mathrm{d}t = \frac{m_1 + m_2 + M}{m_1 + m_2}\int_{t_2}^{t_3} V(t)\,\mathrm{d}t$$

其中，$\int_{t_2}^{t_3} u'(t)\,\mathrm{d}t = \Delta l$，$\int_{t_2}^{t_3} V(t)\,\mathrm{d}t$ 即为 $\Delta t'$ 时间内车厢相对地面运动的距离 Δx_2：

$$\Delta x_2 = \frac{m_1 + m_2}{m_1 + m_2 + M}\Delta l$$

所以，车厢自静止至弹簧压缩最甚时相对地面的位移（向左）为

$$\Delta x = \Delta x_1 + \Delta x_2 = \frac{m_1}{m_1 + M}\left(\frac{L}{2} - l\right) + \frac{m_1 + m_2}{m_1 + m_2 + M}\sqrt{\frac{1}{k}\left(\frac{1}{M} + \frac{1}{m_1 + m_2}\right)}m_1 u_0$$

$$= 0.75\,\mathrm{m}$$

1.46 尽管用手向上托住弹性体使其保持自然长度 L，但弹性体在重力作用下还是要发生形变，上部可能受到拉伸，下部可能受到压缩，各处形变是不可消除的。

（1）以悬挂点为原点，竖直向下为 X 轴正方向，建立一维坐标系。

取弹性体处处无形变时位于 x 和 $x + \mathrm{d}x$ 间的一小段，考察这时它的形变。

设它受到的上端拉力为 T（$T > 0$ 表示向上的拉力，$T < 0$ 表示向下的推力），则有

$$T = \frac{L - x}{L}mg - F$$

这一段弹性体的弹性系数为

$$k_{dx} = \frac{L}{dx}k$$

这一段弹性体的伸长量为

$$d\xi = \frac{T}{k_{dx}} = \frac{1}{Lk}\left(\frac{L-x}{L}mg - F\right)dx$$

对应不同的 x，$d\xi$ 的符号不尽相同，$d\xi > 0$ 表示伸长，$d\xi < 0$ 表示压缩。

弹性体的总伸长量为

$$y = \int d\xi = \int_0^L \frac{1}{Lk}\left(\frac{L-x}{L}mg - F\right)dx = \frac{mg}{2k} - \frac{F}{k}$$

因为开始时弹性体的总伸长量为 $y = 0$，所以

$$F_0 = \frac{1}{2}mg$$

(2) 将手缓慢向下移动过程中，弹性体不断伸长，手的托力不断减小。手的托力从 $F_1 = \frac{1}{2}mg$ 到 $F_2 = 0$，弹性体的伸长量从 $y_1 = 0$ 到 $y_2 = \frac{mg}{2k}$。在弹性体不断伸长的过程中，托力可表述为

$$F = \frac{1}{2}mg - ky$$

考虑到托力与弹性体下端面运动方向相反，托力作功为

$$W = -\int_0^{y_2} F dy = -\frac{1}{8}\frac{m^2g^2}{k}$$

1.47 在地面参照系中，设轻绳拉紧的瞬间滑块 A 的速度为 v_1、滑块 B 的速度为 v_2，本题的目的是求 v_2。

建立如题 1.47 图所示的坐标系。

以滑块 A 和 B 为系统，从 A 开始运动到轻绳拉紧的瞬间，系统在 Y 方向不受外力，系统动量的 Y 分量守恒：

$$mv_0 = mv_{1y} + mv_2$$

从 A 开始运动到轻绳拉紧的瞬间，滑块 A 受力对 B 所在位置的力矩为零，A 对 B 所在位置的角动量守恒：

$$mv_0 L/2 = mv_{1x} L\sin\theta + mv_{1y} L\cos\theta$$

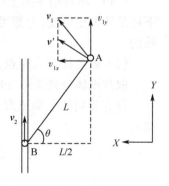

题 1.47 图

在滑块 B 看来，轻绳拉紧的瞬间，A 以 B 所在位置处为圆心相对于 B 做圆周运动。设此时 A 相对于 B 的速度为 v'，则 $v_1 = v' + v_2$。于是有

$$v_{1x} = v'\sin\theta$$

$$v_{1y} = v'\cos\theta + v_2$$

利用 $\theta = \pi/3$，联立以上四式，解出

$$v_2 = \frac{3}{7}v_0$$

1.48 （1）记物体分裂前的速度为 v_0，$v_0 = \sqrt{2E_0/M}$。

以物体（分裂前一个物体，分裂后两个物体）为系统，分裂前后系统不受合外力，在地面参照系中，系统的动量守恒：

平行于 v_0 的方向：

$$\lambda M v_1 \cos\theta + (1-\lambda)Mv_2\cos\theta = Mv_0$$

垂直于 v_0 的方向：

$$\lambda M v_1 \sin\theta - (1-\lambda)Mv_2\sin\theta = 0$$

解出

$$v_1 = \frac{\sec\theta}{\lambda}\sqrt{\frac{E_0}{2M}}, \quad v_2 = \frac{\sec\theta}{1-\lambda}\sqrt{\frac{E_0}{2M}}$$

（2）分裂后两个物体的总动能

$$E = \frac{1}{2}\lambda M v_1^2 + \frac{1}{2}(1-\lambda)Mv_2^2 = \frac{E_0}{4\lambda(1-\lambda)}\sec^2\theta$$

内部机构提供的能量

$$E' = E - E_0 = E_0\left(\frac{\sec^2\theta}{4\lambda(1-\lambda)} - 1\right)$$

求 E' 的最小值，即求 $\lambda(1-\lambda)$ 的最大值。令 $\frac{d}{d\lambda}[\lambda(1-\lambda)] = 0$，解出唯一解：$\lambda = \frac{1}{2}$，而且 $\frac{d^2}{d\lambda^2}[\lambda(1-\lambda)] = -2$，表明 $\lambda(1-\lambda)$ 在 $\lambda = \frac{1}{2}$ 时取得最大值。因此

$$E'_{\min} = E_0\tan^2\theta$$

1.49 球 2；$v_0/5$

球 1 和球 2 发生完全弹性对心正碰，碰撞后二者交换速度，即球 1 停止、球 2

以速度 v_0 向右运动。

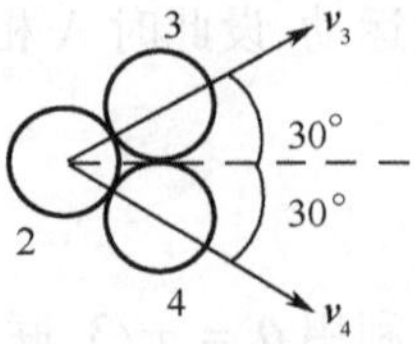

球 2 之后与球 3、4 碰撞,设球 2、3、4 碰撞后分别获得速度 v_2、v_3、v_4。碰撞过程动量守恒:

$$mv_0 = mv_2 + mv_3\cos30° + mv_4\cos30°$$

$$mv_3\sin30° = mv_4\sin30°$$

碰撞前后,三球的动能之和不变:

$$\frac{1}{2}mv_0^2 = \frac{1}{2}mv_2^2 + \frac{1}{2}mv_3^2 + \frac{1}{2}mv_4^2$$

题 1.49 图

由以上三式,解出:

$$v_2 = -\frac{1}{5}v_0, \quad v_3 = v_4 = \frac{2\sqrt{3}}{5}v_0$$

球 2 以速率 $v_0/5$ 向左运动,与静止的球 1 发生完全弹性对心正碰,交换速度。

最后,球 1 以速度 $v_0/5$ 向左运动、球 2 在原处静止不动、球 3 以速度 $2\sqrt{3}v_0/5$ 向题 1.49 图上右上方向运动、球 4 以速度 $2\sqrt{3}v_0/5$ 向题 1.49 图上右下方向运动。

1.50 0;$2m\sqrt{GMR}$;GMm/R;$m\sqrt{GMR}$

质点受到的万有引力大小为 $F = G\dfrac{Mm}{R^2}$,在它的作用下,质点作半径为 R 的圆周运动,即 $G\dfrac{Mm}{R^2} = m\dfrac{v^2}{R}$,所以 $v = \sqrt{\dfrac{GM}{R}}$。

在图中 1 处,m 受到的万有引力与它相对 P 点的位矢共线,力矩为零;m 的动量大小为 mv,方向垂直于它相对 P 点的位矢,所以角动量大小为 $2R \cdot mv = 2m\sqrt{GMR}$。

在图中 2 处,m 受到的万有引力作用线与 P 点的距离(力臂)为 R,力矩大小为 $RF = G\dfrac{Mm}{R}$;m 的动量大小为 mv,动量矢量与 P 点的距离为 R,所以角动量大小为 $R \cdot mv = m\sqrt{GMR}$。

1.51 从开始运动到轻绳伸直的过程中,在地面参照系中,A 球做平抛运动,B 球做自由落体运动,两者互不影响。将这一过程称为第一阶段,时间记为 t_1。

轻绳一旦伸直便不再回缩,两球相互作用。至两球第一次位于同一水平线,称这一过程为第二阶段,时间记为 t_2。

第一阶段：

选 B 球为参照系，A 球受到的重力与惯性力相消，A 球以初速 v_0 做匀速直线运动，因此

$$t_1 = \frac{\sqrt{(2a)^2 - a^2}}{v_0} = \sqrt{3}\,a/v_0$$

因为 A 球以 v_0 做匀速直线运动，两球质量相同，所以它们的质心 C 以速度 $\frac{1}{2}v_0$ 做匀速直线运动。

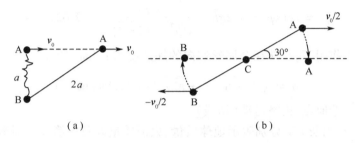

题 1.51 图

第二阶段：

在质心参照系中，A、B 两球受到的重力与它们受到的惯性力相消。开始时刻 A 球以速度 $\frac{1}{2}v_0$ 运动，B 球的速度是 $-\frac{1}{2}v_0$，两球对质心有角动量。

以 A、B 两球为系统，在质心系中，系统绕质心做圆周运动；系统不受合外力矩，虽然质心系是非惯性系，角动量守恒定律仍然成立。以 m 表示小球质量、ω 表示系统圆周运动的角速度，则

$$2 \cdot a\sin 30° \cdot \frac{1}{2}mv_0 = 2ma^2\omega$$

$$t_2 = \frac{\pi}{6\omega} = \frac{2\pi a}{3v_0}$$

最后得

$$t = t_1 + t_2 = (\sqrt{3} + 2\pi/3)\frac{a}{v_0}$$

1.52　0.62；12.94

小珠受金属丝的作用力，总是与小珠的运动方向垂直，对小珠不作功，只有重力作功，小珠的机械能守恒。

$$mgh = \frac{1}{2}mv^2$$

$$v = \sqrt{2gh}$$

小珠的速率在变,但速度方向与水平面的夹角始终相等

$$\varphi = \arcsin\frac{h}{\sqrt{h^2 + (2\pi R)^2}}$$

v 的水平分量

$$v_{//} = v\cos\varphi = \sqrt{2gh} \cdot \frac{2\pi R}{\sqrt{h^2 + (2\pi R)^2}} = 0.62(\text{m/s})$$

在重力作用下,小珠在金属丝切向的加速度为 $g\sin\varphi$,所以

$$a = \sqrt{(g\sin\varphi)^2 + v_{//}^2/R} = 12.94(\text{m/s}^2)$$

1.53 近地点;火箭运动(切线)

以 M、m 以及 r、v 分别表示地球质量、火箭质量以及火箭任一时刻与地心的距离、火箭速度,则火箭在地球引力场中的机械能为

$$E = -G\frac{Mm}{r} + \frac{1}{2}mv^2$$

欲使火箭进入逃逸轨道,需要增加能量。在短暂的点火过程中,可以忽略火箭到地心距离的变化,因此有

$$\Delta E = m\mathbf{v} \cdot \Delta\mathbf{v} = mv\Delta v\cos\theta$$

$$\Delta v = \frac{\Delta E}{mv\cos\theta}$$

式中:θ 为 $\Delta \mathbf{v}$ 与 $\mathbf{v}$ 的夹角。

在所需 ΔE 一定时,为了使 Δv 最小,一方面应该使 $\theta = 0$,另一方面应该在 v 为最大值时点火。根据引力场中的角动量守恒,火箭在近地点处的速度最大。

1.54 $\sqrt{\dfrac{4\pi G\rho}{3}}R$;$4x^2 + y^2 = R^2$

气态星球的质量是球对称的,飞行器一直受到有心力的作用,角动量守恒。设飞行器恰好运动到星球的边缘时的速度为 v,则有

$$mv_0 \cdot R/2 = mvR$$

$$v = v_0/2$$

星球和飞行器组成的系统的机械能守恒。也可用飞行器的能定理求解。

当飞行器距 O 点为 r 时,受到的引力为
$$f = Gm\frac{4\pi r^3\rho/3}{r^2} = \frac{4\pi G\rho}{3}mr$$
所以
$$\frac{1}{2}mv^2 - \frac{1}{2}mv_0^2 = -\frac{4\pi G\rho}{3}m\int_{R/2}^{R}r\mathrm{d}r$$
$$v_0^2 = \frac{4\pi G\rho}{3}R^2$$
星球与飞行器系统的机械能为
$$E = \frac{1}{2}mv^2 - G\frac{Mm}{R} = -\frac{7}{6}\pi G\rho mR^2$$
由于 $E<0$,飞行器做椭圆运动。半短轴 $a=R/2$,半长轴 $b=R$,所以轨道方程为
$$\frac{x^2}{(R/2)^2} + \frac{y^2}{R^2} = 1$$

1.55 $m_1v_{10} + m_2v_{20} = m_3v_{30}$;系统的动能、动量

在三个小球沿圆环内壁运动的过程中,它们都会受到圆环内壁的正压力,三个正压力的作用线均通过圆环中心,对圆环中心的力矩都是零,所以三个小球构成的系统对圆环中心的角动量守恒。

三个小球所受正压力的矢量和不为零,故它们的总动量不守恒。

三个小球之间的碰撞是非弹性的,它们的动能总和不守恒。

由于三个小球系统的角动量守恒,要达到三个小球最终都停止运动的目的,它们开始时的总角动量必为零(整个过程中的总角动量恒为零)。开始时刻,m_1 的角动量垂直纸面向外,大小为 Rm_1v_{10},其中 R 是小球圆周运动的半径;m_2 的角动量垂直纸面向外,大小为 Rm_2v_{20};m_3 的角动量垂直纸面向里,大小为 Rm_3v_{30}。保证三个小球最终停止的条件是:
$$Rm_1v_{10} + Rm_2v_{20} - Rm_3v_{30} = 0$$

1.56 $\sqrt{gR}$;$\sqrt{2gR}$

在地面上发射一个物体,使其环绕地球运转所需的最小发射速度 v_1 称为第一宇宙速度。设物体进入半径为 r 的环地球轨道后的速度为 v,则
$$\frac{1}{2}mv_0^2 - G\frac{Mm}{R} = \frac{1}{2}mv^2 - G\frac{Mm}{r}$$

$$G\frac{Mm}{r^2} = m\frac{v^2}{r}$$

而 $g = GM/R^2$，可解出发射速度

$$v_0 = \sqrt{2gR\left(1 - \frac{R}{2r}\right)}$$

可见，物体的轨道半径 $r \approx R$ 时所需的发射速度最小，即

$$v_1 = \sqrt{gR}$$

在地面上发射一个物体，使其脱离地球引力所需的最小发射速度 v_2 称为第二宇宙速度。物体脱离地球引力时，$r = \infty$，此时其动能至少为零，所以

$$\frac{1}{2}mv_2^2 - G\frac{Mm}{R} = 0$$

解出

$$v_2 = \sqrt{2GM/R} = \sqrt{2gR}$$

1.57 （1）月球中心与地 – 月系统质心相距 $r_m = \dfrac{M}{M+m}r_0$，因为

$$mr_m\omega^2 = G\frac{Mm}{r_0^2}$$

$$\omega = \sqrt{\frac{GM}{r_0^2 r_m}} \approx 2.67 \times 10^{-6}(\text{rad/s})$$

所以

$$T_0 = \frac{2\pi}{\omega} = 27.2(\text{天})$$

（2）农历的"一个月"定义为从地球上观察到的相邻两次"月圆"的相隔时间 T。以"天"为单位，T 不是整数，为了取整，有时 T 取为 29 天，有时取为 30 天，取 29 天和取 30 天的农历月份数目接近，所以平均值 $\bar{T}$ 约为 29.5 天。

$$\bar{T} > T_0$$

造成 $\bar{T}$ 与 T_0 差异的主要原因是计算 T_0 时未考虑地球绕太阳的公转。

（3）从题 1.57 图（a）所示状态，经过 T_0 时间，月球绕地球公转一周，地心 – 月心连线与 X 轴平行，此时间内地球绕太阳公转了一个角度 θ_0，如图（b）所示。

按照农历"一个月"的定义，经过 $\bar{T}$ 时间，月球应该位于太阳 – 地球的连线上，如图（c）所示。相比图（b），月球绕地球的公转用了更多的时间，所以地球绕

太阳公转的角度 $\bar{\theta} > \theta_0$。

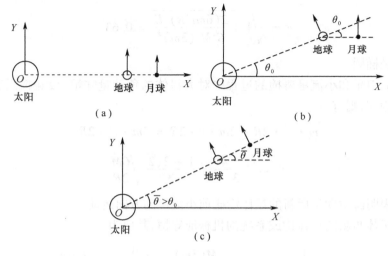

题 1.57 图

（4）在 $\bar{T}$ 时间内，地球绕太阳转过 $\bar{\theta}$ 角。月球绕地－月系统质心（接近地心）转过 $\bar{\theta}$ 所需的时间即 $\bar{T}$ 与 T_0 的差异

$$\bar{\theta} = \frac{\bar{T}}{365.24} \times 2\pi = \frac{2\pi}{T_0}(\bar{T} - T_0)$$

解得

$$\bar{T} = \frac{365.24 T_0}{365.24 - T_0} = 29.4(\text{天})$$

1.58 记卫星围绕大星体做圆周运动的速率为 v_1，则有

$$G\frac{Mm}{(2R)^2} = m\frac{v_1^2}{2R}, \quad v_1 = \sqrt{\frac{GM}{2R}}$$

（1）卫星和小流星碰撞的过程中对大星体的角动量守恒。设碰撞后新星体的速率为 v'，则有

$$m \cdot v_1 \cdot 2R + 2m \cdot v \cdot 2R = 3m \cdot v' \cdot 2R$$

$$v' = \frac{v_1 + 2v}{3} = \frac{2\sqrt{2} + 1}{3}\sqrt{\frac{GM}{2R}}$$

大星体与新的星体构成系统的机械能守恒，其值为

$$E = \frac{1}{2}(3m)v'^2 - G\frac{M(3m)}{2R} = \frac{4\sqrt{2} - 9}{12}\frac{GMm}{R}$$

新的星体在大星体的有心力作用下运动,其轨迹的偏心率为

$$e = \sqrt{1 + \frac{2(6mv'R)^2 E}{G^2 M^2 (3m)^3}} = 0.63$$

其轨迹是椭圆。

（2）卫星和小流星碰撞的过程中对大星体的角动量守恒。设碰撞后新星体的速度为 v'，则有

$$m \cdot v_1 \cdot 2R - 2m \cdot v \cdot 2R = 3m \cdot v' \cdot 2R$$

$$v' = \frac{v_1 - 2v}{3} = \frac{1 - 2\sqrt{2}}{3}\sqrt{\frac{GM}{2R}}$$

$v' < 0$ 表明碰撞发生后新的星体沿碰前小流星的方向运动。

大星体与新的星体构成系统的机械能守恒,其值为

$$E = \frac{1}{2}(3m)v'^2 - G\frac{M(3m)}{2R} = \frac{-9 - 4\sqrt{2}}{12}\frac{GMm}{R}$$

新的星体在大星体的有心力作用下运动,其轨迹的偏心率为

$$e = \sqrt{1 + \frac{2(6mv'R)^2 E}{G^2 M^2 (3m)^3}} = 0.63$$

其轨迹仍然是椭圆。

这时,$p = \frac{(6mv'R)^2}{GM(3m)^2} = \frac{2(9 - 4\sqrt{2})}{9}R$；新星的远心点 $r_{\max} = \frac{p}{1-e} = 2R$，即新星的起始位置就是远心点；新星的近心点 $r_{\min} = \frac{p}{1+e} = \frac{2(9 - 4\sqrt{2})}{9 + 4\sqrt{2}}R$，$r_{\min} < R$ 表明新星一定与大星体相碰。

1.59　（1）航天飞机在地球引力作用下飞行,对地的角动量守恒,有

$$(A + C)v_D = (A - C)v_F = Bv_E$$

所以

$$v_F = \frac{A + C}{A - C}v_D = \frac{A + C}{B}\sqrt{\frac{GM_S}{A}}$$

$$v_E = \frac{A + C}{B}v_D = \frac{A^2 - C^2}{B^2}\sqrt{\frac{GM_S}{A}} = \sqrt{\frac{GM_S}{A}}$$

（2）航天飞机在地球引力作用下飞行,航天飞机 - 地球系统的机械能守恒

$$E = \frac{1}{2}Mv_D^2 - G\frac{M_S M}{A+C} = -G\frac{M_S M}{2A}$$

（3）假设发射探测器后，P 的主体和探测器的速率分别为 v_1 和 v_2，有

$$m_1 \frac{v_1^2}{A+C} = G\frac{M_S m_1}{(A+C)^2}$$

$$\frac{1}{2}m_2 v_2^2 - G\frac{M_S m_2}{A+C} = 0$$

发射前后，P 的动量守恒

$$m_1 v_1 - m_2 v_2 = (m_1 + m_2)v_D$$

所以

$$\gamma = \frac{m_1}{m_2} = \frac{\sqrt{2AB} + (A-C)\sqrt{A+C}}{\sqrt{AB} - (A-C)\sqrt{A+C}}$$

由 $e = \frac{C}{A} = \frac{\sqrt{3}}{2}$ 知 $C = \frac{\sqrt{3}}{2}A, B = \frac{1}{2}A$，故

$$\gamma = \frac{2 + (2-\sqrt{3})\sqrt{2+\sqrt{3}}}{\sqrt{2} - (2-\sqrt{3})\sqrt{2+\sqrt{3}}} = 2.808$$

1.60 （1）分四个阶段讨论。

第 1 阶段，木块 1 被推动，木块 2、3、4 静止不动

$$x_1 = 4d\cos\varphi, \quad x_2 = 0, \quad x_3 = -4d, \quad x_4 = 0$$

$$y_1 = 4d\sin\varphi, \quad y_2 = 4d, \quad y_3 = 0, \quad y_4 = -4d$$

其中，$0 \leq \varphi < \pi/2$，则

$$x_C = \frac{1}{4}(x_1 + x_2 + x_3 + x_4) = d\cos\varphi - d$$

$$y_C = \frac{1}{4}(y_1 + y_2 + y_3 + y_4) = d\sin\varphi$$

质心的轨迹方程为

$$(x_C + d)^2 + y_C^2 = d^2$$

轨迹是以 $(-d, 0)$ 为圆心、半径为 d 的四分之一圆弧（$0 \leq \varphi < \pi/2$）。

第 2 阶段，木块 1、2 一起被推动，木块 3、4 静止不动

$$x_{12} = 4d\cos\varphi, \quad x_3 = -4d, \quad x_4 = 0$$

$$y_{12} = 4d\sin\varphi, \quad y_3 = 0, \quad y_4 = -4d$$

其中，$\pi/2 \leq \varphi < \pi$，则

$$x_C = \frac{1}{4}(2x_{12} + x_3 + x_4) = 2d\cos\varphi - d$$

$$y_C = \frac{1}{4}(2y_{12} + y_3 + y_4) = 2d\sin\varphi - d$$

质心的轨迹方程为

$$(x_C + d)^2 + (y_C + d)^2 = (2d)^2$$

轨迹是以 $(-d, -d)$ 为圆心、半径为 $2d$ 的四分之一圆弧（$\pi/2 \leq \varphi < \pi$）。

第 3 阶段，木块 1、2、3 一起被推动，木块 4 静止不动

$$x_{123} = 4d\cos\varphi, \quad x_4 = 0$$

$$y_{123} = 4d\sin\varphi, \quad y_4 = -4d$$

其中，$\pi \leq \varphi < 3\pi/2$，则

$$x_C = \frac{1}{4}(3x_{123} + x_4) = 3d\cos\varphi$$

$$y_C = \frac{1}{4}(3y_{123} + y_4) = 3d\sin\varphi - d$$

质心的轨迹方程为

$$x_C^2 + (y_C + d)^2 = (3d)^2$$

轨迹是以 $(0, -d)$ 为圆心、半径为 $3d$ 的四分之一圆弧（$\pi \leq \varphi < 3\pi/2$）。

第 4 阶段，四个木块一起被推动

$$x_{1234} = 4d\cos\varphi, \quad y_{1234} = 4d\sin\varphi, \quad 3\pi/2 \leq \varphi < 2\pi$$

质心坐标为

$$x_C = \frac{1}{4} \times 4x_{1234} = 4d\cos\varphi$$

$$y_C = \frac{1}{4} \times 4y_{1234} = 4d\sin\varphi$$

质心的轨迹方程为

$$x_C^2 + y_C^2 = (4d)^2$$

轨迹是以 $(0,0)$ 为圆心、半径为 $4d$ 的四分之一圆弧（$3\pi/2 \leq \varphi < 2\pi$）。
以上分析的结果如题 1.60 图所示。

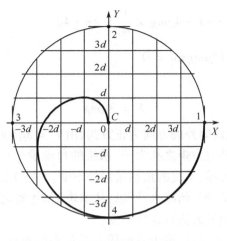

题 1.60 图

（2）把四个木块看作一个质点系，整个过程中，推力作功，摩擦力作功，木块发生完全非弹性碰撞时的内力不作功。系统初、末态的动能均为零，根据质心运动定理，外力作用于质点系的效果等同于合外力作用于质心，所以，根据质点系的动能定理，有

$$\int (\boldsymbol{F}+\boldsymbol{f}) \cdot \mathrm{d}\boldsymbol{r}_C = 0$$

$\mathrm{d}\boldsymbol{r}_C$ 是微小过程中质心的元位移。在第 1 阶段，$\mathrm{d}\boldsymbol{r}_C = \dfrac{1}{4}\mathrm{d}\boldsymbol{r}_1$；第 2 阶段，$\mathrm{d}\boldsymbol{r}_C = \dfrac{1}{2}\mathrm{d}\boldsymbol{r}_{12}$；第 3 阶段，$\mathrm{d}\boldsymbol{r}_C = \dfrac{3}{4}\mathrm{d}\boldsymbol{r}_{123}$；第 4 阶段，$\mathrm{d}\boldsymbol{r}_C = \mathrm{d}\boldsymbol{r}_{1234}$，即各阶段质心的元位移方向始终与木块 1 的元位移方向相同。而 $\boldsymbol{F}$、$\boldsymbol{f}$ 的方向始终与木块 1 的元位移方向分别相同、相反，故有

$$(\boldsymbol{F}+\boldsymbol{f}) \cdot \mathrm{d}\boldsymbol{r}_C = (F-f)\mathrm{d}s_C$$

其中，$\mathrm{d}s_C$ 是质心元位移的大小，$\mathrm{d}s_C = |\mathrm{d}\boldsymbol{r}_C|$，即在微小过程中质心走过的路程。因此

$$\int (\boldsymbol{F}+\boldsymbol{f}) \cdot \mathrm{d}\boldsymbol{r}_C = \int (F-f)\mathrm{d}s_C = \int F\mathrm{d}s_C - \int f\mathrm{d}s_C$$

$$= F \times \left(\dfrac{1}{4} \times 2\pi d + \dfrac{1}{4} \times 2\pi \cdot 2d + \dfrac{1}{4} \times 2\pi \cdot 3d + \dfrac{1}{4} \times 2\pi \cdot 4d \right) -$$

$$\mu mg \times \dfrac{1}{4} \times 2\pi d - 2\mu mg \times \dfrac{1}{4} \times 2\pi \cdot 2d - 3\mu mg \times$$

$$\frac{1}{4}\times 2\pi\cdot 3d - 4\mu mg\times \frac{1}{4}\times 2\pi\cdot 4d$$

$$= 5F\pi d - 15\mu mg\pi d = 0$$

所以

$$F = 3\mu mg$$

(3) 以垂直于纸面向外的方向为正方向，由 $F = 3\mu mg$ 可知，在木块 3 被推动之前，系统所受的外力力矩之和为正，系统的角动量一直增大。木块 3 被推动之后，外力力矩之和为零，系统的角动量保持不变。木块 4 被推动之后，外力力矩之和为负，系统的角动量开始减小。所以，从木块 3 被推动之后直到碰撞木块 4 之前，系统的角动量达到最大值且保持不变。

质点系对环心的角动量，等于系统质心对环心的角动量与系统对质心的角动量之和。从木块 3 被推动之后直到碰撞木块 4 之前，系统对质心的角动量在变化，而木块 4 被推动之后，系统对质心的角动量为零。所以，木块 3 碰撞木块 4 瞬间，系统对环心的角动量和系统质心对环心的角动量相等，且为各自角动量的最大值。

木块 4 被推动时，根据质点系的动能定理，有

$$F\times\left(\frac{1}{4}\times 2\pi d + \frac{1}{4}\times 2\pi\cdot 2d + \frac{1}{4}\times 2\pi\cdot 3d - \mu mg\times\frac{1}{4}\times 2\pi d - \right.$$

$$2\mu mg\times\frac{1}{4}\times 2\pi\cdot 2d - 3\mu mg\times\frac{1}{4}\times 2\pi\cdot 3d$$

$$= \frac{1}{2}m_C v_C^2$$

系统质心的动量

$$P_C = m_C v_C = 4m\sqrt{\pi\mu gd}$$

所以

$$L_{C,\max} = L_{\max} = P_C\cdot 4d = 16md\sqrt{\pi\mu gd}$$

1.61 (1) 绳子伸直瞬间，小球 1、2 均以速率 v_0 分别沿轨道做逆时针、顺时针运动；绳子作用力消失瞬间，设小球 1 逆时针沿轨道运动的速率为 v_1，小球 2 顺时针沿轨道运动的速率为 v_2。在这个极短时间的过程中，两球的位置变化可不考虑，如题 1.61 图所示。过程中，两小球构成的系统对圆心 O 的角动量守恒、机械能守恒，相应地有

$$\begin{cases} R \cdot 2mv_2 - R \cdot mv_1 = R \cdot 2mv_0 - R \cdot mv_0 \\ \dfrac{1}{2} \cdot 2mv_2^2 + \dfrac{1}{2}mv_1^2 = \dfrac{1}{2} \cdot 2mv_0^2 + \dfrac{1}{2}mv_0^2 \end{cases}$$

该方程组有两组解,其中一组解($v_1 = v_0, v_2 = v_0$)为过程进行前的情况,不予考虑;另一组解为

$$v_1 = -\dfrac{5}{3}v_0, \quad v_2 = -\dfrac{1}{3}v_0$$

设绳子对小球1、2提供的冲量分别为I_1、I_2,根据动量定理,有

$$I_1 \cos 30° = -mv_1 - (-mv_0) = \dfrac{8}{3}mv_0$$

$$I_2 \cos 30° = -2mv_2 - (-2mv_0) = \dfrac{8}{3}mv_0$$

所以

$$I_1 = I_2 = \dfrac{16\sqrt{3}}{9}mv_0$$

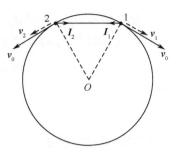

题 1.61 图

(2.1) 绳长超过 R 后,对两球施加大小相等的拉力,其切向分量也相等。小球 1 产生较大的切向加速度(与速度方向相反),速度先减为零,设此时小球 2 的速度大小为 v_{20}。根据角动量守恒、机械能守恒,有

$$\begin{cases} R \cdot 2mv_{20} = R \cdot 2mv_0 - R \cdot mv_0 \\ \dfrac{1}{2} \cdot 2mv_{20}^2 + \dfrac{1}{2}k(2R-R)^2 = \dfrac{1}{2} \cdot 2mv_0^2 + \dfrac{1}{2}mv_0^2 \end{cases}$$

解出

$$k = \dfrac{5mv_0^2}{2R^2}$$

(同时解出 $v_{20} = v_0/2$)

(2.2) 从 $t = 0$ 开始到 $t = t_e$,将整个过程分为四个阶段:第1阶段,从 $t = 0$ 开始到绳长达到 R;第2阶段,从绳长为 R 开始到绳长达到 $2R$;第3阶段,从绳长为 $2R$ 到绳长恢复到 R;第4阶段,从绳长恢复到 R 到两个小球碰撞。

第1阶段,两小球以相同的速率沿相反的方向做圆周运动,用时 t_1,则

$$t_1 = \dfrac{2\pi R \cdot \dfrac{\pi/6}{2\pi}}{v_0} = \dfrac{\pi R}{6v_0}$$

73

第2阶段,小球1的速率从v_0减为0,小球2的速率从v_0减为v_{20},用时t_2。设过程中任意时刻,小球1、2的速率分别为v_1'、v_2',由角动量守恒

$$R \cdot 2mv_2' - R \cdot mv_1' = R \cdot 2mv_0 - R \cdot mv_0$$

知

$$2v_2' - v_1' = v_0$$

上式两边对时间积分

$$2\int_0^{t_2} v_2' \mathrm{d}t - \int_0^{t_2} v_1' \mathrm{d}t = \int_0^{t_2} v_0 \mathrm{d}t$$

上式左边第一、二个积分分别是小球1、2在本阶段走过的路程s_2、s_1,即

$$2s_2 - s_1 = v_0 t_2$$

因为

$$s_1 + s_2 = \frac{2}{3}\pi R$$

及

$$s_1 = \alpha s_2$$

所以

$$t_2 = \frac{2(2-\alpha)}{3(1+\alpha)} \frac{\pi R}{v_0}$$

第3阶段,小球1、2在绳子拉力作用下加速,小球1的速率从0增为v_0,小球2的速率从v_{20}增为v_0,该阶段是第2阶段的逆过程。第4阶段,小球1、2均以匀速率v_0做圆周运动,是第1阶段的逆过程。

所以

$$t_e = 2(t_1 + t_2) = \frac{3-\alpha}{1+\alpha} \frac{\pi R}{v_0}$$

1.62 $\underline{L/4}$;$\underline{L}$

设匀质细杆的质量线密度为λ,P点距T字形连接点为x,则

$$I(P) = \left(\frac{1}{12}\lambda L \cdot L^2 + \lambda L \cdot x^2\right) + \frac{1}{3}\lambda x \cdot x^2 + \frac{1}{3}\lambda(L-x) \cdot (L-x)^2$$

$$\frac{\mathrm{d}I(P)}{\mathrm{d}x} = \lambda L(4x - L) \quad \frac{\mathrm{d}^2 I(P)}{\mathrm{d}x^2} = 4\lambda L$$

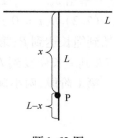

题1.62图

令 $\dfrac{dI(P)}{dx} = 0$，解出

$$x = L/4$$

另外，$I(x=0) = \dfrac{5}{12}\lambda L^3$，$I(x=L) = \dfrac{17}{12}\lambda L^3$。

即 P_1 点在 $x = L/4$ 处，P_2 点在 $x = L$ 处。

1.63　$-\dfrac{k\omega_0^2}{9J}$；$\dfrac{2J}{k\omega_0}$

飞轮受到的阻力矩 $M = -k\omega^2$，利用定轴转动定律

$$J\beta = -k\omega^2$$

当 $\omega = \omega_0/3$ 时

$$\beta = -\dfrac{k\omega_0^2}{9J}$$

由 $J\beta = -k\omega^2$，$-\dfrac{d\omega}{\omega^2} = \dfrac{k}{J}dt$，两边积分：

$$-\int_{\omega_0}^{\omega_0/3} \dfrac{d\omega}{\omega^2} = \dfrac{k}{J}\int_0^t dt$$

得 $\dfrac{k}{J}t = \dfrac{3}{\omega_0} - \dfrac{1}{\omega_0}$，所以

$$t = \dfrac{2J}{k\omega_0}$$

1.64　$\sqrt{2}\omega$

解法一：利用定轴转动定律求解。

当杆与竖直方向的夹角为任意的 θ 角时，设其角速度为 x，此时杆受到的力对定轴的力矩为 $\dfrac{1}{2}mgl\sin\theta$。根据定轴转动定律，有

$$\dfrac{1}{2}mgl\sin\theta = \dfrac{1}{3}ml^2\dfrac{d^2\theta}{dt^2}$$

因为 $\dfrac{d^2\theta}{dt^2} = \dfrac{d}{d\theta}\left(\dfrac{d\theta}{dt}\right)\cdot\dfrac{d\theta}{dt} = x\dfrac{dx}{d\theta}$，所以有

$$x\,dx = \dfrac{3g}{2l}\sin\theta\,d\theta$$

两边积分：

$$\int_0^\omega x\mathrm{d}x = \frac{3g}{2l}\int_0^{\pi/2}\sin\theta\mathrm{d}\theta$$

得

$$\omega = \sqrt{3g/l}$$

当杆的长度截半时

$$\omega' = \sqrt{\frac{3g}{l/2}} = \sqrt{2}\omega$$

解法二：利用机械能守恒定律求解。

因为杆自由倒下，铰接处的摩擦阻力矩忽略，杆与地球系统的机械能守恒：

$$\frac{1}{2}\cdot\frac{1}{3}ml^2\cdot\omega^2 = mg\frac{l}{2}$$

解出

$$\omega = \sqrt{3g/l}$$

当杆的长度截半时

$$\omega' = \sqrt{\frac{3g}{l/2}} = \sqrt{2}\omega$$

1.65 小重物下降高度 $H/4$ 时，系统恰好处于力和力矩都平衡的状态，小重物要到达地面，必须也只需通过这一位置，即小重物在这一位置时具有一定的向下速度。

以滑轮、细绳、小重物、地球为系统，系统的机械能守恒。取滑轮中心处为重力势能零点，则初始时刻系统的机械能为 $\frac{1}{2}(m+m_{绳})v_0^2 + \frac{1}{2}I\omega_0^2 + E_{P0}$，小重物下降 $H/4$ 时系统的势能为 E_P，应有

$$\frac{1}{2}(m+m_{绳})v_0^2 + \frac{1}{2}I\omega_0^2 + E_{P0} = E_P + E_K > E_P$$

其中，E_{P0} 是系统开始时刻的势能，E_K 是小重物下降 $H/4$ 时的动能，$E_K > 0$

$$E_P - E_{P0} = \frac{3}{16}\lambda H^2 g - \frac{1}{4}mgH$$

代入 $m = \frac{1}{2}\lambda H$，$m_{绳} = \lambda(\pi R + H)$，$\omega_0 = v_0/R$ 和 $I = \frac{1}{2}MR^2$，得

$$v_0 > \frac{H}{2}\sqrt{\frac{g}{2(\pi R + 2H)}}$$

1.66 $\sqrt{\dfrac{3g\sin\theta}{L}}$;$\dfrac{3g\cos\theta}{2L}$;$2.5Mg$

细杆下摆到任意位置 θ 时,受力对轴的力矩为
$$Mg\dfrac{L}{2}\cos\theta$$

应用定轴转动定律得
$$Mg\dfrac{L}{2}\cos\theta = \dfrac{1}{3}ML^2\beta$$

所以
$$\beta = \dfrac{3g\cos\theta}{2L}$$

由于 $\beta = \dfrac{\mathrm{d}\omega}{\mathrm{d}t} = \dfrac{\mathrm{d}\omega}{\mathrm{d}\theta}\cdot\dfrac{\mathrm{d}\theta}{\mathrm{d}t} = \omega\dfrac{\mathrm{d}\omega}{\mathrm{d}\theta}$,有

$\omega\mathrm{d}\omega = \dfrac{3g\cos\theta}{2L}\mathrm{d}\theta$。两边积分:
$$\int_0^\omega \omega\mathrm{d}\omega = \dfrac{3g}{2L}\int_0^\theta \cos\theta\mathrm{d}\theta$$

得到
$$\omega = \sqrt{\dfrac{3g\sin\theta}{L}}$$

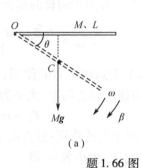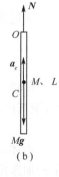

题 1.66 图

关于角速度,也可以利用机械能守恒求解。

当 $\theta = 90°$ 时,细杆受力对转轴的力矩为零,细杆无角加速度,细杆的质心 C 无切向加速度,只有法向加速度:$a_C = \dfrac{L}{2}\omega^2 = 3g/2$,方向竖直向上。根据质心运动定理,得
$$N - Mg = Ma_C$$

所以
$$N = 2.5Mg$$

1.67 $\sqrt{3}/6$;$l/2$

如题 1.67 图所示,当质量为 m 的人缓慢爬梯到距 B 端为 x 时,梯子受到的力有:光滑墙面的支持力 N_A、地面的支持力 N_B 和摩擦力 f_B、重力 Mg、人的压力 mg,为了保证梯子的平衡,它们之间应满足如下关系:
$$f_B \geq N_A$$

$$N_B = (M+m)g$$

$$N_A l\sin 60° = Mg\frac{l}{2}\cos 60° + mgx\cos 60°$$

另有关系

$$f_B = \mu N_B$$

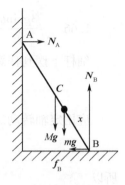

题 1.67 图

由这些式子得出

$$\mu \geq \frac{\sqrt{3}(Ml + 2mx)}{6(M+m)l}$$

质量为 M 的胖男子爬梯的情况：$m = M$, $x_{\max} = l/2$, 所以

$$\mu = \sqrt{3}/6$$

质量为 $2M/3$ 的瘦男子爬梯的情况：$m = 2M/3$

$$x'_{\max} = \frac{2\sqrt{3}\mu(M+m) - M}{2m}l = \frac{l}{2}$$

1.68　物体 1 受到两个力的作用：竖直向下的重力 $m\mathbf{g}$ 和竖直向上的拉力 T_1, 设其产生的加速度竖直向上, 大小为 a, 则

$$T_1 - mg = ma$$

物体 2 受到两个力的作用：竖直向下的重力 $2m\mathbf{g}$ 和竖直向上的拉力 T_2, 其产生的加速度竖直向下, 大小为 a, 则

$$2mg - T_2 = 2ma$$

滑轮受到四个力的作用：竖直向下的重力 $2m\mathbf{g}$、竖直向上的支持力 N、竖直向下的细绳张力 T_1 和 T_2。只有 T_1 和 T_2 对转轴有力矩, 设其产生的角加速度大小为 β, 则

$$T_2 R - T_1 R = \frac{1}{2} \cdot 2mR^2\beta$$

当滑轮与细绳之间不打滑时, 还有

$$a = R\beta$$

由以上四式可以解出：

$$T_1 = \frac{5}{4}mg, \quad T_2 = \frac{3}{2}mg$$

T_1 和 T_2 不相等, 是因为细绳与滑轮之间有摩擦。为了求出摩擦因数, 在绳子上取一段线元进行分析。

如题 1.68 图所示, 线元对应圆心的张角为 $d\theta$, 不计线元的质量, 它共受到四

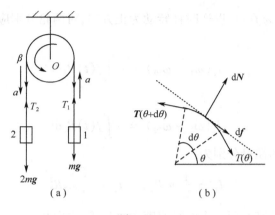

题 1.68

个力的作用:支持力 dN,沿半径方向;摩擦力 df,沿切向;线元一端的绳中张力 $T(\theta)$,与摩擦力作用线夹角 $\dfrac{d\theta}{2}$;线元另一端绳中张力 $T(\theta+d\theta)$,与摩擦力作用线夹角 $\dfrac{d\theta}{2}$,有如下关系

$$df = T(\theta+d\theta)\cos\frac{d\theta}{2} - T(\theta)\cos\frac{d\theta}{2} \approx dT$$

$$dN = T(\theta+d\theta)\sin\frac{d\theta}{2} + T(\theta)\sin\frac{d\theta}{2} \approx Td\theta$$

当绳和滑轮之间有相对滑动时

$$df = \mu dN$$

上列三式给出 $dT = \mu T d\theta$,即 $\dfrac{dT}{T} = \mu d\theta$,积分:$\int_{T_1}^{T_2}\dfrac{dT}{T} = \mu\int_0^\pi d\theta$,得

$$T_2 = T_1 e^{\mu\theta}$$

在临界状态 $\mu = \mu_0$ 时

$$T_2 = T_1 e^{\mu_0 \theta}$$

联合前面解出的结果,求出

$$\mu_0 = \frac{1}{\pi}\ln\frac{6}{5}$$

1.69 $\dfrac{m_1 R_1 \omega_{10} - m_2 R_2 \omega_{20}}{(m_1+m_2)R_1}$;$\dfrac{m_2 R_2 \omega_{20} - m_1 R_1 \omega_{10}}{(m_1+m_2)R_2}$

从两轮互相接触时开始计时($t=0$),达到稳定转动的时刻为 t,作用过程中

的变化摩擦力设为 $f(t)$。以逆时针转动为正方向,对两轮分别应用角动量定理。

对轮子 1:
$$I_1(\omega_1 - \omega_{10}) = -\int_0^t f(t)R_1 \mathrm{d}t$$

对轮子 2:
$$I_2(\omega_2 - \omega_{20}) = -\int_0^t f(t)R_2 \mathrm{d}t$$

其中,两轮的转动惯量分别为
$$I_1 = \frac{1}{2}m_1R_1^2, \quad I_2 = \frac{1}{2}m_2R_2^2$$

达到稳定转动后,两轮表面线速度大小相等、方向相反:
$$\omega_1 R_1 = -\omega_2 R_2$$

利用以上各式解出:
$$\omega_1 = \frac{m_1 R_1 \omega_{10} - m_2 R_2 \omega_{20}}{(m_1 + m_2)R_1}, \quad \omega_2 = \frac{m_2 R_2 \omega_{20} - m_1 R_1 \omega_{10}}{(m_1 + m_2)R_2}$$

1.70 设棒长为 $2l$;青蛙起跳速度为 v、仰角为 α、起跳点与落地点对棒中心 O 的张角为 θ。

青蛙空中停留时间为 $2 \cdot \dfrac{v\sin\alpha}{g}$,水平速度为 $v\cos\alpha$,水平运动距离为 $2l\sin\dfrac{\theta}{2}$,即
$$2 \cdot \frac{v\sin\alpha}{g} \cdot v\cos\alpha = 2l\sin\frac{\theta}{2}$$

以青蛙和棒为系统,青蛙起跳前后,系统水平方向不受外力,即竖直方向不受外力矩作用,地面参照系中,系统角动量的竖直分量守恒:
$$2 \cdot mv\cos\alpha \cdot \cos\frac{\theta}{2} \cdot l = \frac{1}{12}M(2l)^2\omega$$

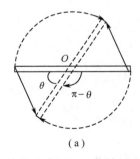
(a)

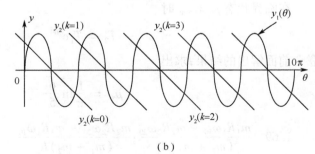
(b)

题 1.70 图

从青蛙起跳到落地,棒转过的角度为 $\pi - \theta + 2k\pi (k = 0,1,2,\cdots)$

$$\omega \cdot \frac{2v\sin\alpha}{g} = \pi - \theta + 2k\pi$$

由以上三式得出:

$$6\frac{m}{M}\sin\theta = \pi - \theta + 2k\pi$$

为了求此超越方程的解,令 $y_1 = 6\frac{m}{M}\sin\theta, y_2 = \pi - \theta + 2k\pi$,作图。

从图上看出,欲使超越方程在 $2k\pi < \theta < (2k+1)\pi$ 时有解,必须使 $\left.\frac{\mathrm{d}y_1(\theta)}{\mathrm{d}\theta}\right|_{\theta=(2k+1)\pi} < -1$,由此得

$$\frac{m}{M} > \frac{1}{6}$$

1.71 先考察小球与第一根杆碰撞的过程。

以小球与杆为系统,碰撞过程中系统不受合外力,在地面参照系中,系统的动量守恒。碰撞前系统的动量为 MV_0;碰撞后,设小球的速度为 V、杆质心的速度为 V_c,则有

$$MV_0 = MV + mV_c$$

在地面参照系中,杆除了质心的平动外,还绕质心转动。在质心系中观察,杆只有转动,按题意,杆的另一端稍后与小球相碰,所以小球必须静止,即小球相对杆质心的速度为零:

$$V - V_c = 0$$

由于碰撞过程中系统受到的合外力矩为零,在地面参照系中系统的角动量守恒。设碰撞后杆绕质心的角速度为 ω,则有

$$\frac{l}{2}MV_0 = \frac{l}{2}MV + \frac{1}{12}ml^2\omega$$

由于碰撞是弹性的,在地面参照系中,系统碰撞前后的动能相等:

$$\frac{1}{2}MV_0^2 = \frac{1}{2}MV^2 + \frac{1}{2}mV_c^2 + \frac{1}{2}\left(\frac{1}{12}ml^2\right)\omega^2$$

利用以上各式,解出

$$\frac{M}{m} = \frac{1}{2}$$

同时还可以解出

$$V = V_c = \frac{1}{3}V_0, \quad \omega = \frac{2}{l}V_0$$

然后利用动量守恒、角动量守恒和动能守恒，可以进一步求出小球与第一根杆的另一端碰撞后的速度仍然是 V_0，第一根杆静止。

所以，其他各杆与小球的碰撞完全同第一根杆与小球的碰撞，小球仍能以速度 V_0 穿出细杆阵列。

1.72 设小环脱离杆时，杆的角速度为 ω。以小环和杆为系统，系统运动过程中所受外力对过 A 点的竖直转轴的力矩为零。在地面参照系中，系统对转轴的角动量守恒：

$$\frac{1}{3}Ml^2\omega_0 = \frac{1}{3}Ml^2\omega + l \cdot ml\omega$$

以小环、杆和地球为系统，系统的机械能守恒：

$$\frac{1}{2} \cdot \frac{1}{3}Ml^2\omega_0^2 = \frac{1}{2} \cdot \frac{1}{3}Ml^2\omega^2 + \frac{1}{2}mv^2$$

由以上两式解出

$$v = \frac{\omega_0 l}{M + 3m}\sqrt{M(2M + 3m)}$$

所以

$$\sin\theta = \frac{\omega l}{v} = \frac{M}{\sqrt{M(2M+3m)}}$$

$$\theta = \arcsin\frac{M}{\sqrt{M(2M+3m)}}$$

1.73 设碰撞过程中悬挂点 O_1 提供的水平向右的平均力为 N_1，O_2 提供的水平向左的平均力为 N_2，两摆盘间平均作用力大小为 N，碰撞时间为 Δt，如题 1.73 图所示。

对摆盘 1 应用动量定理，得

$$N_1\Delta t - N\Delta t = m_1 \cdot 2R\omega_1 - m_1 \cdot 2R\omega_0$$

以 O_2 为参考点，对摆盘 1 应用角动量定理，得

$$N_1\Delta t \cdot R - N\Delta t \cdot 3R = (3R \cdot m_1 \cdot 2R\omega_1 + I_{c1}\omega_1) - $$
$$(3R \cdot m_1 \cdot 2R\omega_0 + I_{c1}\omega_0)$$

对摆盘 2 应用角动量定理，得

$$N\Delta t \cdot 3R = I_2\omega_2$$

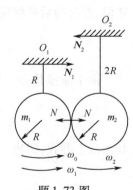

题 1.73 图

式中:$I_{c1} = \frac{1}{2}m_1R^2$ 是摆盘1对其质心轴的转动惯量;$I_2 = \frac{1}{2}m_2R^2 + m_2 \cdot (3R)^2$ 是摆盘2对O_2轴的转动惯量。

因为是弹性碰撞,碰撞前、后两摆盘的总动能相等

$$\frac{1}{2}I_1\omega_1^2 + \frac{1}{2}I_2\omega_2^2 = \frac{1}{2}I_1\omega_0^2$$

其中,$I_1 = \frac{1}{2}m_1R^2 + m_1 \cdot (2R)^2$ 是摆盘1对O_1轴的转动惯量。

联立求解以上四个方程,得

$$\omega_1 = -\frac{11}{65}\omega_0, \quad \omega_2 = \frac{36}{65}\omega_0$$

$\omega_1 < 0$ 表明摆盘1在碰撞后绕O_1转动的方向与图示方向相反,即为顺时针方向转动。

1.74 从A盘将要落到B盘上到两盘一起共同转动的过程中,空气的摩擦力对转轴有力矩作用。考虑到该过程短暂且空气阻力很小,忽略该过程中的空气阻力矩作用,那么两盘的角动量守恒。设两盘粘在一起共同转动的起始角速度为ω_1,则有

$$\frac{1}{2}MR^2\omega_0 = 2 \cdot \frac{1}{2}MR^2\omega_1$$

$$\omega_1 = \frac{1}{2}\omega_0$$

A、B盘粘在一起后,A盘的上表面和B盘的下表面受到空气的摩擦阻力,当共同角速度为任意的ω时,空气的阻力矩为

$$N = -2 \cdot \int_0^R r \cdot K(r\omega) \cdot 2\pi r dr = -\pi KR^4\omega$$

利用刚体的定轴转动定律,有

$$-\pi KR^4\omega = 2 \cdot \frac{1}{2}MR^2\frac{d\omega}{dt}$$

即

$$d\omega = -\frac{\pi KR^2}{M}\omega dt = -\frac{\pi KR^2}{M}d\theta$$

设A、B从粘在一起共同以角速度ω_1转动到停止转动,转过的角度为Θ,则

$$\int_{\omega_1}^0 d\omega = -\frac{\pi KR^2}{M}\int_0^\Theta d\theta$$

$$\Theta = \frac{M\omega_1}{\pi KR^2} = \frac{M\omega_0}{2\pi KR^2}$$

所以，到停止时，A、B 一起转过的圈数为

$$n = \frac{\Theta}{2\pi} = \frac{M\omega_0}{4\pi^2 KR^2}$$

1.75 $\dfrac{2l}{3}$

打击岩石后，杆的运动可视为作平面平行运动。设打击时间为 Δt，根据质心运动定理，有

$$mv_C = \bar{F}\Delta t$$

根据转动定律，有

$$J_C\omega = \bar{F}\left(x - \frac{l}{2}\right)\Delta t$$

为满足打击时手受力最小，手握杆处的速度应为零：

$$v_C - \omega \cdot \frac{l}{2} = 0$$

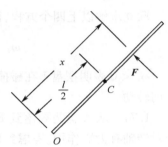

题 1.75 图

联立以上各式，并考虑到 $J_C = \dfrac{1}{12}ml^2$，可解出

$$x = \frac{2}{3}l$$

1.76 （1）以杆和小球为系统，碰撞前后及碰撞过程中系统受外力，但外力对过 O 点的竖直固定轴的力矩为零，所以系统对该轴的角动量守恒：

$$mv\frac{l}{2} = \frac{1}{12}ml^2\omega + m\frac{l}{2}\omega \cdot \frac{l}{2}$$

$$\omega = \frac{3v}{2l}$$

即碰撞后系统绕过 O 点的竖直固定轴以角速度 $\omega = \dfrac{3v}{2l}$ 匀角速转动。

（2）以杆和小球为系统，碰撞前后及碰撞过程中系统不受合外力，系统的动量守恒，根据质心运动定理，碰后系统的质心做匀速直线运动，碰后系统的质心在距 O 点 $\dfrac{l}{4}$ 靠近小球的地方，设速度为 v_C。外力沿竖直方向，对过质心的竖直轴的力矩为零，所以系统对该轴的角动量守恒，碰后系统绕该平动轴做匀角速度转动，设角速度为 ω'。

应用动量守恒定律，有

$$mv = 2mv_C$$

应用角动量守恒定律,有

$$mv\frac{l}{4} = \left(\frac{1}{12}ml^2 + m\frac{l^2}{16}\right)\omega' + m\frac{l}{4}\omega' \cdot \frac{l}{4}$$

解出:

$$v_C = \frac{1}{2}v, \quad \omega' = \frac{6v}{5l}$$

即系统的质心以 $v_C = \frac{1}{2}v$ 做匀速直线运动,同时系统绕过质心的竖直平动轴做 $\omega' = \frac{6v}{5l}$ 的匀角速转动。

1.77 设细杆长度为 l,质量为 m。

不论是哪一个小孔,每当细棍插入小孔时,细杆都受到合外力的作用,所以细杆的动量不守恒。但是,每次插入一根细棍后,细杆即绕此细棍定轴转动,插入瞬间,细杆受到的力对转轴的力矩为零,所以,每次插入细棍前后细杆的角动量守恒。

细杆相对过 A、O、B 的竖直轴的转动惯量分别为

$$I_O = \frac{1}{12}ml^2, \quad I_A = I_B = \frac{1}{3}ml^2$$

下列分析中,以大桌面为参照系,以顺时针为转动正方向。

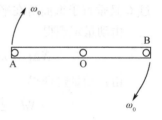

题 1.77 图

首先分析细棍插入 A 孔的情况。细棍插入 A 孔前,细杆相对过 A 孔的竖直轴的角动量为 $L_A = I_O\omega_0 + mu_0\frac{l}{2} = I_O\omega_0$,其中 u_0 是 O 孔的速度;设细棍插入 A 孔后细杆的角速度为 ω_A,角动量为 $I_A\omega_A$;根据角动量守恒,则有 $I_A\omega_A = I_O\omega_0$,即得

$$\omega_A = \frac{1}{4}\omega_0$$

及细杆质心的速度

$$u_{0A} = \omega_A \frac{l}{2} = \frac{1}{8}\omega_0 l$$

然后分析细棍插入 B 孔的情况。细棍插入 A 孔前,细杆相对过 B 孔的竖直轴的角动量为 $L_B = I_O\omega_A - mu_{0A}\frac{l}{2} = -\frac{1}{24}ml^2\omega_0$;设细棍插入 A 孔后细杆的角速度

为 ω_B,角动量为 $I_B\omega_B$;根据角动量守恒,则有 $I_B\omega_B = -\frac{1}{24}ml^2\omega_0$,即得

$$\omega_A = -\frac{1}{8}\omega_0$$

及细杆质心的速度

$$u_{0B} = \omega_B \frac{l}{2} = -\frac{1}{16}\omega_0 l$$

最后分析细棍插入 O 孔的情况。细棍插入 O 孔前,细杆相对过 O 孔的竖直轴的角动量为 $L_0 = I_0\omega_B$;设细棍插入 O 孔后细杆的角速度为 ω,角动量为 $I_0\omega$;根据角动量守恒,则有 $I_0\omega = I_0\omega_B$,即得

$$\omega = -\frac{1}{8}\omega_0$$

即细杆绕 O 孔逆时针方向旋转,角速度大小为 $\frac{1}{8}\omega_0$。

1.78 设刚体落地时速度为 v_0,与地面碰撞过程中竖直方向受到的平均作用力为 $\overline{N}$,作用时间为 Δt,碰撞后刚体质心获得的竖直向上的速度为 v_C,刚体绕过 C 且垂直于纸面所在平面的轴转动的角速度为 ω,则有

由动量定理得

$$\overline{N}\Delta t = m(v_C + v_0)$$

由角动量定理得

$$\overline{N}d \cdot \Delta t = I_C\omega$$

碰撞前后动能相等:

$$\frac{1}{2}mv_C^2 + \frac{1}{2}I_C\omega^2 = \frac{1}{2}mv_0^2$$

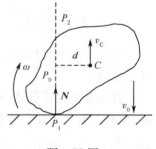

题 1.78 图

联立解出

$$v_C = \frac{I_C - md^2}{I_C + md^2}v_0, \quad \omega = \frac{2md}{I_C + md^2}v_0$$

根据题目要求,所求点在碰撞后的速度与 v_0 反向,据此可知该点必在质心 C 所在水平线上。

题目要求,所求点在碰撞后的速率等于 v_0。由于 $v_C < v_0$,该点不可能在质心之右。

设所求点在质心左侧距质心 x 处,则

$$v_C + \omega x = v_0$$

$$x = \frac{v_0 - v_C}{\omega} = d$$

即所求点为质心 C 到铅垂线 P_1P_2 的垂足。

1.79　$\underline{C}$；$\underline{A}$

设物体的质量为 m，半径为 R，转动惯量为 J，水平初速度为 v_0，连滚带滑过程中摩擦因数为 μ，经历时间为 t，达到匀速纯滚动时的速度为 v、角速度为 ω。

根据质心运动定理，有

$$mv - mv_0 = -\mu mgt$$

根据角动量定理（质心参考系中），有

$$\mu mgRt = J\omega$$

纯滚动时，有

$$v = R\omega$$

由以上三式，得

$$t = \frac{J}{\mu g(J + mR^2)}v_0$$

动能损失为

$$\Delta E_k = E_{k0} - E_k = \frac{1}{2}mv_0^2 - \left(\frac{1}{2}mv^2 + \frac{1}{2}J\omega^2\right) = \frac{1}{2}mv_0^2 \frac{J}{J + mR^2}$$

因为 $J_A = mR^2$，$J_B = \frac{1}{2}mR^2$，$J_C = \frac{2}{5}mR^2$，所以

$$t_A > t_B > t_C$$

$$(\Delta E_k)_A > (\Delta E_k)_B > (\Delta E_k)_C$$

1.80　$\underline{\frac{1}{3}\tan\theta}$；$\underline{\frac{2}{3}}$

当 $\mu = 0$ 圆柱体平动下滑时

$$v_0 = g\sin\theta \cdot t$$

当 $\mu \neq 0$ 时

$$v = (g\sin\theta - \mu g\cos\theta) \cdot t$$

当 $\mu = \mu_0$ 圆柱体恰好能纯滚动地沿斜面向下运动时，圆柱体与斜面的接触点是转动瞬心，圆柱体在重力矩的作用下转动

$$v' = (g\sin\theta - \mu_0 g\cos\theta) \cdot t$$

$$\left(\frac{1}{2}mR^2 + mR^2\right)\beta = mgR\sin\theta$$

$$\omega = \beta t = \frac{2g\sin\theta}{3R} \cdot t$$

利用

$$R\omega = v'$$

解出

$$\mu_0 = \frac{1}{3}\tan\theta, \quad \frac{v'}{v_0} = \frac{2}{3}$$

1.81 细杆在光滑的水平面上运动时,受到的力有重力 G、水平面的支持力 N 和圆环的作用力 F,在水平方向应用牛顿第二定律

$$F = ma_C$$

式中:m 为细杆的质量;a_C 为细杆质心的加速度。

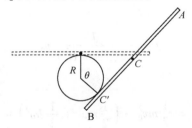

题 1.81 图

设细杆转过角度 θ 时,杆与圆环的接触点是 C',C' 是细杆的瞬时转动中心,设此时细杆的转动角速度为 ω、质心的速度为 v_C,则 v_C 垂直于细杆,且

$$v_C = R\theta\omega$$

质心绕 C' 点转动瞬间的切向、法向加速度分别为

$$a_{C\tau} = \frac{\mathrm{d}v_C}{\mathrm{d}t}, \quad a_{Cn} = R\theta\omega^2$$

F 的两个分量:垂直于细杆的分力(弹性力)N 和平行于细杆的分力(摩擦力)f 分别使质心产生切向和法向加速度

$$N = ma_{C\tau}, \quad f = ma_{Cn}$$

为了保证细杆无相对滑动地绕着圆环外侧运动,摩擦因数 μ 应取为

$$\mu \geqslant \frac{f}{N} = \frac{a_{Cn}}{a_{C\tau}} = \frac{\theta\omega^2}{\mathrm{d}(\theta\omega)/\mathrm{d}t}$$

设初始时细杆的转动角速度为 ω_0，由于运动过程中没有力对其作功，细杆的动能保持不变

$$\frac{1}{2}I_C\omega_0^2 = \frac{1}{2}I_{C'}\omega^2$$

其中

$$I_C = \frac{1}{12}m(2l)^2 = \frac{1}{3}ml^2, \quad I_{C'} = I_C + m(R\theta)^2 = \frac{1}{3}ml^2 + m(R\theta)^2$$

所以

$$\omega = \frac{l\omega_0}{\sqrt{l^2 + 3(R\theta)^2}}$$

另外，细杆转动的角速度与圆环中心到细杆的垂线的转动角速度相等，有

$$\omega = d\theta/dt$$

所以

$$\mu \geq \frac{[l^2 + 3(R\theta)^2](R\theta)}{l^2 R}$$

$\frac{[l^2 + 3(R\theta)^2](R\theta)}{l^2 R}$ 是 θ 的单值增函数，而 $\theta_{\max} = l/R$，为了保证细杆无相对滑动地绕着圆环外侧运动直到 B 端与环接触后彼此分离，应取

$$\mu \geq \frac{4l}{R}$$

1.82 小球在斜面上滚动时，如题 1.82 图(a) 所示，小球受到的作用力有：斜面支持力 N、斜面摩擦力 f 和重力 mg，有平动方程

$$N + f + mg = ma_C$$

在垂直于斜面斜向上的方向上、平行于斜面斜向下的方向上的分量方程为

$$N - mg\cos\theta = 0$$
$$mg\sin\theta - f = ma_C$$

小球在重力力矩的作用下，绕与斜面接触点顺时针加速转动

$$mgr\sin\theta = J\beta = \frac{7}{5}mr^2\beta$$

另有

$$f = \mu_1 N$$

解出

$$a_C = g\sin\theta - \mu_1 g\cos\theta, \quad \beta = \frac{5g}{7r}\sin\theta$$

为了保证小球在斜面上不打滑，要求质心的加速度 $a_C \leqslant r\beta$，即

$$\mu_1 \geqslant \frac{2}{7}\tan\theta$$

小球在圆弧面上滚动时，如题图 1.82(b) 所示，小球受到斜面支持力 N、摩擦力 f 和重力 mg 的作用，有平动方程

$$\mathbf{N} + \mathbf{f} + m\mathbf{g} = m\mathbf{a}_C$$

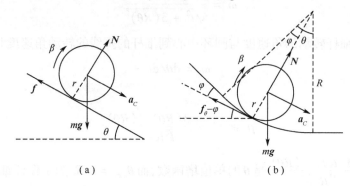

题 1.82 图

在法向、切向的分量方程为

$$N - mg\cos(\theta - \varphi) = m\frac{v_C^2}{R - r}$$

$$mg\sin(\theta - \varphi) - f = ma_{C\tau}$$

小球从初始位置纯滚动下来，没有外力和非保守内力对它和地球构成的系统作功，机械能守恒

$$mg\{h + (R - r)[\cos(\theta - \varphi) - \cos\theta]\} = \frac{1}{2}mv_C^2 + \frac{1}{2}J_C\omega^2$$

小球在重力力矩的作用下，绕与圆弧面的接触点顺时针加速转动

$$mgr\sin(\theta - \varphi) = \frac{7}{5}mr^2\beta$$

另有

$$f = \mu_2 N, \quad v_C = r\omega$$

解出

$$\beta = \frac{5g}{7r}\sin(\theta - \varphi)$$

$$a_{C\tau} = g\sin(\theta - \varphi) - \mu_2 g\cos(\theta - \varphi) - \mu_2 \frac{10g}{7(R-r)}[h + (R-r)\cos(\theta - \varphi) - (R-r)\cos\theta]$$

纯滚动要求 $a_{C\tau} \leqslant r\beta$，即

$$\mu_2 \geqslant \frac{2\sin(\theta - \varphi)}{\dfrac{10h}{R-r} + 17\cos(\theta - \varphi) - 10\cos\theta}$$

当 $\varphi = 0$ 时，上式右侧取得最大值，所以，只要满足

$$\mu_2 \geqslant \frac{2\sin\theta}{\dfrac{10h}{R-r} + 7\cos\theta}$$

就能保证小球在圆弧面上纯滚动。

由于小球从圆弧面到达水平地面时满足 $v_C = r\omega$ 的纯滚动条件，小球与地面的接触点没有相对运动，不产生摩擦力，所以无论 μ_3 为何值，小球都将保持匀速纯滚动状态。

第二章 振动和波

第一节 内容精粹

一、机械振动

1. 简谐运动的描述

简谐运动的三个特征量:振幅 A、角频率 ω、初相 φ。

简谐运动的运动学特征:物体的位移、速度和加速度都随时间周期性地变化;加速度和位移的大小成正比,方向相反。

简谐运动的动力学特征:物体所受合力与位移成正比,方向相反。

简谐运动的能量特征:物体的动能和势能均以角频率 2ω 随时间周期性地变化,机械能不随时间改变;动能和势能在一个周期内的平均值相等,且均为总能量的一半。

2. 简谐运动的表示法

数学解析法:

$$x = A\cos(\omega t + \varphi), \quad x_m = A$$

$$v = -A\omega\sin(\omega t + \varphi), \quad v_m = A\omega$$

$$a = -A\omega^2\cos(\omega t + \varphi), \quad a_m = A\omega^2$$

图示法:$x-t$、$v-t$、$a-t$ 曲线图。

旋转矢量法(向量图法):始端位于 $x = 0$,长度为 A,开始时刻与 OX 轴夹角为 φ,以角速度 ω 逆时针匀速旋转的矢量。

简谐运动的角频率决定于系统本身,振幅和初相可由初始条件确定:设初始时刻质点位于 x_0 处、速度是 v_0,由

$$x_0 = A\cos\varphi, \quad v_0 = -A\omega\sin\varphi$$

可得

$$A = \sqrt{x_0^2 + (v_0/\omega)^2}, \quad \varphi = \arctan\frac{-v_0}{\omega x_0}$$

再考虑到初始时刻的速度方向即可唯一地确定初相 φ,一般取 $\varphi \in (-\pi, \pi]$。

3. 微振动的简谐近似

求解微振动简谐近似的角频率及周期的基本方法有两种:

(1) 利用"隔离物体法"对物体进行受力分析,根据牛顿运动定律写出物体运动的微分方程,取合理的近似,读出角频率。

(2) 取物体受合力为零的平衡位置为势能零点,写出物体的机械能。利用机械能守恒,机械能对时间的导数为零,写出物体运动的微分方程,取合理的近似,读出角频率。

4. 典型的(近似)简谐运动

弹簧振子: $\omega = \sqrt{k/m}$

单摆(小角度摆动): $\omega = \sqrt{g/l}$

复摆(小角度摆动): $\omega = \sqrt{mgl/J}$

式中:m 为刚体的总质量;l 为刚体质心到转轴的距离;J 为刚体对轴的转动惯量。

5. 阻尼振动

简谐运动物体的微分方程:$m\dfrac{d^2 x}{dt^2} = -kx$。当物体速度较小时受到的阻力与速度成正比,微分方程变为

$$m\frac{d^2 x}{dt^2} = -kx - \gamma \frac{dx}{dt}$$

令 $\omega_0 = \sqrt{\dfrac{k}{m}}, \beta = \dfrac{\gamma}{2m}$,$\omega_0$ 称为系统的固有角频率,β 称为阻尼系数。

(1) 欠阻尼(弱阻尼):$\beta < \omega_0$。物体做周期性振动,角频率

$$\omega = \sqrt{\omega_0^2 - \beta^2}$$

但是其振幅 A 不断衰减,能量 E 不断减小:

$$A = A_0 e^{-\beta t}, \quad E = E_0 e^{-2\beta t}$$

能量减小到起初的 $1/e$ 所需时间 τ 称为时间常量(鸣响时间),鸣响时间内振动次数的 2π 倍称为品质因数 Q:

$$\tau = \frac{1}{2\beta}, \quad Q = 2\pi \frac{\tau}{T} = \omega \tau$$

(2) 临界阻尼: $\beta = \omega_0$。

(3) 过阻尼: $\beta > \omega_0$。

6. 受迫振动

给阻尼振动系统施加周期性的驱动力 $H\cos\omega t$,物体运动的微分方程为

$$m\frac{d^2x}{dt^2} = -kx - \gamma\frac{dx}{dt}$$

经过一定时间,系统振动达到稳定状态,这时系统的振动频率等于驱动力的频率。

当驱动力角频率等于 $\sqrt{\omega_0^2 - 2\beta^2}$ 时,系统的振幅达到极大值,称为共振。当系统所受阻尼很弱($\beta \ll \omega_0$)时,驱动力角频率等于系统固有角频率时发生共振。共振系统的速度与驱动力同相,驱动力对系统作正功,系统最大限度地从外界取得能量。

7. 两个简谐运动的合成

1) 同方向同频率的简谐运动的合成

$$x_1 = A_1\cos(\omega t + \varphi_1), \quad x_2 = A_2\cos(\omega t + \varphi_2)$$

$$x = x_1 + x_2 = A\cos(\omega t + \varphi)$$

仍然是同一方向同频率的简谐运动,振幅和初相分别为

$$A = \sqrt{A_1^2 + A_2^2 + 2A_1A_2\cos(\varphi_2 - \varphi_1)}$$

$$\varphi = \arctan\frac{A_1\sin\varphi_1 + A_2\sin\varphi_2}{A_1\cos\varphi_1 + A_2\cos\varphi_2}, 且介于 \varphi_1、\varphi_2 间$$

2) 同方向不同频率的简谐运动的合成

$$x_1 = A_1\cos(\omega_1 t + \varphi_1), \quad x_2 = A_2\cos(\omega_2 t + \varphi_2)$$

考虑 $A_1 = A_2 = A$、$\varphi_1 = \varphi_2 = \varphi$ 的简单情况,

$$x = x_1 + x_2 = 2A\cos\frac{\omega_2 - \omega_1}{2}t\cos\left(\frac{\omega_2 + \omega_1}{2}t + \varphi\right)$$

不再是简谐运动。

当 $\omega_2 + \omega_1 \gg |\omega_2 - \omega_1|$ 时,合成结果是振幅受到低频调制的高频振动。

调制频率:$\dfrac{|\omega_2 - \omega_1|}{2}$

载频:$\dfrac{\omega_2 + \omega_1}{2}$

拍频:$|\nu_2 - \nu_1|$

3) 相互垂直的同频率的简谐运动的合成

$$x = A_1\cos(\omega t + \varphi_1), \quad y = A_2\cos(\omega t + \varphi_2)$$

$$\frac{x^2}{A_1^2} + \frac{y^2}{A_2^2} - 2\frac{xy}{A_1 A_2}\cos(\varphi_2 - \varphi_1) = \sin^2(\varphi_2 - \varphi_1)$$

当 $\varphi_2 - \varphi_1 = 0$ 时，质点在一、三象限的直线 $y = \frac{A_2}{A_1}x$ 上做简谐运动：

$$s = \sqrt{A_1^2 + A_2^2}\cos(\omega t + \varphi)$$

当 $\varphi_2 - \varphi_1 = \frac{\pi}{2}$ 时，质点在正椭圆 $\frac{x^2}{A_1^2} + \frac{y^2}{A_2^2} = 1$ 上顺时针运动；

当 $\varphi_2 - \varphi_1 = \pi$ 时，质点在二、四象限的直线 $y = -\frac{A_2}{A_1}x$ 上做简谐运动：

$$s = \sqrt{A_1^2 + A_2^2}\cos(\omega t + \varphi)$$

当 $\varphi_2 - \varphi_1 = \frac{3\pi}{2}$ 时，质点在正椭圆 $\frac{x^2}{A_1^2} + \frac{y^2}{A_2^2} = 1$ 上逆时针运动；

当 $(\varphi_2 - \varphi_1)$ 等于其他值时，质点的轨迹是斜椭圆，质点做顺时针或逆时针运动。

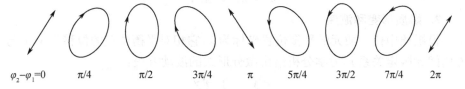

4）相互垂直的不同频率的简谐运动的合成

$$x = A_1\cos(\omega_1 t + \varphi_1), \quad y = A_2\cos(\omega_2 t + \varphi_2)$$

$\omega_2 : \omega_1$ 不等于整数之比时，为不稳定的曲线轨迹，在上图所示轨迹间变化，$|\omega_2 - \omega_1|$ 越大，变化越快。

$\omega_2 : \omega_1$ 等于简单的整数之比时，质点轨迹为稳定的利萨如图形。

二、机械波

1. 行波和简谐波

原点 $x = 0$ 处的质元相对平衡位置的位移随时间变化：$y_0(t) = f(t)$。如果这一质元的运动带动其他质元按同一规律运动，则这一运动模式向远处传播，形成行波。

设行波沿 X 正方向传播，传播速度为 u。X 轴上各质元的运动规律一致，但时间上有先后。t 时刻原点处的位移是 $f(t)$，x 处的位移却是原点在较早前 $(t - x/u)$

的位移值。因此 X 轴上任一点 x 的位移随时间的变化规律为
$$y = f(t - x/u)$$
称为相应行波的波函数。

如果行波沿 X 负方向传播，传播速度为 u，则相应的波函数为
$$y = f(t + x/u)$$
简谐运动的传播形成简谐波。

设 x_0 处质元的简谐运动为 $y(x_0,t) = A\cos(\omega t + \varphi)$，则向 X 正方向传播的简谐波为
$$y(x,t) = A\cos\left(\omega t - \omega \frac{x - x_0}{u} + \varphi\right)$$
向 X 负方向传播的简谐波为
$$y(x,t) = A\cos\left(\omega t + \omega \frac{x - x_0}{u} + \varphi\right)$$
描述简谐波的特征量有：波速 u、波长 λ、周期（或频率）T（或 ν），它们之间的关系为
$$u = \lambda\nu = \lambda/T$$

2. 媒质形变和波速

设媒质中任一质元的平衡位置坐标为 x，它相对平衡位置的位移为 y（y 与 x 方向间无限定关系）。力学分析给出微分形式的波动方程：
$$\frac{\partial^2 y}{\partial x^2} = \frac{1}{u^2}\frac{\partial^2 y}{\partial t^2}$$

（1）拉紧的绳中横波波速：$u_t = \sqrt{F/\rho}$，F 是张力，ρ 是质量线密度。

（2）各向同性固体介质中横波波速：$u_t = \sqrt{G/\rho}$；纵波波速：$u_l = \sqrt{Y/\rho}$。其中 G 是材料的切变模量，Y 是材料的杨氏模量，ρ 是材料的密度。

（3）液体、气体中的纵波波速：$u_l = \sqrt{B/\rho}$，B 是体变模量。

对于理想气体，将声波在其中的传播看作绝热过程，利用绝热过程方程：$PV^\gamma = \text{const}$。体变模量的定义：$\Delta P = -B\frac{\Delta V}{V}$，可得 $u_l = \sqrt{\frac{\gamma P}{\rho}}$。

3. 简谐波的能量和能流

介质中任一质元的动能和势能都随时间周期性地变化，其频率是简谐波频率的 2 倍。任意时刻质元的动能和势能相等，质元的机械能随时间周期性地变化，总能量不守恒。沿着波的传播方向，质元从后方质元获得能量，向前方质元输出能量，能量沿波的传播方向传播。

一个周期内的平均能量密度为
$$\overline{w} = \frac{1}{2}\rho A^2 \omega^2$$

一个周期内的平均能流密度即波的强度为
$$I = \overline{w}u = \frac{1}{2}\rho A^2 \omega^2 u$$

4. 波的干涉和驻波

相干条件：频率相同、振动方向相同、位相差恒定。

设两列相干波在某点引起的振动的位相分别为 φ_1 和 φ_2，则位相差为 $\Delta\varphi = \varphi_2 - \varphi_1$。当 $\Delta\varphi = (2k+1)\pi(k = 0, \pm 1, \pm 2, \cdots)$ 时，振动叠加的合振动振幅最小，干涉相消；当 $\Delta\varphi = 2k\pi$ $(k = 0, \pm 1, \pm 2, \cdots)$ 时，振动叠加的合振动振幅最大，干涉相长。

驻波：两列振幅相等的相干波，在同一直线上沿相反方向传播叠加而成。

驻波的特征：有波节和波腹；相邻两个波节或波腹间距离为 $\lambda/2$；相邻两波节间的质元振动同相，一波节两边距该波节等距的质元振动反相；波腹处动能最大，波节处势能最大，二者不断转换；没有能量和波形的传播，是分段稳定的振动。

相位突变：波由波疏介质入射波密介质，在反射点，反射波与入射波反相，在界面处形成波节。

5. 声波

声强：
$$I = \frac{1}{2}\rho A^2 \omega^2 u$$

基准声强：
$$I_0 = 10^{-12} \text{W/m}^2$$

声强级：
$$L = 10\lg\frac{I}{I_0}(\text{dB})$$

6. 多普勒效应

声波的多普勒效应：设声源的固有频率为 ν_s、声波在介质中的传播速度为 v、波源相对介质的速度 v_s 与 v 同向、观察者相对介质的速度 v_o 与 v 同向，则观察者接收到的声波频率 ν_o 为
$$\nu_o = \frac{v - v_o}{v - v_s}\nu_s$$

光波的多普勒效应：设光源的固有频率为 ν_s、光波的传播速度为 c、波源与观

察者的相对离开的速度为 v,则观察者接收到的光波频率 ν_o 为

$$\nu_o = \sqrt{\frac{c-v}{c+v}}\nu_s$$

第二节 解题要术

一、机械振动

1. 简谐运动及其表示法

简谐运动的振幅 A 取决于振动的能量,角频率 ω 取决于振动系统本身的性质,初相 φ 取决于振动的初始条件或说起始时刻的选择。描述简谐运动就是要确定这三个特征量。

这三个特征量的表示,有文字表述、数学解析、图示和相量图表示等方法,必须熟练它们的运用及相互联系。

如果是文字表述题,要注意系统的性质(决定角频率 ω)、最大位移(振幅 A)、最大动能或势能(与振幅 A 和角频率 ω 有关)、某一时刻的位移及速度的大小和方向(决定振幅 A 和初相 φ)等。

如果题中有旋转矢量,要特别关注矢量的大小(振幅 A)、初始时刻与 X 轴的夹角(初相 φ)、旋转角速度(角频率 ω)。速度的相位超前位移 $\pi/2$,加速度的相位超前速度 $\pi/2$、超前位移 π。求解质点从状态 I(位置 I 和速度 I)运动到状态 II(位置 II 和速度 II)所用最短时间之类的问题时,利用旋转矢量极其清晰方便。

如果题目中有 $x-t$ 曲线图,要熟练地读出振幅 A 和周期 T,同时可以读出某一时刻质点的位移和速度方向以便唯一地确定初相 φ(无需知道速度大小)。

以上各类问题求解时都可能用到简谐运动的数学解析表示法及一些相互关系。

2. 微振动的简谐近似

无论是利用"隔离物体法"对物体进行受力分析,还是利用机械能守恒求解微振动简谐近似的角频率及周期,最常用的近似有:

(1) 三角近似,当 x 很小(如小于 0.1)时,$\sin x \approx x$,$\cos x \approx 1$;

(2) 幂次和对数近似,当 x 很小(比如小于 0.01)时,$(1+x)^\alpha \approx 1 + \alpha x$,$\ln(1+x) \approx x$ 等。

无论用什么方法,只要最终得到 $\dfrac{d^2 x}{dt^2} = -bx$ 型的微分方程且 $b > 0$,则可写出系统的角频率 $\omega = \sqrt{b}$ 或周期 $T = 2\pi/\sqrt{b}$。

根据机械能守恒定律,先求机械能,再令机械能对时间求导为零,写出物体运动的微分方程,读出角频率。利用这种方法时,最好取物体的平衡位置为各种势能的零点,否则,得到的微分方程还会包含常数项。

有两点要强调:① 简谐运动不仅限于位移、角位移这样的物理量,其他物理量也会随时间周期性地变化,如电场强度、磁感应强度、电流强度、电量、电压等;② 即使是位移的周期性变化,也不仅限于力学中的机械运动,热学和电磁学中也有简谐运动,如活塞的简谐运动、电荷受电场力作用和电流受磁场力作用时的简谐运动等。

3. 两个简谐运动的合成

同方向同频率的简谐运动的合成最为重要,合振动的振幅、初相与二分振动的振幅、初相间的关系看似复杂,实则无需强记,在旋转矢量图上一目了然。

相互垂直的同频率的简谐运动的合成在分析偏振光的叠加、鉴别椭圆偏振光和圆偏振光成分时最为有用。

如果两个简谐运动既不同方向又不相互垂直怎么办?

遇到这样的问题要先分解,再合成。比如一个简谐运动沿 X 轴,另一个沿与 X 轴成一定角度的 S 轴。这时可先将 S 轴上的振动沿 X 轴及与 X 轴垂直的 Y 轴分解,然后求 X 轴上两个振动的合成,最后求 X 轴上合成振动与 Y 轴上振动的合成。

二、机械波

1. 行波和简谐波

波是振动状态的传播,是能量的传播。因此波的问题通常和振动的问题密切地联系在一起。

最常见的问题是:给定时刻 t_1 的波形,求波动表达式、某一点 x' 的振动、另一时刻 t_2 的波形,等等。

如果已知一点 x_0 的振动方程 $y(t) = A\cos(\omega t + \varphi)$,波速 u 和波的传播方向,这时候很容易写波动表达式:

$$y(x,t) = A\cos\left(\omega t \pm \omega \frac{x-x_0}{u} + \varphi\right)$$

将 $x = x'$ 代入即可得 x' 点的振动方程 $y(x',t)$,将 $t = t_2$ 代入即可得 t_2 时刻的波形 $y(x,t_2)$。所以问题还是集中在如何根据 t_1 时刻的波形求 x_0 点的振动方程上。

由 t_1 时刻的波形可读出振幅 A;由波形可读出波长 λ,根据波速 u 可求出周期 $T = \lambda/u$(及角频率 $\omega = 2\pi/T$);根据 x_0 点的位移得 $\cos(\omega t_1 + \varphi)$,再根据 x_0

点的速度方向唯一地确定 φ。于是 x_0 点的振动方程就求出来了。

有的问题可能不是直接给出传播速度,而是给出绳上张力、材料杨氏模量和密度等,这时需要读者自己计算传播速度。

2. 驻波、多普勒效应

驻波是两列振幅相等的相干波在同一直线上沿相反方向传播时相干叠加的结果。相邻两个波节或波腹间距离为 $\lambda/2$;相邻两波节间的质元振动同相,一波节两边距该波节等距的质元振动反相;没有能量和波形的传播,是分段稳定的振动。在波节位置,两列行波的相位相反;在波腹位置,两列行波同相。

在分析波的叠加、干涉和驻波问题涉及波的反射时,一定要关注是否有相位突变。波在折射时不发生相位突变。

在应用声波的多普勒效应公式 $\nu_0 = \dfrac{v-v_0}{v-v_s}\nu_s$ 时,一定要注意符号约定:v 是声波在介质中的传播速度,恒为正;v_s 是波源相对介质的速度,当波源向着观察者运动时取正,反之取负;v_0 是观察者相对介质的速度,当观察者远离声源运动时取正,反之取负。或者以声波向观察者传播的方向为参考,当声源、观察者的运动方向同声波的传播方向时,它们的速度取正,反之取负。

如果声源的运动方向不在声源与观察者的连线上,要注意分解声源的速度。

在光波的多普勒效应公式 $\nu_0 = \sqrt{\dfrac{c-v}{c+v}}\nu_s$ 中,当波源与观察者相对离开时,其相对速度 v 取正;当互相接近时时,相对速度 v 取负。

第三节 精选习题

2.1(填空) 水平弹簧振子系统中,弹簧的劲度系数为 k,振子质量为 m,水平运动阻力大小与振子运动速率成正比,比例系数为 ν,振子的运动方程为_____,形成低阻尼振动的条件是_____。

2.2(填空) 水平静止的车厢中,用一根劲度系数为 k 的轻弹簧水平静止地连接质量为 m 的小滑块,滑块与车箱底板间无摩擦。如题 2.2 图所示使车厢以恒定的加速度 a_0 水平朝右运动,小滑块将在车厢内左右振动,振动角频率 $\omega =$_____,振幅 $A =$_____。

2.3(计算) 如题 2.3 图所示,弹性系数为 k 的轻弹簧竖直悬挂着,它的下端连接质量为 M 的平板,平板上方 h 处有一质量也为 M 的小物块。今使系统从弹簧处于自由长度状态,平板和小物块静止开始释放,当平板降落到受力平衡位置时,小物块恰好追上平板并与其粘连。试求:(1)h;(2)小物块与平板粘连后的瞬

间向下运动的速度 u；(3) 小物块与平板粘连后形成的振动的振幅 A。

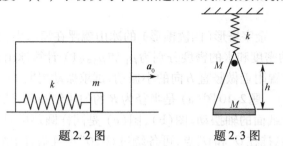

题 2.2 图　　　　　　题 2.3 图

2.4（填空）　设想地球、月球半径以及两球中心间距都缩小为原值的十分之一，但质量不变。那么，地面处原周期为 1s 的小角度单摆，现周期为_____s；将月球绕地球运动的原周期仍然记为月，月球绕地球的现周期便为_____月。

2.5（计算）　设海水的表面处密度为 ρ_0，海水的密度 ρ 随深度每增加 1m 即增加 ρ_0 的万分之五；一个密度为 ρ_1 的刚性小球，初始在海水中悬浮静止，此时给小球一个向下的冲击力，使它获得向下的初速度 v_0。(1) 试从动力学关系证明小球做简谐运动（要求写出小球的动力学微分方程）；(2) 已知 $\rho_1 = 1.5 \times 10^3 \text{kg/m}^3$，$\rho_0 = 1.0 \times 10^3 \text{kg/m}^3$，$v_0 = 1.0 \text{m/s}$，求小球简谐运动的圆频率 ω 和振幅 A，并写出小球的振动表达式（取 $g = 10 \text{m/s}^2$）。

2.6（计算）　一轻弹簧两端固连着两个小球 A、B，若将小球 B 固定，测得小球 A 的振动频率为 f_A。若将小球 A 固定，测得小球 B 的振动频率为 f_B。现将此系统自由地平放在光滑水平面上，求此系统的自由振动频率。

2.7（计算）　两根长均为 l 质量均为 m 的匀质细杆固接成的对称 T 字形尺如题 2.7 图所示。过 T 字形尺上任意一点作垂直于 T 字形尺所在平面的转轴，T 字形尺相对该轴便有一转动惯量。试求这些转动惯量中的最大值 I_{max}。再设 I_{max} 对应的转轴为固定的水平光滑轴，T 字形尺绕该轴的竖直平面上的平衡位置附近做无摩擦的小角度摆动，试求摆动周期 T。

2.8（计算）　如题 2.8 图所示，倔强系数为 k 的水平轻弹簧一端固定，另一端连接在质量为 m 的匀质圆柱体的轴上，圆柱可绕其轴在水平面上滚动。令圆柱体

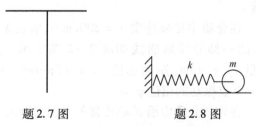

题 2.7 图　　　　　　题 2.8 图

偏离其平衡位置,使该系统做简谐振动,设圆柱与地面之间无滑动,求系统的振动周期 T。

2.9（计算） 金字塔形（四棱锥形）的冰山飘浮在海水中,平衡时塔顶离水面高度为 h,冰的密度和水的密度分别为 ρ_1 和 ρ_2。(1) 计算冰山自身高度 H。(2) 若冰山在平衡位置附近做竖直方向的小振动,试求振动周期 T。

2.10（填空） 题2.10图(a)是半径为 R 的匀质细圆环,悬挂在 O 点并可绕过此点且垂直于纸面的轴摆动。图(b)、图(c) 是同样圆环中对 OC 轴对称截取的一部分,分别悬挂在 O' 和 O'' 点,可各绕过 O'、O'' 点且垂直于纸面的轴摆动。悬线的质量不计,摆角不大。它们的摆动周期分别为 T_1、T_2 和 T_3,则三者的大小关系为 _____。

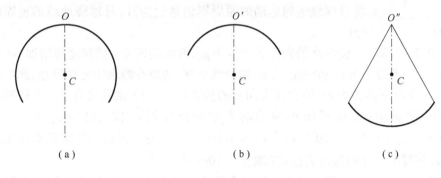

题2.10图

2.11（计算） 受迫振动的稳定状态由下式给出：

$$x = A\cos(\omega t + \varphi), \quad A = \frac{h}{\sqrt{(\omega_0^2 - \omega^2)^2 + 4\beta^2\omega^2}}, \quad \varphi = \arctan\frac{-\beta\omega}{\omega_0^2 - \omega^2}$$

其中 $h = \dfrac{H}{m}$,而 $H\cos(\omega t)$ 为胁迫力,$2\beta = \dfrac{\gamma}{m}$,$-\gamma\dfrac{\mathrm{d}x}{\mathrm{d}t}$ 是阻尼力。有一偏车轮的汽车上有两个弹簧测力计,其中一条的固有振动角频率 $\omega_0 = 39.2727\mathrm{s}^{-1}$,另外一条的固有振动角频率 $\omega_0' = 78.5454\mathrm{s}^{-1}$,在汽车运行的过程中,司机看到两条弹簧的振动幅度之比为7。设 β 为小量,计算中可以略去,已知汽车轮子的直径为 $1\mathrm{m}$,求汽车的运行速度。

2.12（填空） 在介质中传播速度 $u = 200\mathrm{cm/s}$,波长 $\lambda = 100\mathrm{cm}$ 的一列平面简谐波,某时刻的一部分波形曲线如题2.12图所示。已知图中 P 点坐标 $x_P = 20\mathrm{cm}$,振动量 $y_P = 4\mathrm{cm}$,振动速度 $v_P = 12\pi\mathrm{cm/s}$,则可解得波的振幅 $A = $ _____,$x = 0$ 点振动的相位 $\varphi = $ _____。

2.13（填空） 在均匀介质中沿 X 轴传播的平面简谐波,因介质对波的能量吸收,波的平均能流密度大小 $I(x)$ 随 x 衰减的规律为 $I(x) = I_0 e^{-\mu x}$,其中 I_0 为 $x = 0$ 处的 $I(x)$ 值,μ 为正常量。将 $x = 0$ 处波的振幅记为 A_0,则 $x > 0$ 处的振幅 $A(x) = $ _____。保留介质和波的种类,改取球面简谐波,考虑到介质对波的能量吸收,将 r_0 处的振幅记为 A_0,则 $r > r_0$ 处的振幅 $A(r) = $ _____。

2.14(填空) 如题 2.14 图所示,从远处声源发出的声波,波长为 λ,垂直射到墙上,墙上有两个小孔 A 和 B,彼此相距 $a = 3\lambda$。将一个探测器沿与墙垂直的 AP 直线移动,遇到两次极大,它们的位置 Q_1、Q_2 已定性地在图中示出,则 Q_1、Q_2 与 A 的距离分别为 $d_1 = $ _____、$d_2 = $ _____。

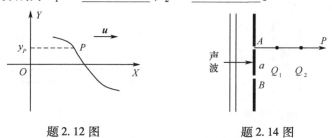

题 2.12 图   题 2.14 图

2.15(填空) 运动的带电粒子可向四周发射出电磁波,当带电粒子在某均匀介质中的匀速直线运动速度大于该电磁波在此介质中的传播速度时,这种电磁波称为契伦科夫辐射。将带电粒子视为波的点辐射源,则由惠更斯原理可知,契伦科夫辐射的波前的几何形状为_____面。

2.16(填空) 标准声源发出频率为 $\nu_0 = 250.0 \text{Hz}$ 的声波,一音叉与该标准声源同时发声,产生频率为 1.5Hz 的拍音,若在音叉的臂上粘一小块橡皮泥,则拍频增加,音叉的固有频率 $\nu = $ _____。将上述音叉置于盛水的玻璃管口,如题 2.16 图所示,调节管中水面的高度,当管中空气柱高度 L 从零连续增加时,发现在 $L = 0.34 \text{m}$ 和 1.03m 时产生相继的两次共鸣,由以上数据算得声波在空气中的传播速度为_____。

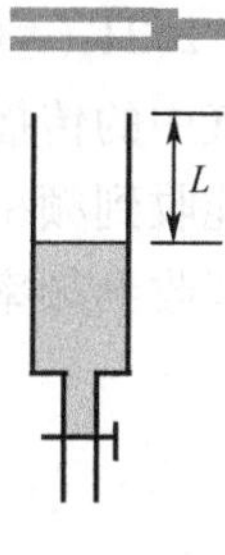

题 2.16 图

2.17(填空) 在 X 轴上传播的三列纵波 $\xi_1 = A_0 \cos\left(\omega t - \frac{2\pi}{\lambda}x\right)$、$\xi_2 = A_0 \cos\left(\omega t - \frac{2\pi}{\lambda}x + \frac{\pi}{2}\right)$ 和 $\xi_3 = \sqrt{2} A_0 \cos\left(\omega t + \frac{2\pi}{\lambda}x + \frac{\pi}{4}\right)$,合成的驻波可表述成 $\xi = \xi_1 + \xi_2 + \xi_3 = $ _____,$x = $ _____ 处均为驻波的波腹点。

2.18(填空) 声波在空气中的传播速度为 u_1,在铜板中的传播速度为 u_2。设频率为 ν_0 的声波从右图中静止的波源 S 发出,经空气传播到以速度 $v < u_1$ 向前运

103

动的平行平板,在铜板的正前方有一静止的接收者B,则S接收到的由铜板反射回的声波频率ν_1 = _____,B接收到的透射声波频率ν_2 = _____。(已知$\overline{SB}$与v平行)

2.19（填空） 振动频率为ν_0的声波波源S静止于水平地面某处,骑车者B与S相距L。从$t = 0$开始,B沿着垂直于此时B、S连线方向以水平速度v运动,如题2.19图所示。已知声波在空气中的传播速度$u > v$,而后t时刻B的接收频率为$\nu(t)$ = _____;从$t = 0$到t时刻间,B接收到的振动次数$N(t)$ = _____。

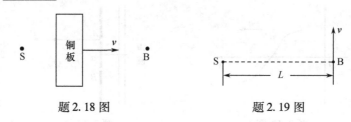

题2.18图　　　　　　　　题2.19图

2.20（填空） 飞机在空中以速度$u = 200$m/s做水平飞行,它发出频率为$\nu_0 = 2000$Hz的声波,静止在地面上的观察者在飞机越过其上空时,测定飞机发出声波的频率,他在4s内测出的声波频率由$\nu_1 = 2400$Hz降为$\nu_2 = 1600$Hz,已知声波在空气中的速度$v = 300$m/s,由此可求出飞机的飞行高度h = _____m。

2.21（填空） 两个实验者A和B各自携带频率同为1000Hz的声源,声波在空气中的传播速度为340m/s。设A静止,B以20m/s的速率朝着A运动,则A除了能收到频率为1000Hz的声波外,还能接收到频率为_____的声波;B除了能收到频率为1000Hz的声波外,还能接收到频率为_____的声波。

第四节　习题详解

2.1　$\dfrac{d^2x}{dt^2} + \dfrac{\nu}{m}\dfrac{dx}{dt} + \dfrac{k}{m}x = 0; \nu < 2\sqrt{mk}$

如果没有阻尼力存在,弹簧振子受到的合力为$-kx$,其中x是振子相对平衡位置的位移。因题目告知阻尼力为$-\nu\dfrac{dx}{dt}$,所以振子受到的合力为$-\nu\dfrac{dx}{dt} - kx$,运动方程为$m\dfrac{d^2x}{dt^2} = -\nu\dfrac{dx}{dt} - kx$,即

$$\dfrac{d^2x}{dt^2} + \dfrac{\nu}{m}\dfrac{dx}{dt} + \dfrac{k}{m}x = 0$$

弹簧振子系统的本征频率（固有频率）$\omega_0 = \sqrt{k/m}$，令 $\dfrac{\nu}{m} = 2\beta$，低阻尼（弱阻尼）振动的条件是 $\beta < \omega_0$，即

$$\nu < 2\sqrt{mk}$$

2.2　$\sqrt{k/m}$；ma_0/k

以弹簧自由端为原点、水平向右为正方向，建立一维坐标系 OX。当小滑块位于坐标 x 时，在车厢参考系中观察，有

$$-kx - ma_0 = m\dfrac{\mathrm{d}^2 x}{\mathrm{d}t^2}$$

令 $\omega^2 = k/m$，该方程的通解为

$$x = -ma_0/k + A\cos(\omega t + \varphi)$$

代入初始条件：$t = 0$ 时，$x = 0$，$\dfrac{\mathrm{d}x}{\mathrm{d}t} = 0$，得 $\varphi = 0$，$A = \dfrac{ma_0}{k}$。所以

$$x = -\dfrac{ma_0}{k} + \dfrac{ma_0}{k}\cos\omega t$$

2.3　（1）先不考虑小物块，平板被释放后在竖直方向上相对受力平衡位置做简谐运动，周期为

$$T = 2\pi\sqrt{M/k}$$

既然同时释放小物块和平板，且小物块在平板到达受力平衡位置时追上平板，所以小物块追平板的时间为

$$t = T/4 = \dfrac{\pi}{2}\sqrt{\dfrac{M}{k}}$$

小物块在此时间内下降的高度为

$$h + \Delta l = \dfrac{1}{2}gt^2$$

其中，Δl 是平板在此时间内下降的高度，根据受力平衡可知

$$\Delta l = Mg/k$$

于是，可解得

$$h = \left(\dfrac{\pi^2}{8} - 1\right)\dfrac{Mg}{k}$$

（2）小物块和平板碰撞前，小物块和平板的速度分别为

$$v_{物} = gt = \dfrac{\pi}{2}g\sqrt{M/k}$$

$$v_{板} = \dfrac{2\pi}{T}\cdot\Delta l = g\sqrt{M/k}$$

碰撞瞬间,不考虑重力作用,竖直方向动量守恒,碰撞瞬间后,粘连体的速度为

$$u = \frac{1}{2}(v_{物} + v_{板}) = \frac{1}{2}\left(1 + \frac{\pi}{2}\right)g\sqrt{M/k}$$

（3）粘连后,系统相对新的平衡位置做竖直方向上的简谐运动。以新的平衡位置为势能零点,则刚粘连时系统的动能为 $\frac{1}{2} \cdot 2M \cdot u^2$,重力势能为 $2Mg \cdot \frac{Mg}{k}$（新的平衡位置比平板原受力平衡位置低 $\frac{Mg}{k}$）,弹性势能为 $-\frac{3}{2}k \cdot \left(\frac{Mg}{k}\right)^2$。由机械能守恒,得

$$\frac{1}{2}kA^2 = \frac{1}{2} \cdot 2M \cdot u^2 + 2Mg \cdot \frac{Mg}{k} - \frac{3}{2}k \cdot \left(\frac{Mg}{k}\right)^2$$

所以

$$A = \sqrt{1 + \frac{1}{2}\left(1 + \frac{\pi}{2}\right)^2} \frac{Mg}{k}$$

2.4　0.1；$\sqrt{10^{-3}}$（或 0.0316）

在地面处,摆线长为 l 的小角度单摆的周期为

$$T_1 = 2\pi\sqrt{\frac{l}{g}}$$

其中,重力加速度 g 与引力常量 G、地球质量 M、地球半径 R 的关系为

$$g = GM/R^2$$

设月球绕地球做圆周运动的半径为 r,则其周期为

$$T_2 = 2\pi\sqrt{\frac{r^3}{GM}}$$

按照题目设想的变化,现周期分别为

$$T_1' = 2\pi\sqrt{\frac{l}{g'}} = 2\pi\sqrt{\frac{l}{\frac{R^2}{R'^2}g}} = \frac{R'}{R}T_1 = 0.1T_1$$

$$T_2' = 2\pi\sqrt{\frac{r'^3}{GM}} = 2\pi\sqrt{\frac{r'^3}{r^3}}\sqrt{\frac{r^3}{GM}} = \sqrt{\frac{r'^3}{r^3}}T_2 = \sqrt{10^{-3}}T_2$$

2.5　（1）以海水表面为原点、竖直向下为正方向,建立 OY 轴；设小球的体积为 V,质量为 $m = \rho_1 V$。

在深度 y 处，海水密度为 $\rho = \rho_0 + 5 \times 10^{-4}\rho_0 y$，小球在该处受到的浮力为
$$f = \rho V g = (\rho_0 + 5 \times 10^{-4}\rho_0 y)Vg$$

小球的运动方程为
$$m\frac{d^2y}{dt^2} = mg - f = mg - (\rho_0 + 5 \times 10^{-4}\rho_0 y)Vg$$

记开始小球在水中悬浮静止的位置为 y_0，则有
$$mg = (\rho_0 + 5 \times 10^{-4}\rho_0 y_0)Vg$$

代入上式，有
$$\frac{d^2y}{dt^2} = -5 \times 10^{-4}\frac{\rho_0 g}{\rho_1}(y - y_0)$$

该微分方程表明，小球在竖直方向相对平衡位置做简谐运动。

（2）以上微分方程的通解为
$$y - y_0 = A\cos(\omega t + \varphi)$$

其中
$$\omega = \sqrt{5 \times 10^{-4}\frac{\rho_0 g}{\rho_1}} = 0.058(\text{s}^{-1})$$

利用初始条件：$t = 0$ 时，$y = y_0$，$v_0 = 1.0 \text{m/s}$，得
$$A = 17\text{m}, \quad \varphi = -\frac{\pi}{2}$$

最后得小球的运动方程为
$$y - y_0 = 17\cos\left(0.058t - \frac{\pi}{2}\right)(\text{m})$$

2.6 设弹簧的劲度系数为 k，自由长度为 l，两个小球的质量分别为 m_A 和 m_B，则有
$$f_A = \frac{1}{2\pi}\sqrt{\frac{k}{m_A}}, \quad f_B = \frac{1}{2\pi}\sqrt{\frac{k}{m_B}}$$

系统放在水平面上自由振动时，系统的质心不动。以质心为原点，设两球的位置是 x_A 和 x_B，则弹簧长度改变量为 $x = x_A - x_B - l$，A 球的运动方程为
$$m_A\frac{d^2x_A}{dt^2} = -k(x_A - x_B - l)$$

B 球的运动方程为

$$m_B \frac{d^2 x_B}{dt^2} = k(x_A - x_B - l)$$

由此得弹簧长度改变量的变化规律

$$\frac{d^2 x}{dt^2} = -\frac{m_A + m_B}{m_A m_B} kx$$

所以系统周期性运动的频率为

$$f = \frac{1}{2\pi}\sqrt{\frac{m_A + m_B}{m_A m_B}k} = \sqrt{f_A^2 + f_B^2}$$

2.7 如题 2.7 图所示,两根细杆的质心均在各自的几何中心,T 字形尺的质心 C 在 $x = \dfrac{l}{4}$ 处。

根据平行轴定理,尺对过 C 点且与尺面垂直的"质心轴"的转动惯量 I_C 最小。过其他与质心轴平行的轴的转动惯量为

$$I = I_C + 2md^2$$

式中:d 是其他轴到质心轴对距离。

尺上 O' 点与 C 点最远,所以尺对过 O' 的轴的转动惯量最大,根据平行轴定理,求得

$$I_{\max} = \frac{1}{3}ml^2 + \frac{1}{12}ml^2 + ml^2 = \frac{17}{12}ml^2$$

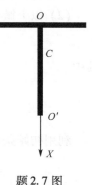

题 2.7 图

普遍地,刚体微振动的角频率为

$$\omega = \sqrt{\frac{Mga}{J}}$$

式中:J 为刚体对轴的转动惯量;M 为刚体的总质量;a 为刚体质心到轴的距离。

具体到本题,摆动周期为

$$T = \frac{2\pi}{\omega} = 2\pi\sqrt{\frac{17ml^2/12}{2mg \cdot 3l/4}} = 2\pi\sqrt{\frac{17l}{18g}}$$

2.8 以轻弹簧和圆柱体为系统,没有外力和非保守内力作功,只有保守内力(弹性力)作功,系统的机械能守恒。

以轻弹簧自由时的弹性势能为零,则系统的机械能为

$$E = \frac{1}{2}kx^2 + \frac{1}{2}mv_C^2 + \frac{1}{2}\left(\frac{1}{2}mR^2\right)\omega^2$$

代入"只滚不滑"条件：$v_C = R\omega$，得

$$E = \frac{1}{2}kx^2 + \frac{3}{4}mv_C^2$$

上式对时间求导，得

$$\frac{d^2x}{dt^2} + \frac{2k}{3m}x = 0$$

所以系统振动的圆频率 $\omega = \sqrt{\frac{2k}{3m}}$，周期 $T = \frac{2\pi}{\omega} = 2\pi\sqrt{\frac{3m}{2k}}$。

2.9 （1）设冰山正方形底面的边长为 a，则冰山自身体积和排开水的体积分别为 $\frac{1}{3}a^2H$、$\frac{1}{3}a^2\left(H - \frac{h^3}{H^2}\right)$。

冰山受到的重力和水的浮力分别为

$$G = \frac{1}{3}a^2H\rho_1 g, \quad F = \frac{1}{3}a^2\left(H - \frac{h^3}{H^2}\right)\rho_2 g$$

平衡时，有 $G = F$。

所以，解得冰山自身的高度为

$$H = \sqrt[3]{\rho_2(\rho_2 - \rho_1)}\, h$$

（2）建立原点在水面、竖直向下的 Y 轴，冰山自平衡位置沿 Y 轴发生小位移 y 时，受到水的浮力为

$$F = \frac{1}{3}a^2\left[H - \frac{(h-y)^3}{H^2}\right]\rho_2 g$$

冰山在 Y 轴方向的运动方程为：$\frac{1}{3}a^2H\rho_1\frac{d^2y}{dt^2} = G - F$，即

$$\frac{d^2y}{dt^2} \approx -\frac{3(\rho_2 - \rho_1)g}{\rho_1 h}y$$

由此可见，冰山近似做简谐运动，圆频率为

$$\omega = \sqrt{\frac{3(\rho_2 - \rho_1)g}{\rho_1 h}}$$

因此，所求周期为

$$T = \frac{2\pi}{\omega} = 2\pi\sqrt{\frac{\rho_1 h}{3(\rho_2 - \rho_1)g}}$$

2.10　$T_1 = T_2 = T_3$

如题 2.10 图所示,匀质细圆环中,对 OC 轴对称地截取两部分,构成刚体,绕过 O 点、垂直于纸面的水平轴做微振动。

复摆的周期为

$$T = 2\pi\sqrt{\frac{J}{mga}}$$

式中:J 为复摆对轴的转动惯量;m 为复摆的质量;a 为复摆的质心到轴的距离。

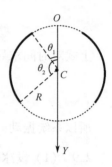

题 2.10 图

设质量线密度是 λ,则

$$J = 2\int_{\theta_1}^{\theta_2} 2R^2(1-\cos\theta)\cdot\lambda R\mathrm{d}\theta = 4\lambda R^3\int_{\theta_1}^{\theta_2}(1-\cos\theta)\mathrm{d}\theta$$

$$ma = 2\int_{\theta_1}^{\theta_2} R(1-\cos\theta)\cdot\lambda R\mathrm{d}\theta = 2\lambda R^2\int_{\theta_1}^{\theta_2}(1-\cos\theta)\mathrm{d}\theta$$

所以复摆的周期为

$$T = 2\pi\sqrt{\frac{J}{mga}} = 2\pi\sqrt{\frac{2R}{g}}$$

尽管各图对应不同的 θ_1 和 θ_2(精选习题中题 2.10 图(a)对应 $\theta_1 = 0$、$\theta_2 = \pi$;图(b)对应 $\theta_1 = 0$、θ_2 未知;图(c)对应 θ_1 未知、$\theta_2 = \pi$),但它们的周期相等。

2.11　因为 β 是小量可以略去,所以弹簧的振幅为

$$A = \frac{h}{\sqrt{(\omega_0^2 - \omega^2)^2}} = \frac{h}{|\omega_0^2 - \omega^2|}$$

汽车的运行速度等于轮中心相对着地点(瞬时转动中心)的速度,等于轮缘相对轮中心的速度,即

$$v = R\omega = 0.5\omega$$

本题可分多种情况讨论:

(1) 当 $\omega < \omega_0$ 时,$A = \dfrac{h}{\omega_0^2 - \omega^2}$,$A' = \dfrac{h}{\omega_0'^2 - \omega^2}$,则

$$\frac{A}{A'} = 7 \text{ 或} \frac{A'}{A} = 7$$

110

分别解出 $\omega = \omega_0/\sqrt{2}$ 或 $\omega = 3\omega_0/\sqrt{2}$（舍去），即
$$v = 13.9\text{m/s} = 50\text{km/h}$$

(2) 当 $\omega_0 < \omega < \omega_0'$ 时，$A = \dfrac{h}{\omega^2 - \omega_0^2}$，$A' = \dfrac{h}{\omega_0'^2 - \omega^2}$，则
$$\frac{A}{A'} = 7 \text{ 或 } \frac{A'}{A} = 7$$

分别解出 $\omega = \sqrt{11/8}\,\omega_0$ 或 $\omega = \sqrt{29/8}\,\omega_0$，即
$$v = 23\text{m/s} = 82.9\text{km/h} \text{ 或 } v = 37.4\text{m/s} = 134.6\text{km/h}$$

(3) 当 $\omega > \omega_0'$ 时，$A = \dfrac{h}{\omega^2 - \omega_0^2}$，$A' = \dfrac{h}{\omega^2 - \omega_0'^2}$，则
$$\frac{A}{A'} = 7 \text{ 或 } \frac{A'}{A} = 7$$

分别解出 $\omega = \omega_0/\sqrt{2}$（舍去）或 $\omega = 3\omega_0/\sqrt{2}$，即
$$v = 41.7\text{m/s} = 150\text{km/h}$$

2.12 $\underline{5\text{cm};0.195\pi}$

设 $x = 0$ 点的振动为
$$y_0 = A\cos(\omega t + \varphi_0)$$

其中
$$\omega = 2\pi\nu = 2\pi\frac{u}{\lambda} = 4\pi$$

所以，P 点的振动为
$$y_P = A\cos\left(\omega t - \frac{2\pi}{\lambda}x_P + \varphi_0\right)$$

速度为
$$v_P = -A\omega\sin\left(\omega t - \frac{2\pi}{\lambda}x_P + \varphi_0\right)$$

即
$$0.04 = A\cos(\omega t - 0.4\pi + \varphi_0)$$
$$-0.03 = A\sin(\omega t - 0.4\pi + \varphi_0)$$

解出
$$A = 0.05(\text{m}) = 5(\text{cm})$$
$$\omega t + \varphi_0 = 0.195\pi$$

2.13 $A_0 \mathrm{e}^{-\mu x/2}$；$\dfrac{r_0}{r} A_0 \mathrm{e}^{-\mu(r-r_0)/2}$

波的平均能流密度与波的振幅的平方成正比。在均匀介质中，波通过各个波面的平均能流相等。

在平面简谐波的情况

$$I(0) \propto A^2(0), \quad I(x) \propto A^2(x)$$

所以

$$A(x) = \sqrt{I(x)/I(0)}\, A(0) = A_0 \mathrm{e}^{-\mu x/2}$$

在球面简谐波情况，如果不考虑传播路径上介质的吸收

$$I(r_0) \propto A^2(r_0), \quad I(r) \propto A^2(r), \quad 4\pi r_0^2 I(r_0) = 4\pi r^2 I(r)$$

再考虑介质的吸收

$$I(r_0) = I_0 \mathrm{e}^{-\mu r_0}, \quad I(r) = I_0 \mathrm{e}^{-\mu r}$$

所以

$$A(r) = \sqrt{I(r)/I(r_0)}\, A(r_0) = \dfrac{r_0}{r} A_0 \mathrm{e}^{-\mu(r-r_0)/2}$$

2.14 $5\lambda/4$；4λ

从远处声源发出的声波垂直射到墙上时，声波为平行波，A 和 B 在同一波面上，相当于两个同相位的波源。

当 Q 点离 A 点无限远时，A、B 两波源发出的波在 Q 点的波程差为零；当 Q 点无限接近 A 点时，A、B 两波源发出的波在 Q 点的波程差为 3λ，是最大波程差。因此 A、B 两波源发出的波在 Q_2 点的波程差是 λ，在 Q_1 点的波程差是 2λ，即

$$\overline{BQ_1} - \overline{AQ_1} = \sqrt{(3\lambda)^2 + d_1^2} - d_1 = 2\lambda$$

$$\overline{BQ_2} - \overline{AQ_2} = \sqrt{(3\lambda)^2 + d_2^2} - d_2 = \lambda$$

由此解出：

$$d_1 = \dfrac{5}{4}\lambda, \quad d_2 = 4\lambda$$

2.15 圆锥

设带电粒子在均匀介质中的运动速度为 v_s，电磁波在介质中的传播速度为 u，$v_s > u$。

设 $t = 0$、t_1、t_2、$\cdots$ 时带电粒子分别位于 O、S_1、S_2、$\cdots$ 点；t 时刻粒子位于 S 点，此时，带电粒子在各时刻发射的电磁波的波前半径分别为 r_0、r_1、r_2、$\cdots$。则 $r_0 = ut$、

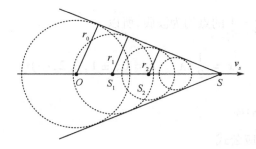

题 2.15 图

$r_1 = u(t - t_1)$、$r_2 = u(t - t_2)$、$\cdots$；$\overline{OS} = v_s t$、$\overline{S_1 S} = v_s(t - t_1)$、$\overline{S_2 S} = v_s(t - t_2)$、$\cdots$。由此可知

$$\frac{\overline{S_1 S}}{\overline{OS}} = \frac{r_1}{r_0}, \frac{\overline{S_2 S}}{\overline{OS}} = \frac{r_2}{r_0}, \cdots$$

根据惠更斯原理,波前应由各子波波阵面的包络面构成,所以任意时刻 t,契伦科夫辐射的波前的几何形状为圆锥面。

2.16　251.5Hz 或 248.5Hz；347m/s 或 343m/s

两声源的拍频为 $\nu_0 - \nu$ 或 $\nu - \nu_0$,因此 $\nu = 251.5$Hz 或 $\nu = 248.5$Hz。

当音叉粘上橡皮泥时,音叉的固有频率减小。如果音叉的固有频率 $\nu = 251.5$Hz,则当 ν 减小较多时 $\nu_0 - \nu$ 增加；如果 $\nu = 248.5$Hz,则 $\nu_0 - \nu$ 增加。因此 $\nu = 251.5$Hz 或 248.5Hz 均成立。

音叉发出的声波与水面反射的声波叠加,共鸣时水面上的气柱内形成驻波,水面处是波节. 设波长为 λ,则共鸣时的气柱高度应满足关系 $L_n = (2n + 1)\frac{\lambda}{4}$,由此可知当 L 从零连续增加时,出现第一、第二次共鸣时气柱的高度差为 $\Delta L = L_1 - L_0 = \frac{\lambda}{2}$。已知 $L_0 = 0.34$m,$L_1 = 1.03$m,故 $\lambda = 2(L_1 - L_0) = 1.38$m,声波在空气中的传播速度应为 $u = \nu\lambda = 347$m/s 或 343m/s。

2.17　$2\sqrt{2}A_0\cos\left(\frac{2\pi}{\lambda}x\right)\cos\left(\omega t + \frac{\pi}{4}\right)$；$\frac{1}{2}k\lambda(k = 0, \pm 1, \pm 2, \pm 3, \cdots)$

先将 ξ_1 与 ξ_2 合成,再与 ξ_3 合成

$$\xi = (\xi_1 + \xi_2) + \xi_3 = \sqrt{2}A_0\cos\left(\omega t - \frac{2\pi}{\lambda}x + \frac{\pi}{4}\right) + \sqrt{2}A_0\cos\left(\omega t + \frac{2\pi}{\lambda}x + \frac{\pi}{4}\right)$$

$$= 2\sqrt{2}A_0\cos\frac{2\pi x}{\lambda}\cos\left(\omega t + \frac{\pi}{4}\right)$$

满足 $\left|\cos\dfrac{2\pi x}{\lambda}\right|=1$ 的点均为波腹,所以

$$x=\dfrac{1}{2}k\lambda \quad (k=0,\pm1,\pm2,\cdots)$$

2.18 $\dfrac{u_1-v}{u_1+v}\nu_0;\nu_0$

根据多普勒效应公式

$$\nu'=\dfrac{u-u_\text{o}}{u-u_\text{s}}\nu$$

波源 S 发出的声波首先被铜板接收到,使铜板振动。铜板作为新的波源发出声波,分别被 S(接收反射波)和 B(接收透射波)接收。

S 作为波源时静止不动,$u_s=0$;铜板作为接收者运动方向同声波的传播方向,$u_\text{o}=v$。所以铜板的振动频率为

$$\nu'=\dfrac{u_1-v}{u_1}\nu_0$$

对应反射波,S 作为接收者静止不动,$u_\text{o}=0$;铜板作为声源运动方向与声波的传播方向相反,$u_s=-v$,所以

$$\nu_1=\dfrac{u_1}{u_1+v}\nu'=\dfrac{u_1-v}{u_1+v}\nu_0$$

对应透射波,B 作为接收者静止不动,$u_\text{o}=0$;铜板作为声源运动方向与声波的传播方向相同,$u_s=v$,所以

$$\nu_2=\dfrac{u_1}{u_1-v}\nu'=\nu_0$$

2.19 $\left(1-\dfrac{v^2 t}{u\sqrt{L^2+v^2 t^2}}\right)\nu_0;\left(t-\dfrac{\sqrt{L^2+v^2 t^2}-L}{u}\right)\nu_0$

任意时刻 t,B 相对出发点的距离为 vt,其速度沿 S、B 连线方向的分量为

$$v_{//}=v\sin\theta=\dfrac{v^2 t}{\sqrt{L^2+v^2 t^2}}$$

因为多普勒效应,B 的接收频率为

$$\nu(t)=\dfrac{u-v_{//}}{u}\nu_0=\left(1-\dfrac{v^2}{u}\dfrac{t}{\sqrt{L^2+v^2 t^2}}\right)\nu_0$$

从 t 到 $t+\text{d}t$ 时间内,B 接收到的振动次数为

$$dN = \nu(t)dt$$

所以，从 $t = 0$ 到 t 时间内，B 接收到的振动次数为

$$N(t) = \int dN = \int_0^t \nu(t)dt = \left(t - \frac{\sqrt{L^2 + v^2t^2} - L}{u}\right)\nu_0$$

2.20 <u>1034</u>

设观察者测出的两个频率的声波分别是飞机在距观察者为 r_1 的 S_1 和距观察者为 r_2 的 S_2 点发出的，如题 2.20 图所示。则有

$$\nu_1 = \frac{v}{v - \frac{\sqrt{r_1^2 - h^2}}{r_1}u}\nu_0$$

$$\nu_2 = \frac{v}{v + \frac{\sqrt{r_2^2 - h^2}}{r_2}u}\nu_0$$

另外有

$$\frac{\sqrt{r_1^2 - h^2} + \sqrt{r_2^2 - h^2}}{u} + \frac{r_2}{v} - \frac{r_1}{v} = 4$$

联立以上三式，解得飞机飞行的高度为

$$h = 1034\text{m}$$

注意：本题很容易犯的错误是误认为 $r_1 = r_2$，这样将导致 $h = 1083\text{m}$。

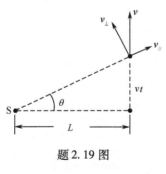

题 2.19 图

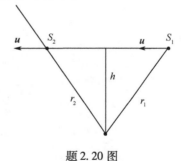

题 2.20 图

2.21 <u>1062.5Hz；1058.8Hz</u>

本题根据多普勒效应公式 $\nu' = \frac{u - u_o}{u - u_s}\nu$ 直接求解。

A 收到的频率为 1000Hz 的声波来自它自带的声源；对应它收到来自 B 的声

波，$u_o = 0$，$u_s = 20\text{m/s}$，所以

$$\nu'_A = \frac{u}{u - u_s}\nu = 1062.5(\text{Hz})$$

B 收到的频率为 1000Hz 的声波来自它自带的声源；对应它收到来自 A 的声波，$u_s = 0$，由于它向着声源运动，$u_o = -20\text{m/s}$，所以

$$\nu'_A = \frac{u - u_o}{u}\nu = 1058.8(\text{Hz})$$

116

第三章 热 学

第一节 内容精粹

一、气体动理论

1. 理想气体温标

一定质量 M 的理想气体,温度一定时,其压强 P 和体积 V 的乘积保持为一个常量 f。P 和 V 同时改变,f 与 P 和 V 都无关,仅与 M 和温度有关。据此可以建立不同的 f – 温度关系,即建立不同的温标。

理想气体温标,f – 温度关系为

$$f(T) \propto T, \quad 即 PV \propto T$$

以 T_3 表示水的三相点温度 $T_3 = 273.16\text{K}$,P_3、V_3 表示一定质量 M 的理想气体在 T_3 温度下的压强和体积,则有

$$P_3 V_3 \propto T_3$$

所以

$$T = \frac{PV}{P_3 V_3} T_3 = 273.16 \frac{PV}{P_3 V_3} (\text{K})$$

摄氏温标,其温度值 t 与 T 的关系为

$$t = T - 273.15$$

2. 理想气体状态方程

质量为 M、相对分子质量为 μ 的理想气体,其状态参量(压强 P、体积 V、温度 T)间满足的关系 —— 理想气体状态方程:

$$PV = \frac{M}{\mu} RT$$

式中:普适气体常量 $R = 8.31\text{J}/(\text{mol} \cdot \text{K})$。

3. 理想气体压强的统计意义

极大量的分子极频繁地碰撞器壁,连续不间断地给予器壁冲量,在宏观上表现为对器壁的持续的压力。单位面积上的压力即压强

$$P = \frac{2}{3} n \bar{\varepsilon}_t$$

式中：分子数密度 $n = \dfrac{N}{V}$；分子的平均平动动能 $\overline{\varepsilon_t} = \dfrac{1}{2}\overline{mv^2}$。

压强 P 是可测的宏观量；n 和 $\overline{\varepsilon_t}$ 都是统计平均值，不可测量。

4. 理想气体温度的统计意义

由 $\mu = N_A m$，$M = Nm$，和理想气体状态方程，得

$$P = \dfrac{N}{V}\dfrac{R}{N_A}T = nkT$$

结合 $P = \dfrac{2}{3}n\overline{\varepsilon_t}$，得

$$\overline{\varepsilon_t} = \dfrac{3}{2}kT$$

其中，阿伏伽德罗常量 $N_A = 6.023 \times 10^{23} \text{mol}^{-1}$，玻耳兹曼常量 $k \equiv R/N_A = 1.38 \times 10^{-23} \text{J/K}$，$m$ 是单个分子质量。

上式表明：理想气体的温度反映了气体分子热运动的剧烈程度。

5. 自由度、能量均分定理和内能

确定一个对象物体在空间的位置时，需要引入的独立坐标的数目称为该物体的自由度。不同类型的分子，其自由度数也不同。

只有原子间距变化的分子才是弹性分子，才计入振动自由度；只有当温度达到一定值（激活温度）时，分子才具有弹性。不同的分子，这一激活温度也不相同。

能量均分定理：在温度为 T 的平衡态下，气体分子每个自由度的平均动能都相等，而且等于 $\dfrac{1}{2}kT$。如果分子的振动自由度被激活，那么每个振动自由度的平均动能和平均势能相等。

每个分子的平均平动动能 $\overline{\varepsilon_t} = \dfrac{t}{2}kT$，平均转动动能 $\overline{\varepsilon_r} = \dfrac{r}{2}kT$，平均振动动能 $\overline{\varepsilon_{sk}} = \dfrac{s}{2}kT$，平均振动势能 $\overline{\varepsilon_{sp}} = \dfrac{s}{2}kT$，每个分子的平均总能量 $\overline{\varepsilon} = \dfrac{t+r+2s}{2}kT$。

分子种类	平动自由度 t	转动自由度 r	振动自由度 s	单个分子平均总能量
单原子分子	3	0	0	$3kT/2$
刚性双原子	3	2	0	$5kT/2$
弹性双原子	3	2	1	$7kT/2$
刚性多原子	3	3	0	$3kT$

含 N 个分子的理想气体，其内能（总能量扣除核能、化学能、定向运动能量等）为

$$E = \frac{t+r+2s}{2}NkT = \frac{t+r+2s}{2}\nu RT$$

理想气体的内能 E 仅仅是温度的函数。

6. 麦克斯韦速度分布律

总分子数为 N、处于温度为 T 的平衡态的理想气体分子，速度分量在 v_x 到 $v_x + \mathrm{d}v_x$，v_y 到 $v_y + \mathrm{d}v_y$，v_z 到 $v_z + \mathrm{d}v_z$ 范围内的分子数 $\mathrm{d}N_v$ 与总分子数的比率为

$$\frac{\mathrm{d}N_v}{N} = \left(\frac{m}{2\pi kT}\right)^{3/2} e^{-mv^2/2kT} \mathrm{d}v_x \mathrm{d}v_y \mathrm{d}v_z$$

7. 麦克斯韦速率分布律

速率分布函数：总分子数为 N、处于温度为 T 的平衡态的理想气体分子，速率在 v 附近的单位速率区间的分子数占总分子数的比率

$$f(v) = \frac{\mathrm{d}N/\mathrm{d}v}{N}$$

它必须满足归一化条件

$$\int_0^\infty f(v) \mathrm{d}v = 1$$

麦克斯韦速率分布函数

$$f(v) = 4\pi \left(\frac{m}{2\pi kT}\right)^{3/2} e^{-mv^2/2kT} v^2$$

8. 理想气体分子的三种统计速率

最概然速率：v_P

$$\frac{\mathrm{d}f(v)}{\mathrm{d}v}\bigg|_{v=v_P} = 0, \quad \frac{\mathrm{d}^2 f(v)}{\mathrm{d}v^2}\bigg|_{v=v_P} < 0$$

$$v_P = \sqrt{\frac{2kT}{m}} = \sqrt{\frac{2RT}{\mu}}$$

平均速率 $\bar{v}$

$$\bar{v} = \frac{\int v \mathrm{d}N}{N} = \int_0^\infty v f(v) \mathrm{d}v$$

$$= \sqrt{\frac{8kT}{\pi m}} = \sqrt{\frac{8RT}{\pi \mu}}$$

方均根速率 $\sqrt{\overline{v^2}}$

$$\overline{v^2} = \int_0^\infty v^2 f(v) \mathrm{d}v = \frac{3kT}{m} = \frac{3RT}{\mu}$$

$$\sqrt{\overline{v^2}} = \sqrt{\frac{3kT}{m}} = \sqrt{\frac{3RT}{\mu}}$$

9. 玻耳兹曼分布律

玻耳兹曼分布律:在温度为 T 的平衡态下,任何系统的微观粒子按状态的分布,与粒子的能量 E 有关,而且与 $e^{-E/kT}$ 成正比。速度状态区间 $v_x \sim v_x + dv_x$,$v_y \sim v_y + dv_y$,$v_z \sim v_z + dv_z$,同时位置状态区间 $x \sim x + dx$,$y \sim y + dy$,$z \sim z + dz$ 内的分子数为

$$dN = Ce^{-(E_K+E_P)/kT}dv_x dv_y dv_z dx dy dz$$

式中:C 为与速度和位置无关的常数。

粒子数密度的分布

$$n = n_0 e^{-E_P/kT}$$

式中:n_0 为在 $E_P = 0$ 处的分子数密度。

在重力场中,粒子数密度按高度的分布

$$n = n_0 e^{-mgh/kT} = n_0 e^{-\mu gh/RT}$$

假设温度不随高度变化,则得恒温气压公式

$$P = P_0 e^{-mgh/kT} = P_0 e^{-\mu gh/RT}$$

10. 实际气体的范德瓦耳斯方程

将实际气体分子视为有吸引力的刚性小球,则 1mol 实际气体的状态方程为

$$\left(P + \frac{a}{V_m^2}\right)(V_m - b) = RT$$

式中:V_m 为测出的 1mol 气体的体积;a 为常量,反映了气体的内压强;b 为常量,反映了分子大小引起的气体体积修正量,约为气体分子体积总和的 4 倍。

质量为 M、相对分子质量为 μ 的实际气体的范德瓦耳斯方程为

$$\left(P + \frac{M^2}{\mu^2}\frac{a}{V^2}\right)\left(V - \frac{M}{\mu}b\right) = \frac{M}{\mu}RT$$

11. 气体分子的碰撞

平均碰撞频率 $\bar{Z}$:

$$\bar{Z} = n\sigma\bar{u} = \sqrt{2}n\sigma v$$

式中:$\sigma = \pi d^2$ 为碰撞截面;d 为分子有效直径;$\bar{u}$ 为平均相对速率。

平均自由程 $\bar{\lambda}$:

$$\bar{\lambda} = \frac{\bar{v}}{\bar{Z}} = \frac{1}{\sqrt{2}n\sigma} = \frac{kT}{\sqrt{2}\sigma P}$$

碰壁数 Γ:单位时间内,单位面积器壁被分子碰撞的次数。

$$\Gamma = \frac{1}{4}n\bar{v}$$

12. 输运过程

内摩擦现象:流体垂直于 Z 方向流动,流速 u 随 z 变化,在 z_0 处取垂直于 Z 的

面元 dS,则相邻的流层间由于速度不同而产生相互作用力

$$df = -\eta\left(\frac{du}{dz}\right)_{z_0} dS$$

负号表示流速慢的流层对快速的流层有拖动作用,快速流层对慢速流层有拉动作用;其中 $\eta(>0)$ 称为流体的内摩擦系数或黏度。

热传导现象:物体温度不均匀时,设温度 T 沿 Z 方向变化,在 z_0 处取垂直于 Z 的面元 dS,则 dt 时间内通过 dS 沿 Z 方向传递的热量为

$$dQ = -\kappa\left(\frac{dT}{dz}\right)_{z_0} dSdt$$

式中: $\kappa(>0)$ 称为物质的热导率或导热系数;负号表示热量由高温处传向低温处。

扩散现象:流体密度不均匀时,设密度 ρ 沿 Z 方向变化,在 z_0 处取垂直于 Z 的面元 dS,则 dt 时间内通过 dS 沿 Z 方向传递的质量为

$$dM = -D\left(\frac{d\rho}{dz}\right)_{z_0} dSdt$$

式中: $D(>0)$ 称为扩散系数;负号表示质量由密度较高处传向密度较低处。

二、热力学第一定律

1. 系统的功

压强为 P 的系统,体积改变 dV 时,对外界作功为

$$dA = PdV$$

当系统经历一个有限的准静态过程,体积由 V_1 变化到 V_2 时,系统对外界作的总功为

$$A = \int dA = \int_{V_1}^{V_2} PdV$$

2. 热力学第一定律

不论是何种热力学系统,也不论经历什么样的过程,系统从外界吸收的热量 Q,一部分用来对外界作功 A,另一部分转化为系统的内能(等于系统内能的增量 $\Delta E = E_2 - E_1$),即

$$Q = A + \Delta E$$

对于一个无限小的过程,有

$$dQ = dA + dE$$

3. 热容

一个热力学系统,当它吸收的热量为 dQ 时,如果它的温度升高 dT,则系统的热容定义为

$$C = \frac{dQ}{dT}$$

摩尔热容是一摩尔物质的热容。

4. 理想气体的几个具体过程

设系统由初态(P_1, V_1, T_1)变化到末态(P_2, V_2, T_2)。

过程	过程方程	对外作功	内能增量	吸收热量	摩尔热容
等温	$PV =$ 常量 或 $T =$ 常量	$\nu RT_1 \ln \frac{V_2}{V_1}$	0	$\nu RT_1 \ln \frac{V_2}{V_1}$	∞
等体	$V =$ 常量	0	$\nu C_V(T_2 - T_1)$	$\nu C_V(T_2 - T_1)$	C_V
等压	$P =$ 常量	$P_1(V_2 - V_1)$	$\nu C_V(T_2 - T_1)$	$\nu C_P(T_2 - T_1)$	C_P
绝热	$PV^\gamma =$ 常量	$\frac{P_2V_2 - P_1V_1}{1 - \gamma}$	$\nu C_V(T_2 - T_1)$	0	0
多方	$PV^n =$ 常量	$\frac{P_2V_2 - P_1V_1}{1 - n}$	$\nu C_V(T_2 - T_1)$	$\nu C_n(T_2 - T_1)$	$\frac{n - \gamma}{n - 1}C_V$

理想气体的内能

$$E = \nu \frac{t + r + 2s}{2} RT$$

理想气体的定体摩尔热容

$$C_V = \frac{t + r + 2s}{2} R$$

理想气体的定压摩尔热容

$$C_P = \frac{t + r + 2s + 2}{2} R$$

迈耶公式

$$C_P = C_V + R$$

比热容比

$$\gamma = \frac{C_P}{C_V} = \frac{t + r + 2s + 2}{t + r + 2s}$$

5. 绝热自由膨胀

过程中,系统与外界绝热($Q = 0$);自由膨胀,对外界不作功($A = 0$);始、末平衡态系统的内能相等、温度相等。

绝热自由膨胀过程是非准静态过程。

6. 循环过程

循环过程指工质经历一系列变化后又回到初始状态的整个过程。系统的内

能改变量为零

$$\Delta E = 0$$

在热机的正循环中,工质总吸收的热量 Q_1(>0,各 $dQ>0$ 过程中吸收的热量总和),工质总放出的热量 Q_2(<0,各 $dQ<0$ 过程中吸收的热量总和),对外界作功 $A = Q_1 + Q_2$,热机的效率

$$\eta = \frac{A}{Q_1} = 1 + \frac{Q_2}{Q_1} = 1 - \frac{|Q_2|}{Q_1}$$

在制冷机的逆循环中,工质从(需要制冷的)低温热源吸收的热量 Q_2(>0),外界对工质作功 $-A$(工质对外界作功 $A<0$),制冷机的制冷系数

$$\omega = \frac{Q_2}{-A}$$

7. 卡诺循环

卡诺循环指由两个绝热过程和两个等温过程(高温 T_1,低温 T_2)构成的循环。

卡诺热机的效率:

$$\eta_c = 1 - \frac{T_2}{T_1}$$

卡诺制冷机的制冷系数:

$$\omega_c = \frac{T_2}{T_1 - T_2}$$

三、热力学第二定律

1. 热力学第二定律

自然宏观过程都是不可逆的,热力学第二定律说明了自然宏观过程进行的方向。

热力学第二定律的克劳修斯表述:热量不能自动地从低温物体传向高温物体,而不引起任何其他变化。

热力学第二定律的开尔文表述:热量不能全部转变为功而不引起任何其他变化。

两种表述是等价的,都揭示了同一个微观实质:一切自然过程总是沿着分子热运动的无序性增大的方向进行。

2. 卡诺定理和克劳修斯不等式

卡诺定理:在一切可逆卡诺循环中,系统的效率相等,与工作物质无关;在一切不可逆卡诺循环中,系统的效率都不可能大于 $1 - \frac{T_2}{T_1}$,即

$$\frac{Q_1 + Q_2}{Q_1} \leq 1 - \frac{T_2}{T_1}$$

$$\frac{Q_1}{T_1} + \frac{Q_2}{T_2} \leq 0$$

克劳修斯不等式：在任意的正循环中，系统热温比的代数和 ≤ 0。

$$\oint \frac{\mathrm{d}Q}{T} \leq 0$$

3. 熵和熵增加原理

在可逆过程 R 中，$\oint \frac{\mathrm{d}Q}{T} = 0$。任意两个状态 a、b，积分 $\int_a^b \frac{\mathrm{d}Q}{T}$ 与积分路径无关，引入熵变 ΔS：

$$\Delta S = S_b - S_a = \int_{a(R)}^b \frac{\mathrm{d}Q}{T}$$

式中：S_a、S_b 为系统在 a、b 状态的熵。

如果系统从 a 经过不可逆过程 r 变到 b，则系统的热温比与熵变的关系为

$$S_b - S_a \geq \int_{a(r)}^b \frac{\mathrm{d}Q}{T}$$

熵增加原理：在绝热过程中，系统的熵永不减少。可逆绝热过程中，熵不变；不可逆绝热过程中，熵增加。

4. 玻耳兹曼熵公式

系统所处的宏观状态所对应的微观状态数称为该宏观状态的热力学概率 Ω。系统在微观上越是无序，Ω 越大；系统处于平衡态时，Ω 最大。

玻耳兹曼熵公式：系统处于具有一定热力学概率 Ω 的宏观状态时的熵为

$$S = k\ln\Omega$$

因此，熵 S 和热力学概率 Ω 一样，是系统内分子热运动无序性的一种量度。

第二节 解题要术

一、理想气体状态方程

在掌握理想气体状态方程（克拉伯龙方程）$PV = \nu RT$ 及 $P = nkT$ 的基础上，加深对以下一些实验定律的理解，并能灵活地应用它们。

玻意耳－马略特定律：一定量的理想气体，在一定温度 T 下，其压强 P 和体积 V 的乘积保持为常量。

盖－吕萨克定律：一定量的理想气体，在一定压强 P 下，其体积 V 与热力学

温度 T 成正比。

查理定律：一定量的理想气体，在一定体积 V 下，其压强 P 与热力学温度 T 成正比。

道尔顿分压定律：一定温度 T 下，在容积 V 内处于平衡态的几种成分的混合气体，其总压强 P 等于每种成分在温度 T 下单独占有容积 V 时的压强（分压强）之和。

二、分子数分布律

（1）熟练掌握 $f(v) = \dfrac{\mathrm{d}N_v}{N\mathrm{d}v}$ 的基础上，理解含有 $f(v)$ 的各种被积函数的各种积分或表达式的物理含义；反过来，根据物理含义正确写出表达式或积分。

（2）熟练掌握三种统计速率，比较相同或不同温度下不同气体分子的同种或不同种统计速率。

（3）活用不同势场中玻耳兹曼能量分布律。

三、分子碰撞和输运过程

（1）熟练掌握平均自由程和平均碰撞频率的概念、表达式。

（2）设沿 Z 轴方向，流体的温度（密度）不相等，则通过垂直于 Z 轴的面有热传导（扩散）。在稳定状态下，通过垂直于 Z 轴的相等的面积的热量（质量）相等。相关问题的分析解决离不开这个方程（组）。

四、热力学第一定律的应用

（1）在理想气体的准静态过程中，应用热力学第一定律时，一定要注意以下几点：

① 首先尽可能确定过程的始态（P_1, V_1, T_1）、末态（P_2, V_2, T_2）、过程方程。

② 无论经历什么过程，状态参量间均满足状态方程 $PV = \nu RT$。

③ 内能是态函数，内能的改变只与温度改变有关：$\Delta E = \nu C_V(T_2 - T_1)$，无论是何种过程，这一表达式均成立。

④ 根据过程方程，直接按 $A = \int P\mathrm{d}V$ 求气体作功。

⑤ 利用热力学第一定律 $Q = A + \Delta E$。

具体问题中，可能要求气体作功 A，或气体内能改变 ΔE，或气体吸热 Q，或气体某一状态的状态参量值，或过程中气体的热容或摩尔热容或气体的量。

（2）注意循环过程，特别是卡诺循环热机效率和制冷机制冷系数的计算。

五、热力学第二定律

(1) 掌握热力学第二定律的两种表述,代表的微观意义。

(2) 掌握玻耳兹曼熵公式、熵增加原理及其微观意义。

(3) 利用克劳修斯熵公式 $\Delta S = S_b - S_a = \int_a^b \frac{dQ}{T}$ 计算熵变时,一定要注意以下几点:

① 克劳修斯熵是平衡态的熵,玻耳兹曼熵是对应任意状态(可以是非平衡态)的熵。

② 熵是状态的函数,上述熵变 ΔS 只与始末状态 a、b 有关,与积分过程无关。

③ 据上一点,计算熵变时可以在 a、b 间取任一准静态过程,唯一的原则是便于表达 $\frac{dQ}{T}$,方便积分。

④ 如果系统由几部分组成,那么系统的熵是各部分熵之和,系统的熵变也就是各部分熵变之和。

第三节 精选习题

3.1(计算) 一汽缸的初始容积为30.5l,内盛空气和少量的水(水的体积可略),总压强为3atm(1atm = 101.325kPa)。作等温膨胀使体积加倍,水恰好全部消失,此时总压强为2atm。继续等温膨胀,使体积再次加倍。空气和水汽均可看作理想气体。试求:(1) 气体的温度;(2) 最后的压强;(3) 水和空气的物质的量。

3.2(填空) 已知40℃和0℃的饱和水蒸气压强分别为55mmHg(1mmHg = 133.322Pa)和5mmHg。处于40℃的某高温作业区大气相对湿度为75%(即其中水气分压强等于饱和水蒸气压强的0.75倍),压强为760mmHg。在一试管中充满此种大气后封口,再将其温度降为0℃,此时试管内_____(填"会"或"不会")出现小水珠,试管内气体压强为_____mmHg。

3.3(填空) N 个气体分子的速率分布函数 $f(v)$,则速率在 v_1 至 v_2 区间内的分子数为 $\Delta N =$ _____;上述 ΔN 个分子的平均速率为 $\bar{v} =$ _____。

3.4(填空) 氧气在温度为27℃、压强为1个大气压时,分子的方均根速率为485m/s,那么在温度为27℃、压强为0.5个大气压时,分子的方均根速率为_____m/s,分子的最可几速率为_____m/s,分子的平均速率为_____m/s,分子的平均动能是_____。

3.5（填空）　理想气体处于平衡态时,根据麦克斯韦速率分布函数 $f(v) = 4\pi v^2 \left(\dfrac{m}{2\pi kT}\right)^{3/2} \mathrm{e}^{-mv^2/2kT}$,可导得分子平动动能在 ε 到 $\varepsilon + \mathrm{d}\varepsilon$ 区间的概率为 $f(\varepsilon)\mathrm{d}\varepsilon = $ ＿＿＿＿＿＿,其中 $\varepsilon = \dfrac{1}{2}mv^2$。再根据这一分布式,可导得分子平动动能的最可几值 $\varepsilon_P = $ ＿＿＿＿＿＿。

3.6（填空）　有一个边长为 10cm 的立方体容器,内盛处于标准状态下的 He 气,则单位时间内原子碰撞一个器壁的次数的数量级为＿＿＿＿ s^{-1}。

3.7（填空）　分子有效直径为 0.26nm 的某种气体,在温度为 0℃、压强为 $1.01 \times 10^5 \mathrm{Pa}$ 时,它的分子热运动平均自由程为＿＿＿＿ nm,一个分子在 1.0m 的路程上与其他分子碰撞＿＿＿＿次。

3.8（填空）　在足够大的容器中,某种理想气体的分子可以视为直径 $d = 4.0 \times 10^{-10}$ m 的小球,热运动的平均速率为 $\bar{v} = 5.0 \times 10^2$ m/s,分子数密度为 $n = 3.0 \times 10^{25}/\mathrm{m}^3$,分子的平均自由程便为 $\bar{\lambda} = $ ＿＿＿＿ m,平均碰撞频率便为 $\bar{Z} = $ ＿＿＿＿ /s。气体中某分子在某时刻位于 P 点,若经过与其他分子 N 次碰撞后,它与 P 点的距离近似可表述为 $R = \sqrt{N}\,\bar{\lambda}$,那么此分子约经＿＿＿＿小时与 P 点相距 10m(设分子未与容器壁碰撞)。

3.9（计算）　如题 3.9 图所示,一半径为 R、高为 H 的圆桶内盛有 N 个气体分子,每个分子的质量同为 m,圆桶绕轴以恒定的角速度 ω 旋转,桶内气体的状态达到平衡后其温度为 T。试求桶内气体分子的数密度 n 的分布规律(不考虑重力的影响)。

3.10（问答）　如题 3.10 图所示,在地面上竖立一根弯管,管的两端各连接一个盛水容器,弯管和容器都是绝热的。设初始时两容器中的温度相同(都等于 T),管内并充满温度为 T 的饱和水蒸气。在考虑重力作用的情况下,上述状态能否保持不变?为什么?如果发生变化,则最终状态与上述状态的差别何在?

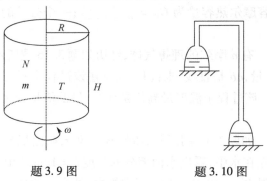

题 3.9 图　　　　题 3.10 图

3.11（填空） 如题3.11图所示,厚度同为l,热导率分别为κ_1和κ_2的两块金属大平板,左右并排紧靠在一起,左侧空气温度恒为T_1,右侧空气温度恒为$T_3 < T_1$。若两侧空气压强相同,分子数密度分别记为n_1和n_3,则$n_1:n_3 = $ _____。设$\kappa_1 = 2\kappa_2$,在热传导已达稳定状态时,两侧金属板接触面上的温度$T_2 = $ _____。

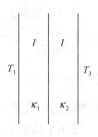

题3.11图

3.12（计算） 两端绝热封顶,半径$R_2 = 7.5$cm的长容器筒内,同轴地固定着半径$R_1 = 5$cm的长铀棒,两者之间夹着一层空气。铀因裂变在单位时间、单位体积内产生的热量为$\rho_Q = 5.5 \times 10^3$W/(m³·s),热导率为$\kappa_U = 46$W/(m·K),空气的热导率为$\kappa_A = 8.61 \times 10^{-3}$W/(m·K)。设整个装置与周围环境间已处于热平衡状态,筒壁与环境温度同为$T_2 = 300$K。(1)计算单位时间内、单位长度铀棒因裂变产生的热量Q;(2)计算铀棒外表面温度T_1;(3)计算铀棒中央轴处温度T_0;(4)计算筒内R_1处空气密度ρ_1与R_2处空气密度ρ_2间的比值γ。($\ln 1.5 = 0.405$)

3.13（计算） 一绝热容器被一活塞分隔成两部分,其中分别充有一摩尔的氦气和氮气,设初始时He的压强为2atm,温度为400K,N_2的压强为1atm,温度为300K。由于两侧压力不等,活塞将在容器内滑动。假定活塞是导热的,摩擦可以忽略不计,He和N_2均可视为刚性分子理想气体,求最终达到平衡时He的压强和温度。

3.14（填空） 常温下,氧气可视为刚性双原子分子理想气体。16g的氧气在T_0温度下的体积为V_0。(1)若等温膨胀到$2V_0$,则吸收热量为_____。(2)若先绝热降温,再等压膨胀到(1)中所达到的终态,则吸收热量为_____。

3.15（填空） 某种理想气体,其比热容比为$\gamma = 7/5$,处于温度为T的平衡态,则该气体的定容摩尔热容量为$C_V = $ _____;一个分子的平均转动动能为$\overline{\varepsilon_r} = $ _____。

3.16（计算） 有n摩尔的理想气体,经历如题3.16图所示的准静态过程,图中P_0、V_0是已知量,ab是直线,求:(1)气体在该过程中对外界所作的功和所吸收的热量;(2)在该过程中温度最高值是什么?最低值是什么?并在$P-V$图上指出其位置。

3.17（计算） 如题3.17图所示,质量$m = 50$g,截面积$S = 2$cm²的均匀薄长试管,初始时直立在水中,露出水面部分的长度$l = 1$cm,管内上方封入一部分空气,外部大气压强$P_0 = 10^5$Pa。(1)试求管内、外水面的高度差H;(2)今将试管缓慢地下压到某一深度时,松手后,试管既不上浮,也不下沉,试求此时试管顶端和管外水面之间的高度差 x。

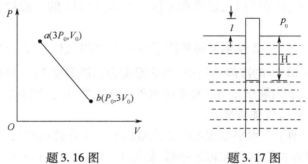

题 3.16 图   题 3.17 图

3.18（填空） 物质的量相同的两种理想气体,第一种由单原子分子组成,第二种由双原子分子组成。两种气体从同一初态出发,经历一准静态等压过程,体积膨胀到原来的两倍(假定气体的温度在室温附近)。在两种气体经历的过程中,外界对气体作的功 A_1 与 A_2 之比为 $\dfrac{A_1}{A_2}$ = _____；两种气体内能的变化 ΔE_1 与 ΔE_2 之比为 $\dfrac{\Delta E_1}{\Delta E_2}$ = _____。

3.19（填空） 单原子分子理想气体经历的三个准静态过程 AB_1、AB_2、AB_3 如题 3.19 图所示。这三个过程的吸热量依次为 Q_1、Q_2、Q_3,其中最大者为_____。这三个过程的摩尔热容量依次记为 C_{m1}、C_{m2}、C_{m3},其中最大者为_____。

3.20（填空） 摩尔质量为 μ、物质的量为 ν 的单原子分子理想气体进行了一次 x 过程,在 $P-V$ 图上(题 3.20 图)过程曲线向下平移 P_0 后,恰好与温度为 T_0 的等温曲线重合,则 x 过程的过程方程($V-T$ 关系式)为_____,过程的比热 c 与压强 P 的关系为 c = _____。

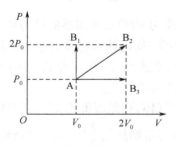   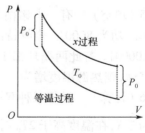

题 3.19 图   题 3.20 图

3.21（计算） 某单原子理想气体经历的一准静态过程中，压强 P 与温度 T 成反比例关系。(1) 试求此过程中该气体的摩尔热容量 C；(2) 设过程中某一状态的压强为 P_0，体积为 V_0，试求在体积从 V_0 增到 $2V_0$ 的一般过程中气体对外作功量 W'。

3.22（计算） 2 摩尔某种单原子分子的理想气体从某初态经历一热容量 $c = 2R(1 + 0.01T)$ 的准静态过程，到达温度为初态温度 2 倍、体积为初态体积 $\sqrt{2}$ 倍的终态。试求内能增量 ΔE 及系统对外所作的功 A（已知 $\ln 2 = 0.693$，式中 T 为温度，R 为普适气体常数）。

3.23（计算） 水平放置的绝热汽缸内有一不导热的隔板，把汽缸分成 A、B 两室，隔板可在汽缸内无摩擦地平移，如题 3.23 图所示。每室中容有质量相同的同种单原子分子理想气体，它们的压强都是 P_0，体积都是 V_0，温度都是 T_0。今通过 A 室中的电热丝 L 对气体加热，传给气体的热量为 Q，达到平衡时 A 室的体积恰为 B 室的 2 倍，试求 A、B 两室中气体的温度。

3.24（计算） 如题 3.24 图所示，总容积为 40l 的绝热容器中间用一绝热隔板隔开，隔板重量忽略不计，它可以无摩擦地自由升降。A、B 两部分各有 1mol 的氮气，它们最初的压强均为 1.013×10^5Pa，初始时隔板停在容器正中间。现在使微小电流通过 B 中的电阻缓缓加热，直到 A 部气体体积缩小到一半为止。求在这一过程中：(1) A 部气体经历了什么过程？(2) A、B 两部分气体各自的最后温度；(3) B 中气体吸收的热量。

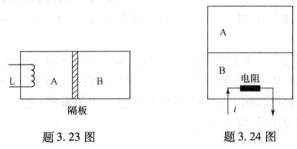

题 3.23 图　　　　题 3.24 图

3.25（填空） 有一卡诺循环，当热源温度为 100℃、冷却器温度为 0℃ 时，一循环作净功为 8000J。今维持冷却器温度不变，提高热源温度，使一循环的净功增为 10000J。若此两循环都工作于相同的二绝热线之间，工作物质为同质量的理想气体，则热源温度增为＿＿＿ ℃；效率增为＿＿＿％。

3.26（计算） 设想某种双原子分子理想气体，在温度低于 $2T_0$ 时等体摩尔热容量为 $\frac{5}{2}R$，在温度高于 $2T_0$ 时，等体摩尔热容量增加至 $\frac{7}{2}R$。该气体所经热循环过程如题 3.26 图所示，试求效率 η。

3.27（计算） n 摩尔单原子分子理想气体所经循环过程 ABCA 和相关状态量如题 3.27 图所示，其中 AB 是斜直线，BC 是等温线，CA 是等压线。(1) 计算三段过程的每一段过程中系统对外作功量；(2) 计算每一段过程中系统吸收的热量；(3) 计算此循环过程的效率。(如需要，可参考下列数据：ln2 = 0.6931，ln3 = 1.099，ln5 = 1.609)

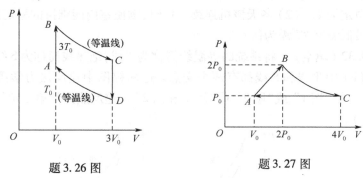

题 3.26 图　　　　　题 3.27 图

3.28（填空） 单原子分子理想气体所经热循环过程 ABCA 和 ACDA 如题 3.28 图所示，对应的效率 η_{ABCA} = ＿＿＿＿＿＿，η_{ACDA} = ＿＿＿＿＿＿。

3.29（填空） 利用热机和热泵（逆循环热机）构成一个供暖系统：燃烧燃料为锅炉供热，令热机工作于锅炉和暖气之间；用热机输出的功作为热泵的动力，热泵从室外天然水池取热，向暖气供热。设向锅炉供热量为 Q_0，锅炉、暖气水、天然水池温度分别为：227℃、57℃ 和 7℃，则热机输出的功和暖气水所获得的热量的理想值分别为＿＿＿＿和＿＿＿＿（热机和热泵均是可逆卡诺机，不计各种实际损失）。

3.30（填空） 某气体的状态方程可表述为 $pV = f(T)$，该气体所经历的循环过程如题 3.30 图所示。气体经 bc 过程对外作功量为 W = ＿＿＿p_0V_0，经过一个循环过程吸收的热量 Q = ＿＿＿p_0V_0。

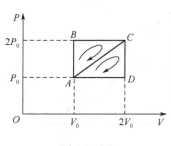
题 3.28 图

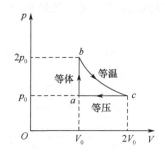
题 3.30 图

131

3.31（计算） 房间内有一空调机,该机按可逆卡诺循环工作,在连续工作时,每秒需对该机作 P 焦耳的功。夏天该机从室内吸热释放至室外以降低室温。冬天将该机反向运行,从室外吸热释放至室内以提高室温。已知当室内、室外的温差为 ΔT 时,每秒由室外漏入室内(或由室内漏至室外)的热量 $Q = A\Delta T$,A 为一常数。(1)夏天该机连续工作时,室内能维持的稳定温度 T_2 为何?已知室外的温度恒定为 T_1。(2)冬天该机连续工作时,欲使室内能维持的稳定温度为 T_2',室外的最低温度 T_1' 需为何?

3.32（填空） 将系统的等温线简称为T线,绝热线简称为S线。题3.32图(a)、(b)中T线和S线都有两个交点。这两幅图中违反热力学第一定律的是_____(填"图1"或"图2"或"图1和图2"),违反热力学第二定律的是_____(同上)。

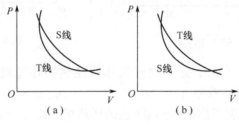

题 3.32 图

3.33（填空） 单原子分子理想气体热循环过程如题3.33图所示,其效率 $\eta = $ _____。工作于该循环过程所经历的最高温度热源与最低温度热源之间的可逆卡诺循环效率 $\eta_c = $ _____。

3.34（填空） 四个恒温热源的温度之间关系为 $T_1 = \alpha T_2 = \alpha^2 T_3 = \alpha^3 T_4$,其中常数 $\alpha > 1$。工作于其中两个任选热源之间的可逆卡诺热机的循环效率最大可取值 $\eta_{\max} = $ _____。由这四个热源共同参与的某个可逆循环如题3.34图所示,其中每一条实线或为 T_1、T_2、T_3、T_4 等温线,或为绝热线,中间两条实线与其间辅助虚线同属一条绝热线。此循环过程效率 $\eta = $ _____。

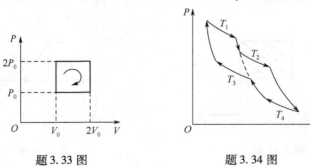

题 3.33 图　　　　题 3.34 图

3.35（计算）　1mol 单原子理想气体从初态压强 $P_0 = 32\text{Pa}$，体积 $V_0 = 8\text{m}^3$ 经 $P-V$ 图上的直线过程到达终态压强 $P_1 = 1\text{Pa}$，体积 $V_1 = 64\text{m}^3$；再经绝热过程回到初态，如此构成一个循环。求此循环的效率。

3.36（论证）　等容热容量为常量的某理想气体的两个循环过程曲线如题 3.36 图所示，图中的两条斜直线均过 PV 坐标面的原点 O，其余各直线或与 P 轴平行或与 V 轴平行。试证：这两个循环过程的效率相同。

3.37（论证）　某理想气体经历的正循环过程 $ABCDA$ 和正循环过程 $AEFGA$ 如题 3.37 图所示，有关特征态的状态参量已在图中给出，各自效率分别记为 η_1 和 η_2。试证：$\eta_2:\eta_1 = 4:3$。

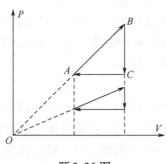

题 3.36 图

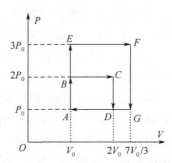

题 3.37 图

3.38（论证）　某气体系统在 $P-V$ 坐标面上的一条循环过程线如题 3.38 图所示，试证该系统在对应的循环过程中其摩尔热容量不能为恒量。

3.39（填空）　1mol 水蒸气（可视为刚性分子，且不考虑量子效应），经历题 3.39 图所示 $ABCA$ 循环过程，AB 为等压过程，BC 为等容过程，CA 在 $P-V$ 图上为一直线。已知 B 态温度为 600K，则 AB 过程系统吸热 $Q_{AB} = $ _____，CA 过程系统吸热 $Q_{CA} = $ _____，一次循环过程系统净吸热为 $Q = $ _____，该循环的效率为 $\eta = $ _____。

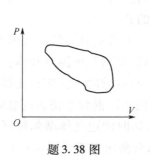

题 3.38 图

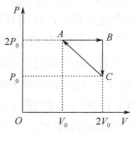

题 3.39 图

3.40（计算） $P-V$ 坐标面上，单原子分子理想气体的两条等压线和两条等体线围成的矩形 $ABCD$ 如题 3.40 图所示。状态 B 的温度是状态 D 的温度的 4 倍，状态 A 与状态 C 温度相同，过 A、C 的等温线已在图中画出。将循环过程 $ABCA$、$ACDA$ 的效率分别记为 η_1、η_2，试求 η_1/η_2 之值。

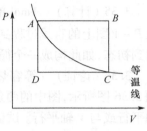

题 3.40 图

3.41（填空） 真实气体在汽缸内以温度 T_1 等温膨胀，推动活塞作功，活塞移动距离为 L。若仅考虑分子占有体积去计算功，与不考虑时相比_____；若仅考虑分子之间存在作用力去计算功，与不考虑时相比_____（填"较大"或"较小"）。

3.42（计算） 一摩尔氮气（设氮气服从范德瓦尔斯方程）作等温膨胀，体积由 V_1 变到 V_2。试求氮气(1) 对外界作的功；(2) 内能的改变；(3) 吸收的热量。

3.43（填空） 热力学第二定律的开尔文表述为_____，热力学第二定律的克劳修斯表述为_____。

3.44（论证） 设有一刚性容器内装有温度为 T_0 的一摩尔氮气，在此气体和温度也是 T_0 的大热源之间有一个可逆制冷机在工作，它从热源吸收热量，向容器中的气体放出热量。氮气、热源和制冷机与外界隔绝。经一段时间后，容器中氮气的温度升至 T_1。试证明该过程中制冷机必须消耗的功 $A \geqslant \dfrac{5}{2}RT_0\left[\ln\dfrac{T_0}{T_1}+\dfrac{T_1}{T_0}+1\right]$。

3.45（填空） 热力学系统处于某一宏观态时，将它的熵记为 S，该宏观态包含的微观态个数记为 W，玻耳兹曼假设两者间的关系为_____。一个系统从平衡态 A 经绝热过程到达平衡态 B，状态 A 的熵 S_A 与状态 B 的熵 S_B 之间大小关系必为_____。

3.46（计算） 设有一刚性绝热容器，其中一半充有 ν 摩尔理想气体，另一半为真空，如题 3.46 图所示。现将隔板抽去，使气体自由膨胀到整个容器中。试求该气体熵的变化（不能直接用理想气体熵的公式计算）。

3.47（计算） 如题 3.47 图所示，两个与大气接触的竖立柱形汽缸内分别盛有同种理想气体，中间细管绝热阀门 K 关闭，缸内气体温度和体积各为 T_1、V_1 和 T_2、V_2。两缸上均有轻质可动活塞，活塞与缸壁间无空隙且无摩擦，系统与外界绝热。(1) 将阀门 K 缓缓打开，试求缸内气体混合平衡后的总体积 V；(2) 设该种理想气体的定体摩尔热容量为 C_V，开始时两边气体摩尔数同为 ν。试求按(1)问所述气体混合平衡后系统熵增量 ΔS（要求答案中不含有 V_1、V_2 量），并

在 $T_1 \neq T_2$ 时确定 ΔS 的正负号。

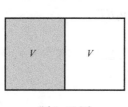

题 3.46 图

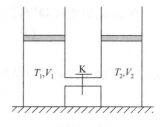

题 3.47 图

3.48（计算） 1摩尔单原子分子理想气体,从初态(P_0, V_0)经过一个准静态压缩过程达到终态$(8P_0, V_0/4)$。(1) 计算此气体的熵增量 ΔS。(2) 假设全过程的每一小过程中,气体对外作功 dW 与吸热 dQ 之比 dW/dQ 为常量 β,试求 β。

3.49（填空） 比热同为常数 c,质量同为 m 的 6 个球体,其中 A 球的温度为 T_0,其余 5 个球的温度同为 $2T_0$。通过球与球相互接触中发生的热传导,可使 A 球的温度升高。假设接触过程与外界绝热,则 A 球可到达的最高温度为_____ T_0,对应的 A 球熵增量为_____ mc。

第四节 习 题 详 解

3.1 本题涉及三个状态:等温膨胀前记为 a,第一次等温膨胀后记为 b,第二次等温膨胀后记为 c。

以下标"1"表示水汽,下标"2"表示空气。根据题意,在状态 a,容器中有空气和饱和水汽,$V_a = V_{a2} + V_{a1} = 30.5l, P_a = P_{a2} + P_{a1饱} = 3atm$;在状态 b,容器中有空气,水汽是饱和水汽,$V_b = V_{b2} + V_{b1} = 61l, P_b = P_{b2} + P_{b1饱} = 2atm$;在状态 $c, V_c = V_{c2} + V_{c1} = 122l$。因为状态 a 和状态 b 等温,饱和水汽压强相等。

（1）从状态 a 到状态 b,对空气,利用玻意耳－马略特定律和道尔顿分压定律,有

$$(P_a - P_饱)V_a = (P_b - P_饱)V_b$$

解得:

$$P_饱 = 1atm$$

由此可知过程中气体的温度为

$$T = 100℃ = 373K$$

（2）从状态 b 到状态 c,对空气和水汽的混合气体利用玻意耳定律,有

$$P_b V_b = P_c V_c$$

解得

$$P_c = 1\text{atm}$$

（3）在状态 a，对空气利用道尔顿分压定律和理想气体状态方程，有

$$(P_a - P_{饱})V_a = \nu_2 RT$$

$$\nu_2 = 2\text{mol}$$

在状态 c，对空气和水汽的混合气体利用状态方程，有

$$P_c V_c = \nu RT$$

$$\nu = 4\text{mol}$$

所以

$$\nu_1 = \nu - \nu_2 = 2\text{mol}$$

3.2 <u>会</u>；<u>632</u>

40℃ 的大气中水气分压为 $0.75 \times 55\text{mmHg}$，空气分压为 $(760 - 0.75 \times 55)\text{mmHg}$。0℃ 的大气中，空气分压为

$$P_g = (760 - 0.75 \times 55) \times \frac{273}{313}(\text{mmHg})$$

如果试管内不出现小水珠，则水气分压将为

$$P_w = 760 \times \frac{273}{313} - P_g = 36(\text{mmHg})$$

因为 $P_w > 5\text{mmHg}$，所以试管内的水气因过饱和而部分液化。

未液化水气为饱和状态，水气分压为 5mmHg，所以，试管内气体压强为

$$P_g + 5 = 632(\text{mmHg})$$

3.3 $\underline{\int_{v_1}^{v_2} Nf(v)\mathrm{d}v}$ ；$\dfrac{\int_{v_1}^{v_2} f(v)v\mathrm{d}v}{\int_{v_1}^{v_2} f(v)\mathrm{d}v}$

根据速率分布函数的定义 $f(v) = \dfrac{\mathrm{d}N}{N\mathrm{d}v}$，可知

$$\Delta N = \int \mathrm{d}N = \int_{v_1}^{v_2} Nf(v)\mathrm{d}v$$

上述 ΔN 个分子的速率之和为 $\int v\mathrm{d}N = \int_{v_1}^{v_2} Nf(v)v\mathrm{d}v$，所以它们的平均速率

$$\bar{v} = \frac{1}{\Delta N}\int_{v_1}^{v_2} Nf(v)v\mathrm{d}v = \frac{\int_{v_1}^{v_2} f(v)v\mathrm{d}v}{\int_{v_1}^{v_2} f(v)\mathrm{d}v}$$

3.4 <u>485</u>；<u>396</u>；<u>447</u>；$1.035 \times 10^{-20}\text{J}$

$v_P = \sqrt{\dfrac{2kT}{m}}, \bar{v} = \sqrt{\dfrac{8kT}{\pi m}}, \sqrt{\overline{v^2}} = \sqrt{\dfrac{3kT}{m}}$ 与压强无关，所以

136

$$\sqrt{\overline{v^2}} = 485(\text{m/s})$$

$$v_P = \sqrt{\frac{2}{3}}\sqrt{\overline{v^2}} = 396(\text{m/s})$$

$$\bar{v} = \sqrt{\frac{8}{3\pi}}\sqrt{\overline{v^2}} = 447(\text{m/s})$$

一个大气压下,27℃ 时的氧分子的振动自由度未被激活,可以看作刚性双原子分子理想气体,分子的平动自由度为3,转动自由度为2,所以一个分子的平均动能为

$$\bar{\varepsilon}_k = \frac{5}{2}kT = 1.035 \times 10^{-20} \text{J}$$

3.5 $\frac{2}{\sqrt{\pi}}(kT)^{-3/2}\mathrm{e}^{-\varepsilon/kT}\sqrt{\varepsilon}\mathrm{d}\varepsilon;\frac{1}{2}kT$

理想气体分子速率在 v 到 $v + \mathrm{d}v$ 区间的概率为 $f(v)\mathrm{d}v$

$$v = \sqrt{2\varepsilon/m}, \mathrm{d}v = \frac{1}{\sqrt{2m\varepsilon}}\mathrm{d}\varepsilon$$

所以

$$f(\varepsilon)\mathrm{d}\varepsilon = \frac{2}{\sqrt{\pi}}(kT)^{-3/2}\mathrm{e}^{-\varepsilon/kT}\sqrt{\varepsilon}\mathrm{d}\varepsilon$$

令 $\left.\frac{\mathrm{d}f(\varepsilon)}{\mathrm{d}\varepsilon}\right|_{\varepsilon=\varepsilon_P} = 0$,可得

$$\varepsilon_P = \frac{1}{2}kT$$

3.6 10^{26}

可以严格地证明:单位时间内,与单位面积器壁碰撞的分子数为 $n\bar{v}/4$。所以,单位时间内碰撞一个器壁面的分子数为

$$\Gamma = \frac{1}{4}n\bar{v}A = \frac{1}{4}\cdot\frac{PA}{kT}\cdot\sqrt{\frac{8kT}{\pi m}} = 1.1235 \times 10^{26}(\text{s}^{-1})$$

3.7 $124;8.06 \times 10^6$

$$\bar{\lambda} = \frac{kT}{\sqrt{2}\pi d^2 P} = 1.24 \times 10^{-7}\text{m} = 124(\text{nm})$$

$$Z = \frac{s}{\bar{\lambda}} = \frac{1}{1.24 \times 10^{-7}} = 8.06 \times 10^6$$

3.8 $4.7 \times 10^{-8};1.1 \times 10^{10};1200$

$$\bar{\lambda} = \frac{1}{\sqrt{2}\pi d^2 n} = 4.7 \times 10^{-8}(\text{m})$$

$$\overline{Z} = \sqrt{2}\pi d^2 n \overline{v} = 1.1 \times 10^{10} (\text{m})$$

因为 $R = \sqrt{N}\overline{\lambda} = \sqrt{\overline{Z}t} \cdot \overline{\lambda}$，所以

$$t = \frac{R^2}{\overline{Z}\overline{\lambda}^2} = 4.2 \times 10^6 (\text{s}) = 1200\text{h}$$

3.9 在不考虑重力的影响的情况下，分子只受到一个力的作用：惯性离心力。离转轴距离为 r 的分子，受到的惯性离心力的大小为 $mr\omega^2$，该力的方向垂直于转轴，沿径向向外。

惯性离心力作功只与分子到转轴距离的改变有关，而与分子的运动路径无关，所以惯性离心力是保守力，相应地可以引入势能。

选转轴上为势能的零点，则分子距转轴 r 时的势能为

$$\varepsilon_P = \int_r^0 m\omega^2 r \mathrm{d}r = -\frac{1}{2}m\omega^2 r^2$$

根据玻耳兹曼分布律，分子的数密度分布为

$$n = n_0 \mathrm{e}^{-\varepsilon_P/kT} = n_0 \mathrm{e}^{m\omega^2 r^2/2kT}$$

式中：n_0 为势能为零处的分子数密度。

因为

$$N = \int_0^R n 2\pi r H \mathrm{d}r = 2\pi H n_0 \frac{kT}{m\omega^2}(\mathrm{e}^{m\omega^2 R^2/2kT} - 1)$$

所以

$$n_0 = \frac{Nm\omega^2}{2\pi H kT(\mathrm{e}^{m\omega^2 R^2/2kT} - 1)}$$

$$n = \frac{Nm\omega^2 \mathrm{e}^{m\omega^2 r^2/2kT}}{2\pi H kT(\mathrm{e}^{m\omega^2 R^2/2kT} - 1)}$$

3.10 上端容器中水与水蒸气平衡时，要求水蒸气的压强等于温度为 T 时水的饱和水蒸气压 P_T；同理，下端容器中平衡时水蒸气的压强也应为 P_T；在管中，考虑重力作用的情况下，气体平衡条件要求压强随高度增加而减小。这三个条件有矛盾，不能同时成立，所以上述状态不能保持不变。

根据上述分析，上端容器中的水分子会不断地向下端容器转移。由于上端容器中蒸汽压减小，水不断汽化；同时，由于下端容器中蒸汽压增大，水不断液化。最终状态下，水将完全出现在下端容器中。

由于分子势能总和有所减小，所以平动动能有所增加，整个系统的温度将有所升高。

3.11 $T_3 : T_1 ; \dfrac{2T_1 + T_3}{3}$

因为 $p_1 = n_1 k T_1 = p_3 = n_3 k T_3$,所以
$$n_1 : n_3 = T_3 : T_1$$

建立水平向右的 X 轴,dt 时间内,经由垂直于 X 轴的面元 dS 由左向右传递的热量为
$$dQ = -\kappa \frac{dT}{dx} dS dt$$

则
$$\frac{dQ}{dS dt} = -\kappa \frac{dT}{dx}$$

热传导稳定时,不同 x 处,单位时间内经由单位面积传递的热量相等,所以
$$-\kappa_1 \frac{T_2 - T_1}{l} = -\kappa_2 \frac{T_3 - T_2}{l}$$
$$T_2 = \frac{2T_1 + T_3}{3}$$

3.12 (1) $Q = \pi R_1^2 \rho_Q = 43.2 \text{J}/(\text{m} \cdot \text{s})$

(2) 热平衡时,因单位时间内通过半径为 r 的单位长度空气柱面向外输送热量为 Q,故有
$$Q = -\kappa_A \frac{dT}{dr} \cdot 2\pi r$$

即
$$-dT = \frac{Q}{2\pi \kappa_A} \frac{dr}{r}$$

两边取积分
$$-\int_{T_1}^{T_2} dT = \frac{Q}{2\pi \kappa_A} \int_{R_1}^{R_2} \frac{dr}{r}$$

得
$$T_1 = T_2 + \frac{Q}{2\pi \kappa_A} \ln \frac{R_2}{R_1} = 623.4 (\text{K})$$

(3) 取半径为 $r(< R_1)$ 的单位长度铀柱面,热平衡时有
$$\pi r^2 \rho_Q = -\kappa_U \frac{dT}{dr} \cdot 2\pi r$$

即
$$-dT = \frac{\rho_Q}{2\kappa_U} r dr$$

两边取积分

$$-\int_{T_0}^{T_1} dT = \frac{\rho_Q}{2\kappa_U}\int_0^{R_1} r\,dr$$

得

$$T_0 = T_1 + \frac{\rho_Q R_1^2}{4\kappa_U} = 623.47(\text{K}) \approx T_1$$

(4)空气密度$\rho = nm = \frac{mP}{kT}$,其中,$n$是分子数密度,$m$是分子质量,$P$是空气压强。由于空气层各处压强相同,所以

$$\gamma = \frac{\rho_1}{\rho_2} = \frac{T_2}{T_1} = 0.481$$

3.13　记初始时刻 He 的压强和温度分别为 P_1 和 T_1、N_2 的压强和温度分别为 P_2 和 T_2;最终平衡时,He 和 N_2 共同的温度为 T,压强为 P。

整个系统在过程中与外界绝热,对外也不作功,所以内能未变:

$$C_{V1}(T - T_1) + C_{V2}(T - T_2) = 0$$

已知 $C_{V1} = \frac{3}{2}R$,$C_{V2} = \frac{5}{2}R$,解得

$$T = \frac{3T_1 + 5T_2}{8} = 337.5(\text{K})$$

过程进行前后,整个系统的总体积未变,有

$$\frac{RT_1}{P_1} + \frac{RT_2}{P_2} = 2\frac{RT}{P}$$

解得

$$P = \frac{2T}{\frac{T_1}{P_1} + \frac{T_2}{P_2}} = 1.35(\text{atm})$$

3.14　$0.5RT_0\ln2$;$1.75RT_0(1 - 0.5^{2/7})$

(1)等温过程中,氧气的内能不变。根据热力学第一定律,氧气吸收的热量就等于它在过程中对外界所作的功

$$Q = \int_{V_0}^{2V_0} P dV = \nu RT_0 \int_{V_0}^{2V_0} \frac{1}{V} dV = 0.5RT_0\ln2$$

(2)如题 3.14 图所示,氧气的初态为 (P_0, V_0, T_0),其中 $P_0 = 0.5RT_0/V_0$;末态为 $(P_1, 2V_0, T_0)$,其中 $P_1 = 0.25RT_0/V_0$;设中间态为 (P_1, V_1, T_1),则有 $P_0V_0^\gamma = P_1V_1^\gamma$,$V_1^{\gamma-1}T_0 = V_1^{\gamma-1}T_1$,其中氧气的比热容比 $\gamma = 7/5$。

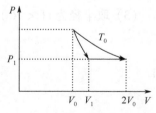

题 3.14 图

氧气在绝热过程中与外界没有热量交换,在等压过程中吸热
$$Q = 0.5C_P(T_0 - T_1) = 1.75R(T_0 - T_1) = 1.75RT_0(1 - 0.5^{2/7})$$

3.15　$\dfrac{5}{2}R$；kT

由 $\gamma = \dfrac{C_P}{C_V} = \dfrac{C_V + R}{C_V} = \dfrac{7}{5}$,得
$$C_V = \dfrac{5}{2}R$$

由 $C_V = \dfrac{5}{2}R$ 可知,该理想气体分子的转动自由度为2,所以单个分子的平均转动动能为
$$\overline{\varepsilon}_r = kT$$

3.16　(1) 理想气体无论经历什么准静态过程,过程中任一状态的状态参量都满足克拉伯龙方程。由题3.16图所示可知:
$$P_aV_a = P_bV_b$$
所以
$$T_a = T_b$$
初态 a 和末态 b 系统的内能相等:
$$E_a = E_b$$
根据热力学第一定律,系统吸收的热量等于系统对外界作功,即直线 ab 下的面积:
$$Q = A = \dfrac{1}{2}(3P_0 + P_0)(3V_0 - V_0) = 4P_0V_0$$

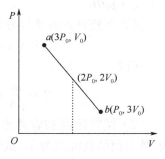

题3.16图

(2) 由图示可知,过程方程为
$$P = -\dfrac{P_0}{V_0}V + 4P_0$$
代入克拉伯龙方程,得
$$T = \dfrac{PV}{nR} = -\dfrac{P_0}{nRV_0}V^2 + \dfrac{4P_0}{nR}V$$
令 $\dfrac{dT}{dV} = -\dfrac{2P_0}{nRV_0}V + \dfrac{4P_0}{nR} = 0$,解得
$$V = 2V_0$$
及

$$P = -\frac{P_0}{V_0}2V_0 + 4P_0 = 2P_0$$

由于 $\frac{d^2T}{dV^2} = -\frac{2P_0}{nRV_0} < 0$,可知该处为温度最高值：

$$T_{max} = -\frac{P_0}{nRV_0}(2V_0)^2 + \frac{4P_0}{nR}(2V_0) = \frac{4P_0V_0}{nR}$$

由于直线 ab 上温度只有一个极值而且是极大值,所以温度的最低值一定在端点 a(或 b),代入得

$$T_{min} = \frac{3P_0V_0}{nR}$$

温度最高处在直线的中点,如图所示。

3.17 （1）以 ρ 表示水的密度,管内水面处的压强为 $P = P_0 + \rho gH$。

试管在竖直方向受合力为零

$$P_0 S + mg = PS$$

所以

$$H = \frac{m}{\rho S} = 0.25(m)$$

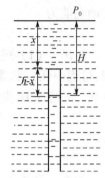

题 3.17 图

（2）试管顶端和管外水面之间的高度差为 x 时,设管内、外水面的高度差为 h。试管顶端的压强为 $P_0 + \rho gx$,管内水面处的压强为 $P_0 + \rho gh$,试管在竖直方向受合力为零

$$(P_0 + \rho gx)S + mg = (P_0 + \rho gh)S$$

将管内的气体按等温压缩过程处理。下压前的压强、体积分别为 $P_0 + \rho gH$、$(H + l)S$,下压后的压强、体积分别为 $P_0 + \rho gh$、$(h - x)S$,所以

$$(P_0 + \rho gH)(H + l)S = (P_0 + \rho gh)(h - x)S$$

利用以上两式及 $H = \frac{m}{\rho S}$,可得

$$x = \left(1 + \frac{P_0 S}{mg}\right)l = 0.418(m)$$

3.18 1 ; 3/5

准静态等压过程中,理想气体对外界作功为

$$A = \int_{V_1}^{V_2} PdV = P(V_2 - V_1)$$

所以

$$A_1 = A_2 = P(V_2 - V_1)$$

$$\frac{A_1}{A_2} = 1$$

根据理想气体内能变化公式 $\Delta E = \nu C_V(T_2 - T_1)$，可知单原子分子理想气体的内能变化为

$$\Delta E_1 = \frac{3}{2}\nu R(T_2 - T_1) = \frac{3}{2}P(V_2 - V_1)$$

双原子分子理想气体的内能变化为

$$\Delta E_2 = \frac{5}{2}\nu R(T_2 - T_1) = \frac{5}{2}P(V_2 - V_1)$$

所以

$$\frac{\Delta E_1}{\Delta E_2} = \frac{3}{5}$$

3.19 $\underline{Q_2}$；$\underline{C_{m3}}$

设有 n 摩尔气体，过程 AB_1 是等体过程，摩尔热容 $C_{m1} = C_V = \frac{3}{2}R$，吸热 $Q_1 = nC_V(T_{B_1} - T_A) = \frac{3}{2}P_0V_0$；过程 AB_3 是等压过程，摩尔热容 $C_{m3} = C_P = \frac{5}{2}R$，吸热 $Q_3 = nC_P(T_{B_3} - T_A) = \frac{5}{2}P_0V_0$；在 AB_2 过程中，气体对外界作功 $W = \frac{1}{2}(P_0 + 2P_0)(2V_0 - V_0) = \frac{3}{2}P_0V_0$，内能增量 $\Delta E = nC_V(T_{B_2} - T_A) = \frac{9}{2}P_0V_0$，吸热 $Q_2 = W + \Delta E = 6P_0V_0$，摩尔热容 $C_{m2} = \frac{Q_2}{n(T_{B_2} - T_A)} = 2R$。

$$Q_2 > Q_3 > Q_1, \quad C_{m3} > C_{m2} > C_{m1}$$

3.20 $V = \frac{\nu R}{P_0}(T - T_0)$；$\frac{R}{\mu}\left(\frac{P}{P_0} + \frac{3}{2}\right)$

根据题意，x 过程曲线向下平移 P_0 后恰好与温度为 T_0 的等温曲线重合，由此可给出：

$$(P - P_0)V = \nu RT_0$$

由于 $P - V$ 图上可表示的过程是准静态过程，系统在过程进行中任一状态的状态参量均满足克拉伯龙方程，故

$$PV = \nu RT$$

以上两式联立，给出 x 过程的过程方程为

$$V = \frac{\nu R}{P_0}(T - T_0)$$

设想 x 过程中系统有一个微小变化：温度改变 dT、压强改变 dP、体积改变

dV、吸收热量 dQ,那么比热容的定义为

$$c = \frac{1}{\nu\mu}\frac{dQ}{dT}$$

由热力学第一定律及单原子分子理想气体的内能公式可知:

$$dQ = PdV + \frac{3}{2}\nu RdT$$

由 x 过程的过程方程可知:

$$dV = \frac{\nu R}{P_0}dT$$

所以

$$dQ = \nu R\left(\frac{P}{P_0} + \frac{3}{2}\right)dT$$

$$c = \frac{R}{\mu}\left(\frac{P}{P_0} + \frac{3}{2}\right)$$

3.21 (1) 摩尔热容量的定义式为

$$C = \frac{dQ}{\nu dT}$$

式中:dQ 是元过程中理想气体吸收的热量,由热力学第一定律知

$$dQ = PdV + dE = PdV + \nu\frac{3}{2}RdT$$

据题意,设准静态过程的过程方程为

$$P = \frac{\alpha}{T}$$

联立克拉伯龙方程 $PV = \nu RT$,可得

$$V = \frac{\nu}{\alpha}RT^2$$

所以

$$dV = \frac{2\nu}{\alpha}RTdT$$

$$dQ = \frac{7}{2}\nu RTdT$$

$$C = \frac{7}{2}R$$

(2) 在一个元过程中,系统对外作功为

$$dW' = PdV = 2\nu RdT$$

设初态的温度为 T_0,那么根据过程方程 $V = \frac{\nu}{\alpha}RT^2$,知末态温度为

$$T = \sqrt{2}T_0$$

体积从 V_0 增大到 $2V_0$ 的过程中,气体对外界作功为

$$W' = 2\nu R(T - T_0) = 2(\sqrt{2} - 1)\nu RT_0 = 2(\sqrt{2} - 1)P_0V_0$$

3.22 由热容量的定义 $c = \mathrm{d}Q/\mathrm{d}T$,可知:

$$\mathrm{d}Q = c\mathrm{d}T = 2R(1 + 0.01T)\mathrm{d}T$$

由热力学第一定律和克拉伯龙方程,可知:

$$\mathrm{d}Q = \nu C_V \mathrm{d}T + P\mathrm{d}V = \nu\frac{3}{2}R\mathrm{d}T + \nu\frac{RT}{V}\mathrm{d}V$$

以上两式联立,得

$$0.01\mathrm{d}T = \frac{\mathrm{d}T}{2T} + \frac{\mathrm{d}V}{V}$$

从初态 (T_0, V_0) 到末态 $(2T_0, \sqrt{2}V_0)$ 对上式积分:

$$\int_{T_0}^{2T_0} 0.01\mathrm{d}T = \int_{T_0}^{2T_0} \frac{\mathrm{d}T}{2T} + \int_{V_0}^{\sqrt{2}V_0} \frac{\mathrm{d}V}{V}$$

解出

$$T_0 = 100\ln 2 = 69.3\,\mathrm{K}$$

所以,内能增量为

$$\Delta E = \nu C_V(2T_0 - T_0) = 3RT_0 = 1727\,\mathrm{J}$$

过程中系统吸收的热量为

$$Q = \int_{T_0}^{2T_0} c\mathrm{d}T = \int_{T_0}^{2T_0} 2R(1 + 0.01T)\mathrm{d}T = 2RT_0 + 0.03RT_0^2$$

由热力学第一定律,系统对外界作功为

$$A = Q - \Delta E = 0.03RT_0^2 - RT_0 = 621\,\mathrm{J}$$

3.23 设最后达到平衡时,A、B 室内气体的状态参量分别为 (P_A, V_A, T_A)、(P_B, V_B, T_B)。则 $P_A = P_B = P$,$V_A = 2V_B = \frac{4}{3}V_0$。

利用克拉伯龙方程,有

$$\frac{PV_A}{T_A} = \frac{P_0V_0}{T_0} = \frac{PV_B}{T_B}$$

解出

$$T_A = 2T_B$$

将 A、B 两室视为一个系统,过程中系统对外不作功,由热力学第一定律可知系统内能的增量等于吸收的热量,即

$$\nu \cdot \frac{3}{2}R(T_A - T_0) + \nu \cdot \frac{3}{2}R(T_B - T_0) = Q$$

所以

$$T_A = \frac{4T_0}{9P_0V_0}(Q+3P_0V_0)$$

$$T_B = \frac{2T_0}{9P_0V_0}(Q+3P_0V_0)$$

3.24 (1) 容器是绝热容器,隔板是绝热隔板,过程中 A 部气体与外界(包括 B 部气体)没有热量交换,同时气体体积减小,所以 A 部气体经历的是绝热压缩过程。

(2) A、B 部的初始状态的温度为

$$T_{A1} = T_{B1} = \frac{P_{A1}V_{A1}}{\nu_A R} = 244(\mathrm{K})$$

A 部是绝热压缩过程,利用绝热过程方程及比热容比 $\gamma = \frac{7}{5}$,得 A 部的末态温度为

$$T_{A2} = \frac{T_{A1}V_{A1}^{\gamma-1}}{V_{A2}^{\gamma-1}} = 322(\mathrm{K})$$

利用克拉伯龙方程,可得 A、B 部的末态压强为

$$P_{A2} = P_{B2} = \frac{\nu R T_{A2}}{V_{A2}}$$

B 部的末态温度为

$$T_{B2} = \frac{P_{B2}V_{B2}}{\nu R} = \frac{V_{B2}}{V_{A2}}T_{A2} = 966(\mathrm{K})$$

(3) B 部对 A 部作功等于 A 部气体的内能增量:

$$W_B = \Delta E_A = \nu C_V(T_{A2} - T_{A1})$$

B 部气体的内能增量为

$$\Delta E_B = \nu C_V(T_{B2} - T_{B1})$$

根据热力学第一定律,B 部气体在过程中吸收的热量为

$$Q_B = W_B + \Delta E_B = \nu C_V(T_{A2} - T_{A1} + T_{B2} - T_{B1}) = 1.662 \times 10^4(\mathrm{J})$$

3.25 125;31.4

记热源温度为 T_1、冷却器温度为 T_2,热机从热源吸热为 Q_1、从冷却器吸热为 Q_2,热源温度提高后为 T'_1、热机吸热为 Q'_1。那么有

$$\frac{Q_1}{T_1} + \frac{Q_2}{T_2} = 0$$

即

$$Q_1 = -\frac{T_1}{T_2}Q_2$$

$$A = Q_1 + Q_2 = \frac{T_2 - T_1}{T_2}Q_2$$

同理
$$A' = \frac{T_2 - T_1'}{T_2}Q_2$$

所以
$$\frac{A}{A'} = \frac{T_1 - T_2}{T_1' - T_2}$$

$$T_1' = T_2 + \frac{A'}{A}(T_1 - T_2) = 273.15 + 125(\text{K}) = 125(\text{℃})$$

$$\eta' = 1 - \frac{T_2}{T_1'} = 31.4\%$$

3.26 理想气体在各等值过程中吸收的热量为：

过程 A→B 是等体过程，气体不对外作功，吸收的热量等于内能的增量

$$Q_{AB} = E_B - E_A = \nu \times \frac{7}{2}R \times 3T_0 - \nu \times \frac{5}{2}R \times T_0 = 8\nu RT_0$$

式中：ν 为理想气体的物质的量。

过程 B→C 是等温过程，气体的内能不变，吸收的热量等于对外界所作的功

$$Q_{BC} = \int_{V_0}^{3V_0} PdV = 3\nu RT_0 \int_{V_0}^{3V_0} \frac{dV}{V} = 3\nu RT_0 \ln 3$$

过程 C→D 是等体过程，气体不对外作功，吸收的热量等于内能的增量

$$Q_{CD} = E_D - E_C = \nu \times \frac{5}{2}R \times T_0 - \nu \times \frac{7}{2}R \times 3T_0 = -8\nu RT_0$$

过程 D→A 是等温过程，气体的内能不变，吸收的热量等于对外界所作的功

$$Q_{DA} = \int_{3V_0}^{V_0} PdV = \nu RT_0 \int_{3V_0}^{V_0} \frac{dV}{V} = -\nu RT_0 \ln 3$$

因此有

$$Q_1 = Q_{AB} + Q_{BC} = (8 + 3\ln3)\nu RT_0$$
$$Q_2 = Q_{CD} + Q_{DA} = -(8 + \ln3)\nu RT_0$$
$$\eta = 1 + \frac{Q_2}{Q_1} = 1 - \frac{8 + \ln3}{8 + 3\ln3} = 19.45\%$$

3.27 (1) $W_{AB} = \frac{1}{2}(P_0 + 2P_0)(2V_0 - V_0) = \frac{3}{2}P_0 V_0$

$$W_{BC} = nRT_B \ln\frac{V_C}{V_B} = P_B V_B \ln\frac{V_C}{V_B} = 4P_0 V_0 \ln 2$$

$$W_{CA} = P_0(V_A - V_C) = -3P_0 V_0$$

(2) $Q_{AB} = W_{AB} + nC_V(T_B - T_A) = W_{AB} + \dfrac{3}{2}nR(T_B - T_A) = 6P_0V_0$

$Q_{BC} = W_{BC} = 4P_0V_0\ln2$

$Q_{CA} = nC_P(T_A - T_C) = \dfrac{5}{2}nR(T_A - T_C) = -\dfrac{15}{2}P_0V_0$

(3) $\eta = 1 + \dfrac{Q_{CA}}{Q_{AB} + Q_{BC}} = 1 - \dfrac{15}{12 + 8\ln2} = 14.5\%$

3.28 $\dfrac{1}{13}$; $\dfrac{1}{12}$

设有 n 摩尔气体,各直线过程中系统从外界吸收的热量为

$$Q_{AB} = nC_V(T_B - T_A) = \dfrac{3}{2}P_0V_0$$

$$Q_{BC} = nC_P(T_C - T_B) = 5P_0V_0$$

$$Q_{CA} = -\dfrac{1}{2}(P_0 + 2P_0)(2V_0 - V_0) + nC_V(T_A - T_C) = -6P_0V_0$$

$$Q_{AC} = -Q_{CA} = 6P_0V_0$$

$$Q_{CD} = nC_V(T_D - T_C) = -3P_0V_0$$

$$Q_{DA} = nC_P(T_A - T_D) = -\dfrac{5}{2}P_0V_0$$

所以

$$\eta_{ABCA} = 1 + \dfrac{Q_{CA}}{Q_{AB} + Q_{BC}} = \dfrac{1}{13}$$

$$\eta_{ACDA} = 1 + \dfrac{Q_{CD} + Q_{DA}}{Q_{AC}} = \dfrac{1}{12}$$

3.29 $0.34Q_0$; $2.9Q_0$

如题 3.29 图所示,不计实际损失时,热机从锅炉吸收的热量就是向锅炉提供的热量 Q_0,一部分用于热机为暖气水供热 Q_1,另一部分用于热机为热泵提供动力 A:

$$\dfrac{Q_1}{273 + 57} = \dfrac{Q_0}{273 + 227}$$

$$Q_1 = 0.66Q_0$$

$$A = Q_0 - Q_1 = 0.34Q_0$$

有热机提供动力,热泵从天然水池吸收热量 Q_0',向暖气水放出热量 Q_1':

$$\dfrac{Q_1'}{273 + 57} = \dfrac{Q_0'}{273 + 7}$$

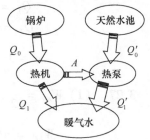

题 3.29 图

$$Q_1' = Q_0' + A$$

解出

$$Q_1' = 6.6A = 2.244Q_0$$

所以热机输出的功 $A = 0.34Q_0$,暖气水所获得的热量为

$$Q_1 + Q_1' = 2.9Q_0$$

3.30 $2\ln2$; $2\ln2 - 1$

气体在 bc 过程对外作功为

$$W = \int p\mathrm{d}V = \int_{V_b}^{V_c} \frac{f(T)}{V}\mathrm{d}V = f(T)\ln\frac{V_c}{V_b} = f(T)\ln2 = 2p_0V_0\ln2$$

气体在 ca 过程对外作功为

$$W' = \int p\mathrm{d}V = p_0\int_{V_c}^{V_a}\mathrm{d}V = -p_0V_0$$

ab 过程是等体过程,气体在该过程对外不作功。

经历一个循环,气体状态复原,内能增量为零,根据热力学第一定律可知

$$Q = W + W' = (2\ln2 - 1)p_0V_0$$

3.31 (1) 卡诺循环的热温比关系为

$$\frac{Q_1}{T_1} + \frac{Q_2}{T_2} = 0$$

夏天热量由室外漏入室内,维持室内温度为 T_2 时,每秒由室外漏入室内的热量为 $Q = A(T_1 - T_2)$。所以空调机每秒需吸热 Q_2 为

$$Q_2 = A(T_1 - T_2)$$

循环过程中系统的内能不变,系统吸收的净热量等于系统对外界的作功,即

$$Q_1 + Q_2 = -P$$

由以上三式联立解出室内温度 T_2 为

$$T_2 = T_1 + \frac{P}{2A} - \frac{1}{2A}\sqrt{P^2 + 4APT_1} < T_1$$

(2) 卡诺循环的热温比关系为

$$\frac{Q_1'}{T_1'} + \frac{Q_2'}{T_2'} = 0$$

冬天热量由室内漏出室外,维持室内温度为 T_2' 时,每秒由室内漏出室外的热量为 $Q' = A(T_2' - T_1')$。所以空调机每秒需吸热 Q_2' 为

$$Q_2' = -A(T_2' - T_1')$$

循环过程中系统的内能不变,系统吸收的净热量等于系统对外界的作功,即

$$Q_1' + Q_2' = -P$$

由以上三式联立解出室外温度 T_1' 为

$$T_1' = T_2' - \frac{1}{A}\sqrt{APT_2'} < T_2'$$

3.32 图1;图1和图2

热力学系统经历两图所示的正循环,都只从单一热源吸取热量完全用来对外作功而不产生其他任何影响,都违反了热力学第二定律(的开尔文表述)。

如果系统经历图1所示的正循环,系统对外作净功,从外界吸收热量,即在等温压缩过程中系统从外界吸热,违反热力学第一定律。

3.33 $\frac{2}{13}$;75%

等体增压和等压膨胀过程中,系统从外界吸热

$$Q_1 = \nu C_V \Delta T + \nu C_P \Delta T' = C_V \frac{P_0 V_0}{R} + 2C_P \frac{P_0 V_0}{R} = \frac{13}{2} P_0 V_0$$

经历一个循环,系统对外界作功

$$A = P_0 V_0$$

所以

$$\eta = \frac{A}{Q_1} = \frac{2}{13}$$

该循环经历的最高温度 $T_{\max}$、最低温度 $T_{\min}$ 对应 $P-V$ 图上 $(2P_0, 2V_0)$、(P_0, V_0) 状态,$T_{\max} = 4T_{\min}$,所以

$$\eta_c = 1 - \frac{T_{\min}}{T_{\max}} = 75\%$$

3.34 $1 - \frac{1}{\alpha^3}$;$1 - \frac{1}{\alpha^2}$

可逆卡诺热机的循环效率 $\eta_c = 1 - \frac{T'}{T}$,其中 T'、T 分别为低、高温热源的热力学温度,所以

$$\eta_{\max} = 1 - \frac{T_4}{T_1} = 1 - \frac{1}{\alpha^3}$$

假设热机在温度为 T_1、T_2、T_3、T_4 的热源处吸收的热量分别为 Q_1、Q_2、Q_3、Q_4(其中 Q_3、$Q_4 < 0$),则

$$\eta = 1 + \frac{Q_3 + Q_4}{Q_1 + Q_2}$$

因为 $1 + \frac{Q_3}{Q_1} = \eta_{c1} = 1 - \frac{T_3}{T_1} = 1 - \frac{1}{\alpha^2}$,$1 + \frac{Q_4}{Q_2} = \eta_{c2} = 1 - \frac{T_4}{T_2} = 1 - \frac{1}{\alpha^2}$,所以

$$\eta = 1 - \frac{1}{\alpha^2}$$

3.35 该循环中,系统的内能不变,对外界作功,所以系统从外界吸收热量。由于系统在绝热过程中不吸热,系统在直线 ab 过程中吸收的热量全部用来作功,效率岂不是 100%？

100% 的效率是不可能的。系统可能在直线 ab 的某部分过程中吸热,在其他部分过程中放热。

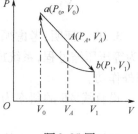

题 3.35 图

设直线过程方程为

$$P = \alpha - \beta V$$

由已知状态参量 $a(P_0, V_0)$、$b(P_1, V_1)$ 可定出 α 和 β

$$\alpha = \frac{P_0 V_1 - P_1 V_0}{V_1 - V_0} = \frac{255}{7} \text{（Pa）}$$

$$\beta = \frac{P_0 - P_1}{V_1 - V_0} = \frac{31}{56} \text{（Pa/m}^3\text{）}$$

利用直线过程方程和克拉伯龙方程,得

$$T = \frac{1}{\nu R}(\alpha V - \beta V^2)$$

在直线 ab 上的元过程中,系统吸热为

$$dQ = dE + PdV = \nu \frac{3}{2} RdT + (\alpha - \beta V) dV = \left(\frac{5}{2}\alpha - 4\beta V\right) dV$$

由于在直线 ab 过程中始终有 $dV > 0$,所以只存在一个吸、放热转折点,记为 $A(P_A, V_A)$,在直线 aA 过程中系统吸热,直线 Ab 过程中系统放热,且

$$V_A = \frac{5\alpha}{8\beta} = 41.1 \text{m}^3$$

$$P_A = \alpha - \beta V_A = \frac{3}{8}\alpha = 13.7 \text{Pa}$$

在直线过程 $a \to A$ 中,系统吸热为

$$Q_1 = \nu \frac{3}{2} R(T_A - T_0) + \frac{1}{2}(P_0 + P_A)(V_A - V_0)$$

在直线过程 $A \to b$ 中,系统吸热(实际上是放热)为

$$Q_2 = \nu \frac{3}{2} R(T_1 - T_A) + \frac{1}{2}(P_1 + P_A)(V_1 - V_A)$$

循环的效率为

$$\eta = \frac{Q_1 + Q_2}{Q_1} = 1 - \frac{\frac{3}{2}R(T_A - T_1) + \frac{1}{2}(P_A + P_1)(V_A - V_1)}{\frac{3}{2}R(T_A - T_0) + \frac{1}{2}(P_A + P_0)(V_A - V_0)} \approx 52\%$$

3.36 证明:考虑循环过程 $ABCA$。$B \to C$ 为等体降温过程,系统放热;$C \to A$ 为等压压缩过程,系统放热;只有在 $A \to B$ 过程中,系统吸热;整个循环中,系统对外作功。

设直线 AB 的斜率为 K,则 $A \to B$ 过程的过程方程为
$$P = KV$$

利用过程方程、克拉伯龙方程、热力学第一定律,得 $A \to B$ 过程中系统吸热为
$$Q_{\text{in}} = \nu C_V(T_B - T_A) + \int_{V_A}^{V_B} P dV = K\left(\frac{C_V}{R} + \frac{1}{2}\right)(V_B^2 - V_A^2)$$

循环过程中,系统对外作功为
$$W = \frac{1}{2}(P_B - P_A)(V_B - V_A) = \frac{K}{2}(V_B - V_A)^2$$

循环效率为
$$\eta = \frac{W}{Q_{\text{in}}} = \frac{\frac{K}{2}(V_B - V_A)^2}{K\left(\frac{C_V}{R} + \frac{1}{2}\right)(V_B^2 - V_A^2)} = \frac{V_B - V_A}{\left(\frac{2C_V}{R} + 1\right)(V_B + V_A)}$$

题图所示两个循环只是斜线的斜率 K 不同,上式与斜率无关;两个循环为同种理想气体的循环,定体摩尔热容量 C_V 相同;而且两个循环对应的参量 V_A、V_B 分别相等。所以,两个循环的效率相等。

3.37 证明:设有 ν 摩尔理想气体,处在状态 A 时的温度为 T_0,记理想气体的定体摩尔热容量和定压摩尔热容量分别为 C_V 和 C_P。

由克拉伯龙方程和图示特征参量,可知
$$T_B = 2T_0, \quad T_C = 4T_0, \quad T_D = 2T_0$$
$$T_E = 3T_0, \quad T_F = 7T_0, \quad T_G = 7T_0/3$$

对 $ABCDA$ 循环,系统在等体过程 $A \to B$ 和等压过程 $B \to C$ 中吸热
$$Q_1 = \nu C_V(T_B - T_A) + \nu C_P(T_C - T_B) = \nu(C_V + 2C_P)T_0$$

对外作功为矩形 $ABCD$ 的面积
$$W_1 = P_0 V_0 = \nu R T_0$$

效率为
$$\eta_1 = \frac{W_1}{Q_1} = \frac{R}{C_V + 2C_P}$$

对 AEFGA 循环,系统在等体过程 $A \to E$ 和等压过程 $E \to F$ 中吸热

$$Q_2 = \nu C_V(T_E - T_A) + \nu C_P(T_F - T_E) = 2\nu(C_V + 2C_P)T_0$$

对外作功为矩形 AEFG 的面积

$$W_2 = 2P_0 \times \frac{4}{3}V_0 = \frac{8}{3}\nu RT_0$$

效率为

$$\eta_2 = \frac{W_2}{Q_2} = \frac{4R}{3(C_V + 2C_P)}$$

所以

$$\eta_2 : \eta_1 = 4 : 3$$

3.38 证明:用反证法。设系统的摩尔热容量为常量 C,则系统从任一状态出发经历循环过程吸收的热量为

$$Q = \oint \nu C \mathrm{d}T = \nu C \oint \mathrm{d}T = 0$$

系统经历一个循环而恢复原状态,内能的改变量为 $\Delta E = 0$。在循环过程中,系统作功的绝对值 $|A|$ 为图中循环曲线所围面积,A 不等于零。

以上结果违背热力学第一定律:$Q = \Delta E + A$。故所设前提错误,即循环过程中系统的摩尔热容量不能为恒量。

3.39 $1200R; -225R; 75R; 6.15\%$

记 B 态的温度为 T_B,则根据图示和克拉伯龙方程可知

$$T_A = \frac{1}{2}T_B = 300\mathrm{K}, \quad T_C = \frac{1}{2}T_B = 300\mathrm{K}$$

水分子是刚性多原子分子,平动自由度为 3,转动自由度为 3,定体摩尔热容量 $C_V = 3R$。

$A \to B$ 过程是等压过程,系统吸收热量为

$$Q_{AB} = \nu C_P(T_B - T_A) = 300(C_V + R) = 1200R$$

$B \to C$ 过程是等体过程,系统吸收热量为

$$Q_{BC} = \nu C_V(T_C - T_B) = -300C_V = -900R$$

循环过程中,系统对外作功为

$$W = \frac{1}{2}P_0V_0 = \frac{1}{8}\nu RT_B = 75R$$

经历一个循环,系统的内能改变量为 $\Delta E = 0$,根据热力学第一定律,系统净吸热为

$$Q = W + \Delta E = 75R$$

$C \to A$ 过程中,系统吸收的热量为

$$Q_{CA} = Q - Q_{AB} - Q_{BC} = -225R$$

循环的效率为

$$\eta = \frac{W}{Q_{AB}} = \frac{75}{1200} \approx 6.15\%$$

3.40 以 (P_A, V_A, T_A) 表示理想气体系统在状态 A 时的状态参量,类似地表示系统在 B、C、D 各态。用 W、Q、ΔE 和分别表示系统在各过程中对外界作功、吸收的热量和内能的增量。

系统从状态 A 到状态 B:

$$W = P_A(V_B - V_A), Q = \nu C_P(T_B - T_A) > 0, \Delta E = \nu C_V(T_B - T_A)$$

系统从状态 B 到状态 C:

$$W = 0, Q = \nu C_V(T_C - T_B) < 0, \Delta E = \nu C_V(T_C - T_B)$$

系统从状态 C 到状态 A:

$$W = \nu RT_C \ln\frac{V_A}{V_C}, Q = \nu RT_C \ln\frac{V_A}{V_C} < 0, \Delta E = 0$$

系统从状态 A 到状态 C:

$$W = \nu RT_A \ln\frac{V_C}{V_A}, Q = \nu RT_A \ln\frac{V_C}{V_A} > 0, \Delta E = 0$$

系统从状态 C 到状态 D:

$$W = P_C(V_D - V_C), Q = \nu C_P(T_D - T_C) < 0, \Delta E = \nu C_V(T_D - T_C)$$

系统从状态 D 到状态 A:

$$W = 0, Q = \nu C_V(T_A - T_D) > 0, \Delta E = \nu C_V(T_A - T_D)$$

在 ABCA 循环过程中,系统对外界作功为 $W = P_A(V_B - V_A) + \nu RT_C \ln\frac{V_A}{V_C}$,从外界吸收热量(不是净吸热)为 $Q = \nu C_P(T_B - T_A)$。

在 ACDA 循环过程中,系统对外界作功为 $W = \nu RT_A \ln\frac{V_C}{V_A} + P_C(V_D - V_C)$,从外界吸收热量(不是净吸热)为 $Q = \nu RT_A \ln\frac{V_C}{V_A} + \nu C_V(T_A - T_D)$。

由此可知:

$$\eta_1 = \frac{P_A(V_B - V_A) + \nu RT_C \ln\frac{V_A}{V_C}}{\nu C_P(T_B - T_A)} = \frac{R(T_B - T_A) + RT_C \ln\frac{V_A}{V_C}}{C_P(T_B - T_A)}$$

$$\eta_2 = \frac{\nu RT_A \ln\frac{V_C}{V_A} + P_C(V_D - V_C)}{\nu RT_A \ln\frac{V_C}{V_A} + \nu C_V(T_A - T_D)} = \frac{RT_A \ln\frac{V_C}{V_A} + R(T_D - T_C)}{RT_A \ln\frac{V_C}{V_A} + C_V(T_A - T_D)}$$

已知其中 $C_V = \dfrac{3}{2}R, C_P = \dfrac{5}{2}R$。

利用理想气体状态方程 $P_A V_A = \nu R T_A, P_B V_B = \nu R T_B, P_C V_C = \nu R T_C, P_D V_D = \nu R T_D$，图示关系 $P_A = P_B, P_C = P_D, V_A = V_D, V_B = V_C$，以及已知条件 $T_A = T_C$，$T_B = 4T_D$，另外可得

$$V_B = 2V_D, P_B = 2P_D, T_B = 2T_A$$

所以

$$\eta_1 = \dfrac{2}{5}(1 - \ln 2), \eta_2 = \dfrac{4\ln 2 - 2}{4\ln 2 + 3}$$

$$\dfrac{\eta_1}{\eta_2} = \dfrac{2(1-\ln 2)}{5} \cdot \dfrac{4\ln 2 + 3}{4\ln 2 - 2} = 0.917$$

3.41　较大；较小

1mol 真实气体的范德瓦尔斯方程

$$\left(P + \dfrac{a}{V^2}\right)(V - b) = RT$$

当气体体积由 V_1 等温膨胀到 V_2 时，气体对推动活塞作功为

$$A = \int_{V_1}^{V_2} P dV = \int_{V_1}^{V_2}\left(\dfrac{RT_1}{V-b} - \dfrac{a}{V^2}\right)dV = RT_1 \ln \dfrac{V_2 - b}{V_1 - b} + a\left(\dfrac{1}{V_2} - \dfrac{1}{V_1}\right)$$

不考虑分子占有的体积、分子间的相互作用，即视气体为理想气体时，气体等温膨胀推动活塞作功为

$$A_0 = RT_1 \ln \dfrac{V_2}{V_1}$$

若仅考虑分子占有体积的影响而不考虑分子间的吸引力影响时，可取 $a = 0$，这时气体作功为

$$A_1 = RT_1 \ln \dfrac{V_2 - b}{V_1 - b}$$

若不考虑分子占有体积的影响而仅考虑分子间的吸引力影响时，可取 $b = 0$，这时气体作功为

$$A_2 = RT_1 \ln \dfrac{V_2}{V_1} + a\left(\dfrac{1}{V_2} - \dfrac{1}{V_1}\right)$$

由于 $\ln \dfrac{V_2 - b}{V_1 - b} > \ln \dfrac{V_2}{V_1}, a\left(\dfrac{1}{V_2} - \dfrac{1}{V_1}\right) < 0$，所以 $A_1 > A_0, A_2 < A_0$。

3.42　(1) 由 1mol 真实气体的范德瓦尔斯方程 $\left(P + \dfrac{a}{V^2}\right)(V - b) = RT$ 可知，当氮气体积由 V_1 等温膨胀到 V_2 时，对外界作功为

155

$$A = \int_{V_1}^{V_2} P\mathrm{d}V = \int_{V_1}^{V_2}\left(\frac{RT}{V-b} - \frac{a}{V^2}\right)\mathrm{d}V = RT\ln\frac{V_2-b}{V_1-b} + a\left(\frac{1}{V_2} - \frac{1}{V_1}\right)$$

（2）气体的内能是除了核能和化学能之外分子的热运动动能、分子间相互作用势能。其中热运动动能与气体温度有关。理想气体的分子间无相互作用，内能就是分子的热运动动能。因此，一摩尔实际气体的热运动动能为 $E_k = C_V T$，气体作等温膨胀时，$\mathrm{d}E_k = 0$。

由于分子间的相互吸引作用，当气体膨胀时，内压强 $\Delta P_i = \dfrac{a}{V^2}$ 作负功，气体的势能增加 $\mathrm{d}E_P$。内压强作功等于气体内能的减少，即

$$-\mathrm{d}E = -\mathrm{d}E_P = -\Delta P_i \mathrm{d}V = \mathrm{d}\left(\frac{a}{V}\right)$$

$$\Delta E = \int \mathrm{d}E = -\int_{V_1}^{V_2}\mathrm{d}\left(\frac{a}{V}\right) = a\left(\frac{1}{V_1} - \frac{1}{V_2}\right)$$

（3）利用热力学第一定律，得

$$Q = A + \Delta E = RT\ln\frac{V_2 - b}{V_1 - b}$$

3.43 不可能从单一热源吸收热量使之完全转化为有用功而不产生其他影响；不可能使热量从低温物体自发地传递到高温物体而不产生其他影响。

3.44 证明：设制冷机从热源吸收热量为 Q_2，向氮气放出热量为 Q_1。制冷机的工作过程为循环过程，其内能不变，根据热力学第一定律可知它必须消耗的功为

$$A = Q_1 - Q_2$$

氮气经历的是等体升温过程，吸收的热量就是制冷机提供的热量

$$Q_1 = C_V(T_1 - T_0) = \frac{5}{2}R(T_1 - T_0)$$

整个过程中，热源、制冷机工质和氮气的熵变分别为

$$\Delta S_{热源} = -\frac{Q_2}{T_0}$$

$$\Delta S_{制冷机} = 0$$

$$\Delta S_{氮气} = \int\frac{\mathrm{d}Q}{T} = \int_{T_0}^{T_1}\frac{C_V\mathrm{d}T}{T} = \frac{5}{2}R\ln\frac{T_1}{T_0}$$

整个系统的熵变是各部分熵变的代数和，由熵增加原理可知

$$\Delta S_{热源} + \Delta S_{制冷机} + \Delta S_{氮气} = -\frac{Q_2}{T_0} + \frac{5}{2}R\ln\frac{T_1}{T_0} \geqslant 0$$

所以

$$Q_2 \leqslant \frac{5}{2}RT_0\ln\frac{T_1}{T_0}$$

$$A = Q_1 - Q_2 \geqslant \frac{5}{2}R(T_1 - T_0) - \frac{5}{2}RT_0\ln\frac{T_1}{T_0} = \frac{5}{2}RT_0\left[\ln\frac{T_0}{T_1} + \frac{T_1}{T_0} + 1\right]$$

3.45 $S = k\ln W$; $S_A \leqslant S_B$

玻耳兹曼熵公式

$$S = k\ln W$$

熵增加原理:绝热过程中,系统的熵永不减少

$$S_B - S_A \geqslant 0$$

3.46 理想气体绝热自由膨胀过程是一个非准静态过程,过程中气体既不从外界吸收热量,也不对外作功,内能不变,温度不变。

要计算末态相对始态的熵变,可在始、末态间取一个任意方便的准静态过程进行。根据始、末态温度相等,这里选取准静态的等温膨胀过程,理想气体的体积由 V 变为 $2V$,熵变为

$$\Delta S = \int_V^{2V}\frac{\mathrm{d}Q}{T} = \int_V^{2V}\frac{\mathrm{d}E + P\mathrm{d}V}{T} = \int_V^{2V}\frac{P\mathrm{d}V}{T} = \int_V^{2V}\frac{\nu R\mathrm{d}V}{V} = \nu R\ln 2$$

3.47 (1)整个过程是等压过程。记大气压强为 P_0,混合前两边气体摩尔数分别为 ν_1、ν_2,平衡后气体温度为 T,定体摩尔热容量 C_V,则有

$$P_0 V = (\nu_1 + \nu_2)RT$$
$$P_0 V_1 = \nu_1 RT_1$$
$$P_0 V_2 = \nu_2 RT_2$$
$$\Delta E = \nu_1 C_V(T - T_1) + \nu_2 C_V(T - T_2)$$
$$A = P_0(V - V_1 - V_2)$$
$$\Delta E + A = 0$$

由以上六式可解得

$$A = 0$$

因此,平衡后气体的体积为

$$V = V_1 + V_2$$

(2)平衡后,等效地认为原来处于两边的气体这时分别占有体积为 V_1'、V_2'。那么,系统的熵变为

$$\Delta S = \int_{T_1}^T \frac{\nu C_V \mathrm{d}T}{T} + \int_{V_1}^{V_1'}\frac{P\mathrm{d}V}{T} + \int_{T_2}^T\frac{\nu C_V \mathrm{d}T}{T} + \int_{V_2}^{V_2'}\frac{P\mathrm{d}V}{T}$$
$$= \nu C_V\ln\frac{T}{T_1} + \nu R\ln\frac{V_1'}{V_1} + \nu C_V\ln\frac{T}{T_2} + \nu R\ln\frac{V_2'}{V_2}$$

上问中解出 $A = 0$,即 $\Delta E = 0$。因为这里 $\nu_1 = \nu_2 = \nu$,给出
$$T = \frac{1}{2}(T_1 + T_2)$$

利用 $P_0 V_1 = \nu R T_1, P_0 V_1' = \nu R T, P_0 V_2 = \nu R T_2, P_0 V_2' = \nu R T$,可得
$$\frac{V_1'}{V_1} = \frac{T}{T_1}, \quad \frac{V_2'}{V_2} = \frac{T}{T_2}$$

于是,熵变化简为
$$\Delta S = \nu(C_V + R)\ln\frac{(T_1 + T_2)^2}{4T_1 T_2}$$

在 $T_1 \neq T_2$ 时,由于 $(T_1 + T_2)^2 = T_1^2 + T_2^2 + 2T_1 T_2 > 2T_1 T_2 + 2T_1 T_2 = 4T_1 T_2$,故
$$\Delta S > 0$$

3.48 (1) 利用理想气体状态方程 $PV = \nu RT$ 和泊松公式 $C_{P,m} = C_{V,m} + R$ 可以导出熵增公式
$$dS = \nu C_{V,m}\frac{dP}{P} + \nu C_{P,m}\frac{dV}{V}$$
$$\Delta S = \nu C_{V,m}\ln\frac{P_2}{P_1} + \nu C_{P,m}\ln\frac{V_2}{V_1}$$

本题中的已知量: $\nu = 1, C_{V,m} = \frac{3}{2}R, C_{P,m} = \frac{5}{2}R, P_1 = P_0, P_2 = 8P_0, V_1 = V_0, V_2 = V_0/4$。代入上式得
$$\Delta S = \frac{3}{2}R\ln 8 + \frac{5}{2}R\ln\frac{1}{4} = -\frac{1}{2}R\ln 2$$

(2) 在无穷小过程中,系统对外界作功、内能增量、从外界吸热分别为
$$dW = PdV, dE = C_V dT, dQ = PdV + C_V dT$$

利用 $\beta = \frac{dW}{dQ}$ 及 $PdV + VdP = RdT$(由 $PV = RT$ 微分而得),得
$$\frac{dP}{P} + \alpha\frac{dV}{V} = 0$$

其中 $\alpha = 1 + \frac{R}{C_V}\left(1 - \frac{1}{\beta}\right)$。

对上式积分,有
$$PV^\alpha = 常量$$

即 $P_0 V_0^\alpha = 8P_0 \cdot \left(\frac{1}{4}V_0\right)^\alpha, \alpha = \frac{3}{2}$,因为 $C_V = \frac{3}{2}R$,所以
$$\beta = 4$$

3.49 $\dfrac{63}{32}$; $\ln\dfrac{63}{32}$

设 A 球某次同时与 n 个小球接触,接触前 A 球的温度为 T,达到热平衡后 A 球的温度变为 T',则有
$$mc(T' - T) = nmc(2T_0 - T')$$
该次接触,其他 n 个小球的温度降低
$$2T_0 - T' = \dfrac{2T_0 - T}{n + 1}$$
为了使 A 球获得尽量多的热量,每次应该只与 1 球接触。

A 球依次与其他 5 球——接触,每次达到热平衡后 A 球的温度分别为
$$\dfrac{3}{2}T_0, \dfrac{7}{4}T_0, \dfrac{15}{8}T_0, \dfrac{31}{16}T_0, \dfrac{63}{32}T_0$$
设想 A 球缓慢吸热、温度缓慢上升,则其熵增量为
$$\Delta S = \int \dfrac{\mathrm{d}Q}{T} = mc\int_{T_0}^{\frac{63}{32}T_0} \dfrac{\mathrm{d}T}{T} = mc\ln\dfrac{63}{32}$$

第四章 电磁学

第一节 内容精粹

一、真空中的静电场

1. 库仑定律

库仑定律:真空中两个相距为 r 的静止的点电荷 q_1 和 q_2 间的互相作用力与电量乘积 $q_1 q_2$ 成正比,与距离平方 r^2 成反比,即

$$F = \frac{1}{4\pi\varepsilon_0} \frac{q_1 q_2}{r^2}$$

式中:真空介电常数(真空电容率)$\varepsilon_0 = 8.854 \times 10^{-12} \mathrm{C}^2/(\mathrm{N} \cdot \mathrm{m}^2)$。

库仑力的方向取决于两个点电荷带电量的正、负性:同性电荷相斥,异性电荷相吸。

库仑力的独立作用和叠加原理:真空中两个静止的点电荷之间的库仑力不受其他电荷的影响;真空中一个点电荷 q 受其他多个静止的点电荷 $q_i(i=1,2,\cdots,n)$ 作用时,其受到的库仑力 $\boldsymbol{F}$ 等于各个点电荷单独存在时对 q 的作用力 $\boldsymbol{F}_i(i=1,2,\cdots,n)$ 的矢量和,即

$$\boldsymbol{F} = \sum_i \boldsymbol{F}_i$$

2. 电场强度

空间中任一场点处的电场强度 $\boldsymbol{E}$ 定义为单位正电荷位于该点时受到的电场力。

点电荷的电场强度:

$$\boldsymbol{E} = \frac{1}{4\pi\varepsilon_0} \frac{q}{r^3} \boldsymbol{r}$$

点电荷系的电场强度:空间有多个点电荷 $q_i(i=1,2,\cdots,n)$ 时,场点 P 处的场强等于各点电荷单独存在时在 P 点产生的场强 $\boldsymbol{E}_i(i=1,2,\cdots,n)$ 的矢量和

$$\boldsymbol{E} = \sum_i \boldsymbol{E}_i$$

电荷连续分布的带电体的电场强度:在带电体上取电荷元 dq,它到场点的位置矢量为 r,在场点处产生的电场强度为 dE,则根据点电荷的电场强度和场强叠加原理,得 dE 和总场强 E 为

$$dE = \frac{1}{4\pi\varepsilon_0}\frac{dq}{r^3}r, E = \frac{1}{4\pi\varepsilon_0}\int\frac{dq}{r^3}r$$

位于场强为 E 处的点电荷 q 受电场力:

$$F = qE$$

静电场对运动电荷的作用力与运动电荷的速度无关。

3. 高斯定理

高斯定理:在真空中的静电场,电场强度 E 通过任意闭合曲面 S(高斯面)的电通量等于高斯面所包围的电荷电量的代数和除以 ε_0。

$$\Phi_e = \oiint_{(S)} E \cdot dS = \begin{cases} \dfrac{1}{\varepsilon_0}\sum\limits_{(S内)} q_i \\ \dfrac{1}{\varepsilon_0}\int_L \lambda_e dl \\ \dfrac{1}{\varepsilon_0}\int_{S'} \sigma_e dS' \\ \dfrac{1}{\varepsilon_0}\int_V \rho_e dV \end{cases}$$

如果电荷分布在曲线上,L 是高斯面 S 截下的部分曲线;如果电荷分布在曲面上,S' 是高斯面 S 截下的部分曲面;如果电荷分布在空间体积内,V 是高斯面 S 截下的部分体积。

4. 电势和电势差

静电场是保守场,电场强度 E 沿任意闭合路径 L 的线积分等于零:

$$\oint_L E \cdot dl = 0$$

静电场场强 E 在任意两点 P_1、P_2 间的线积分与路径无关,引入电势差 $\varphi_1 - \varphi_2$:

$$\varphi_1 - \varphi_2 = \int_{P_1}^{P_2} E \cdot dl$$

取电势参考点——电势零点"0",则任意场点 P 的电势为

$$\varphi_P = \int_P^{"0"} E \cdot dl$$

电势叠加原理:空间有多个场源时,取同一电势零点,设第 i 个场源在场点 P 的电势为 φ_i,则 P 点的总电势为

$$\varphi = \sum_i \varphi_i$$

选无穷远处为电势零点时,点电荷 q 的电场中距点电荷 r 处的电势为

$$\varphi = \frac{1}{4\pi\varepsilon_0} \frac{q}{r}$$

电荷连续分布的有限大小带电体产生的电势

$$d\varphi = \frac{1}{4\pi\varepsilon_0} \frac{dq}{r}, \quad \varphi = \frac{1}{4\pi\varepsilon_0} \int \frac{dq}{r}$$

式中: dq 为带电体上的电荷元; r 为 dq 到场点的距离。

静电场中任一点处,电势与场强的微分关系为

$$\boldsymbol{E} = -\nabla\varphi = -\left(\frac{\partial\varphi}{\partial x}\boldsymbol{i} + \frac{\partial\varphi}{\partial x}\boldsymbol{j} + \frac{\partial\varphi}{\partial x}\boldsymbol{k}\right)$$

5. 电场力作功与电势能

点电荷 q 位于电势为 φ 处时,场源电荷与 q 构成的系统的电势能为

$$W = q\varphi$$

将点电荷 q 从 P_1 移动到 P_2 点时,电场力作功。电场力的功等于系统电势能的减少量:

$$A = W_1 - W_2 = q(\varphi_1 - \varphi_2) = q\int_{P_1}^{P_2} \boldsymbol{E} \cdot d\boldsymbol{l}$$

电矩为 $\boldsymbol{p}$ 的电偶极子位于场强为 $\boldsymbol{E}$ 的场点处时,其电势能为

$$W = -\boldsymbol{p} \cdot \boldsymbol{E}$$

带电体系的静电能(自能)为

$$W = \frac{1}{2}\int \varphi dq$$

式中: dq 为带电体系上的电荷元; φ 为带电体系在 dq 处产生的电势。

静电场的能量:设真空中场点 P 处的电场强度为 E,则该处的电场能量密度 w_e 和空间体积 V 内的电场总能量 W 分别为

$$w_e = \frac{\varepsilon_0 E^2}{2}, \quad W = \int_V w_e dV = \int_V \frac{\varepsilon_0 E^2}{2} dV$$

二、有导体时的静电场

1. 电场和电荷分布

静电平衡时,导体内部电场强度处处为零(以保证导体内部无电荷的定向移动),导体表面紧近处的电场强度与导体表面垂直(以保证导体表面无电荷的定向移动):

$$E_{in} = 0, \quad E_{out} \perp 表面$$

静电平衡时,导体是等势体,导体表面是等势面,这两个"势"相等。

静电平衡时,导体内部处处无净电荷,电荷只可能分布在导体表面上:

$$\rho_{in} = 0$$

静电平衡时,导体表面上的面电荷密度正比于面外紧近处的电场强度的大小:

$$\sigma = \varepsilon_0 E$$

静电平衡时,孤立导体表面的面电荷密度与表面的曲率有关:曲率越大的地方,面电荷密度越大。

2. 静电屏蔽

静电平衡时,空腔导体内部电场强度处处为零,内、外表面紧近处的电场强度与导体表面垂直;导体是等势体,其内、外表面是等势面,三者电势相等。

腔内无电荷时,空腔导体内表面上面电荷密度处处为零;腔外的电荷分布不影响腔内的电场。

腔内有电荷时,会影响到腔外的电场;但当空腔接地时,腔内电荷对腔外电场无影响。

三、有电介质时的静电场

1. 电场和电荷

电位移矢量及高斯定理:闭合曲面内外自由电荷和束缚电荷产生电场,总电场的电位移矢量 D 通过任意闭合曲面 S 的通量,等于该闭合曲面所包围的所有自由电荷的电量代数和

$$\oiint_{(S)} D \cdot dS = \sum_{(S内)} q_0$$

电场强度:在各向同性的均匀电介质(电容率为 $\varepsilon = \varepsilon_0 \varepsilon_r$)中,自由电荷与束缚电荷产生的总场强为

$$E = D/\varepsilon$$

电极化强度矢量:在各向同性的均匀电介质(电容率为 $\varepsilon = \varepsilon_0 \varepsilon_r$,电极化率为 χ)中,电极化强度为

$$P = D - \varepsilon_0 E = \varepsilon_0(\varepsilon_r - 1)E = \varepsilon_0 \chi E$$

束缚电荷面密度:介质表面上,面束缚电荷密度为

$$\sigma' = P \cdot n$$

式中:n 为介质表面由内向外的法向单位矢量。

一定的自由电荷分布,设真空中某点的电场强度为 E_0,当充入相对电容率为 ε_r 的各向同性的均匀电介质时,该点的电场强度为

$$E = E_0/\varepsilon_r$$

2. 电容器

当电容器两极板带自由电量 $\pm Q$ 时,电容器内的电场强度 $E \propto Q$,极板间电压 $U \propto Q$,定义电容器的电容 C 为

$$C = Q/U$$

电容取决于电容器两极的形状、尺寸、极板间电介质性质,与两极板是否带电及带电量的多少无关。

平行板电容器(平行板相对面积为 S,间距为 d)的电容:

$$C = \frac{\varepsilon_0 \varepsilon_r S}{d}$$

圆柱形电容器(圆柱内、外半径分别为 R_1、R_2,高为 L)的电容:

$$C = \frac{2\pi \varepsilon_0 \varepsilon_r L}{\ln(R_2/R_1)}$$

球形电容器(内、外导体球壳半径分别为 R_1、R_2)的电容:

$$C = \frac{4\pi \varepsilon_0 \varepsilon_r R_1 R_2}{R_2 - R_1}$$

孤立导体球(半径为 R,与无穷远处一导体或与大地构成电容器)的电容:

$$C = 4\pi \varepsilon_0 \varepsilon_r R$$

电容器的并联:电容为 $C_i (i = 1, 2, \cdots, n)$ 的多个电容器并联,并联后的总电容为

$$C = \sum_i C_i$$

并联后电容增大,耐压能力不增大。

电容器的串联:电容为 $C_i (i = 1, 2, \cdots, n)$ 的多个电容器串联,串联后的总电容 C 的倒数为

$$\frac{1}{C} = \sum_i \frac{1}{C_i}$$

串联后电容减小,提高耐压能力。

3. 电容器的能量

电容器储能:当电容器两极板带电时,极板间产生电场,电场的总能量与带电量、极板间电压及电容的关系为

$$W = \frac{1}{2}QU = \frac{1}{2}CU^2 = \frac{Q^2}{2C}$$

电场储能:任意的电场,设某点处介质的电容率为 ε、电位移矢量为 D、电场强度为 E,则该点处的电场能量密度 w_e 和空间体积 V 内的电场总能量 W 分别为

能量密度：
$$w_e = \frac{1}{2}DE = \frac{1}{2}\varepsilon E^2$$

电场总能量：
$$W = \int w_e \mathrm{d}V = \int \frac{1}{2}\varepsilon E^2 \mathrm{d}V$$

四、恒定电流

1. 基尔霍夫方程组

电流的连续性方程：电流密度矢量 j 通过任意闭合曲面 S 的通量（电流强度），等于单位时间内该曲面内电量的减少量

$$\oint_{(S)} \boldsymbol{j} \cdot \mathrm{d}\boldsymbol{S} = -\frac{\mathrm{d}q_{\mathrm{in}}}{\mathrm{d}t}$$

1）恒定电流和基尔霍夫第一方程组

恒定电流：电流密度矢量 j 通过任意闭合曲面 S 的通量为零

$$\oint_{(S)} \boldsymbol{j} \cdot \mathrm{d}\boldsymbol{S} = 0$$

节点电流方程：取一闭合曲面包围一节点，则流入、流出节点的恒定电流的电流强度代数和为零

$$\sum_i I_i = 0$$

当电流流入时，取电流强度为负；当电流流出时，取电流强度为正。

2）恒定电场和基尔霍夫第二方程组

恒定电场：恒定电场在任意闭合回路上的线积分为零

$$\oint_{(L)} \boldsymbol{E} \cdot \mathrm{d}\boldsymbol{l} = 0$$

回路电压方程：取一闭合回路及其正方向，该回路上各段的电压之和等于零

$$\sum (\pm \varepsilon_i) + \sum (\pm I_i R_i) = 0$$

当电流流向与回路正方向一致时，取电流强度为正；当电流流向与回路正方向相反时，取电流强度为负；当电动势方向与回路正方向一致时，取电动势为负；当电动势方向与回路正方向相反时，取电动势为正。

2. 欧姆定律和焦耳定律

欧姆定律：设导体（或漏电电介质）的电阻率为 ρ、截面为 S，则 $\mathrm{d}l$ 长度和有限长度的电阻分别为

$$\mathrm{d}R = \rho \frac{\mathrm{d}l}{S}, \quad R = \int \rho \frac{\mathrm{d}l}{S}$$

欧姆定律的微分形式：设导体（或漏电介质）的电导率为 σ，则内部任一点处的电流密度矢量 j 和电场强度 E 的关系为

$$j = \sigma E$$

焦耳定律：电阻 R 上通有电流强度 I 时，电阻单位时间内消耗的热量（热功率）为

$$P = I^2 R$$

焦耳定律的微分形式：设导体（或漏电电介质）内某点处的电导率为 σ、电场强度为 E，则该点附近单位体积在单位时间内消耗的热量（热功率密度）为

$$p = \sigma E^2$$

五、真空中的稳恒磁场

1. 电流的磁场

毕奥－萨伐尔定律：真空中电流元 Idl 在相对电流元的位矢为 r 处的场点产生的磁感应强度为

$$d\boldsymbol{B} = \frac{\mu_0}{4\pi} \frac{Id\boldsymbol{l} \times \boldsymbol{r}}{r^3}$$

式中：真空磁导率 $\mu_0 = 4\pi \times 10^{-7} \text{N/A}^2$。

磁场的叠加原理：场点 P 处的磁感应强度是空间中所有电流元在该点产生的磁感应强度的矢量和

$$\boldsymbol{B} = \int d\boldsymbol{B} = \frac{\mu_0}{4\pi} \int \frac{Id\boldsymbol{l} \times \boldsymbol{r}}{r^3}$$

安培环路定理：真空中所有电流产生的总磁感应强度 $\boldsymbol{B}$ 在任意闭合环路 L 上的线积分，等于闭合回路所包围的电流强度的代数和乘以 μ_0。

$$\oint_{(L)} \boldsymbol{B} \cdot d\boldsymbol{l} = \mu_0 \sum_{(L内)} I_i$$

无限长直线电流的磁场：真空中无限长直线电流 I 在距直线 r 处产生的磁感应强度为

$$B = \frac{\mu_0 I}{2\pi r}$$

$\boldsymbol{B}$ 的方向与电流流向遵守右手螺旋规则。

密绕细螺线管内的磁场：单位长度有 n 匝、内部真空的密绕细螺线管通有电流 I 时，管内磁感应强度 $\boldsymbol{B}$ 的方向与电流流向遵守右手螺旋规则，大小为

$$B = \mu_0 nI$$

无限大平面电流的磁场：处在真空中，电流线密度（通过平面内与电流流向

垂直的单位长度的电流)为 j 的无限大载流平面,在平面两侧产生的磁感应强度 $\boldsymbol{B}$ 平行于平面,与电流流向遵守右手螺旋规则,大小为

$$B = \frac{1}{2}\mu_0 j$$

圆电流在圆心处的磁场:真空中半径为 R、载流 I 的圆电流在圆心处产生的磁感应强度 $\boldsymbol{B}$,其方向与电流流向遵守右手螺旋规则,大小为

$$B = \frac{\mu_0 I}{2R}$$

磁场的高斯定理:磁感应强度 $\boldsymbol{B}$ 通过任意闭合曲面的磁通量为零

$$\oint_{(S)} \boldsymbol{B} \cdot \mathrm{d}\boldsymbol{S} = 0$$

运动电荷的磁场:带电量 q、以速度 v 运动的点电荷,在相对点电荷的位矢为 r 处产生的磁场为

$$\boldsymbol{B} = \frac{\mu_0}{4\pi} \frac{q\boldsymbol{v} \times \boldsymbol{r}}{r^3}$$

2. 磁场对运动电荷的作用

洛仑兹力:带电量 q、在磁感应强度为 $\boldsymbol{B}$ 处以速度 v 运动的点电荷,受到的磁场力为

$$\boldsymbol{f} = q\boldsymbol{v} \times \boldsymbol{B}$$

均匀磁场中带电粒子的螺旋运动:带电量为 q、速度为 v 的点电荷进入磁感应强度为 $\boldsymbol{B}$(v 与 $\boldsymbol{B}$ 夹角为 θ)的均匀磁场中,点电荷将在垂直于 $\boldsymbol{B}$ 的方向上做匀速圆周运动,在平行于 $\boldsymbol{B}$ 的方向上做匀速直线运动。合成的轨迹为螺旋线。

螺旋半径、螺旋周期和螺距:

$$R = \frac{mv\sin\theta}{qB}, \quad T = \frac{2\pi m}{qB}, \quad h = \frac{2\pi mv\cos\theta}{qB}$$

洛仑兹力可用于分析霍尔效应、非均匀磁场的磁镜效应等。

3. 磁场对电流的作用

安培力:在磁感应强度为 $\boldsymbol{B}$ 处,电流元 $I\mathrm{d}\boldsymbol{l}$ 受到的磁场力 $\mathrm{d}\boldsymbol{F}$;磁感应强度为 $\boldsymbol{B}$ 的磁场中,有限载流导体受到的磁场力 $\boldsymbol{F}$。其表达式分别为

$$\mathrm{d}\boldsymbol{F} = I\mathrm{d}\boldsymbol{l} \times \boldsymbol{B}, \quad \boldsymbol{F} = \int_{(L)} I\mathrm{d}\boldsymbol{l} \times \boldsymbol{B}$$

载有一定电流的闭合回路在均匀磁场中受磁场力的合力为零。

线圈的磁矩:设平面线圈所围平面面积为 S,载流为 I,定义线圈法向单位矢量 $\boldsymbol{n}$ 与电流流向遵守右手螺旋规则。线圈的磁矩 $\boldsymbol{m}$ 定义为

$$\boldsymbol{m} = IS\boldsymbol{n} = I\boldsymbol{S}$$

线圈的磁力矩：在均匀磁场（或在线圈的线度内磁场均匀）B 中，磁矩为 m 的载流线圈受到的磁场力合力为零，磁力矩为

$$M = m \times B$$

取线圈方向平行于磁场方向（磁矩方向垂直于磁场方向）时势能为零，磁矩在磁场中的势能为

$$W_m = -m \cdot B$$

六、有磁介质时的磁场

1. 磁场强度的环路定理

当有磁介质存在时，磁化电流（束缚电流）也产生磁场，总的磁场用磁场强度 H 描述。磁场强度 H 在任意闭合环路上的线积分，等于闭合回路所包围的传导电流的代数和

$$\oint_{(L)} H \cdot \mathrm{d}l = \sum_{(L内)} I_0$$

磁感应强度：在磁导率为 μ 的各向同性的均匀磁介质中，有

$$B = \mu H$$

磁化强度矢量：在磁导率为 μ、磁化率为 χ_m 的各向同性的均匀磁介质中，磁化强度、磁场强度、磁感应强度之间的关系为

$$M = \frac{B}{\mu_0} - H = (\mu_r - 1)H = \chi_m H = \frac{\mu_r - 1}{\mu_0 \mu_r} B$$

面束缚电流密度：磁介质放入外磁场中，由于磁化，磁介质表面上出现磁化电流（束缚电流）为

$$j' = M \times n$$

式中：n 为由介质内向介质外的面法向单位矢量。

2. 磁介质

抗磁质：无固有磁矩的磁介质，置入外磁场时，产生与外磁场方向相反的附加磁矩和附加磁场，削弱外磁场，总磁场比原磁场小，$\mu_r < 1$。

顺磁质：有固有磁矩的磁介质，置入外磁场时，产生与外磁场方向相反的附加磁矩和附加磁场 B_2'，削弱外磁场。同时，固有磁矩在外磁场作用下，偏向外磁场，产生与外磁场方向相同的附加磁矩和附加磁场 B_1'，增大外磁场。由于 $B_1' > B_2'$，总磁场比原磁场大，$\mu_r > 1$。

铁磁质：磁介质中的磁畴在外磁场作用下发生偏转甚至转向，产生与外磁场方向同向的很强的附加磁场，$\mu_r \gg 1$。当外加磁场强度不同时，磁畴偏转或转向的程度不同，μ_r 不是一个常数，而且有磁滞现象和居里点。

七、电磁感应

1. 法拉第电磁感应定律

磁场中一线圈,无论什么原因,当通过以线圈为边界的曲面的磁通量发生变化时,线圈上就产生感应电动势。感应电动势的大小正比于磁通量的时间变化率,感应电动势的效果是阻碍磁通量的变化。当线圈有 N 匝,通过每匝的磁通量为 Φ 时,$\Psi = N\Phi$ 称为全磁通,有

$$\varepsilon = -\frac{d\Psi}{dt} = -N\frac{d\Phi}{dt}$$

2. 动生电动势

当磁场 $\boldsymbol{B}$ 不变化、导体 ab 在磁场中运动时,导体上产生的感应电动势称为动生电动势,有

$$\varepsilon_{ab} = \int_a^b (\boldsymbol{v} \times \boldsymbol{B}) \cdot d\boldsymbol{l}$$

式中:$d\boldsymbol{l}$ 为导体上顺 a 到 b 方向的有向线元;$\boldsymbol{v}$ 为该线元的运动速度;$\boldsymbol{B}$ 为线元所在处的磁感应强度。

动生电动势的起因是洛仑兹力。

3. 感生电动势

当磁场发生变化时,会产生涡旋电场(感生电场),感生电场沿某一路径的线积分,称为该路径上的感生电动势。

对任意的闭合路径 L,其上的感生电动势与变化的磁场间的关系为

$$\oint_{(L)} \boldsymbol{E} \cdot d\boldsymbol{l} = -\int_{(S)} \frac{\partial \boldsymbol{B}}{\partial t} \cdot d\boldsymbol{S}$$

式中:S 为以 L 为边界的任意曲面;其上面元 $d\boldsymbol{S}$ 的法线正方向与 L 回路的正方向满足右手螺旋规则。

感生电场存在于变化的磁场空间内,不依赖于导体而存在。

4. 互感

设空间中有两个线圈1和2,分别通有电流 i_1 和 i_2。i_2 产生的磁场通过线圈1有磁通量,当 i_2 变化时,在线圈1中产生感应电动势 ε_{12}。同理,i_1 产生的磁场通过线圈2有磁通量,当 i_1 变化时,在线圈2中产生感应电动势 ε_{21}。ε_{12} 和 ε_{21} 称为互感电动势:

$$\varepsilon_{12} = -M\frac{di_2}{dt}, \quad \varepsilon_{21} = -M\frac{di_1}{dt}$$

式中:M 称为两个线圈的互感(系数)。

两个线圈的互感与它们的形状、尺寸、相对位置、磁介质性质等有关,与线圈是否载有电流无关。

5. 自感

设有一线圈,通有电流 i。i 产生的磁场通过线圈自身有磁通量,当 i 变化时,在线圈中产生感应电动势 ε_L,称为自感电动势

$$\varepsilon_L = -L\frac{di}{dt}$$

式中:L 称作线圈的自感(系数),它与线圈的形状、尺寸、磁介质性质等有关,与线圈是否载有电流无关。

6. 磁场的能量

自感线圈储能:自感为 L、载有电流 I 的自感线圈,它产生的内部磁场的总能量为

$$W_m = \frac{1}{2}LI^2$$

磁场能量密度和能量:设空间任意场点 P 处的磁感应强度为 $\boldsymbol{B}$、磁场强度为 $\boldsymbol{H}$,则该点附近单位体积内的磁场能量 w_m、空间体积 V 内的磁场总能量 W_m 分别为

$$w_m = \frac{1}{2}BH$$

$$W_m = \int w_m dV = \int \frac{1}{2}BH dV = \int \frac{B^2}{2\mu}dV$$

八、电磁场和电磁波

1. 麦克斯韦方程组

在有电介质和磁介质、电场和磁场都可能变化的空间内:

(1)电位移矢量 $\boldsymbol{D}$ 通过任意闭合曲面 S 的通量等于该闭合曲面所包围的所有自由电量的代数和,自由电荷是电位移矢量的源

$$\oint_{(S)} \boldsymbol{D} \cdot d\boldsymbol{S} = \int_{(V)} \rho dV$$

(2)磁感应强度 $\boldsymbol{B}$ 通过任意闭合曲面 S 的磁通量等于零,磁场是无源场

$$\oint_{(S)} \boldsymbol{B} \cdot d\boldsymbol{S} = 0$$

(3)静电场和稳恒电场在任意闭合环路 L 上的线积分为零,是无旋场。但变化的磁场可以产生涡旋电场,其环量不一定等于零,是有旋场。总电场强度的环量为

$$\oint_{(L)} \boldsymbol{E} \cdot d\boldsymbol{l} = -\int_{(S)} \frac{\partial \boldsymbol{B}}{\partial t} \cdot d\boldsymbol{S}$$

(4)传导电流可以产生磁场,在没有传导电流处,位移电流(变化的电场)

产生磁场,磁场是有旋场。总磁场强度的环量为

$$\oint_{(L)} \boldsymbol{H} \cdot \mathrm{d}\boldsymbol{l} = -\int_{(S)} \left(\boldsymbol{j} + \frac{\partial \boldsymbol{D}}{\partial t}\right) \cdot \mathrm{d}\boldsymbol{S}$$

(5) 当空间充以各向同性的均匀电介质、磁介质时,有下列关系:

$$\boldsymbol{D} = \varepsilon_0 \varepsilon_r \boldsymbol{E}, \quad \boldsymbol{B} = \mu_0 \mu_r \boldsymbol{H}, \quad \boldsymbol{j} = \sigma \boldsymbol{E}$$

2. 电磁波的性质

电磁波是横波,其电场强度 E 和磁场强度 H 均随时间周期性地变化,二者同相,大小关系为

$$\sqrt{\mu} H = \sqrt{\varepsilon} E$$

电磁波的电场强度和磁场强度相互垂直:$\boldsymbol{E} \perp \boldsymbol{H}$,而且 $\boldsymbol{E} \times \boldsymbol{H}$ 的方向同波的传播方向。

坡印廷矢量(能流密度):单位时间内,通过与电磁波的传播方向垂直的单位面积的能量

$$\boldsymbol{S} = \boldsymbol{E} \times \boldsymbol{H}$$

波的强度:能流密度对时间的平均值,它正比于电场强度振幅的平方 E_0^2、正比于电磁波频率的四次方 ω^4。

能量密度:单位体积的空间中,电场和磁场的能量

$$w = \frac{1}{2} DE + \frac{1}{2} BH = \varepsilon E^2 = B^2 / \mu$$

第二节 解题要术

一、真空中的静电场

1. 电场力

静电场对运动电荷的作用力与运动电荷的速度无关,这一点十分重要,凡是有关电荷在静电场中运动的问题基本上都会涉及此点。

位于场强为 E 处的点电荷 q,无论它是静止的还是在运动着,受到的电场力均表示为

$$\boldsymbol{F} = q\boldsymbol{E}$$

2. 高斯定理

在真空中的静电场,电场强度 E 通过任意闭合曲面 S(高斯面)的电通量等于高斯面所包围的电荷电量的代数和除以 ε_0,即

$$\Phi_e = \oiint_{(S)} \boldsymbol{E} \cdot \mathrm{d}\boldsymbol{S} = \frac{1}{\varepsilon_0} \times (\text{高斯面包围的净电量})$$

在高斯定理中,电场强度 E 是高斯面内、外电荷产生的总电场,而其通过高斯面的电通量却仅仅与高斯面内部的电量代数和有关。

高斯定理是普遍适用的,对高斯面的形状、尺寸都无限制,即使是有电介质存在时也成立(有电介质存在时,场强 E 是高斯面内外的自由电荷和束缚电荷产生的总电场强度,高斯面内的净电量是自由电荷和束缚电荷电量的代数和)。当电荷分布具有一些特殊的对称性时,利用高斯定理可以很方便地求出电场强度的分布,这只是高斯定理的一个重要应用。

利用高斯定理求电场强度要注意如下主要步骤:① 利用点电荷场强的性质和电场叠加原理,根据电荷分布的对称性,分析电场强度分布的对称性,即分析电场方向的对称性、场强大小的分布;② 步骤 ① 中已分析了场点的场强方向,设其大小 E,过场点选取适当的高斯面 S,使得通过高斯面的电通量能方便地计算:$\Phi_e = \oiint_{(S)} E \cdot dS \propto E$;③ 求高斯面内部的净电量,利用 $\Phi_e =$ (高斯面包围的净电量)$/\varepsilon_0$ 求得 E。

高斯定理是一个方程式,由于电通量 $\oiint_{(S)} E \cdot dS = \oiint_{(S)} E\cos\theta dS$,要利用高斯定理求场强,对高斯面要求:① 高斯面上各点处,θ 可事先判知;② 高斯面上各点处的 E 相等;③ 如果条件 ④ 不能满足,则至少过场点部分的高斯面上 E 处处相等,而且 θ 可事先判知,在高斯面的其他部分,$E \cdot dS = 0$($E = 0$ 或 $E \perp dS$)。

常见的对称性有球对称性、轴对称性和面对称性。当场源电荷的分布可以分为几个部分,每部分具有各自的但不尽相同的对称性时,根据各自的对称性取各自的高斯面,求各自产生的电场,最后利用电场的叠加原理即可求出总电场。

3. 电势和电势差、电势能和电场力作功

取无穷远处电势为零时,有限大小带电体的电势

$$\varphi = \frac{1}{4\pi\varepsilon_0}\int \frac{dq}{r}$$

式中:dq 为带电体上的电荷元;r 为 dq 到场点的距离。

利用高斯定理 $\Phi_e = \oiint_{(S)} E \cdot dS = \frac{1}{\varepsilon_0} \times$ (高斯面包围的净电量) 求场强时,要求电荷分布具有对称性;直接利用叠加原理 $E = \frac{1}{4\pi\varepsilon_0}\int \frac{dq}{r^3}r$ 求场强时,要先分解再积分最后求矢量和,中间过程一般情况需计算三个积分;再由积分关系 $\varphi_P = \int_P^\infty E \cdot dl$ 求电势时,一般情况又要计算三个积分。因此,要么对电荷的分布有很

严格的对称性要求,要么过程繁杂。而利用 $\varphi = \dfrac{1}{4\pi\varepsilon_0}\int\dfrac{\mathrm{d}q}{r}$ 根据电荷分布求电势时,不要求电荷对称分布,且只需一个积分运算,相对简单得多。利用微分关系 $\boldsymbol{E} = -\nabla\varphi$ 求场强,也十分简便。

带电体系的电荷之间相互作用静电能(自能)为 $W = \dfrac{1}{2}\int\varphi\mathrm{d}q$,其中 $\mathrm{d}q$ 是带电体系上的电荷元,φ 是带电体系在 $\mathrm{d}q$ 处产生的电势。静电场的总能量 $W = \int_\infty \dfrac{\varepsilon_0 E^2}{2}\mathrm{d}V$。无论是体系的静电能还是静电场的总能量改变,电场力都作功。

二、有导体时的静电场

掌握静电平衡时导体的电荷、电势、电场的分布和特点,对分析有导体存在时的静电问题、列方程、直至解决问题十分关键。

导体(含空腔导体)体内电场强度处处为零,表面紧近处的电场强度与导体表面垂直。

导体(含空腔导体)体内及其表面各点的电势相等。

导体内部处处无净电荷,电荷只可能分布在导体表面上。

空腔导体腔内无电荷时,内表面上面电荷密度处处为零,腔内无电场。腔内有电荷时,会影响到腔外的电场,但当空腔接地时,腔内电荷对腔外电场无影响。

三、有电介质时的静电场

1. 电场和电荷

电位移矢量及高斯定理 $\oiint\limits_{(S)}\boldsymbol{D}\cdot\mathrm{d}\boldsymbol{S} = \sum\limits_{(S内)}q_0$ 中,$\boldsymbol{D}$ 是高斯面内外自由电荷和束缚电荷产生的总电场的电位移矢量,而其通过高斯面的通量仅与高斯面所包围的自由电量代数和有关。

有电介质时,如果自由电荷和束缚电荷被看作一体具有对称性分布,则亦可利用高斯定理 $\oiint\limits_{(S)}\boldsymbol{E}\cdot\mathrm{d}\boldsymbol{S} = \dfrac{1}{\varepsilon_0}\sum\limits_{(S内)}(q_0 + q')$ 分析电场的分布或直接求总场强。

必须掌握:各向同性的均匀电介质中,总场强 $\boldsymbol{E}$、电位移矢量 $\boldsymbol{D}$、电极化强度 $\boldsymbol{P}$ 以及面束缚电荷密度 σ' 之间的关系。

2. 电容

电容决定于电容器两极板的形状、尺寸、极板间电介质性质,与两极板的带电量无关. 计算电容时,假设电容器两极带自由电量 $\pm Q$,求电容器内的电场强

度 E 和极板间电压 U,由定义 $C = Q/U$ 求出 C。

四、恒定电流

原则上讲,基尔霍夫第一方程组(各独立节点电流方程)和基尔霍夫第二方程组(各独立回路电压方程)是解决任意复杂的直流电路问题的根本。

一定要注意符号约定:在列节点电流方程 $\sum_i I_i = 0$ 时,流入节点的电流其电流强度为负,流出节点的电流其电流强度为正。

列回路电压方程前,一定要首先选定回路的正方向。列回路电压方程 $\sum (\pm \varepsilon_i) + \sum (\pm I_i R_i) = 0$ 时,注意符号约定:流向与回路正方向一致的电流其电流强度为正,反之为负;与回路正方向一致的电动势为负,反之为正。

五、真空中的稳恒磁场

1. 磁场力

磁场对运动电荷的洛仑兹力:带电量 q、在磁感应强度为 $\boldsymbol{B}$ 处以速度 $\boldsymbol{v}$ 运动的点电荷,受到的磁场力为 $\boldsymbol{f} = q\boldsymbol{v} \times \boldsymbol{B}$。洛仑兹力不作功。

磁场对电流的安培力:在磁感应强度为 $\boldsymbol{B}$ 处,电流元 $I\mathrm{d}\boldsymbol{l}$ 受到的磁场力 $\mathrm{d}\boldsymbol{F} = I\mathrm{d}\boldsymbol{l} \times \boldsymbol{B}$;磁感应强度为 $\boldsymbol{B}$ 的磁场中,有限载流导体受到的磁场力 $\boldsymbol{F} = \int_{(L)} I\mathrm{d}\boldsymbol{l} \times \boldsymbol{B}$。

载有一定电流的闭合回路在均匀磁场中受磁场力的合力为零。

磁场对载流线圈的磁力矩:在均匀磁场(或在线圈的线度内磁场均匀)$\boldsymbol{B}$ 中,磁矩为 $\boldsymbol{m}$ 的载流线圈受到的磁场力合力为零,磁力矩为 $\boldsymbol{M} = \boldsymbol{m} \times \boldsymbol{B}$。

2. 安培环路定理

真空中所有电流产生的总磁感应强度 $\boldsymbol{B}$ 在任意闭合环路 L 上的线积分,等于闭合回路所包围的电流强度的代数和乘以 μ_0,即

$$\oint_{(L)} \boldsymbol{B} \cdot \mathrm{d}\boldsymbol{l} = \mu_0 \sum_{(L\text{内})} I_i$$

在安培环路定理中,磁感应强度 $\boldsymbol{B}$ 是闭合环路内、外的电流产生的总磁场,而其在闭合环路上的环量却仅仅与闭合回路内部的电流代数和有关。

安培环路定理是普适的,对闭合回路的形状、尺寸都无限制,即使是有磁介质存在时也成立(有磁介质存在时,磁感应强度 $\boldsymbol{B}$ 是闭合回路内外的传导电流和束缚电流产生的总磁感应强度,闭合回路内的电流强度代数和是传导电流和束缚电流的代数和)。当电流分布具有一些特殊的对称性时,利用安培环路定理可以很方便地求出磁感应强度的分布,这只是安培环路定理的一个重要应用。

利用安培环路定理求磁感应强度要注意如下主要步骤：① 利用无限长直线电流和圆电流磁场的性质及磁场叠加原理，根据电流分布的对称性，分析磁感应强度分布的对称性，即分析磁场方向的对称性、磁感应强度大小的分布；② 步骤 ① 中已分析了场点的磁感应强度方向，设其大小 B，过场点选取适当的闭合回路 L，使得通过闭合回路的环流能方便地计算：$\oint_{(L)} \boldsymbol{B} \cdot \mathrm{d}\boldsymbol{l} \propto B$；③ 求闭合回路所包围的电流强度代数和，利用 $\oint_{(L)} \boldsymbol{B} \cdot \mathrm{d}\boldsymbol{l} = \mu_0 \times$（闭合回路包围的电流强度代数和），求得 B。

安培环路定理是一个方程式，由于 $\oint_{(L)} \boldsymbol{B} \cdot \mathrm{d}\boldsymbol{l} = \oint_{(L)} B\cos\theta \mathrm{d}l$，要利用安培环路定理求磁感应强度，对闭合回路要求：① 回路上各点处，θ 可事先判知；② 回路上各点处的 B 相等；③ 如果条件 ② 不能满足，则至少过场点的部分回路上 B 处处相等，而且 θ 可事先判知，在回路的其他部分，$\boldsymbol{B} \cdot \mathrm{d}\boldsymbol{l} = 0$（$B = 0$ 或 $\boldsymbol{B} \perp \mathrm{d}\boldsymbol{l}$）。

常见的对称性有轴对称性和面对称性。当场源电流的分布可以分为几个部分，每部分具有各自的但不尽相同的对称性时，根据各自的对称性取各自的闭合回路、求各自产生的磁感应强度，最后利用磁场的叠加原理即可求出总磁感应强度。

六、有磁介质时的磁场

磁场强度的安培环路定理 $\oint_{(L)} \boldsymbol{H} \cdot \mathrm{d}\boldsymbol{l} = \sum_{L内} I_0$ 中，H 是闭合回路内外传导电流和束缚电流产生的总磁场的磁场强度，而其在闭合回路上的环量仅与闭合回路所包围的传导电流代数和有关。

有磁介质时，如果传导电流和束缚电流被看作一体具有对称性分布，则亦可利用安培环路定理 $\oint_{(L)} \boldsymbol{B} \cdot \mathrm{d}\boldsymbol{l} = \mu_0 \sum_{L内} (I_0 + I')$ 分析磁场的分布或直接求总磁感应强度。

必须掌握：各向同性的均匀磁介质中，总磁感应强度 $\boldsymbol{B}$、磁场强度 $\boldsymbol{H}$、磁化强度 $\boldsymbol{M}$ 以及面束缚电流密度 $\boldsymbol{j}$ 之间的关系。

七、电磁感应

1. 感应电动势

动生电动势是由于导体相对磁场的运动而产生的，其根源是磁场对运动电子的洛伦兹力；感生电动势是由于磁场的变化而产生的，其根源是变化的磁场产生感生电场；"动生"和"感生"之分仅仅是相对的。无论什么情况，感应电动势产生的原因,都归结于通过含导体的闭合回路的磁通量发生变化。

求动生电动势,可直接利用 $\varepsilon_{ab} = \int_a^b (\boldsymbol{v} \times \boldsymbol{B}) \cdot \mathrm{d}\boldsymbol{l}$;求感生电动势时,可利用 $\oint_{(L)} \boldsymbol{E}_{感} \cdot \mathrm{d}\boldsymbol{l} = -\int_{(S)} \frac{\partial \boldsymbol{B}}{\partial t} \cdot \mathrm{d}\boldsymbol{S}$ 先求出感生电场,再求一段导体上的感生电动势(感生电场沿导体的线积分)。

另有一个通用的方法,即根据分析,添加没有电动势的假想辅助导线,与待求电动势的导线段构成闭合回路,求磁场通过闭合回路所围面积的磁通量,利用法拉第电磁感应定律 $\varepsilon = -\mathrm{d}\Phi/\mathrm{d}t$ 求闭合回路上的感应电动势,实际上就是待求导体段上的感应电动势。

2. 自感和互感

自感与线圈的形状、尺寸、磁介质性质等有关;互感与两个线圈的形状、尺寸、相对位置、磁介质性质等有关。自感和互感都与线圈是否载有电流无关,因此计算时可假设线圈载有电流,求磁场、磁通量,得结果。

具体问题中,注意灵活运用。比如:如果线圈1载流已知,求线圈1和2的互感,但线圈1的磁场过线圈2的磁通量无从计算,这时就可假设线圈2载有一定的电流,反过来计算它的磁场过线圈1的磁通量。这里就灵活运用了"线圈1对2的互感等于线圈2对1的互感"。

3. 磁场的能量和电磁波

有些情况,求磁感应强度的分布很方便,而利用 $W_m = \int \frac{B^2}{2\mu} \mathrm{d}V$ 求磁场的能量却很困难,这时不妨利用 $W_m = \frac{1}{2}LI^2$;有时候利用 $W_m = \int \frac{B^2}{2\mu} \mathrm{d}V$ 求磁场能量较方便,而求自感很难,这时就可尝试利用 $W_m = \frac{1}{2}LI^2$。

注意掌握麦克斯韦方程组和电磁波的性质。

第三节 精选习题

4.1(填空) 真空中一正点电荷 q 处于一立方体中心处,则通过该立方体表面的总电通量为_____;通过该立方体的上表面的电通量为_____。

4.2(填空) 在半径为 R_1、电荷密度为 ρ 的均匀带电球体中,有一个半径为 R_2 的球形空腔,空腔中心相对球体中心的位置矢量为 $\boldsymbol{r}_0$,如题4.2图所示。(1)球形空腔内的电场强度 $\boldsymbol{E}$ = _____;(2)在图中用电场线图示电场强度的分布;(3)求空腔中心处的电势。

4.3（填空）　电荷 Q 均匀地分布在半径为 R 的球面上，与球心 O 相距 $R/2$ 处有一静止的点电荷 q，如题 4.3 图所示。球心 O 处电势为_____，过 O 点的等势面面积为_____。

4.4（填空）　如题 4.4 图所示，小物体 A 带有一定量的负电荷，本不带电的导体 B 放在 A 的右侧，互不接触。A、B 和无穷远的电势分别记为 U_A、U_B 和 U_∞，则它们三者的大小关系为_____。

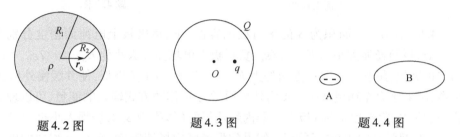

题 4.2 图　　　　　题 4.3 图　　　　　题 4.4 图

4.5（填空）　近代量子理论认为，电子在核外的位置虽然是不确定的，但在给定的量子态下，位置的概率分布是确定的。据此，可以将氢原子基态的电子模型化为电荷连续分布的球对称电子云，电荷密度为 $\rho = -\dfrac{q_e}{\pi a_0^3} e^{-2r/a_0}$，式中 q_e 为电子电量绝对值。按照这一模型，在半径 $r = a_0$ 的球体内，电子云总电量为_____，氢原子在距中心 $r = a_0$ 处的电场强度方向_____，其绝对值为_____。

$\left(\text{附数学参考公式：} \int x^2 e^{\beta x} dx = \dfrac{e^{\beta x}}{\beta}\left(x^2 - \dfrac{2x}{\beta} + \dfrac{2}{\beta^2}\right) + C\right)$

4.6（填空）　三根等长绝缘棒连成正三角形，每根棒上均匀分布等量同号电荷，测得题 4.6 图中 P、Q 两点（均为相应正三角形的重心）的电势分别为 U_P 和 U_Q。若撤去 BC 棒，则 P、Q 两点的电势为 $U'_P = $_____；$U'_Q = $_____。

4.7（填空）　如题 4.7 图所示，电量为 q 的试验电荷在电量为 Q 的静止点电荷周围电场中，沿半径 R 的 3/4 圆轨道由 A 点移动到 B 点的全过程中，电场力作功为_____，从 B 再移动到无穷远的全过程中，电场力作功为_____。

4.8（计算）　如题 4.8 图所示，在每边长为 a 的正六边形各顶点处有一固定的点电荷，它们的电量相间地为 Q 或 $-Q$。(1) 试求因点电荷间静电作用而使系统具有的电势能 W；(2) 若用外力将其中相邻的两个点电荷一起（即始终保持它们的间距不变）缓慢地移动到无穷远处，其余固定的点电荷位置不变，试求外力作功量 A。

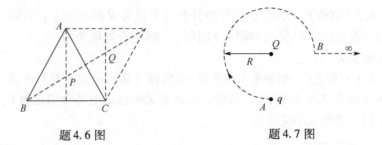

题4.6图　　　　　　　　　　题4.7图

4.9（计算） 面积为 S 的平行板电容器，正、负极板上电荷面密度分别为 σ、$-\sigma$，板间场强大小为 $E = \sigma/\varepsilon_0$，负极板上电场强度大小为 $E_S = \sigma/2\varepsilon_0$。（1）固定正极板，用题4.9图示方向外力 $F = \sigma S E_S$ 作用于负极板，使其缓慢外移 Δl 距离，试求该力作功量 A；（2）A 为外界通过力 F 作功方式输入的能量，可以理解这一能量全部转化为平行板电容器内新建场区（体积为 $S\Delta l$，场强大小也为 $E = \sigma/\varepsilon_0$ 的匀强场区）的电场能量。假设匀强场区中场能密度（单位体积内的电场能量）w_e 为常量，试导出 $w_e \sim E$ 关系式，关系式中不出现 S、σ、E_S、F、Δl 等量；（3）假设（2）问所得 $w_e \sim E$ 关系式适用于任何真空中的电场，试求电量为 Q、半径为 R 的均匀带电球面在球面上的电场强度大小 E_R。

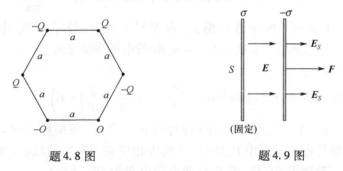

题4.8图　　　　　　　　　　题4.9图

4.10（证明与计算） 半径分别为 R_1 和 R_2 的二同心均匀带电半球面相对放置，如题4.10图所示，二半球面上的电荷密度 σ_1 与 σ_2 满足关系 $\sigma_1 R_1 = -\sigma_2 R_2$。（1）试求证小球面所对的圆截面 S 为一等势面；（2）求等势面 S 上的电势值。

4.11（填空） 如题4.11图所示，一半径为 R，带电量为 Q 的导体球在距球心 O 点 d_1 处放置一已知点电荷 q_1，今在距球心 d_2 处再放置一点电荷 q_2，当该点电荷电量为 _____ 时可使导体球电势为零（取无穷远处电势为零）。

4.12（填空） 两个同心的薄导体球壳均接地，如题4.12图所示，内、外球壳半径分别为 a 和 b。另有一电量为 Q 的点电荷置于两球壳之间距球心为 r（$a < r < b$）处，则内球壳上的感应电荷 $q_1 =$ _____，外球壳上的感应电荷为 $q_2 =$ _____。

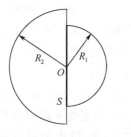

题 4.10 图

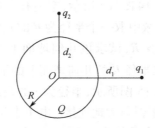

题 4.11 图

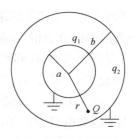

题 4.12 图

4.13（填空） 如题 4.13 图所示，带电量为 Q，半径为 R_1 的导体球外，同心地放置一个内半径为 R_2、外半径为 R_3 本不带电的导体球壳，两者间有一个电量为 q、与球心相距 $r(R_2 > r > R_1)$ 的固定点电荷。静电平衡后，导体球电势 $U_球$ = _____，导体球壳电势 $U_壳$ = _____。

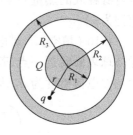

题 4.13 图

4.14（计算）

1. 场强

（1）场强为 E_0 的匀强电场中，放入半径为 R 的导体球。若导体球原本不带电，静电平衡后导体球表面电荷分布称为分布 Ⅰ，若导体球原本带电量为 Q，静电平衡后导体球表面电荷分布称为分布 Ⅱ，请说出分布 Ⅱ 与分布 Ⅰ 之间的关系。（2）空间任意一个闭合曲面 S 如题 4.14 图（a）所示，试问能否在 S 面上设置一种电荷分布 X，使得 S 面所包围的空间体 V_S 是一个场强 E 为图示矢量的匀强场区？若能，是否唯一？为什么？

2. 电势

（1）如题 4.14 图（b）所示，空间有电量为 Q 的固定点电荷，在其静电场区域中取一个半径为 R 的几何球面，其球心与点电荷相距 $r > R$，试求该几何球面上

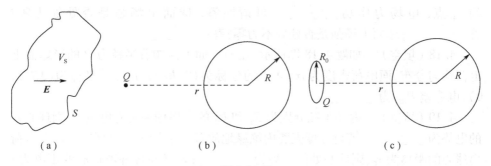

题 4.14 图

的平均电势 $\overline{U}_1$。(2) 如题 4.14 图(c)所示,空间有半径为 R_0、电量为 Q 的固定均匀带电圆环,在其静电场区域中取一个半径为 R 的几何球面,球心与圆环中心的连线与环平面垂直,间距 $r > R$,试求该几何球面上的平均电势 $\overline{U}_2$。(3) 承(2)问,改设 $R^2 > r^2 + R_0^2$,再求半径 R 的几何球面上的平均电势 $\overline{U}_3$。

4.15（计算） 如题 4.15 图所示,半径为 r 的金属球远离其他物体,通过理想细导线和电阻为 R 的电阻器与大地连接。电子束从远处以速度 v 射向金属球面,稳定后每秒落到球上的电子数为 n,不计电子的重力势能,试求金属球每秒钟自身释放的热量 Q 和金属球上的电量 q。(电子质量记为 m,电子电荷量绝对值记为 e)

4.16（填空） 带电导体球 O 和无限大均匀带电平面如题 4.16 图放置,P 为导体球表面附近一点,若无限大带电平面的面电荷密度为 σ_1,P 点附近导体球表面的面电荷密度为 σ_2,则 P 点电场强度的大小等于_____。

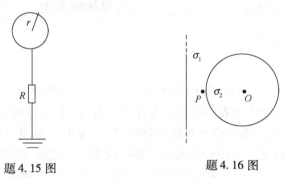

题 4.15 图　　　　题 4.16 图

4.17（填空） 如题 4.17 图所示,圆代表半径为 $2a$ 的球面,虚线 P_1OP_2 与 P_3OP_4 代表两条相互垂直的直径,在直径 P_1OP_2 上有两个固定的点电荷 Q 与 $-Q$,各自与球心 O 的距离均为 a。设周围无其他物体,今将点电荷 q 从 P_1 点沿 $P_1P_3P_2$ 半圆移动到 P_2 点,电场力作功_____,将 q 从 P_3 点沿 $P_3P_2P_4$ 半圆移到 P_4 点,电场力作功_____。再请回答,球面上场强是否处处为零?答:_____;球面上场强是否处处不为零?答:_____。

4.18（填空） 如题 4.18 图所示,在 xOy 面上倒扣着半径为 R 的半球面上电荷均匀分布,面电荷密度为 σ。A 点的坐标为 $(0, R/2)$,B 点的坐标为 $(3R/2, 0)$,电势差 U_{AB} 为_____。

4.19（填空） 内外半径分别为 R_1 和 R_2 的金属球壳带有电量 Q,则球心处的电势为_____。若再在球壳腔内绝缘地放置一电量为 q_0 的点电荷,点电荷离球心的距离为 r_0,则球心处的电势为_____;若又在球外离球心的距离为 r 处,放置一电量为 q 的点电荷,则球心处的电势为_____。

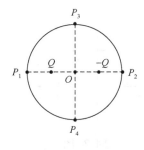

题 4.17 图

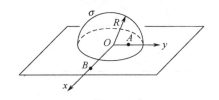

题 4.18 图

4.20（填空） 两个半径分别为 R_1 和 $R_2(R_2 > R_1)$ 的同心金属球壳，如果外球壳带电量为 Q，内球壳接地，则内球壳上带电量是_____。

4.21（填空） 无限大带电导体板两侧面上的电荷面密度为 σ_0，现在导体板两侧分别充以介电常数 ε_1 与 $\varepsilon_2(\varepsilon_1 \neq \varepsilon_2)$ 的均匀电介质，则导体两侧电场强度的大小 $E_1 = $ _____，$E_2 = $ _____。

4.22（计算） 如题 4.22 图所示，5 块相同的导体大平板相互间隔地自左至右平行放置，各自带电量分别为 Q_1、Q_2、Q_3、Q_4、Q_5，静电平衡后，试求：(1) 第一块平板左侧面电量 $Q_{1左}$ 和第 5 块平板右侧面电量 $Q_{5右}$；(2) 试计算 $Q_{2左}$ 和 $Q_{3左}$（用已知量表示）。

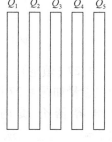

题 4.22 图

4.23（填空） 半径 R 的导体球不带电，在匀强外电场 E_0 中已达静电平衡，表面感应电荷面密度分布记为 $\sigma_0(\theta)$，如题 4.23 图所示。若使该导体球原带电量为 $Q > 0$，在外电场 E_0 中静电平衡后，导体球受力 $F = $ _____，表面电荷密度分布为 $\sigma(\theta) = $ _____。

4.24（计算） 厚度为 b 的无限大平板内分布有均匀体电荷密度 $\rho(>0)$ 的自由电荷，在板外两侧分别充有介电常数为 ε_1 与 ε_2 的电介质，如题 4.24 图所示。(1) 求板内外的电场分布；(2) 板外的 A、B 点距左右两板壁均为 l，求电势差 U_{AB}。

4.25（计算） 如题 4.25 图所示，有一半径为 R 的金属球，外面包有一层相对介电常数 $\varepsilon_r = 2$ 的均匀电介质壳，壳的内、外半径分别为 R 和 $2R$，介质内均匀分布着电量为 q_0 的自由电荷，金属球接地，求介质壳外表面的电势。

4.26（计算） 如题 4.26 图所示，本不带电的半径为 R_3 的导体球内，有一半径为 $R_2 < R_3$ 的球形空腔，空腔内有一个与空腔同心的、半径为 $R_1 < R_2$ 的小导体球，小导体球带有电量 Q。静电平衡后，试求系统的电势能 W_e。

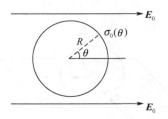

题 4.23 图

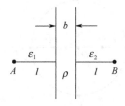

题 4.24 图

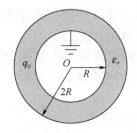

题 4.25 图

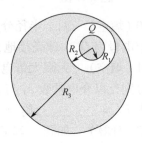

题 4.26 图

4.27（填空） 介质平行板电容器的结构和相关参量如题 4.27 图所示，若 $\varepsilon_{r1} > \varepsilon_{r2} > \varepsilon_{r3}$，则该电容器介质内各处场强中的最小值 $E_{\min} = $ _____，最大值 $E_{\max} = $ _____。

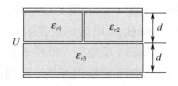

图 4.27 图

4.28（计算） 一同轴圆柱形电容器，外导体筒的内半径为 2cm，内导体筒的外半径可自由选择，两筒之间充满各向同性均匀电介质，电介质的击穿场强为 $2.0 \times 10^7 \text{V/m}$。试计算该电容器所能承受的最大电压。

4.29（填空） 平行板电容器如题 4.29 图所示，上方介质块的相对介电常数为 ε_r，不计边缘效应，静电平衡后其中电位移矢量大小记为 D_r，下方空气层（相对介电常数取为 1）中电位移矢量大小记为 D_0，则 D_r 和 D_0 的关系为 $D_r = $ _____ D_0。若将介质块向上平移 $H/4$ 高度，静电平衡后留在电容器内 $H/4$ 高度的介质层中电位移矢量大小记为 D_r'，则 D_r' 与 D_r 之间大小关系为 D_r' _____ D_r。（本空填"大于""小于"或"等于"）

4.30（填空） 电动势均为 ε 的 n 个电池串联，从中抽出 0、1、2、3、…、n 共 ($n+1$) 个抽头，如题 4.30 图所示。现将一电容 C 的一端与 0 端相接，另一端依次与 1、2、…、n 端相接，在此充电过程中，电源所作的总功 A 和电容器中总的电能 W 分别为 $A = $ _____，$W = $ _____。

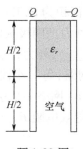
题4.29图

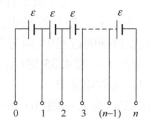
题4.30图

4.31（计算） 球形电容器的两个极为两个同心金属球壳，极间充满均匀各向同性的线性介质，其相对介电常数为 ε_r。当电极带电后，其极上电荷量将因介质漏电而逐渐减少。设介质的电阻率为 ρ，$t=0$ 时，内、外电极上的电量分别为 $\pm Q_0$。求电极上电量随时间减少的规律 $Q(t)$ 以及两极间与球心相距为 r 的任一点处的传导电流密度 $j(r,t)$。

4.32（计算） 导体内存在电场时就会有传导电流，电流密度 j 与电场强度 E 之间的关系为 $j=E/\rho$，其中 ρ 为导体电阻率。取一块电阻率为常量 ρ 的长方形导体块，静止放置，开始时处处无净电荷。(1) $t=0$ 开始，沿导体块长度方向建立匀强电场 E_0，导体内即产生传导电流，左、右两端面会积累电荷，电荷面密度分别记为 $-\sigma$、σ，如题4.32所示。试求 σ 随 t 变化的关系和图示方向电流密度 j 随 t 变化的关系。(2) 将(1)中的电场 E_0 改取为沿导体长度方向的交变电场 $E_0\cos\omega t$，其中 ω 为正的常量。(2.1) 试求 $\sigma \sim t$ 和 $j \sim t$；(2.2) 将 $t \Rightarrow \infty$ 时的 $j \sim t$ 表述成 $j = j_0\cos(\omega t + \varphi)$，试求 j_0 和 $\tan\varphi$。

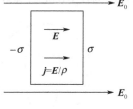
题4.32图

[数学参考知识：

(a) 微分方程 $y'(x) + P(x)y(x) = Q(x)$ 的通解为 $y(x) = e^{-\int P(x)dx}\left(\int Q(x)e^{\int P(x)dx}dx + C\right)$；

(b) 不定积分公式 $\int \cos Ax\, e^{Bx}dx = \dfrac{B}{A^2+B^2}\left(\cos Ax + \dfrac{A}{B}\sin Ax\right)e^{Bx} + C$]

4.33（计算） 一平行板电容器中有两层具有一定导电性的电介质 A 和 B，它们的相对介电常数、电导率和厚度分别为 ε_A、γ_A、d_A、ε_B、γ_B、d_B；且 $d_A + d_B = d$，d 为平板电容器的两块极板之间的距离。现将此电容器接至电压为 V 的电源上（与介质 A 接触的极板接电源正极），设极板面积为 S，忽略边缘效应，试求稳定时 (1) 电容器所损耗的功率 P；(2) 电介质 A 和 B 中的电场能量 W_A 和 W_B；(3) 电介质 A 和 B 的交界面上的自由电荷面密度 σ_0 和束缚电荷面密度 σ'。

4.34（填空） 空气介质平行板电容器的极板面积为 S，开始时两极板的距离为 d，两极板与电动势为 V_0 的电池相连接。现用外力把两极板的距离拉开 $2d$，则在把两极板拉开的过程中，电容器能量增加_____，外力作功_____。

4.35（填空） 题 4.35 图(a) 所示的电阻丝网络，每一小段电阻同为 r，两个端点 A、B 间等效电阻 R_1 = _____；若在图(a) 网络中再引入三段斜电阻丝，每一段电阻也为 r，如图(b) 所示，此时 A、B 间等效电阻 R_2 = _____。

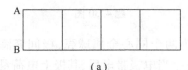
(a)

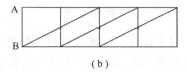
(b)

题 4.35 图

4.36（填空） 如题 4.36 图所示，三个半径相同的均匀导体圆环两两正交，各交点处彼此连结，每个圆环的电阻均为 R，则 A、B 间的等效电阻 R_{AB} = _____，A、C 间的等效电阻 R_{AC} = _____。

4.37（填空） 如题 4.37 图所示的电阻网络是由 n 个相同的单元重复连结而成，为使 AB 间的等效电阻 R_{AB} 与单元数 n 无关，电阻 R_x 的取值应为_____。

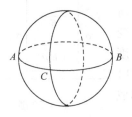

题 4.36 图

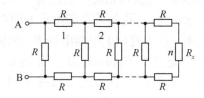

题 4.37 图

4.38（计算） 直流电路如题 4.38 图所示，其中 $\varepsilon_1 = 5V, \varepsilon_2 = 2V, R_1 = R_2 = 1\Omega, R_3 = 2\Omega$，各支路电流方向限定按图示方向选取。先建立可求解支路电流的字符方程，再代入已给数据算出三个支路电流 I_1、I_2 与 I_3。

4.39（填空） （1）用 10A 的电流为蓄电池充电，充电快结束时测得蓄电池的端电压为 2.20V；当给这个蓄电池用 6A 的电流放电时，测得端电压为 1.88V，则此蓄电池的电动势为_____；(2) 如题 4.39 图所示，黑箱有四个接线端，允许电池接在任意两个接线端之间。若电动势为 V 的电池接在黑箱的 AB 端，则接在黑箱 CD 端的电压表指示为 $V/3$；若电池接在黑箱的 CD 端，则接在黑箱 AB 端的电压表指示为 V，黑箱内为无源简单电路。试在图上画出黑箱内可能的电路图。

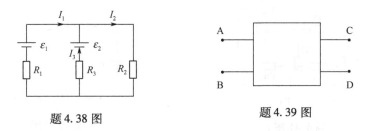

题 4.38 图   题 4.39 图

4.40（计算） 四块面积同为 S、原不带电的导体薄平板 A、B、C、D 依次平行放置，相邻间距很小，分别记为 d_1、d_0、d_2，如题 4.40 图(a) 所示。给 B 充以电量 $q > 0$，再用图(a) 中虚直线所示的细导线连接 B、C，最终达到静电平衡。(1) 试求 A 到 D 的电势降 U_{AD}；现将图(a) 所示系统达到静电平衡后，通过理想导线、电键 K_1 和 K_2、电动势为 ε 的直流电源以及阻值分别为 R_0、R_x 和 r 的电阻器连接成图(b) 所示电路。开始时 K_1、K_2 均断开，而后接通 K_1，直到电路达到稳定状态。(2) 试求该过程中从电源正极朝平板 A 流去的电量 Q，并判断 Q 的正负号；最后再接通 K_2，测得流过电阻器 r 的电流强度始终为零。(3) 设 R_x 为未知量，试求 R_x，并给出 ε 的取值范围。

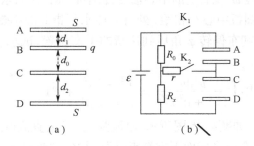

题 4.40 图

4.41（填空） 题 4.41 图所示的电路中，通过调节可变电阻器的 R 值，能将图中 5Ω 电阻的消耗功率值降到的最低值为 $P_{\min} = $ _____，此时 $R = $ _____。

4.42（计算） (1) 设电阻 R 两端交变电压 $u = u(t)$ 是时间周期为 T 的变化量，在一个周期内电阻 R 上损耗的平均电功率记为 $\overline{P}$。如果改将直流电压 U 加在电阻 R 两端，对应的电功率 P 恰好等于 $\overline{P}$，便称 U 为交变电压 $u(t)$ 的有效值，试据此写出 U 的计算式。(2) 题 4.42 图所示的电路中，直流电源电动势 $\varepsilon_1 = \varepsilon_{10} = 3V$，简谐交变电源电动势 $\varepsilon_2 = \varepsilon_{20}\cos(\omega t + \varphi)$，$\varepsilon_{20} = 4\sqrt{2}V$，试求电阻 R 两端电压有效值 U。

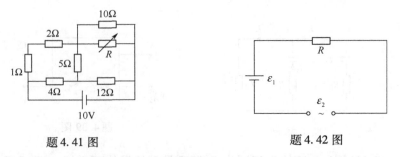

题 4.41 图　　　　　　　　题 4.42 图

4.43（计算） 题 4.43 图所示的电路中，$t<0$ 时，电容器充电过程已完成。$t=0$ 时，接通电键 K。将接通前瞬间时刻记为 $t=0^-$，接通后瞬间时刻记为 $t=0^+$。$t \geq 0^+$ 时，按图中虚线所示方向设定各路电流 I_1、I_2、I_C 和 I_3 的流向。(1) 写出 $t=0^-$ 时刻 A、B 间电压 $U_{AB}(0^-)$ 和 $I_1(0^-)$、$I_2(0^-)$ 以及电容器上方极板电量 $Q(0^-)$；(2) 导出 $t=0^+$ 时刻 A、B 间电压 $U_{AB}(0^+)$、$I_1(0^+)$、$I_2(0^+)$、$I_C(0^+)$、$I_3(0^+)$ 以及电容器上方极板电量 $Q(0^+)$；(3) 导出任意 $t \geq 0^+$ 时的 $I_1(t)$、$I_2(t)$、$I_C(t)$、$I_3(t)$ 以及电容器上方极板电量 $Q(t)$。

4.44（计算） 半径 R，电荷面密度为 σ 常量的薄圆板，在北京地区一个竖直平面上以恒定角速度 ϖ 绕着它的中心轴旋转，中心轴自西向东放置，如题 4.44 图所示。中心轴上与圆板中心 O 相距 l 处有一原水平指北的小磁针，因又受到圆板电流磁场的作用而朝东偏转 φ 角后到达新的平衡位置，试求该处地磁场磁感应强度的水平分量 $B_{//}$。

（参考不定积分公式：$\displaystyle\int \frac{u^3 \mathrm{d}u}{(u^2+a^2)^{3/2}} = \frac{u^2+2a^2}{\sqrt{u^2+a^2}} + C$）

4.45（计算） 如题 4.45 图所示，电流强度为 I 的直流电通过半无限长直导线流到半径为 R 的金属半球面下方端点，而后均匀地流过半球面到达半球面的上方端点，再经过另一根半无限长直导线流向无穷远处。设这两根半无限长直导线恰好在半球面的直径延长线上，试求球心 O 处磁感应强度的大小。

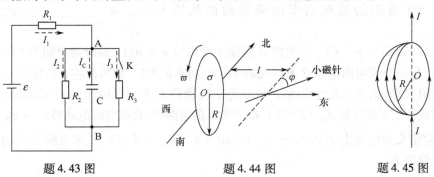

题 4.43 图　　　　题 4.44 图　　　　题 4.45 图

4.46（证明）　证明在没有电流的真空区域中，B 线互相平行的磁场，必然是均匀磁场。

4.47（计算）　半径为 R 无限长半圆柱导体上均匀地流过电流 I，求半圆柱轴线（原圆柱体的中心轴线）处的磁感应强度 B。

4.48（填空）　北京地区地面附近地球磁场的水平分量记为 $B_{\parallel}$，竖直向下分量记为 $B_{\perp}$。取电阻为 R，半径为 r 的金属圆环，将环如题 4.48 图(a)所示竖直放置后，绕着它的坚直直径旋转 180°，测得流过圆环的电量为 Q_1，再让圆环绕着它的东西水平直径如图(b)所示方向旋转 90°，测得流过圆环的电量为 Q_2。据此可导得 $B_{\parallel}$ _____，$B_{\perp}$ _____。

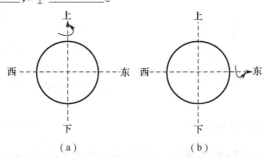

题 4.48 图

4.49（填空）　如题 4.49 图所示，无穷大均匀带电平面上的电荷面密度为 σ，以平面上某点 O 为原点设置坐标系 $O-XYZ$，其中 X 轴与带电平面垂直，X 轴上 P 点的坐标 $x>0$。令平面上的电荷一致地沿着 Y 轴负方向匀速运动，速度大小为 u，将 X、Y 和 Z 轴的方向矢量记为 i、j 和 k，那么 P 点电场强度 $E=$ _____，P 点磁感应强度 $B=$ _____。

4.50（计算）　如题 4.50 图所示，一无限大薄金属板上均匀的分布着电流，其面电流密度为 i_0，在金属板的两侧各紧贴一相对磁导率分别为 μ_{r1} 和 μ_{r2} 的无限大（有限厚）均匀介质板。试分别求二介质板内的磁场强度，磁感应强度，及二介质板表面上的极化面电流密度。

4.51（填空）　在同一平面上有三根等距离放置的长直通电导线，如题 4.51 图所示，导线 1、2、3 分别载有 1A、2A、3A 电流，则导线 1 和导线 2 所受之力 F_1 和 F_2 之比 F_1/F_2 _____。

4.52（填空）　如题 4.52 图所示，夹角为 φ 的平面 S_1 与 S_2 相交于直线 MN，磁感应强度为 B 的空间均匀磁场的磁感线与 S_1 平面平行，且与直线 MN 垂直。今取半径为 R 的半圆周导线 ab，并通以电流 I，将它整体放置在平面 S_2 的不同部位，则它可能受到最大安培力的大小 $F_{max}=$ _____，可能受到的最小安培力的大小 $F_{min}=$ _____。

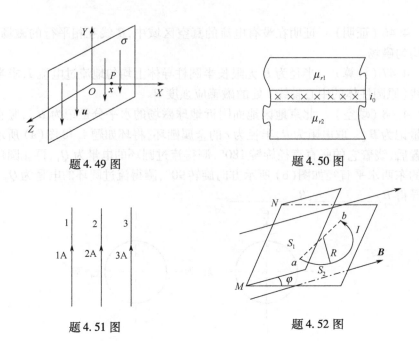

题 4.49 图

题 4.50 图

题 4.51 图

题 4.52 图

4.53（证明） 电阻丝连成的二端网络如题 4.53 图所示，电流 I 从网络的 A 端流入、C 端流出。设周围有均匀磁场，磁感应强度为 B，试证该网络各部位所受磁场安培力的合力为 $F = IL_{AC} \times B$，其中 L_{AC} 为 C 端相对 A 端的位置矢量。

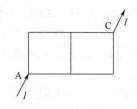

题 4.53 图

4.54（填空） 设在讨论的空间范围内有均匀磁场 B 如题 4.54 图所示，方向垂直于纸面朝里。在纸平面上有一长为 h 的光滑绝缘空心细管 MN，管的 M 端内有一质量为 m、带电量为 $q > 0$ 的小球 P。开始时 P 相对管静止，而后管带着 P 朝垂直于管的长度方向始终匀速度 u 运动，如图所示。那么小球 P 从 N 端离开管后，在磁场中做圆周运动的半径为 $R = $ _____。在此不必考虑重力及各种阻力。

4.55（计算） 题 4.55 图中原点 $O(0,0)$ 处有一粒子源，以同一速率 v 沿 XY 平面内的各个不同方向 $\theta(0 \leqslant \theta \leqslant \pi)$ 发射质量为 m、电量为 $q(>0)$ 的带电粒子。试设计一方向垂直于 XY 平面、大小为 B 的均匀磁场区域，使由 O 发射的带电粒子经磁场并从其边界逸出后均能沿 X 轴正方向运动(写出磁场边界线方程,并给出边界线)。

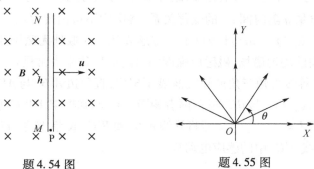

题 4.54 图   题 4.55 图

4.56(填空) 被电势差 U 加速的电子从电子枪口 T 发射出来,其初速度指向 X 方向。为使电子束能击中目标 M 点(直线 TM 与 X 轴间夹角为 θ),在电子枪外空间加一均匀磁场 B,其方向与 TM 平行,如题 4.56 图所示。已知从 T 到 M 的距离为 d,电子质量为 m,带电量为 e。为使电子恰能击中 M 点,应使磁感应强度 $B = $ _____。

4.57(填空) 题 4.57 图所示是用磁聚焦法测定电子荷质比的实验装置。从阴极 K 发射出来的电子被加速电压 V 加速,穿过阳极 A 上的小孔,得到沿轴线运动的、速度相同的电子束,再经平行板电容器 C,到达荧光屏,平行板电容器至荧光屏的距离为 l($l \gg$ 平行板线度)。在电容器两极板间加一交变电压,使电子获得不大的分速度,电子将以不同的发散角离开电容器。今在轴线方向加一磁感应强度为 B 的均匀磁场,调节 B 的大小,可使所有电子会聚于荧光屏的同一点(磁聚焦)。令 B 从零连续增大,记下出现第一次聚焦的 B 值,根据 V、B 和 l 的数值可测得电子荷质比 $\dfrac{e}{m} = $ _____。

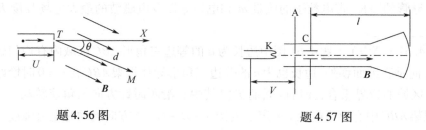

题 4.56 图   题 4.57 图

4.58(计算) 电路及相关参量如题 4.58 图所示,开始时 K 未接通,电容器极板上没有电荷。(1) $t = 0$ 时刻接通 K,导出 RC 支路中的电流 i_C 和 RL 支路中的电流 i_L 随时间 t 的变化关系;(2) 设经过一段时间后,i_C、i_L 同时达到各自最大值的 1/2,据此确定 R、L、C 之间的关系;(3)经过足够长的时间,i_C 可认为已降为零,i_L 可认为已升为最大值,此时断开 K,且将该时刻改记为 $t^* = 0$,试求电容器左极板上电量 q 随时间 t^* 的变化关系(答案中不可出现 R)。

4.59（填空） 每边长为 l 的正方形 ABCD 区域外无磁场,区域内有题 4.59 图所示方向的均匀磁场,磁感应强度随时间的变化率为常量 k。区域内有一个腰长为 $l/2$ 的等腰直角三角形导线框架 $A'B'C'$,直角边 $A'B'$ 与 AB 边平行,两者相距 $l/4$,直角边 $B'C'$ 与 BC 平行,两者相距 $l/4$。已知框架 $A'B'C'$ 总电阻为 R,则感应电流强度 $I =$ _____。若将导线 $A'B'$ 和 $B'C'$ 取走,留下导线 $A'C'$ 在原来位置,此时导线 $A'C'$ 中的感应电动势 $\varepsilon =$ _____。

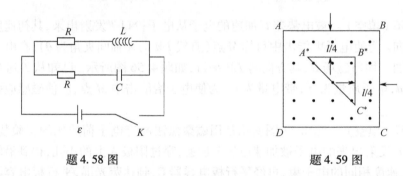

题 4.58 图　　　　　题 4.59 图

4.60（填空） 如题 4.60 所示,矩形波导是一根截面为矩形的空心金属管,用来传输波长很短的电磁波。由于管内总存在一定的游离带电粒子,当这些带电粒子受到电磁波电场的作用而加速运动时,最后击中相对的管壁,把能量交给管壁,并产生许多次级电子,结果导致电磁波能量的损失(常成为波导的电流负载)。为了减少这种能量损失,常采用沿波导管轴方向加一强磁场的所谓"磁绝缘法"。试估算,至少要加多大的磁场才能造成磁绝缘。估算出的截止磁场大小用波导管的边长、带电粒子的质量 m 和电量 q 以及电磁波的最大电场强度 E 表示为_____。

4.61（填空） 题 4.61 图中边长为 a 的等边三角形 ABC 区域内有均匀磁场 B,方向垂直纸面朝外,边长也为 a 的等边三角形导体框架 ABC 在 $t = 0$ 时恰好与磁场区域的边界重合,而后以周期 T 绕其中心沿顺时针方向匀角速转动。于是在框架 ABC 中有感应电流。规定电流按 $A - B - C - A$ 方向流动时电流强度取为正,反向流动时取为负。设框架 ABC 的电阻为 R,则从 $t = 0$ 到 $t_1 = T/6$ 时间内的平均电流强度 $\bar{I}_1 =$ _____,从 $t = 0$ 到 $t_1 = T/2$ 时间内的平均电流强度 $\bar{I}_2$ _____。

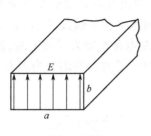
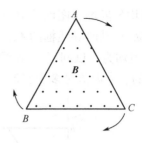

题4.60图 题4.61图

4.62（填空） 如题4.62图所示,在光滑的水平面上,有一可绕竖直的固定轴 O 自由转动的刚性扇形导体回路 $OABO$,其半径为 L,回路总电阻为 R,在 OMN 区域内为均匀磁场 B,其方向垂直水平面向下。已知 OA 边进入磁场时的角速度为 ϖ,则此时导体回路内的电流 $i =$ _____,因此导体回路所受的电磁阻力矩 $M =$ _____。

4.63（填空） 一宽为 L 的长导体板,放在均匀磁场中,磁感应强度 B 与板面垂直,导体板的两个侧面上各有一滑动接头,通过两垂直于导体板的导线与一直流伏特表的两端 a、b 相连接,如题4.63图所示。当伏特表以恒定的速度 v 沿 X 方向滑动时,伏特表的读数为_____;若伏特表保持静止,导体板以恒定速度 v 沿 X 方向滑动时,伏特表的读数为_____;若伏特表与导体板一起以恒定的速度 v 沿 X 方向滑动时,伏特表的读数为_____,这时伏特表两端 a、b 的电势差为_____。

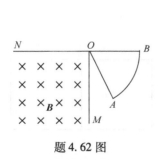
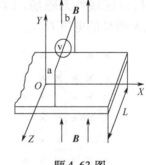

题4.62图 题4.63图

4.64（填空） 如题4.64图所示,直角三角形金属框架 abc 放在均匀磁场 B 中,B 平行于 ab 边,当金属框绕 ab 边以角速度 ω 转动时,$abcd$ 回路中的感应电动势 $\varepsilon =$ _____,如果 bc 边的长度为 l,则 a、c 两点间的电势差 $U_a - U_c =$ _____。

4.65（计算） 在题4.65图面内两固定直导线正交,交点相连接,磁感应强

度为 B 的均匀磁场与图面垂直,一边长为 a 的正方形导线框在正交直导线上以匀速 v 滑动,滑动时导线框的 A、B 两点始终与水平直导线接触。已知直导线单位长的电阻值均为 r,试问:(1) 导线框的 C、D 两点移至竖直导线上时,流过竖直导线 CD 段的感应电流是多少?(2) 此时导线框所受的总安培力为多大?

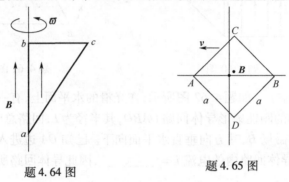

题 4.64 图 题 4.65 图

4.66(填空) 用长为 l 的细金属丝 OP 和绝缘摆球 P 构成一个圆锥摆,P 做水平匀速圆周运动时金属丝与竖直线的夹角为 θ,如题 4.66 图所示,其中 O 为悬挂点。设在讨论的空间范围内有水平方向的均匀磁场,磁感应强度为 B,在摆球 P 的运动过程中,金属丝上 P 点与 O 点间的最小电势差为_____,P 点与 O 点的最大电势差为_____。

4.67(填空) 电阻丝网络如题 4.67 图所示,其中每小段长 a,电阻 R。网络中左侧正方形区域有垂直图平面朝外的匀强磁场,磁感应强度 B 随时间 t 的变化率为常数 k,该区域外无磁场。因电磁感应,图中流过 AC 电阻丝的电流 $I=$ _____,A 到 C 的电压 U_{AC} _____。

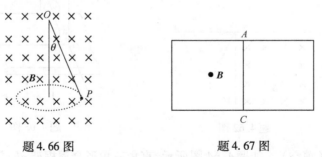

题 4.66 图 题 4.67 图

4.68(填空) 如题 4.68 图所示,无限长直导线 MN 与两边长分别为 l_1、l_2 的矩形导线框架 $abcd$ 共面,导线 MN 与导线框 da 边平行,两者相距 l_0。当 MN 中通有电流 I 时,与 MN 相距 r 处的磁场磁感应强度大小为 $B=$ _____;长导线与导线框间的互感系数为 $M=$ _____。

4.69（填空） 半径 R，电流 I 的大圆环，在其中央轴距环心 x 处的磁感应强度大小为 $B(x) =$ _____。有一半径为 $r \ll R$ 的小圆环，环心位于 x 点，环平面与 X 轴垂直，如题 4.69 图所示，则小圆环与大圆环之间的互感系数近似为 $M =$ _____。

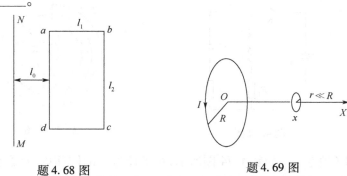

题 4.68 图　　题 4.69 图

4.70（填空） 如题 4.70 图所示，已知自感线圈的自感系数为 L_1 和 L_2，两者间的互感系数为 M，导线和线圈的直流电阻忽略不计。当线圈 L_1 中电流强度的变化率为 $\dfrac{\mathrm{d}i_1}{\mathrm{d}t} = a$ 时，A、B 两点间的电压 u_{AB} _____。

4.71（计算） 如题 4.71 图所示，一半径为 a 的小圆线圈，电阻为 R，开始时与一个半径为 $b(b \gg a)$ 的大圆线圈共面而且同心。固定大线圈，并在其中维持恒定电流 I，使小线圈绕其直径以匀角速度 ω 转动，线圈的自感可忽略。求：(1) 小线圈中的电流；(2) 为使小线圈保持匀角速度转动，须对它施加的力矩 T；(3) 大线圈中的感应电动势。

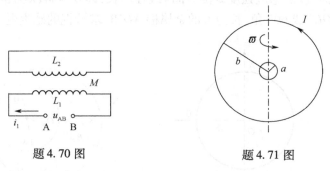

题 4.70 图　　题 4.71 图

4.72（填空） 在题 4.72 图所示的电路中，直流电源的电动势为 ε，内阻可忽略不计，L 为纯电感，C 为纯电容，R_1 和 R_2 为纯电阻。在闭合电键 K 接通电路的瞬间，通过电源的电流强度为_____；经过足够长时间后，通过电源的电流强度为_____。

4.73（填空）　一无限长密绕螺线管的半径为 R，单位长度内的匝数为 n，通以随时间变化的电流 $i = i(t)$，且 $di/dt = C$（常量），如题 4.73 图所示。则管内的感生电场强度 E_i^{in} = _____，管外的感生电场强度 E_i^{out} = _____。

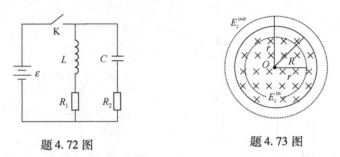

题 4.72 图　　　　　　题 4.73 图

4.74（填空）　如题 4.74 图所示，在半径为 a 的圆面内，存在变化的、均匀的磁场，磁感应强度 B 的方向垂直于圆面向里，其变化率 $dB/dt = b$ 为恒量，b 与 B 同方向。圆面的圆心位于坐标原点。现把一由金属丝与尼龙丝连接而成的圆环放入该磁场，圆环正好与分布有磁场的圆面的周界重合。金属丝的电阻为 R，尼龙丝 AB 位于第一象限。若把一内阻为 R_g 的小电压表接在金属丝两端 A、B 之间，连接电压表的导线与位于第一象限的尼龙丝重合，其电阻忽略不计，则电压表的读数为_____，电压表的正极应接在金属丝的_____端。若把此电压表放在坐标原点，接线与 X 轴和 Y 轴重合，则其电压读数为_____。

4.75（计算）　一无限长圆柱，偏轴平行地挖出一圆柱空间，两圆柱轴间距离 $\overline{OO'} = d$，题 4.75 图所示为垂直于轴线的截面，用 × 表示两圆柱间存在的均匀磁场的方向，设磁感应强度 B 随时间 t 线性增长，即 $B = kt$（k 为常数），现在空腔中放一与 $\overline{OO'}$ 成 60° 角、长为 L 的金属棒 $AO'B$，求沿棒的感生电动势 ε_{AB}。

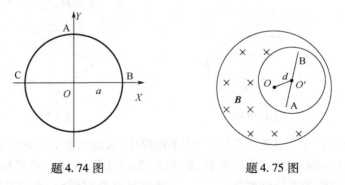

题 4.74 图　　　　　　题 4.75 图

4.76（计算）　如题 4.76 图所示，半径 R 的圆柱形大区域内，划出一个半径为 $R/2$ 且与大区域边界相切的小圆柱形区域，在余下的区域内有变化的匀强磁场,磁感应强度 B 平行于圆柱的中央轴,且垂直于图面朝外, B 随 t 的变化率 $K = dB/dt$ 是正的常量。图中 O、O' 分别为大、小圆的圆心, N 为两圆切点。一个质量为 m、电量 $q > 0$ 的粒子 P, 从 O 点进入小圆区域,初速大小为 v_0,方向角 θ 如图所示。为使 P 能相切地经上半圆 OMN 中的某一点,而后又从 N 点离开小圆区域,试问 v_0、θ 各取何值?

4.77(计算) 等离子体是部分或完全电离的气体,即由大量自由电子和正离子及中性原子、分子组成,所含正负电荷数处处相等,宏观上近似电中性。电离了的正离子和自由电子的数密度相等,但离子质量 $m_{离子} \gg$ 电子质量 $m_{电子}$。题4.77 图所示的半径为 R 的载流长直螺线管,单位长度绕有 N 匝线圈。若在螺线管内沿轴向放置一个半径为 R_0 的圆柱形长直玻璃管,半径 R_0 略小于 R(可视为 $R_0 \approx R$)。管内充满等离子体气体,电子和离子数密度均为 n_0。令 $t = 0$ 时刻,螺线管接通电流 $I(t) = kt$(k 为正值常数,电流方向如图所示)。(1)求通电以后某 $t > 0$ 时刻管内的磁感应强度的大小和方向以及管内外涡旋电场的大小和方向;(2)上述玻璃管内产生涡旋电场后,求出 t 时刻等离子体中距中心轴 r 处的感应电流密度及其方向;(3)忽略感应电流所产生的轴向磁场,说明正离子和自由电子在螺线管产生的磁场中受到的洛仑兹力的方向,并讨论通电后管内气体的运动状况,并说明理由。

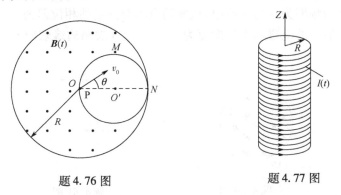

题 4.76 图　　　　题 4.77 图

4.78(计算) 将七根长度同为 a、电阻同为 R 的导体棒连接成的长方形闭合网络,如题 4.78 图所示。左右两个正方形区域内分别有匀强磁场,左边磁场 B 垂直于图平面朝外,右边磁场 $-B$。设 B 随时间 t 的变化率 $dB/dt = k$,其中 k 为正的常量。(1)按图中给出的感应电流方向,列出基尔霍夫方程组,求解各感应电流;(2)再求解 AB 棒上从 A 到 B 的电压 U_{AB}。

4.79(计算) 半径为 20cm 的圆柱形空间内的均匀磁场 B 随时间做线性变

化 $B = kt\left(k = \dfrac{225}{\pi}\text{T/s}\right)$。用分别为 30Ω 与 60Ω 的半圆弧形电阻接成圆环同轴地套在圆柱形空间外，其截面图如题 4.79 图所示。两半圆环电阻连接处 M、N 点用 30Ω 的直电阻丝 MON 相连。(1) 求电势差 U_{MN}；(2) 在环外用多大阻值的电阻丝连接 M、N 点可使直电阻丝 MON 上电流为零？

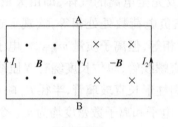

题 4.78 图

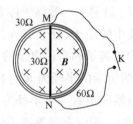

题 4.79 图

4.80（填空） 如题 4.80 图所示，半径为 R 的圆形区域内有垂直朝里的均匀磁场 B，它随时间的变化率为 $dB/dt = K$，此处 K 是一个正的常量。导体棒 MN 的长度为 $2R$，其中一半在圆内，因电磁感应，棒的＿＿端为正极，棒的感应电动势大小为＿＿＿＿。

4.81（填空） 如题 4.81 图所示，半径为 R、两板相距为 d 的平行板电容器，从轴线接入圆频率为 ω 的交流电，板间的电场与磁场的相位差为＿＿＿＿，从电容器两板间流入的电磁场平均能流为＿＿＿＿。(忽略边缘效应)

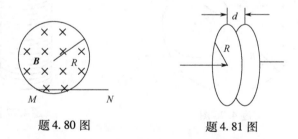

题 4.80 图　　　　　　题 4.81 图

4.82（计算） 一半径为 a 的导体球，以恒定速度 v 运动，球面上均匀分布着电荷 Q，设 $v \ll c$ (真空光速)。求导体球内、外的磁场分布。

4.83（填空） 黑匣内有电阻 R 和电感 L，它们以某种方式接通到外电路。当外加直流电的电压为 20V 时，测得流入黑匣的电流强度为 0.5A；当外加频率为 50Hz、有效值为 20V 的交流电压时，测得流入黑匣的电流强度有效值为 0.4A。据此可知，$R = $＿＿＿欧姆，$L = $＿＿＿亨利。

第四节 习题详解

4.1 $\dfrac{q}{\varepsilon_0}$; $\dfrac{q}{6\varepsilon_0}$

点电荷 q 在立方体内部，所以 $\Phi_e = \oint_S \boldsymbol{E} \cdot \mathrm{d}\boldsymbol{S} = q/\varepsilon_0$。

点电荷 q 在立方体中心，立方体的六个面关于 q 对称，所以通过每个表面的电通量为 $\dfrac{q}{6\varepsilon_0}$。

4.2 $\dfrac{\rho}{3\varepsilon_0}\boldsymbol{r}_0$

本题中电荷的电效应与一个半径为 R_1、电荷密度为 ρ 的均匀带电球体及球形空腔处一个半径为 R_2、电荷密度为 $-\rho$ 的均匀带电球体的"复合体"电荷分布的电效应完全一样。

利用高斯定理，可以很方便地求出：半径为 R_1、电荷密度为 ρ 的均匀带电球体在球内相对球心位矢为 $\boldsymbol{r}_1$ 处产生的场强为 $\dfrac{\rho}{3\varepsilon_0}\boldsymbol{r}_1$，半径为 R_2、电荷密度为 $-\rho$ 的均匀带电球体在球内相对球心位矢为 $\boldsymbol{r}_2$ 处产生的场强为 $\dfrac{-\rho}{3\varepsilon_0}\boldsymbol{r}_2$。所以本题所求场强为

$$\frac{\rho}{3\varepsilon_0}\boldsymbol{r}_1 - \frac{\rho}{3\varepsilon_0}\boldsymbol{r}_2 = \frac{\rho}{3\varepsilon_0}\boldsymbol{r}_0$$

是一个与场点位置无关，只与两球心相对位置有关的匀强电场。

因此，球形空腔中的电场可用一组与 $\boldsymbol{r}_0$ 平行且等疏密度的有向线段形象地表示，如题 4.2 图所示（注意：图中只画出了 $\rho > 0$ 的情况）。

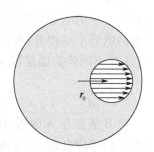

题 4.2 图

$$U = \frac{1}{4\pi\varepsilon_0}\int_{V_1}\frac{\rho}{r}\mathrm{d}V = \frac{1}{4\pi\varepsilon_0}\int_{V_1}\frac{\rho}{r}\mathrm{d}V + \frac{1}{4\pi\varepsilon_0}\int_{V_2}\frac{\rho}{r}\mathrm{d}V + \frac{1}{4\pi\varepsilon_0}\int_{V_2}\frac{-\rho}{r}\mathrm{d}V$$

P 点的电势同样可以看成是半径为 R_1 的均匀带正电（电荷体密度为 ρ）的无空腔球体及半径为 R_2 的均匀带负电（电荷体密度为 $-\rho$）的球体分别在该点产生的电势 U_1 和 U_2 的代数和。

以上已经给出均匀带电球体在球内一点产生的场强 $\boldsymbol{E}_{1内} = \dfrac{\rho}{3\varepsilon_0}\boldsymbol{r}$，利用高斯

定理很容易求出它在球外一场点产生的场强 $E_{1外} = \dfrac{\rho R_1^3}{3\varepsilon_0 r^3}\boldsymbol{r}$。因此

$$U_1 = \int_r^{R_1} \boldsymbol{E}_{1内} \cdot \mathrm{d}\boldsymbol{r} + \int_{R_1}^{\infty} \boldsymbol{E}_{1外} \cdot \mathrm{d}\boldsymbol{r} = \dfrac{\rho}{6\varepsilon_0}(3R_1^2 - r^2)$$

同理,可得

$$U_2 = \dfrac{-\rho}{6\varepsilon_0}(3R_2^2 - r'^2)$$

O' 点对应 $r = a, r' = 0$,所以

$$U_{1O'} = \dfrac{\rho}{6\varepsilon_0}(3R_1^2 - a^2), \quad U_{2O'} = \dfrac{-\rho}{6\varepsilon_0} \cdot 3R_2^2$$

$$U_{O'} = U_{1O'} + U_{2O'} = \dfrac{\rho}{6\varepsilon_0}(3R_1^2 - 3R_2^2 - a^2)$$

4.3 $\underline{\dfrac{1}{4\pi\varepsilon_0 R}(Q+2q)}$; πR^2

空间任一点的电势等于球面上的电荷 Q 与点电荷 q 在该点独立产生的电势的代数和,O 点的电势为

$$U_O = \dfrac{Q}{4\pi\varepsilon_0 R} + \dfrac{q}{4\pi\varepsilon_0 \cdot R/2} = \dfrac{1}{4\pi\varepsilon_0 R}(Q + 2q)$$

电荷 Q 均匀地分布在半径为 R 的球面上,在球面内产生的场强为零,在球面内各点产生的电势相等;点电荷 q 在球面内各点产生的场强不同,在球面内各点产生的电势不尽相等;所以,球面内电势的不同源自点电荷 q。点电荷 q 的电场中,过 O 点的等势面是以 q 为中心、半径为 $R/2$ 的球面,其面积为

$$4\pi \cdot (R/2)^2 = \pi R^2$$

4.4 $\underline{U_A < U_B < U_\infty}$

将 B 放置在 A 附近,B 的表面会产生感应电荷。静电平衡后,B 的左侧表面出现正的感应电荷,右侧表面出现负的感应电荷。

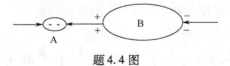

题 4.4 图

A 带负电荷,不能有电场线起于 A,只能有电场线止于 A。

B 的左侧出现正的感应电荷,有电场线起于此。B 的右侧出现负的感应电荷,有电场线止于此。

止于 B 右侧的电场线既不可能来自 A,又不可能来自 B 的左侧(导体 B 是等势体),只能来自无穷远处,因此 $U_B < U_\infty$。

起于 B 左侧的电场线不可能止于无穷远处,否则将有矛盾的结果:$U_B > U_\infty > U_B$,只可能止于 A,因此 $U_B > U_A$。

4.5 $\left(\dfrac{5}{e^2} - 1\right)q_e$;沿径向向外;$\dfrac{5q_e}{4\pi a_0^2 \varepsilon_0 e^2}$

在半径 $r = a_0$ 的球体内,电子云的总电量为

$$q = \int \rho \mathrm{d}V = \int_0^{a_0} \rho \cdot 4\pi r^2 \mathrm{d}r = -\dfrac{4q_e}{a_0^3} \int_0^{a_0} r^2 \mathrm{e}^{-2r/a_0} \mathrm{d}r = \left(\dfrac{5}{e^2} - 1\right)q_e$$

在半径 $r = a_0$ 的球体内,总电量为

$$q_e + \left(\dfrac{5}{e^2} - 1\right)q_e = \dfrac{5q_e}{e^2} > 0$$

所以电场强度的方向沿径向向外。

利用高斯定理,可得

$$\oiint_S \boldsymbol{E} \cdot \mathrm{d}\boldsymbol{S} = 4\pi a_0^2 E = \dfrac{5q_e}{\varepsilon_0 e^2}$$

$$E = \dfrac{5q_e}{4\pi a_0^2 \varepsilon_0 e^2}$$

4.6 $\dfrac{2}{3}U_P$;$\dfrac{1}{2}U_Q + \dfrac{1}{6}U_P$

记 AB、BC、CA 三棒在 P 点产生的电势及 AC 棒在 Q 点产生的电势为 U_1,AB、BC 棒在 Q 点产生的电势为 U_2,则

$$U_P = 3U_1, \quad U_Q = U_1 + 2U_2$$

由此解得

$$U_1 = \dfrac{1}{3}U_P, \quad U_2 = \dfrac{1}{2}U_Q - \dfrac{1}{6}U_P$$

撤去 BC 棒后,就有

$$U'_P = U_P - U_1 = \dfrac{2}{3}U_P$$

$$U'_Q = U_Q - U_2 = \dfrac{1}{2}U_Q + \dfrac{1}{6}U_P$$

4.7 0;$\dfrac{Qq}{4\pi \varepsilon_0 R}$

电场力作功等于电势能的减少量,与路径无关。

取两个点电荷相距无穷远时电势能为零:$W_\infty = 0$,则在 A、B 位置时系统的电势能分别为 $W_A = \dfrac{Qq}{4\pi \varepsilon_0 R}$、$W_B = \dfrac{Qq}{4\pi \varepsilon_0 R}$。

由 A 移动到 B 的过程中，电场力作功为
$$A_{AB} = W_A - W_B = 0$$
由 B 移动到无穷远的过程中，电场力作功为
$$A_{B\infty} = W_B - W_\infty = \frac{Qq}{4\pi\varepsilon_0 R}$$

4.8 （1）任何一个 $+Q$ 所在处的电势为
$$U_+ = 2 \cdot \frac{-Q}{4\pi\varepsilon_0 a} + 2 \cdot \frac{Q}{4\pi\varepsilon_0 \cdot \sqrt{3} a} + \frac{-Q}{4\pi\varepsilon_0 \cdot 2a} = \frac{Q}{4\pi\varepsilon_0 a}\left(\frac{2}{\sqrt{3}} - \frac{5}{2}\right)$$

任何一个 $-Q$ 所在处的电势为
$$U_- = 2 \cdot \frac{Q}{4\pi\varepsilon_0 a} + 2 \cdot \frac{-Q}{4\pi\varepsilon_0 \cdot \sqrt{3} a} + \frac{Q}{4\pi\varepsilon_0 \cdot 2a} = -U_+$$

系统的电势能为
$$W = \frac{1}{2}[3QU_+ + 3(-Q)U_-] = 3QU_+ = \frac{3Q^2}{4\pi\varepsilon_0 a}\left(\frac{2}{\sqrt{3}} - \frac{5}{2}\right)$$

（2）余下四个点电荷系统的电势能为
$$W_1 = \left[\frac{-QQ}{4\pi\varepsilon_0 a} + \frac{(-Q)(-Q)}{4\pi\varepsilon_0 \cdot \sqrt{3} a} + \frac{-QQ}{4\pi\varepsilon_0 \cdot 2a}\right] + \left[\frac{Q(-Q)}{4\pi\varepsilon_0 a} + \frac{QQ}{4\pi\varepsilon_0 \cdot \sqrt{3} a}\right] + \frac{-QQ}{4\pi\varepsilon_0 a}$$
$$= \frac{Q^2}{4\pi\varepsilon_0 a}\left(\frac{2}{\sqrt{3}} - \frac{7}{2}\right)$$

无穷远处一对点电荷构成的系统的电势能为
$$W_2 = -\frac{Q^2}{4\pi\varepsilon_0 a}$$

外力作功等于电势能的增加量
$$A = (W_1 + W_2) - W = \frac{Q^2}{4\pi\varepsilon_0 a}\left(3 - \frac{4}{\sqrt{3}}\right)$$

4.9 （1）$A = F\Delta l = \sigma E_S S \Delta l$。

（2）上式可改写为 $A = \frac{1}{2}\sigma E S \Delta l = \frac{1}{2}\varepsilon_0 E^2 S \Delta l$，
所以
$$w_e = \frac{A}{S\Delta l} = \frac{1}{2}\varepsilon_0 E^2$$

（3）如题 4.9 图，均匀带电球面上的电荷面密度 $\sigma = Q/S$（球面面积 $S = 4\pi R^2$），缓慢朝里推移面元 dS，需用外力为

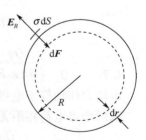

题 4.9 图

$$dF = (\sigma dS)E_R$$

缓慢挤压整个球面,使其半径减小 dr,则外力作功

$$dA = \int dF \cdot dr = \int \sigma E_R dS \cdot dr = \sigma E_R S \cdot dr = QE_R \cdot dr$$

原来厚为 dr 的壳体(体积 $dV = 4\pi R^2 dr$)内没有电场,现其内场强 $E = \dfrac{Q}{4\pi\varepsilon_0 R^2}$,外界输入能量(即 dA)全部转化为新建场区的电场能量,即有

$$dA = QE_R dr = w_e dV = \frac{1}{2}\varepsilon_0 E^2 \cdot 4\pi R^2 dr = \frac{Q^2 dr}{8\pi\varepsilon_0 R^2}$$

所以

$$E_R = \frac{Q}{8\pi\varepsilon_0 R^2}$$

4.10 (1) 证明:设想将一个均匀带电球面截成两个半球面,假设左半球面的电荷在截面上某一点产生的场强 E_L 如题 4.10 图所示,那么右半球面的电荷在该点产生的场强 E_R 必然如题 4.10 图所示。结果,均匀带电球面在该点产生的场强 $E_L + E_R \neq 0$,这一结果是错误的。只有当 E_L 和 E_R 都垂直于截面时,才能避免这一错误结果。这就断定了均匀带电半球面在截面上任一点产生的电场强度必垂直于截面。

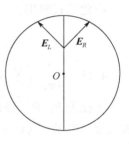

题 4.10 图

本题中,左右两个均匀带电的半球面半径虽然不等,但它们在所对的圆截面 S 上产生的电场强度都垂直于 S,S 上的总电场强度也必垂直于 S,故 S 为一等势面。

(2) 因为 S 是一等势面,其电势值就等于 O 点的电势:

$$U_O = \frac{2\pi R_1^2 \sigma_1}{4\pi\varepsilon_0 R_1} + \frac{2\pi R_2^2 \sigma_2}{4\pi\varepsilon_0 R_2} = \frac{1}{2\varepsilon_0}(\sigma_1 R_1 + \sigma_2 R_2) = 0$$

4.11 $-d_2\left(\dfrac{Q}{R} + \dfrac{q_1}{d_1}\right)$

由于 q_1 和 q_2 的影响,导体球表面上的电荷分布不均匀。尽管如此,导体球上总电量 Q 不变,导体球仍然是等势体,导体球的电势与球心 O 的电势相等:

$$U_O = \frac{Q}{4\pi\varepsilon_0 R} + \frac{q_1}{4\pi\varepsilon_0 d_1} + \frac{q_2}{4\pi\varepsilon_0 d_2} = \frac{1}{4\pi\varepsilon_0}\left(\frac{Q}{R} + \frac{q_1}{d_1} + \frac{q_2}{d_2}\right)$$

令 $U_O = 0$,则得

$$q_2 = -d_2\left(\frac{Q}{R} + \frac{q_1}{d_1}\right)$$

4.12 $-\dfrac{a(b-r)}{r(b-a)}Q$；$-\dfrac{b(r-a)}{r(b-a)}Q$

内球壳外面有电荷,但该电荷不影响球壳里面的电场,即内球壳内无电场,内球壳及其内部是等势体。由于内球壳接地,所以该区域的电势为零,球心的电势为零：

$$\frac{Q}{4\pi\varepsilon_0 r}+\frac{q_1}{4\pi\varepsilon_0 a}+\frac{q_2}{4\pi\varepsilon_0 b}=0$$

外球壳内部有电荷,但外球壳接地,内部的电荷不影响接地球壳外的电场,球壳外电场为零。在空间取一包围外球壳的闭合曲面,由于该闭合曲面上各点的场强为零,根据高斯定理,有

$$Q+q_1+q_2=0$$

由此二式解出：

$$q_1=-\frac{a(b-r)}{r(b-a)}Q,\quad q_2=-\frac{b(r-a)}{r(b-a)}Q$$

4.13 $\dfrac{1}{4\pi\varepsilon_0}\Big(\dfrac{Q}{R_1}+\dfrac{q}{r}-\dfrac{Q+q}{R_2}+\dfrac{Q+q}{R_3}\Big)$；$\dfrac{1}{4\pi\varepsilon_0}\dfrac{Q+q}{R_3}$

半径为 R_1 的导体球所带电量 Q 均分布在球面上；静电平衡后,导体球壳内表面分布电量 $-(Q+q)$、外表面分布电量 $(Q+q)$,其中,外表面上电量均匀分布。

导体球是等势体,导体球的电势就是球心的电势,即

$$U_{球}=\frac{1}{4\pi\varepsilon_0}\frac{Q}{R_1}+\frac{1}{4\pi\varepsilon_0}\frac{Q}{r}+\frac{1}{4\pi\varepsilon_0}\frac{-Q-q}{R_2}+\frac{1}{4\pi\varepsilon_0}\frac{Q+q}{R_3}$$

$$=\frac{1}{4\pi\varepsilon_0}\Big(\frac{Q}{R_1}+\frac{Q}{r}-\frac{Q+q}{R_2}+\frac{Q+q}{R_3}\Big)$$

导体球上的电荷、q、导体球壳内表面的电荷在球壳外产生的电场相抵消,外表面的电量在球壳外空间产生的电场相当于 $(Q+q)$ 全部集中在球心产生的电场,所以球壳外表面的电势(即球壳的电势)为

$$U_{壳}=\frac{1}{4\pi\varepsilon_0}\frac{Q+q}{R_3}$$

4.14 1. 场强

(1) 分布 I 使匀强电场中导体内的电场强度处处为零。

半径为 R、带电量为 Q 的孤立导体球的电量均匀分布在球面上,电荷面密度 $\sigma_0=\dfrac{Q}{4\pi R^2}$,球内场强处处为零。

根据场强叠加原理,匀强电场 E_0、电荷分布 I、电荷面密度为 σ_0 的均匀带电

球面能保证球面内的场强处处为零。所以，根据唯一性原理，分布 Ⅱ 为分布 Ⅰ 与球面上电荷均匀分布的叠加。

（2）能，不唯一。

设想有一块表面形状与闭合曲面 S 完全相同的导体，带电量 Q。在空间中有场强为 $-E$ 的匀强电场，当把该导体放入匀强电场时，导体上电荷因静电感应重新分布，静电平衡后导体表面 S 上的电荷分布称为 Y 分布。Y 分布产生的电场与外电场叠加，使得 S 内区域（导体内）场强处处为零。所以，Y 分布在 S 内产生一个场强为 E 的匀强场区，即为 X 分布。

当 Q 改变后，X 分布相应地改变。所以，X 分布不尽能实现，而且不唯一。

2. 电势

（1）假设在题图示点电荷 Q 所在位置处有一电荷元 dq，它在半径为 R 的球面（球心记为 O 点）上产生一个电势分布，这个电势分布的平均值记为 $d\bar{u}_1$。假设在距球心 O 为 r 的另一任意位置处有另一个电量也为 dq 的电荷元，它在球面上产生的电势分布与前者不同，但其平均值与前者相等，也为 $d\bar{u}_1$。所以，点电荷 Q 在半径为 R 的球面上的电势平均值 $\bar{U}_1$ 等于 Q 均匀分布在以 O 为中心、半径为 r 的大球面上时所有电荷元在半径为 R 的球面上的电势平均值之和。而"所有电荷元"关于半径为 R 的球面对称分布，所以，根据电势叠加原理，"电势平均值之和"等于"电势之和的平均值"，而这个"电势之和"是一个定值 $\dfrac{Q}{4\pi\varepsilon_0 r}$，所以

$$\bar{U}_1 = \dfrac{Q}{4\pi\varepsilon_0 r}$$

（2）利用（1）问的结果，带电圆环上任一电荷元 dq 在半径为 R 的球面上的电势平均值

$$d\bar{u}_2 = \dfrac{dq}{4\pi\varepsilon_0 \sqrt{r^2 + R_0^2}}$$

根据电势叠加原理

$$\bar{U}_2 = \int d\bar{u}_2 = \dfrac{Q}{4\pi\varepsilon_0 \sqrt{r^2 + R_0^2}}$$

（3）在带电圆环上取一个电荷元 dq，它与球心 O 的距离 $\sqrt{r^2 + R_0^2} < R$。类似（1）问的分析，可知：该电荷元在半径为 R 的球面上产生的电势的平均值 $d\bar{u}_3$，与将电量 dq 均匀分布在以 O 为中心、半径为 $\sqrt{r^2 + R_0^2}$ 的球面上时在半径为 R 的球面上产生的电势的平均值相等。后者为 $\dfrac{dq}{4\pi\varepsilon_0 R}$，所以

$$\overline{U}_3 = \frac{Q}{4\pi\varepsilon_0 R}$$

4.15 刚开始向金属球射电子束时,金属球上电子比较少,与大地的电势差较小,容易将大量的电子射向金属球。这时通过电阻的电流也较小,金属球上电子不断增多。

当金属球上电子较多时,金属球与大地的电势差较大,通过电阻的电流较大。同时,电子束射向金属球也较困难。金属球上电子不再增多时达到稳定,这时射向金属球的电子数等于经电阻跑向大地的电子数。

稳定后,流经电阻 R 的电流为

$$I = ne$$

电阻 R 上损耗的功率为

$$P = I^2 R = n^2 e^2 R$$

单位时间内,电子束带给金属球的能量为

$$E_k = \frac{1}{2}nmv^2$$

因此,单位时间内金属球自身释放的热量为

$$Q = E_k - P = \frac{1}{2}nmv^2 - n^2 e^2 R$$

金属球上带电量为 q 时,电势为

$$U = \frac{q}{4\pi\varepsilon_0 r}$$

同时,有

$$U = -IR = -neR$$

所以

$$q = -4\pi\varepsilon_0 neRr$$

4.16 σ_2/ε_0

P 点的电场强度由无限大带电平面和导体球面上的所有电荷产生,即使如此,高斯定理仍然成立。

如题 4.16 图所示,取底面过 P 点(底面积为)的短小圆柱面为高斯面。由于导体球内部场强为零、导体球外附近的场强垂直于表面,所以,只有通过过 P 点的底面的电通量才不为零。

设 P 点处的场强为 E,则通过高斯面的电通量为 $E \cdot dS$,而高斯面内的总电量为 $\sigma_2 \cdot dS$,应用高斯定理得:$E \cdot dS = \dfrac{\sigma_2 \cdot dS}{\varepsilon_0}$,所以

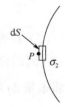

题 4.16 图

4.17 $\dfrac{qQ}{3\pi\varepsilon_0 a}$ ；　0　；　不是　；　是

Q 和 $-Q$ 产生的电场中，P_1、P_2、P_3、P_4 各点的电势分别为

$$U_{P_1} = \frac{Q}{4\pi\varepsilon_0 a} - \frac{Q}{4\pi\varepsilon_0 \cdot 3a} = \frac{Q}{6\pi\varepsilon_0 a}$$

$$U_{P_2} = \frac{-Q}{4\pi\varepsilon_0 a} + \frac{Q}{4\pi\varepsilon_0 \cdot 3a} = -\frac{Q}{6\pi\varepsilon_0 a}$$

$$U_{P_3} = U_{P_4} = \frac{Q}{4\pi\varepsilon_0 \sqrt{a^2+4a^2}} - \frac{Q}{4\pi\varepsilon_0 \sqrt{a^2+4a^2}} = 0$$

将点电荷 q 从 P_1 点沿 $P_1P_3P_2$ 半圆移动到 P_2 点，电场力作功为

$$q(U_{P_1} - U_{P_2}) = \frac{qQ}{3\pi\varepsilon_0 a}$$

将点电荷 q 从 P_3 点沿 $P_3P_2P_4$ 半圆移动到 P_4 点，电场力作功为

$$q(U_{P_3} - U_{P_4}) = 0$$

本题的电场关于 P_1P_2 轴呈旋转对称性，将圆上各点的电场绕 P_1P_2 轴旋转便是球面上的电场。因为圆上各点的场强皆不为零，所以球面上各点的场强也都不为零。

4.18 $\dfrac{\sigma R}{6\varepsilon_0}$

由于电荷分布关于 z 轴具有旋转对称性，y 轴上与 o 点相距 $3R/2$ 的 C 点的电势等于 B 点的电势，所以

$$U_{AB} = U_{AC}$$

将 y 轴与半球面的交点记为 D，则

$$U_{AC} = U_{AD} + U_{DC}$$

半球面上均匀分布的电荷，在圆截面上产生的场强垂直于圆截面，圆截面是等势面，$U_{AD} = 0$。

如果另有一个半径 R、面电荷密度为 σ 的均匀带电半球面，当两个半球面构成一个球面时，D、C 两点间的电势差为

$$U'_{DC} = \frac{4\pi R^2 \sigma}{4\pi\varepsilon_0}\left(\frac{1}{R} - \frac{2}{3R}\right) = \frac{\sigma R}{3\varepsilon_0}$$

根据电势叠加原理知

$$U_{DC} = \frac{1}{2}U'_{DC} = \frac{\sigma R}{6\varepsilon_0}$$

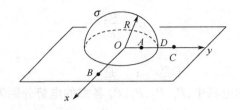

题 4.18 图

4.19 $\dfrac{Q}{4\pi\varepsilon_0 R_2}$; $\dfrac{1}{4\pi\varepsilon_0}\left(\dfrac{q_0}{r_0} + \dfrac{-q_0}{R_1} + \dfrac{Q+q_0}{R_2}\right)$; $\dfrac{1}{4\pi\varepsilon_0}\left(\dfrac{q_0}{r_0} + \dfrac{-q_0}{R_1} + \dfrac{Q+q_0}{R_2} + \dfrac{q}{r}\right)$

金属球壳带有电量时 Q , 其电量均匀分布在球壳外表面, 内表面没有电荷分布, 球心处的电势为

$$U_0 = \dfrac{1}{4\pi\varepsilon_0}\int \dfrac{\sigma \mathrm{d}S}{R_2} = \dfrac{Q}{4\pi\varepsilon_0 R_2}$$

当空腔内绝缘地放置一距球心 r_0 的点电荷 q_0 时, 球壳内表面分布总电量 $-q_0$, 外表面分布总电量 $Q+q_0$, 球心处的电势为

$$U_0 = \dfrac{q_0}{4\pi\varepsilon_0 r_0} + \dfrac{1}{4\pi\varepsilon_0}\int_{S_1}\dfrac{\sigma_1 \mathrm{d}S}{R_1} + \dfrac{1}{4\pi\varepsilon_0}\int_{S_2}\dfrac{\sigma_2 \mathrm{d}S}{R_2}$$

$$= \dfrac{q_0}{4\pi\varepsilon_0 r_0} + \dfrac{-q_0}{4\pi\varepsilon_0 R_1} + \dfrac{Q+q_0}{4\pi\varepsilon_0 R_2}$$

球壳外距球心 r 处再放置点电荷 q 时, 不影响球壳内外表面上分布的总电量, 球心处的电势为

$$U_0 = \dfrac{q_0}{4\pi\varepsilon_0 r_0} + \dfrac{1}{4\pi\varepsilon_0}\int_{S_1}\dfrac{\sigma_1 \mathrm{d}S}{R_1} + \dfrac{1}{4\pi\varepsilon_0}\int_{S_2}\dfrac{\sigma_2 \mathrm{d}S}{R_2} + \dfrac{q}{4\pi\varepsilon_0 r}$$

$$= \dfrac{q_0}{4\pi\varepsilon_0 r_0} + \dfrac{-q_0}{4\pi\varepsilon_0 R_1} + \dfrac{Q+q_0}{4\pi\varepsilon_0 R_2} + \dfrac{q}{4\pi\varepsilon_0 r}$$

4.20 $-\dfrac{R_1}{R_2}Q$

设内球壳带电量为 Q' , 内球壳以内是等势区。因为内球壳接地, 球心电势为零, 即

$$\dfrac{Q'}{4\pi\varepsilon_0 R_1} + \dfrac{Q}{4\pi\varepsilon_0 R_2} = 0$$

所以

$$Q' = -\dfrac{R_1}{R_2}Q$$

4.21　$\dfrac{2\sigma_0}{\varepsilon_1+\varepsilon_2}$；$\dfrac{2\sigma_0}{\varepsilon_1+\varepsilon_2}$

充入电介质后,导体板两侧自由电荷的分布改变,设自由电荷面密度分别为 σ_{01} 与 σ_{02},则

$$\sigma_{01}+\sigma_{02}=2\sigma_0$$

导体板内无电场,导体板两侧的无限大电介质表面上出现束缚电荷。将自由电荷、束缚电荷一并考虑,它犹如一块均匀带电的无限大平板,所以板两侧的电场强度大小相等,即

$$E_1=E_2$$

利用有电介质时的高斯定理,有

$$E_1=\frac{D_1}{\varepsilon_1}=\frac{\sigma_{01}}{\varepsilon_1},\quad E_2=\frac{D_2}{\varepsilon_2}=\frac{\sigma_{02}}{\varepsilon_2}$$

由以上各式解得

$$E_1=E_2=\frac{2\sigma_0}{\varepsilon_1+\varepsilon_2}$$

4.22　每块大平板都有左、右两个表面,设它们在静电平衡后带电分别为 $Q_{1左}$、$Q_{1右}$、$Q_{2左}$、$\cdots$、$Q_{5左}$、$Q_{5右}$。

（1）静电平衡后,各板内场强均为零。取图中虚线所示柱面为高斯面,有

$$Q_{1右}+Q_{2左}=0$$

同理有

$$Q_{2右}+Q_{3左}=0$$
$$Q_{3右}+Q_{4左}=0$$
$$Q_{4右}+Q_{5左}=0$$

因为 $\sum\limits_{i=1}^{5}(Q_{i左}+Q_{i右})=Q_{1左}+\sum\limits_{i=1}^{4}(Q_{i右}+Q_{(i+1)左})+Q_{5右}=\sum\limits_{i=1}^{5}Q_i$,所以有

$$Q_{1左}+Q_{5右}=\sum_{i=1}^{5}Q_i$$

$Q_{1右}$ 与 $Q_{2左}$、$Q_{2右}$ 与 $Q_{3左}$、$Q_{3右}$ 与 $Q_{4左}$、$Q_{4右}$ 与 $Q_{5左}$,它们分别在各导体平板内产生的场强均为零,所以其他两部分电荷(即 $Q_{1左}$ 与 $Q_{5右}$)在任一板内的场强也必为零,由此可知

$$Q_{1左}=Q_{5右}$$

即得

$$Q_{1左}=Q_{5右}=\frac{1}{2}\sum_{i=1}^{5}Q_i$$

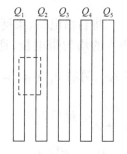

题 4.22 图

(2) $Q_{2左} = -Q_{1右} = -(Q_1 - Q_{1左}) = Q_{1左} - Q_1 = \dfrac{1}{2}(Q_2 + Q_3 + Q_4 + Q_5 - Q_1)$

$Q_{3左} = -Q_{2右} = -(Q_2 - Q_{2左}) = Q_{2左} - Q_2 = \dfrac{1}{2}(Q_3 + Q_4 + Q_5 - Q_1 - Q_2)$

4.23　$Q\boldsymbol{E}_0$;　$\sigma_0(\theta) + \dfrac{Q}{4\pi R^2}$

在外电场中静电平衡后,导体球表面的净电量为 Q,导体球受力为

$$\boldsymbol{F} = \int \boldsymbol{E}_0 \mathrm{d}q = \boldsymbol{E}_0 \int \mathrm{d}q = Q\boldsymbol{E}_0$$

导体球不带电时,感应电荷面密度分布 $\sigma_0(\theta)$ 使得球内的场强为零。带电 Q 后,为了保证自由电荷的分布在球内的场强为零,Q 均匀分布在球面上,所以

$$\sigma(\theta) = \sigma_0(\theta) + \dfrac{Q}{4\pi R^2}$$

4.24　(1) 除了自由电荷外,电介质表面上还出现束缚电荷。假设板内存在 $\boldsymbol{E} = 0$ 的平面 MN,该面与板左、右两侧面相距分别设为 d_1, d_2。由自由电荷分布的对称性可知,电位移矢量 $\boldsymbol{D}$ 垂直于板面(因此 $\boldsymbol{E}$ 也垂直于板面)。

取两底面分别在平面 MN 上、在坐标 x 处、底面积为 S、轴垂直于 MN 面的柱面为高斯面,求得电位移矢量和电场强度如下

板内:

$$\boldsymbol{D}_内 = \rho x \boldsymbol{i},\ \boldsymbol{E}_内 = \dfrac{\rho x}{\varepsilon_0}\boldsymbol{i} \quad (\boldsymbol{i} \text{ 表示水平向右的单位矢量})$$

板左介质内:

$$\boldsymbol{D}_1 = -\rho d_1 \boldsymbol{i},\ \boldsymbol{E}_1 = -\dfrac{\rho d_1}{\varepsilon_1}\boldsymbol{i}$$

板右介质内:

$$\boldsymbol{D}_2 = \rho d_2 \boldsymbol{i},\ \boldsymbol{E}_2 = \dfrac{\rho d_2}{\varepsilon_2}\boldsymbol{i}$$

将自由电荷、束缚电荷一并考虑,可以作为无限大的均匀带电板,所以 $\boldsymbol{E}_1 = -\boldsymbol{E}_2$,即 $d_1/\varepsilon_1 = d_2/\varepsilon_2$,另有 $d_1 + d_2 = b$,得出 $d_1 = \dfrac{\varepsilon_1 b}{\varepsilon_1 + \varepsilon_2}$,$d_2 = \dfrac{\varepsilon_2 b}{\varepsilon_1 + \varepsilon_2}$。最后得出

$$\boldsymbol{E}_内 = \dfrac{\rho x}{\varepsilon_0}\boldsymbol{i},\ \boldsymbol{E}_1 = -\dfrac{\rho b}{\varepsilon_1 + \varepsilon_2}\boldsymbol{i},\ \boldsymbol{E}_2 = \dfrac{\rho b}{\varepsilon_1 + \varepsilon_2}\boldsymbol{i}$$

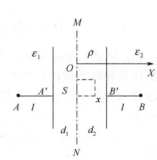

题 4.24 图

（2）板左侧与 A 点的电势差等于板右侧与 B 点的电势差，所以 A、B 点的电势差就等于板左右两侧的电势差，即

$$U_{AB} = U_{A'B'} = U_{A'O} + U_{OB'} = \frac{\rho}{\varepsilon_0}\left(\frac{d_2^2}{2} - \frac{d_1^2}{2}\right) = \frac{\rho b^2}{2\varepsilon_0}\frac{\varepsilon_2 - \varepsilon_1}{\varepsilon_2 + \varepsilon_1}$$

4.25 如果金属球表面不带电，由于介质内有电场，介质壳外有电场，金属球的电势将不为零。

因此，假设金属球上带电量为 q，利用高斯定理可知金属球外的电位移矢量为

$$\begin{cases} \boldsymbol{D}_1 = \dfrac{1}{4\pi}\left(\dfrac{1}{r^2} + \dfrac{rq_0}{7R^3} - \dfrac{q_0}{7r^2}\right)\boldsymbol{e}_r, & (R < r < 2R) \\ \boldsymbol{D}_2 = \dfrac{q + q_0}{4\pi r^2}\boldsymbol{e}_r, & (r > 2R) \end{cases}$$

电场强度为

$$\begin{cases} \boldsymbol{E}_1 = \dfrac{1}{8\pi\varepsilon_0}\left(\dfrac{1}{r^2} + \dfrac{rq_0}{7R^3} - \dfrac{q_0}{7r^2}\right)\boldsymbol{e}_r, & (R < r < 2R) \\ \boldsymbol{E}_2 = \dfrac{q + q_0}{4\pi\varepsilon_0 r^2}\boldsymbol{e}_r, & (r > 2R) \end{cases}$$

金属球接地，其电势为零：

$$\int_R^{2R} E_1 \mathrm{d}r + \int_{2R}^{\infty} E_2 \mathrm{d}r = 0$$

解得 $q = -\dfrac{16}{21}q_0$，所以介质壳外表面的电势为

$$U = \int_{2R}^{\infty} E_2 \mathrm{d}r = \int_{2R}^{\infty} \frac{q + q_0}{4\pi\varepsilon_0 r^2}\mathrm{d}r = \frac{5q_0}{168\pi\varepsilon_0 R}$$

4.26 静电平衡后，空腔导体的内表面均匀带电 $-Q$，外表面均匀带电 Q。

腔内带电导体球面和腔内表面上的电荷对外不产生电场，空腔导体外的场强为

$$\boldsymbol{E} = \frac{Q}{4\pi\varepsilon_0 r^3}\boldsymbol{r}$$

式中：r 是场点相对半径为 R_3 的球心的位置矢量。

空腔内的场强为

$$\boldsymbol{E}' = \frac{Q}{4\pi\varepsilon_0 r'^3}\boldsymbol{r}'$$

式中：r' 是场点相对半径为 R_1 的导体球心的位置矢量。

空腔导体是等势体，内、外表面的电势相等，取无限远处电势为零，则

$$U = \int_{R_3}^{\infty} \boldsymbol{E} \cdot \mathrm{d}\boldsymbol{r} = \int_{R_3}^{\infty} \frac{Q}{4\pi\varepsilon_0 r^2} \mathrm{d}r = \frac{Q}{4\pi\varepsilon_0 R_3}$$

半径为 R_1 的导体球的电势为

$$U' = \int_{R_1}^{R_2} \boldsymbol{E}' \cdot \mathrm{d}\boldsymbol{r}' + U = \int_{R_1}^{R_2} \frac{Q}{4\pi\varepsilon_0 r'^2} \mathrm{d}r' + U = \frac{Q}{4\pi\varepsilon_0}\left(\frac{1}{R_1} - \frac{1}{R_2} + \frac{1}{R_3}\right)$$

系统的电势能为

$$W_e = \frac{1}{2}U'Q + \frac{1}{2}U(-Q) + \frac{1}{2}UQ$$

$$= \frac{Q^2}{8\pi\varepsilon_0}\left(\frac{1}{R_1} - \frac{1}{R_2} + \frac{1}{R_3}\right)$$

4.27 $\dfrac{\varepsilon_{r3}}{\varepsilon_{r1} + \varepsilon_{r3}} \dfrac{U}{d}$; $\dfrac{\varepsilon_{r1}}{\varepsilon_{r1} + \varepsilon_{r3}} \dfrac{U}{d}$

设相对电容率为 ε_{r1}、ε_{r2} 的介质中的电场强度分别为 E_1、E_2，相对电容率为 ε_{r3} 的介质的左、右部分中的电场强度分别为 E_{31}、E_{32}。

因电容器两极板间的电势差为 U，有

$$E_1 d + E_{31} d = U$$
$$E_2 d + E_{32} d = U$$

因介质的界面上没有自由电荷，有

$$\varepsilon_0 \varepsilon_{r1} E_1 = \varepsilon_0 \varepsilon_{r3} E_{31}$$
$$\varepsilon_0 \varepsilon_{r2} E_2 = \varepsilon_0 \varepsilon_{r3} E_{32}$$

解出

$$E_1 = \frac{\varepsilon_{r3}}{\varepsilon_{r1} + \varepsilon_{r3}} \frac{U}{d}$$

$$E_2 = \frac{\varepsilon_{r3}}{\varepsilon_{r2} + \varepsilon_{r3}} \frac{U}{d}$$

$$E_{31} = \frac{\varepsilon_{r1}}{\varepsilon_{r1} + \varepsilon_{r3}} \frac{U}{d}$$

$$E_{32} = \frac{\varepsilon_{r2}}{\varepsilon_{r2} + \varepsilon_{r3}} \frac{U}{d}$$

比较可知：$E_1 < E_2$，$E_1 < E_2$，且 $E_{31} - E_{32} = \dfrac{(\varepsilon_{r1} - \varepsilon_{r2})\varepsilon_{r3}}{(\varepsilon_{r1} + \varepsilon_{r3})(\varepsilon_{r2} + \varepsilon_{r3})} \dfrac{U}{d} > 0$，所以

$$E_{\min} = E_1 = \frac{\varepsilon_{r3}}{\varepsilon_{r1} + \varepsilon_{r3}} \frac{U}{d}, \quad E_{\max} = E_{31} = \frac{\varepsilon_{r1}}{\varepsilon_{r1} + \varepsilon_{r3}} \frac{U}{d}$$

4.28 已知：$r_2 = 0.02 \mathrm{m}$，$E_m = 2.0 \times 10^7 \mathrm{V/m}$，$r_1$ 可变求 U_m。

解:设单位长度内、外筒带电为 $\pm\lambda$。利用高斯定理可求得筒间的电场强度、内外筒间的电势差分别为

$$E = \frac{\lambda}{2\pi\varepsilon r}, \quad U = \int_{r_1}^{r_2} E\,dr = \frac{\lambda}{2\pi\varepsilon}\int_{r_1}^{r_2}\frac{dr}{r} = \frac{\lambda}{2\pi\varepsilon}\ln\frac{r_2}{r_1}$$

因此可见,最大场强在 $r = r_1$ 处,而介质首先从场强最大处击穿,故有 $E_m = \frac{\lambda}{2\pi\varepsilon r_1}$,即 $\lambda = 2\pi\varepsilon r_1 E_m$。代入电势差,得

$$U = E_m r_1 \ln\frac{r_2}{r_1}$$

可见,两极间的电势差 U 随内筒外半径 r_1 变化,为了求其极值,令 $\frac{dU}{dr_1} = E_m\left(\ln\frac{r_2}{r_1} - 1\right) = 0$,得 $r_1 = \frac{r_2}{e}$。

将 $r_1 = \frac{r_2}{e}$ 代入电势差,得

$$U_m = E_m \frac{r_2}{e}\ln e = E_m \frac{r_2}{e} = 1.47\times 10^5(\text{V})$$

4.29 ___ε_r___ ; ___大于___

两块导体板间的电势差为

$$U = E_r d = E_0 d$$

即 $E_r = E_0$。而 $E = \frac{D}{\varepsilon_0\varepsilon_r}$,故

$$\frac{D_r}{\varepsilon_0\varepsilon_r} = \frac{D_0}{\varepsilon_0}, \quad D_r = \varepsilon_r D_0$$

电容器上、下两半部分极板上电荷面密度 σ_r 和 σ_0 满足

$$\sigma_r = \varepsilon_r \sigma_0, \quad \sigma_r\frac{S}{2} + \sigma_0\frac{S}{2} = Q$$

所以

$$D_r = \sigma_r = \frac{2\varepsilon_r Q}{(1+\varepsilon_r)S}$$

介质板向上平移后,有

$$D'_r = \varepsilon_r D'_0, \quad \sigma'_r = \varepsilon_r \sigma'_0, \quad \sigma'_r\frac{S}{4} + \sigma'_0\frac{3S}{4} = Q$$

所以

$$D'_r = \sigma'_r = \frac{4\varepsilon_r Q}{(3+\varepsilon_r)S} = \frac{2(1+\varepsilon_r)}{3+\varepsilon_r}D_r$$

4.30　$\frac{1}{2}n(n+1)C\varepsilon^2$；$\frac{1}{2}Cn^2\varepsilon^2$

接过标号为 k 的抽头后，电容器板间电压是 $k\varepsilon$，带电量是 $Ck\varepsilon$。再接标号为 $(k+1)$ 的抽头充电，这次充电电压是 $(k+1)\varepsilon$，使电容器带电量达到 $C(k+1)\varepsilon$，新增电量 $C\varepsilon$，这第 $(k+1)$ 个电池作功 $C(k+1)\varepsilon^2$。将各次充电作功相加，得电源所作的总功为

$$A = \sum_{k=0}^{n-1} C(k+1)\varepsilon^2 = \frac{1}{2}n(n+1)C\varepsilon^2$$

充电完毕，电容器最后的板间电压为 $n\varepsilon$，故总能量为

$$W = \frac{1}{2}Cn^2\varepsilon^2$$

4.31　在紧贴内金属球壳外取一同心闭合球面，该面上各点处都有径向电流密度矢量 j，各点处都有场强 E，通过欧姆定律的微分形式找出 Q 随时间的变化关系。

欧姆定律的微分形式：

$$j = \frac{1}{\rho}E$$

均匀的各向同性介质中和的关系：

$$E = \frac{1}{\varepsilon_0\varepsilon_r}D$$

电流的连续性方程：

$$\oint_S j \cdot dS = -\frac{dQ}{dt}$$

有介质时的高斯定理：

$$\oint_S D \cdot dS = Q$$

由以上各式得

$$\frac{dQ}{Q} = -\frac{1}{\varepsilon_0\varepsilon_r\rho}dt$$

代入初始条件：$t=0$ 时 $Q=Q_0$，从上式解出

$$Q(t) = Q_0 e^{-\frac{1}{\varepsilon_0\varepsilon_r\rho}t}$$

对于位于两个金属球壳之间任意半径 r 的同心球面，在有电量漏出的某一时刻开始计时 ($t=0$)，设此时该球面内的总电量为 Q_0，那么该球面内的总电量随时间的变化同样满足

$$Q(t) = Q_0 e^{-\frac{1}{\varepsilon_0\varepsilon_r\rho}t}$$

因为 $\boldsymbol{j} = \dfrac{I}{4\pi r^2}\boldsymbol{e}_r, I = -\dfrac{\mathrm{d}Q}{\mathrm{d}t}$，所以

$$\boldsymbol{j} = \dfrac{1}{4\pi\varepsilon_0\varepsilon_r\rho r^2}Q_0\mathrm{e}^{-\frac{1}{\varepsilon_0\varepsilon_r\rho}t}\boldsymbol{e}_r$$

4.32 （1）设某时刻导体左、右两端面上电荷面密度分别为 $-\sigma$、σ，它们在导体内空间产生向左的电场 $\boldsymbol{E}'$，$E' = \dfrac{\sigma}{\varepsilon_0}$。导体内的电场是 $\boldsymbol{E}_0$ 和 $\boldsymbol{E}'$ 的叠加，即 $\boldsymbol{E} = \boldsymbol{E}_0 + \boldsymbol{E}'$

$$E = E_0 - E' = E_0 - \dfrac{\sigma}{\varepsilon_0}$$

因为一方面 $j = \dfrac{\mathrm{d}\sigma}{\mathrm{d}t}$，另一方面 $j = \dfrac{E}{\rho}$，所以有

$$\dfrac{\mathrm{d}\sigma}{\varepsilon_0 E_0 - \sigma} = \dfrac{\mathrm{d}t}{\rho\varepsilon_0}$$

两边取积分

$$\int_0^\sigma \dfrac{\mathrm{d}\sigma}{\varepsilon_0 E_0 - \sigma} = \int_0^t \dfrac{\mathrm{d}t}{\rho\varepsilon_0}$$

得

$$\sigma(t) = \varepsilon_0 E_0 (1 - \mathrm{e}^{-t/\rho\varepsilon_0})$$

进而得

$$j(t) = \dfrac{\mathrm{d}\sigma(t)}{\mathrm{d}t} = \dfrac{E_0}{\rho}\mathrm{e}^{-t/\rho\varepsilon_0}$$

（2.1）由 $j = \dfrac{\mathrm{d}\sigma}{\mathrm{d}t}$ 和 $j = \dfrac{E}{\rho} = \dfrac{1}{\rho\varepsilon_0}(\varepsilon_0 E_0\cos\omega t - \sigma)$ 得

$$\dfrac{\mathrm{d}\sigma}{\mathrm{d}t} + \dfrac{\sigma}{\rho\varepsilon_0} = \dfrac{E_0}{\rho}\cos\omega t$$

利用数学参考知识(a)，得

$$\sigma(t) = \mathrm{e}^{-\int \mathrm{d}t/\rho\varepsilon_0}\left(\dfrac{E_0}{\rho}\int\cos\omega t\cdot\mathrm{e}^{\int \mathrm{d}t/\rho\varepsilon_0}\mathrm{d}t + C_1\right) = \mathrm{e}^{-t/\rho\varepsilon_0}\left(\dfrac{E_0}{\rho}\int\cos\omega t\cdot\mathrm{e}^{t/\rho\varepsilon_0}\mathrm{d}t + C_1\right)$$

利用数学参考知识(b)，得

$$\int\cos\omega t\cdot\mathrm{e}^{t/\rho\varepsilon_0}\mathrm{d}t = \dfrac{1/\rho\varepsilon_0}{\omega^2 + (1/\rho\varepsilon_0)^2}(\cos\omega t + \rho\varepsilon_0\omega\sin\omega t)\mathrm{e}^{t/\rho\varepsilon_0} + C_2$$

因此

$$\sigma(t) = \mathrm{e}^{-t/\rho\varepsilon_0}\left[\dfrac{\varepsilon_0 E_0(\cos\omega t + \rho\varepsilon_0\omega\sin\omega t)}{1 + \rho^2\varepsilon_0^2\omega^2}\mathrm{e}^{t/\rho\varepsilon_0} + C\right]$$

$$= \frac{\varepsilon_0 E_0 (\cos\omega t + \rho\varepsilon_0 \omega \sin\omega t)}{1 + \rho^2 \varepsilon_0^2 \omega^2} + Ce^{-t/\rho\varepsilon_0}$$

其中,$C = C_1 + C_2 E_0/\rho$。

由初始条件 $t = 0$ 时 $\sigma = 0$,得 $C = -\dfrac{\varepsilon_0 E_0}{1 + \rho^2 \varepsilon_0^2 \omega^2}$,所以

$$\sigma(t) = \frac{\varepsilon_0 E_0}{1 + \rho^2 \varepsilon_0^2 \omega^2}(\cos\omega t + \rho\varepsilon_0 \omega \sin\omega t - e^{-t/\rho\varepsilon_0})$$

进而得

$$j(t) = \frac{d\sigma(t)}{dt} = \frac{\varepsilon_0 E_0 \omega}{1 + \rho^2 \varepsilon_0^2 \omega^2}\left(-\sin\omega t + \rho\varepsilon_0 \omega \cos\omega t + \frac{1}{\rho\varepsilon_0 \omega}e^{-t/\rho\varepsilon_0}\right)$$

(2.2) 由上式,当 $t \Rightarrow \infty$ 时,

$$j(t) = \frac{\varepsilon_0 E_0 \omega}{1 + \rho^2 \varepsilon_0^2 \omega^2}(\rho\varepsilon_0 \omega \cos\omega t - \sin\omega t) = j_0 \cos(\omega t + \varphi)$$

其中

$$j_0 = \frac{\varepsilon_0 E_0 \omega}{\sqrt{1 + \rho^2 \varepsilon_0^2 \omega^2}}, \quad \tan\varphi = \frac{1}{\rho\varepsilon_0 \omega}$$

4.33 (1) 两极板间电阻为 $R = \dfrac{d_A}{\gamma_A S} + \dfrac{d_B}{\gamma_B S}$,损耗功率为

$$P = \frac{V^2}{R} = \frac{\gamma_A \gamma_B S V^2}{\gamma_B d_A + \gamma_A d_B}$$

(2) 稳定时,电介质 A、B 中的电流及电流密度相等,由欧姆定律的微分形式,有

$$\gamma_A E_A = \gamma_B E_B$$

由电势差和电场强度之间的关系,有

$$V = E_A d_A + E_B d_B$$

由以上两式解得电场强度

$$E_A = \frac{\gamma_B V}{\gamma_B d_A + \gamma_A d_B}, \quad E_B = \frac{\gamma_A V}{\gamma_B d_A + \gamma_A d_B}$$

因此,电介质中的电场能量为

$$W_A = \frac{1}{2}\varepsilon_0 \varepsilon_A E_A^2 \cdot S d_A = \frac{\varepsilon_0 \varepsilon_A \gamma_B^2 V^2 S d_A}{2(\gamma_B d_A + \gamma_A d_B)^2}$$

$$W_B = \frac{1}{2}\varepsilon_0 \varepsilon_B E_B^2 \cdot S d_B = \frac{\varepsilon_0 \varepsilon_B \gamma_A^2 V^2 S d_B}{2(\gamma_B d_A + \gamma_A d_B)^2}$$

(3) 利用电位移矢量 D 遵守的高斯定理,得

$$\varepsilon_0\varepsilon_B E_B - \varepsilon_0\varepsilon_A E_A = \sigma_0$$

利用电场强度 E 遵守的高斯定理,得

$$\varepsilon_0(E_A + E_B) = \sigma_0 + \sigma'$$

求出自由电荷面密度和束缚电荷面密度

$$\sigma_0 = \frac{\varepsilon_0(\varepsilon_B\gamma_A - \varepsilon_A\gamma_B)V}{\gamma_B d_A + \gamma_A d_B}$$

$$\sigma' = \frac{\varepsilon_0[(\varepsilon_A - 1)\gamma_B - (\varepsilon_B - 1)\gamma_A]V}{\gamma_B d_A + \gamma_A d_B}$$

4.34 $-\dfrac{\varepsilon_0 S V_0^2}{4d}$; $\dfrac{\varepsilon_0 S V_0^2}{4d}$

设平行板电容器在极板间距为 d 时的电容为 C,极板间距为 $2d$ 时的电容为 C',则

$$C = \frac{\varepsilon_0 S}{d}, \quad C' = \frac{\varepsilon_0 S}{2d}$$

由于电池始终与电容器连接,极板间的电势差保持为 V_0。两极板拉开前电容器储能为 $W = \dfrac{1}{2}CV_0^2 = \dfrac{\varepsilon_0 S V_0^2}{2d}$,拉开后电容器储能为 $W' = \dfrac{1}{2}C'V_0^2 = \dfrac{\varepsilon_0 S V_0^2}{4d}$。所以电容器的能量增加量为

$$\Delta W = W' - W = -\frac{\varepsilon_0 S V_0^2}{4d}$$

电容器的能量增加有两个来源:外力作功 A 和电池作功 A'。

拉开前电容器极板带电量 $Q = CV_0$,拉开后为 $Q' = C'V_0$。在拉开极板的过程中,电池作功(非静电力作功)为

$$A' = (Q' - Q)V_0 = (C' - C)V_0^2 = -\frac{\varepsilon_0 S V_0^2}{2d}$$

因为 $\Delta W = A + A'$,所以外力作功

$$A = \Delta W - A' = \frac{\varepsilon_0 S V_0^2}{4d}$$

4.35 $\dfrac{153}{209}r$; $\dfrac{2}{3}r$

如题 4.35 图(a)所示,仅考虑右部,G、H 间的等效电阻为 $3r$,E、F 间的等效电阻为 $2r + \dfrac{3r \cdot r}{3r + r} = \dfrac{11}{4}r$,C、D 间的等效电阻为

215

$$2r + \frac{\frac{11}{4}r \cdot r}{\frac{11}{4}r + r} = \frac{41}{15}r, A、B \text{ 间的等效电阻(仅考虑右部)为} 2r + \frac{\frac{41}{15}r \cdot r}{\frac{41}{15}r + r} = \frac{153}{56}r, \text{所以}$$

$$R_1 = \frac{\frac{153}{56}r \cdot r}{\frac{153}{56}r + r} = \frac{153}{209}r$$

如图(b) 所示,如果将 B′、C′ 接到电源的两极,则 D、E 点等电位,即最右边两个图可以不予考虑。B′、C′ 间等效电阻为 r,A、B 间的等效电阻为 $r_{B'C'}$ 与 r_{AC} 串联后再与 r_{AB} 并联,所以

$$R_2 = \frac{2r \cdot r}{2r + r} = \frac{2}{3}r$$

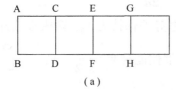
(a)
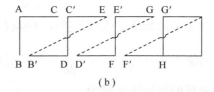
(b)

题 4.35 图

4.36 $\frac{R}{8}$; $\frac{5R}{48}$

如果 $A、B$ 点接电源两极,由电路的对称性可知,图中的 $CEDFC$ 环路中没有电流通过,因此该环不发挥作用,可取消。这样一来,$A、B$ 之间的电阻就是 4 个电阻为 $R/2$ 的半圆环相并联的结果,故

$$R_{AB} = \frac{1}{4} \times \frac{R}{2} = \frac{R}{8}$$

如果 $A、C$ 点接电源两极,从电流分布看,$ACBDA$ 环面的上、下两半是对称的,电路是完全一样的,因此可作如题 4.36 图(b) 所示的叠合(图中 G 代表 $E、F$ 两点的叠合)。

图中电流间应有 $I_1 = I_4, I_2 = I_3$。这样就可以认为 I_1 和 I_4 独立于 I_2 和 I_3 而不在 G 点交接,该电路于是可进一步等效为图(c) 所示的电路。由此可求出

$$R_{AC} = \frac{5R}{48}$$

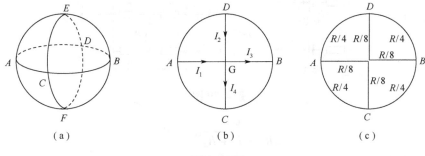

题 4.36 图

4.37 $(\sqrt{3}-1)R$

R_{AB} 与 n 无关,即不论 n 等于何值时,R_{AB} 都相等。取 $n=1$ 和 $n=0$,那么

$$R_x = \left(\frac{1}{R} + \frac{1}{2R+R_x}\right)^{-1}$$

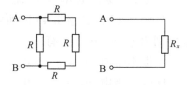

题 4.37 图

解得

$$R_x = (\sqrt{3}-1)R$$

4.38 节点电流方程:

$$I_2 - I_1 - I_3 = 0$$

左回路方程(顺时针为正方向):

$$I_1 R_1 - I_3 R_3 - \varepsilon_1 + \varepsilon_2 = 0$$

右回路方程(顺时针为正方向):

$$I_2 R_2 + I_3 R_3 - \varepsilon_2 = 0$$

代入数据,解出:

$$I_1 = 2.6\text{A}, \quad I_2 = 2.4\text{A}, \quad I_3 = -0.2\text{A}$$

4.39 $\varepsilon = 2\text{V}$

(1)设蓄电池的电动势和内阻分别为 ε 和 r,如题 4.39 图所示,在充、放电过程中分别有

$$\varepsilon + 10r = 2.2$$
$$\varepsilon - 6r = 1.88$$

由此解出

$$\varepsilon = 2(\text{V})$$

(2)黑箱内简单电路的等效、普遍结构如题 4.39 图所示。根据题意,有

$$\frac{V}{R_1 + R + R_3}R = \frac{V}{3}$$

217

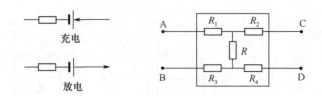

题 4.39 图

$$\frac{V}{R_2 + R + R_4}R = V$$

由此解得
$$R_2 + R_4 = 0, \quad R_1 + R_3 = 2R$$

所以,只要满足 $R_2 = 0, R_4 = 0, R_1 + R_3 = 2R$ 的电路都符合题目的要求。

4.40 (1)如题 4.40 图所示,静电平衡后,设四块导体板的八个表面带电量分别为 $q_1, q_2, \cdots, q_8$,有

A 板不带电:$q_1 + q_2 = 0$

D 板不带电:$q_7 + q_8 = 0$

B、C 总带电 q:$q_3 + q_4 + q_5 + q_6 = q$

A、B 内场强为零:$q_2 + q_3 = 0$

B、C 内场强为零:$q_4 + q_5 = 0$

C、D 内场强为零:$q_6 + q_7 = 0$

B、C 电势相等:$q_4 = 0$

$q_5 = 0$

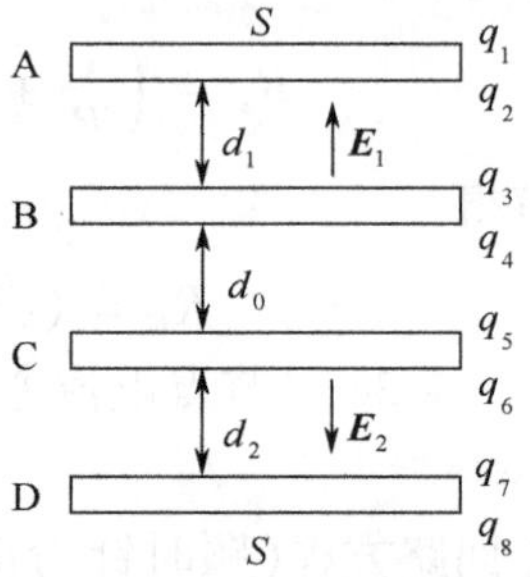

题 4.40 图

解出:$q_1 = q/2, q_2 = -q/2, q_3 = q/2, q_4 = 0, q_5 = 0, q_6 = q/2, q_7 = -q/2$,$q_8 = q/2$。所以,A、B 间的场强向上,大小为 $E_1 = \dfrac{q}{2\varepsilon_0 S}$;C、D 间的场强向下,大小为 $E_2 = \dfrac{q}{2\varepsilon_0 S}$。A、D 板的电势差为

$$U_{AD} = -E_1 d_1 + E_2 d_2 = \frac{q}{2\varepsilon_0 S}(d_2 - d_1)$$

(2)当电源正极向 A 板输入电量 Q 并达到稳定状态后,有

A 板带电 Q:$q_1 + q_2 = Q$

D 板带电 $-Q$:$q_7 + q_8 = -Q$

B、C 总带电 q:$q_3 + q_4 + q_5 + q_6 = q$

A、B 内场强为零:$q_2 + q_3 = 0$

B、C 内场强为零:$q_4 + q_5 = 0$

C、D 内场强为零:$q_6 + q_7 = 0$

B、C 电势相等:$q_4 = 0$
$$q_5 = 0$$

解出:$q_1 = q/2, q_2 = Q - q/2, q_3 = -Q + q/2, q_4 = 0, q_5 = 0, q_6 = Q + q/2,$
$q_7 = -Q - q/2, q_8 = q/2$。所以,A、B 间的场强向上,大小为 $E_1 = \dfrac{-2Q + q}{2\varepsilon_0 S}$;C、D 间的场强向下,大小为 $E_2 = \dfrac{2Q + q}{2\varepsilon_0 S}$。A、D 板的电势差为

$$U_{AD} = -E_1 d_1 + E_2 d_2 = \dfrac{2Q(d_2 + d_1) + q(d_2 - d_1)}{2\varepsilon_0 S}$$

因为 $U_{AD} = \varepsilon$,所以

$$Q = \dfrac{2\varepsilon_0 S \varepsilon - q(d_2 - d_1)}{2(d_1 + d_2)}$$

当 $\dfrac{q(d_2 - d_1)}{2\varepsilon_0 S} \leq \varepsilon$ 时,$Q \geq 0$;当 $\dfrac{q(d_2 - d_1)}{2\varepsilon_0 S} > \varepsilon$ 时,$Q < 0$。

(3) 因为 K_2 接通后流过电阻 r 的电流强度始终为零,所以,流经 R_0、R_x 的电流强度相等,R_0、R_x 两端的电压分别等于(2)问的 U_{AB}、U_{CD},即

$$\dfrac{R_0}{R_x} = \dfrac{(2Q - q) d_1}{(2Q + q) d_2} = \dfrac{(\varepsilon_0 S \varepsilon - q d_2) d_1}{(\varepsilon_0 S \varepsilon + q d_1) d_2}$$

$$R_x = \dfrac{(\varepsilon_0 S \varepsilon + q d_1) d_2}{(\varepsilon_0 S \varepsilon - q d_2) d_1} R_0$$

为了保证 $R_x > 0$,要求

$$\varepsilon > \dfrac{q d_2}{\varepsilon_0 S}$$

4.41　　0　;　90Ω

任意的电阻 r 消耗的热功率为 $P = I^2 r$。

题 4.41 图所示实际上是一个惠斯登电桥,4Ω 的电阻是电桥的一臂、1Ω 和 2Ω 的电阻串联构成一臂、12Ω 的电阻是一臂、10Ω 的电阻与可变电阻 R 构成电桥的一臂。当

$$4 : (1 + 2) = 12 : \dfrac{10R}{10 + R}$$

即

$$R = 90\Omega$$

时,流过 5Ω 的电阻的电流为零,该电阻消耗的热功率为零。

4.42　(1) R 两端加交变电压 $u = u(t)$ 时,电功率为 u^2/R,所以

$$\overline{P} = \frac{1}{TR}\int_0^T u^2(t)\,\mathrm{d}t$$

R 两端加直流电压 U 时

$$P = U^2/R$$

令 $P = \overline{P}$,得

$$U = \sqrt{\frac{1}{T}\int_0^T u^2(t)\,\mathrm{d}t}$$

(2) 在题 4.42 图所示电路中,电阻 R 两端的电压为

$$u(t) = \varepsilon_1 + \varepsilon_2 = \varepsilon_{10} + \varepsilon_{20}\cos(\omega t + \varphi)$$

$u(t)$ 的时间周期是 $T = 2\pi/\omega$,因此

$$\int_0^T u^2(t)\,\mathrm{d}t = \int_0^{2\pi/\omega}[\varepsilon_{10} + \varepsilon_{20}\cos(\omega t + \varphi)]^2\,\mathrm{d}t$$

$$= \frac{2\pi}{\omega}\left[\varepsilon_{10}^2 + \frac{1}{2}\varepsilon_{20}^2\right]$$

所以

$$U = \sqrt{\varepsilon_{10}^2 + \frac{1}{2}\varepsilon_{20}^2} = 5(\text{V})$$

4.43 (1) $t = 0^-$ 时刻,没有电流流经 R_3 和电容器,相当于断路,R_1、R_2 和电源串联,所以

$$I_1(0^-) = I_2(0^-) = \frac{\varepsilon}{R_1 + R_2}$$

A、B 间的电压即为 R_2 两端的电压

$$U_{AB}(0^-) = I_2(0^-)R_2 = \frac{R_2}{R_1 + R_2}\varepsilon$$

电容器两极板间电压为 $U_{AB}(0^-)$,故

$$Q(0^-) = CU_{AB}(0^-) = \frac{R_2}{R_1 + R_2}C\varepsilon$$

(2) 从 $t = 0^-$ 到 $t = 0^+$ 的极短时间 $\mathrm{d}t$ 内,A、B 间的电压不能发生有限的变化(否则,电容器极板上的电量发生有限变化,产生无限大的放电或充电电流),R_1 两端的电压亦未变化。唯一可能的情况是电容器极板上的电量发生微小变化形成有限的电流。

$$U_{AB}(0^+) = U_{AB}(0^-) = \frac{R_2}{R_1 + R_2}\varepsilon$$

$$I_1(0^+) = \frac{\varepsilon - U_{AB}(0^+)}{R_1} = \frac{\varepsilon}{R_1 + R_2} = I_1(0^-)$$

$$I_2(0^+) = \frac{U_{AB}(0^+)}{R_2} = \frac{\varepsilon}{R_1 + R_2} = I_2(0^-)$$

$$I_3(0^+) = \frac{U_{AB}(0^+)}{R_3} = \frac{R_2}{(R_1 + R_2)R_3}\varepsilon$$

$$I_C(0^+) = I_1(0^+) - I_2(0^+) - I_3(0^+) = -I_3(0^+) = -\frac{R_2}{(R_1 + R_2)R_3}\varepsilon$$

$$Q(0^+) = CU_{AB}(0^+) = \frac{R_2}{R_1 + R_2}C\varepsilon = Q(0^-)$$

可见,从 $t = 0^-$ 到 $t = 0^+$ 的极短时间内,电容器极板上的电量有一个无穷小的减小量,形成与图示 I_C 方向相反的放电电流,成为新增的电流 $I_3(0^+)$。

(3) 利用 $\varepsilon = I_1R_1 + I_2R_2, I_1 = I_2 + I_3 + I_C, I_3R_3 = I_2R_2, I_2R_2 = \frac{Q}{C}, I_C = \frac{dQ}{dt}$
得出电容器上方极板带电量 Q 满足的微分方程

$$\frac{dQ}{dt} = -\alpha Q + \beta$$

其中,$\alpha = \frac{R_1R_2 + R_2R_3 + R_3R_1}{R_1R_2R_3C}, \beta = \frac{\varepsilon}{R_1}$。

考虑到初始条件:$t = 0^+$ 时 $Q = Q(0^+) = \frac{R_2}{R_1 + R_2}C\varepsilon$,可由以上微分方程解出

$$Q(t) = \frac{CR_2\varepsilon}{R_1R_2 + R_2R_3 + R_3R_1}\left(\frac{R_1R_2}{R_1 + R_2}e^{-\alpha t} + R_3\right)$$

因此

$$I_C(t) = \frac{dQ(t)}{dt} = -\frac{R_2\varepsilon}{(R_1 + R_2)R_3}e^{-\alpha t}$$

$$I_2(t) = \frac{Q(t)/C}{R_2} = \frac{\varepsilon}{R_1R_2 + R_2R_3 + R_3R_1}\left(\frac{R_1R_2}{R_1 + R_2}e^{-\alpha t} + R_3\right)$$

$$I_3(t) = \frac{Q(t)/C}{R_3} = \frac{R_2\varepsilon}{(R_1R_2 + R_2R_3 + R_3R_1)R_3}\left(\frac{R_1R_2}{R_1 + R_2}e^{-\alpha t} + R_3\right)$$

$$I_1(t) = I_2(t) + I_3(t) + I_C(t) = \frac{\varepsilon}{R_1R_2 + R_2R_3 + R_3R_1}\left[(R_2 + R_3) - \frac{R_2^2}{R_1 + R_2}e^{-\alpha t}\right]$$

4.44 小磁针 N 极的指向即为其所在位置处的磁感应强度的方向。

带电圆盘未旋转时,小磁针所在处只有地磁场,所以指向正北。当带电圆盘旋转时,圆盘上的电流在小磁针所在位置产生磁场,该磁场与地磁场叠加,总的磁感应强度为北偏东 φ 角。

以圆盘中心为中心、半径为 r、宽为 dr 的环上带电为

$$dq = 2\pi r dr \cdot \sigma$$

圆盘旋转时，dq 运动形成的环形电流为

$$dI = \frac{dq}{2\pi/\omega} = \omega\sigma r dr$$

该环形电流在小磁针所在位置产生向东的磁感应强度 dB 为

$$dB = \frac{\mu_0 r^2 dI}{2(r^2+l^2)^{3/2}} = \frac{\mu_0 \omega\sigma r^3 dr}{2(r^2+l^2)^{3/2}}$$

由于不同半径的环形电流产生的磁感应强度均向东，所以旋转的带电圆盘在小磁针处产生的磁感应强度向东，大小为

$$B = \frac{\mu_0\omega\sigma}{2}\int_0^R \frac{r^3 dr}{(r^2+l^2)^{3/2}} = \frac{\mu_0\omega\sigma}{2}\left(\frac{R^2+2l^2}{\sqrt{R^2+l^2}} - 2l\right)$$

从题 4.44 图可以看出，

$$B_{//} = B\cot\varphi = \frac{\mu_0\omega\sigma}{2}\left(\frac{R^2+2l^2}{\sqrt{R^2+l^2}} - 2l\right)\cot\varphi$$

4.45 上、下两根半无限长直线电流的延长线过球心 O，它们对 O 点的磁感应强度无贡献。

俯视半球面为一半圆，如题 4.45 图所示，取 $\theta \to \theta + d\theta$ 圆弧，此圆弧对应半球面上一窄条西瓜皮形的部分，电流为

$$dI = \frac{I}{\pi}d\theta$$

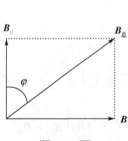
题 4.44 图

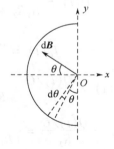
题 4.45 图

dI 是半圆形电流，它在其圆心 O 处产生的磁感应强度 dB 的方向如图所示，大小为

$$dB = \frac{\mu_0 dI}{4R} = \frac{\mu_0 I}{4\pi R}d\theta$$

由对称性可知，各半圆形电流在 O 点产生的磁感应强度在 x 方向的分量相互抵消，总磁感应强度矢量 B 的方向与 y 轴正方向相同，大小为

$$B = \int \sin\theta dB = \frac{\mu_0 I}{4\pi R}\int_0^\pi \sin\theta d\theta = \frac{\mu_0 I}{2\pi R}$$

4.46 证明:假设磁场的磁感线如题 4.46 图(a)所示。

一方面,沿磁感线方向作一细长圆柱形闭合面 S 为高斯面,其底面 ΔS 取的足够小,以至于其上各点的 $\boldsymbol{B}$ 可视为相等。利用磁场的高斯定理,得

$$\oint_{(S)} \boldsymbol{B} \cdot d\boldsymbol{S} = B_2\Delta S - B_1\Delta S = 0$$

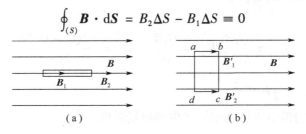

题 4.46 图

所以 $B_1 = B_2$,表明沿磁感线方向,各点的磁感应强度大小相等。

另一方面,取如图(b)所示的矩形回路 abcda 为闭合回路 L,利用安培环路定理,得

$$\oint_{(L)} \boldsymbol{B} \cdot d\boldsymbol{l} = B_1' \cdot \overline{ab} - B_2' \cdot \overline{cd} = 0$$

所以 $B_1' = B_2'$,表明垂直于磁感线方向,各点的磁感应强度大小相等。

综上所述,可知空间各点的磁感应强度方向相同,大小相等,是均匀磁场。

4.47 载流导体横截面上通过单位面积的电流(电流密度)为 $j = \dfrac{2I}{\pi R^2}$。在极坐标(r,θ)处取横截面面元 $dS = rd\theta dr$,对应无限长的直线电流 $dI = jdS$,它在半圆柱轴线上产生的磁感应强度为

$$dB = \frac{\mu_0 dI}{2\pi r} = \frac{\mu_0 I}{\pi^2 R^2}d\theta dr$$

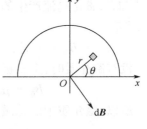

题 4.47 图

由对称性可知,各直线电流产生的 $d\boldsymbol{B}$ 沿 y 轴的分量互相抵消,因此可以只考虑 x 分量。$d\boldsymbol{B}$ 的 x 分量为 $dB_x = dB\sin\theta$。

所求磁感应强度为

$$B_x = \int dB_x = \frac{\mu_0 I}{\pi^2 R^2}\int_0^\pi \sin\theta d\theta \int_0^R dr = \frac{2\mu_0 I}{\pi^2 R}$$

4.48 $\dfrac{Q_1 R}{2\pi r^2}$;$\dfrac{(2Q_2 - Q_1)R}{2\pi r^2}$

在图(a)中,取向里的方向为圆面的法线正方向,旋转前的磁通量为

$\pi r^2 B_{//}$,旋转后的磁通量为 $-\pi r^2 B_{//}$,所以
$$Q_1 = 2\pi r^2 B_{//}/R$$
在图(b)中,旋转前的磁通量为 $-\pi r^2 B_{//}$,旋转后的磁通量为 $\pi r^2 B_\perp$,所以
$$Q_2 = \pi r^2(B_{//} + B_\perp)/R$$
式中取的是电量的绝对值。

因此
$$B_{//} = \frac{Q_1 R}{2\pi r^2}, B_\perp = \frac{Q_2 R}{\pi r^2} - B_{//} = \frac{(2Q_2 - Q_1)R}{2\pi r^2}$$

4.49 $\dfrac{\sigma}{2\varepsilon_0}\boldsymbol{i}$; $\dfrac{1}{2}\mu_0\sigma u\boldsymbol{k}$

无穷大均匀带电平面在空间产生的电场强度
$$E = \frac{\sigma}{2\varepsilon_0}$$

无穷大面电流在空间产生的磁感应强度
$$B = \frac{\mu_0}{2}J$$

式中:J 是面电流密度;$\boldsymbol{J} = \sigma\boldsymbol{u}, \boldsymbol{j} = -\sigma u\boldsymbol{j}$。

$\boldsymbol{B}$ 的方向与 $\boldsymbol{J}$ 的方向遵守右手螺旋关系,即 $\boldsymbol{B}$ 沿 $\boldsymbol{k}$ 方向。

4.50 设磁介质中的磁化强度分别为 M_1 和 M_2,磁场强度分别为 H_1 和 H_2,面磁化电流密度分别为 i'_1 和 i'_2,磁化电流产生的磁感应强度分别为 B'_1 和 B'_2,则有

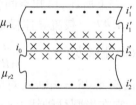

题4.50图

$$B'_1 = \mu_0 i'_1, \quad B'_2 = \mu_0 i'_2$$

没有磁介质时,金属板上下的磁感应强度为
$$B_0 = \mu_0 i_0/2$$

所以,磁介质中的总磁感应强度分别为
$$B_1 = B_0 + B'_1 = \mu_0\left(\frac{i_0}{2} + i'_1\right), \quad B_2 = B_0 + B'_2 = \mu_0\left(\frac{i_0}{2} + i'_2\right)$$

由此两式,以及 i'、M、H、B 之间的关系:
$$i'_1 = M_1 = (\mu_{r1} - 1)H_1, \quad i'_2 = M_2 = (\mu_{r2} - 1)H_2$$
$$B_1 = \mu_0\mu_{r1}H_1, \quad B_2 = \mu_0\mu_{r2}H_2$$

解得
$$H_1 = \frac{i_0}{2}, \quad H_2 = \frac{i_0}{2}$$

$$B_1 = \frac{\mu_0 \mu_{r1}}{2} i_0, \quad B_2 = \frac{\mu_0 \mu_{r2}}{2} i_0$$

$$i'_1 = \frac{\mu_{r1} - 1}{2} i_0, \quad i'_2 = \frac{\mu_{r2} - 1}{2} i_0$$

4.51 7/8

设等间距为 d，导线 1 单位长度受到的安培力为

$$F_1 = I_1 \left(\frac{\mu_0 I_2}{2\pi d} + \frac{\mu_0 I_3}{2\pi \cdot 2d} \right) = \frac{7\mu_0}{4\pi d}$$

导线 2 单位长度受到的安培力为

$$F_2 = I_2 \left(\frac{\mu_0 I_3}{2\pi d} - \frac{\mu_0 I_1}{2\pi d} \right) = \frac{2\mu_0}{\pi d}$$

所以

$$F_1/F_2 = 7/8$$

4.52 $2IBR$；$2IBR\sin\varphi$

半圆电流受到的安培力为 $F = IL_{ab} \times B$，其中 L_{ab} 是 b 点相对 a 点的位矢。

将 L_{ab} 分解：首先在 S_2 面上分解为平行于 MN 的分量 L_1 和垂直于 MN 的分量 L'_1，其次在垂直于 MN 的面上将 L'_1 分解为垂直于 B 的分量 L_2 和平行于 B 的分量 L_3：

$$F = IL_{ab} \times B = I(L_1 + L'_1) \times B = I(L_1 + L_2 + L_3) \times B$$
$$= I(L_1 + L_2) \times B \equiv F_1 + F_2$$

$F_1 \perp F_2$，假设 L_{ab} 与 MN 的夹角为 θ，则

$$L_1 = 2R\cos\theta, \quad F_1 = 2IBR\cos\theta$$
$$L_2 = 2R\sin\theta\sin\varphi, \quad F_2 = 2IBR\sin\theta\sin\varphi$$
$$F = \sqrt{F_1^2 + F_2^2} = 2IBR\sqrt{1 - \sin^2\theta\cos^2\varphi}$$

可见，$\theta = 0$ 时取得最大值 $F_{\max} = 2IBR$，$\theta = \pi/2$ 时取得最小值

$$F_{\min} = 2IBR\sin\varphi$$

4.53 证明：设 AE 支路的电流为 I_1、AF 支路的电流为 I_2、FE 支路的电流为 I_3，根据节点电流方程，EC 和 FC 支路的电流可确定，如题 4.53 图（a）所示。

图（a）的电流分布可以等效为图（b）和图（c）所示电流分布的叠加。其中图（c）所示的闭合电流在均匀磁场中所受的安培力的合力为零；图（b）所示的电流为 I_1 的支路受到的安培力为 $F_1 = I_1 L_{AC} \times B$，电流为 I_2 的支路受到的安培力为 $F_2 = I_2 L_{AC} \times B$。

综上所述，原网络电流受到的安培力的合力为

$$F = F_1 + F_2 = (I_1 + I_2) L_{AC} \times B = IL_{AC} \times B$$

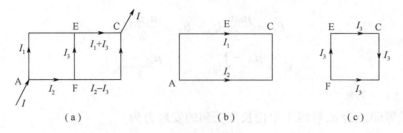

题 4.53 图

4.54 $\dfrac{mu}{qB}\sqrt{1+\dfrac{2qBh}{mu}}$

细管带着带电小球 P 以速度 **u** 运动后,小球受到竖直向上的洛伦兹力 **f** = q**u** × **B**。此力使小球在细管中向上加速运动,加速度大小为

$$a = f/m = quB/m$$

小球离开 N 端时相对细管的速度向上,大小为 v':

$$v' = \sqrt{2ah} = \sqrt{2quBh/m}$$

故小球离开 N 端时相对磁场的速率为

$$v = \sqrt{v'^2 + u^2} = u\sqrt{1 + \dfrac{2qBh}{mu}}$$

小球在磁场中做圆周运动的半径为

$$R = \dfrac{mv}{qB} = \dfrac{mu}{qB}\sqrt{1 + \dfrac{2qBh}{mu}}$$

4.55 假设均匀磁场垂直于纸面向外且无边界,则粒子源发射的速度为 v、与 X 轴夹角为 θ 的带电粒子的轨迹为半径 $R = \dfrac{mv}{qB}$ 的圆,如题 4.55 图所示。

过圆心作平行于 Y 轴的直线,它与圆周相交于 P 点。P 点的坐标为

$$\begin{cases} x = R\sin\theta \\ y = R - R\cos\theta \end{cases}$$

粒子运动到 P 点时的运动方向恰好沿 X 轴正方向,根据题目要求,P 点左方有磁场而右方不应有磁场。随着 θ 的变化,P 点位置不同,构成磁场的边界。

所以,磁场的边界线方程为

$$x^2 + (y - R)^2 = R^2$$

磁场的边界线如图(b)所示。如果磁场 **B** 垂直于纸面向里,同理可得磁场边界线方程为 $x^2 + (y + R)^2 = R^2$,边界线如图(c)所示。

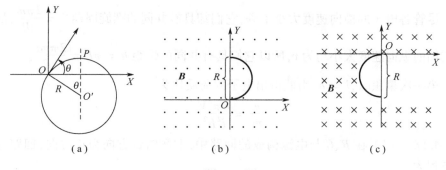

题 4.55 图

4.56 $k\dfrac{2\pi\cos\theta}{d}\sqrt{\dfrac{2mU}{e}}$ $(k=1,2,3,\cdots)$

电子从电子枪口出来时速度 v 与 B 成一夹角 θ，电子将在磁场中螺旋前进。电子速率为 $v=\sqrt{2eU/m}$，速度与 B 平行的分量为 $v_1=v\cos\theta$，与 B 垂直的分量为 $v_2=v\sin\theta$。

电子从 T 螺旋前进到 M 所需的时间为

$$t=\dfrac{d}{v_1}=\dfrac{d}{v\cos\theta}$$

电子螺旋前进一个螺距所需的时间为

$$t=\dfrac{d}{v_1}=\dfrac{d}{v\cos\theta}$$

其中，电子的螺旋半径为

$$r=\dfrac{mv_2}{eB}=\dfrac{mv\sin\theta}{eB}$$

电子击中 M 点的充要条件是

$$\dfrac{t}{t'}=k \quad (k=1,2,3,\cdots)$$

由以上四式联立解出

$$B=k\dfrac{2\pi\cos\theta}{d}\sqrt{\dfrac{2mU}{e}} \quad (k=1,2,3,\cdots)$$

4.57 $\dfrac{8\pi^2 V}{l^2 B^2}$

电子被加速后获得速度 $v=\sqrt{2eV/m}$，水平向右运动。经电容器偏转电压作用后，又获得不同的、较小的横向速度（"较小"以避免电子射向荧光管侧壁），因此各电子在水平方向螺旋前进。

尽管各电子的横向速度大小不等,它们却具有共同的螺旋周期 $T = \dfrac{2\pi m}{eB}$,加之它们的纵向速度大小均为 v,所以它们具有共同的螺距 $h = vT = \dfrac{2\pi mv}{eB}$。

第一次聚焦时,$l = h$,由此得出电子的荷质比为

$$\frac{e}{m} = \frac{8\pi^2 V}{l^2 B^2}$$

4.58 (1) 在 R、C 与电源构成的回路中,取顺时针方向为正方向,回路电压方程为

$$i_C R + \frac{q}{C} - \varepsilon_0 = 0$$

其中,$i_C = \dfrac{\mathrm{d}q}{\mathrm{d}t}$,整理得

$$\frac{\mathrm{d}q}{q - C\varepsilon_0} = -\frac{\mathrm{d}t}{RC}$$

解此方程,并考虑到初始条件 $t = 0$ 时 $q = 0$,得

$$q = C\varepsilon_0(1 - \mathrm{e}^{-t/RC})$$

所以

$$i_C = \frac{\varepsilon_0}{R}\mathrm{e}^{-t/RC}$$

在 R、L 与电源构成的回路中,取顺时针方向为正方向,回路电压方程为

$$i_L R + L\frac{\mathrm{d}i_L}{\mathrm{d}t} - \varepsilon_0 = 0$$

整理得

$$\frac{\mathrm{d}i_L}{i_L - \varepsilon_0/R} = -\frac{R}{L}\mathrm{d}t$$

解此方程,并考虑到初始条件 $t = 0$ 时 $i_L = 0$,得

$$i_L = \frac{\varepsilon_0}{R}(1 - \mathrm{e}^{-Rt/L})$$

(2) i_C 达到最大值 $1/2$ 的时刻为

$$t_1 = RC\ln 2$$

i_L 达到最大值 $1/2$ 的时刻为

$$t_2 = \frac{L}{R}\ln 2$$

因为 $t_1 = t_2$,所以

$$R = \sqrt{L/C}$$

（3）$t^* = 0$ 时刻断开 K 时,原电容器极板电量 $q_0 = C\varepsilon_0$（左极板为带正电）不能突然释放;原 RL 支路电流 $i_0 = \varepsilon_0/R$（自左至右）不能突变为零。形成 RLCR 闭合回路的初始条件为

$$t^* = 0 \text{ 时}, q_0 = C\varepsilon_0, i_0 = \varepsilon_0/R$$

在 RLCR 回路中,取顺时针方向为正方向,回路电压方程为

$$2iR + L\frac{di}{dt^*} - \frac{q}{C} = 0$$

当电流为顺时针时,$i > 0$,而 q 减小,所以 $i = -\frac{dq}{dt^*}$,方程整理为

$$\frac{d^2q}{dt^{*2}} + \frac{2R}{L}\frac{dq}{dt^*} + \frac{1}{LC}q = 0$$

令 $\beta = R/L, \omega_0^2 = 1/LC$,则

$$\frac{d^2q}{dt^{*2}} + 2\beta\frac{dq}{dt^*} + \omega_0^2 q = 0$$

由于 $\beta = \omega_0$,该微分方程的特征根方程只有一个特征根 $r = -\beta$,因此其通解为

$$q = (C_1 + C_2 t^*)e^{-\beta t^*}$$
$$i = [-C_2 + \beta(C_1 + C_2 t^*)]e^{-\beta t^*}$$

由初始条件可解得

$$C_1 = C\varepsilon_0, \quad C_2 = 0$$

所以

$$q = C\varepsilon_0 e^{-Rt^*/L} = C\varepsilon_0 e^{-t^*/\sqrt{LC}}$$

4.59 $\underline{\frac{kl^2}{8R}}$; $\underline{0}$

通过三角形 $A'B'C'$ 的磁通量为

$$\Phi = BS = \frac{1}{2} \cdot \frac{l}{2} \cdot \frac{l}{2} \cdot B = \frac{Bl^2}{8}$$

导体回路 $A'B'C'A'$ 上的感生电动势为

$$\varepsilon_i = -\frac{d\Phi}{dt} = -\frac{kl^2}{8}$$

因此,导体回路上的感应电流强度为

$$I = \frac{\varepsilon_i}{R} = -\frac{kl^2}{8R}$$

如果 $k > 0$,感应电流沿顺时针方向;反之,如果 $k < 0$,感应电流沿逆时针方向。

根据磁场分布的对称性,因其变化产生的感生电场强度与导线 $A'C'$ 垂直,该导线上没有感应电动势。

4.60 $\sqrt{\dfrac{mE}{2bq}}$

在波导管横截面上建立坐标系,取 Y 轴沿 E 方向,X 轴与矩形下底边重合,原点位置不限制。

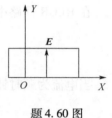

题 4.60 图

设带电粒子在 $y = 0$ 处在电场作用下由静止开始加速,同时磁场力使其运动轨迹弯曲。为了达到磁绝缘的要求,粒子位于 $y = b$ 时,其轨道恰好与波导管上底边相切(如果在 $y < b$ 时粒子轨道切线水平,则要求更强的磁场)。

由于洛仑兹力不作功,所以有 $\dfrac{1}{2}mv^2 = qEy$,即

$$v = \sqrt{\dfrac{2qEy}{m}}$$

粒子运动初期,电场力在粒子轨道法向几无分力;y 较大时(与 b 比较),粒子速率 v 较大,由于是强磁场,与洛仑兹力相比可忽略电场力;由于洛仑兹力总是垂直于轨道,故可以认为粒子的向心力来自洛仑兹力:$mv^2/r = qvB$,即

$$r = \dfrac{mv}{qB} = A\sqrt{y}$$

其中,$A = \dfrac{1}{B}\sqrt{2mE/q}$。

利用曲率半径的数学公式:$r = \dfrac{(1 + y'^2)^{3/2}}{|y''|}$,并考虑到粒子轨道下凹:$y'' < 0$,有

$$-\dfrac{(1 + y'^2)^{3/2}}{y''} = A\sqrt{y}$$

令 $u = \dfrac{\mathrm{d}y}{\mathrm{d}x} = y'$,则 $y'' = \dfrac{\mathrm{d}u}{\mathrm{d}x} = u\dfrac{\mathrm{d}u}{\mathrm{d}y}$,得

$$-\dfrac{u\mathrm{d}u}{(1 + u^2)^{3/2}} = \dfrac{\mathrm{d}y}{A\sqrt{y}}$$

积分,$-\displaystyle\int_\infty^0 \dfrac{u\mathrm{d}u}{(1 + u^2)^{3/2}} = \int_0^b \dfrac{\mathrm{d}y}{A\sqrt{y}}$,得 $A = 2\sqrt{b}$,即

$$B = \sqrt{\dfrac{mE}{2bq}}$$

4.61 $\dfrac{\sqrt{3}Ba^2}{2RT}$;$\dfrac{\sqrt{3}Ba^2}{6RT}$

从 $t=0$ 到 $t_1=T/6$ 时间内，A、B、C 点分别转到题 4.61 图示的 1、2、3 处，这一时间内通过导体框架的磁通量的变化为（以逆时针方向为回路正方向）

$$\Delta\Phi_1 = -\frac{1}{3}BS = -\frac{\sqrt{3}}{12}Ba^2$$

平均感应电动势为

$$\bar{\varepsilon}_1 = -\frac{\Delta\Phi_1}{\Delta t_1} = \frac{\sqrt{3}Ba^2}{2T}$$

平均感应电流为

$$\bar{I}_1 = \bar{\varepsilon}_1/R = \frac{\sqrt{3}Ba^2}{2RT} > 0$$

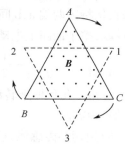

题 4.61 图

平均感应电流方向与规定的正方向一致。

同理，从 $t=0$ 到 $t_2=T/2$ 时间内，A、B、C 点分别转到图示的 3、1、2 处，这一时间内通过导体框架的磁通量的变化为（以逆时针方向为回路正方向）

$$\Delta\Phi_2 = -\frac{1}{3}BS = -\frac{\sqrt{3}}{12}Ba^2$$

平均感应电动势为

$$\bar{\varepsilon}_2 = -\frac{\Delta\Phi_2}{\Delta t_2} = \frac{\sqrt{3}Ba^2}{6T}$$

平均感应电流为

$$\bar{I}_2 = \bar{\varepsilon}_2/R = \frac{\sqrt{3}Ba^2}{6RT} > 0$$

平均感应电流方向与规定的正方向一致。

4.62 $\dfrac{\omega BL^2}{2R}$;$\dfrac{\omega B^2L^4}{4R}$

OA 边刚进入磁场时，OA 上的动生电动势为

$$\varepsilon_i = \int_O^A (\boldsymbol{v}\times\boldsymbol{B})\cdot\mathrm{d}\boldsymbol{l} = \int_0^L r\omega B\,\mathrm{d}r = \frac{1}{2}\omega BL^2$$

此时导体回路内的感应电流为

$$i = \frac{\varepsilon_i}{R} = \frac{\omega BL^2}{2R}$$

所求磁力矩为

$$M = \int_O^A \boldsymbol{r}\times(i\mathrm{d}\boldsymbol{r}\times\boldsymbol{B}) = iB\int_0^L r\,\mathrm{d}r = \frac{\omega B^2L^4}{4R}$$

4.63 ___BLv___ ; ___BLv___ ; ___0___ ; ___BLv___

当伏特表以恒定的速度 v 沿 X 方向滑动时,导线 ab 横切磁感线,a、b 间的电势差为 BLv;同理,当伏特表保持静止,导体板以恒定速度 v 沿 X 方向滑动时,导体板两侧间的电势差为 BLv;当伏特表与导体板一起以恒定的速度 v 沿 X 方向滑动时,伏特表两端 a、b 间的电势差为 BLv,导体板两侧间的电势差亦为 BLv,且二者并联,整个回路上电动势为零。

4.64 ___0___ ; ___$-\frac{1}{2}\omega Bl^2$___

直角三角形框架转动时,磁场通过回路的磁通量始终为零,所以回路中感应电动势为零。

bc 边切割磁感线,设其感应电动势为 ε',则

$$\varepsilon' = \int_b^c (v \times \boldsymbol{B}) \cdot \mathrm{d}r = \int_0^l \omega rB\,\mathrm{d}r = \frac{1}{2}\omega Bl^2$$

$$U_a - U_c = U_b - U_c = -\varepsilon' = -\frac{1}{2}\omega Bl^2$$

4.65 (1) 正交的直导线静止在磁场中,没有感应电动势。正方形的四边在磁场中运动,每边上都有感应电动势 ε。当 C、D 与竖直导线重合时,等效电路图如题 4.65 图(a) 所示。

图中 $\varepsilon = \frac{\sqrt{2}}{2}aBv, R_1 = ar, R_2 = \frac{\sqrt{2}}{2}ar$。

根据对称性,水平直导线上无电流,电路可进一步化简如图(b) 所示。

节点电流方程为

$$I_L + I_R = I$$

回路电压方程为

$$2R_1 I_L + 2R_2 I - 2\varepsilon = 0$$
$$2R_1 I_R + 2R_2 I - 2\varepsilon = 0$$

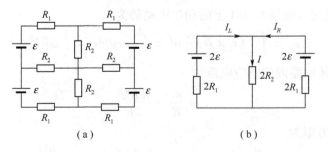

题 4.65 图

解得
$$I = \frac{2\varepsilon}{R_1 + 2R_2} = \frac{\sqrt{2}Bv}{(1+\sqrt{2})r}$$

(2) 由上述节点电流方程和回路电压方程同样可以解得
$$I_L = I_R = I/2$$

导线框所受的总安培力为
$$\mathbf{F} = I_L\mathbf{L}_{DC} \times \mathbf{B} + I_R\mathbf{L}_{DC} \times \mathbf{B} = I\mathbf{L}_{DC} \times \mathbf{B}$$
$$F = I\overline{DCB} = \frac{2aB^2v}{(1+\sqrt{2})r}$$

4.66 0 ; $\frac{1}{2}Bl\sin\theta\sqrt{gl\cos\theta}$

设细金属丝的张力为 T，则

$$T\cos\theta = mg, \quad T\sin\theta = ml\sin\theta \cdot \omega^2, \quad \omega = \sqrt{\frac{g}{l\cos\theta}}$$

如题 4.66 图所示，细金属丝、半径 $O'P$、竖直线 OO' 构成一直角三角形，面积为 $S = \frac{1}{4}l^2\sin2\theta$。以图示位置处三角形的面法线与 $\mathbf{B}$ 的夹角为 $\varphi = 0$，则小球摆动过程中，磁场通过该三角形的磁通量为

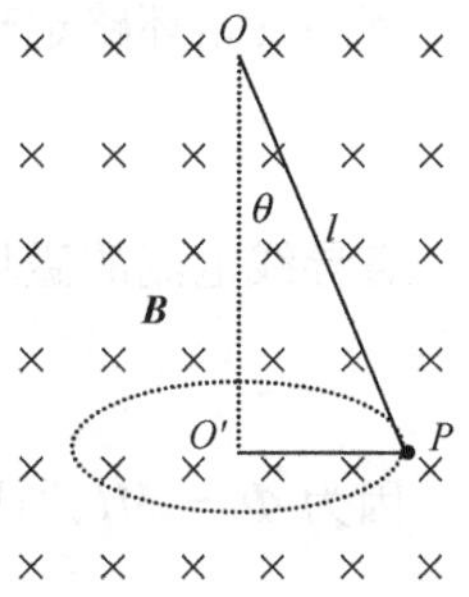

$$\Phi = BS\cos\varphi = \frac{1}{4}Bl^2\sin2\theta\cos\varphi$$

题 4.66 图

φ 随时间变化，所以三角形闭合回路中有感应电动势。

$$\varepsilon_i = -\frac{d\Phi}{dt} = \frac{1}{4}Bl^2\sin2\theta\sin\varphi\frac{d\varphi}{dt} = \frac{1}{4}Bl^2\sin2\theta\sin\varphi\cdot\varpi$$
$$= \frac{1}{2}Bl\sin\theta\sin\varphi\sqrt{gl\cos\theta}$$

半径 $O'P$、竖直线 OO' 上没有感应电动势，所以 O、P 间的电势差

$$\Delta U = U_O - U_P = -\frac{1}{2}Bl\sin\theta\sin\varphi\sqrt{gl\cos\theta}$$

其绝对值的最大值是 $\frac{1}{2}Bl\sin\theta\sqrt{gl\cos\theta}$，最小值是 0。

4.67 $\frac{ka^2}{5R}$；$-\frac{ka^2}{20}$

在网络中左侧的正方形回路上，有顺时针的感应电动势（如果 $k < 0$，则感应

电动势实际上是逆时针的)ε,右侧的正方形回路上没有感应电动势。

沿顺时针方向进入 A、流出 C 的电流强度为

$$\frac{\varepsilon}{3R + \frac{3R \cdot R}{3R + R}} = \frac{ka^2}{15R/4} = \frac{4ka^2}{15R}$$

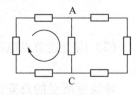

题 4.67 图

所以流过 A、C 间这段电阻丝的电流为

$$\frac{4ka^2}{15R} \cdot \frac{3R \cdot R}{3R + R}/R = \frac{ka^2}{5R}$$

从 A 到 C 的电压为

$$U_{AC} = -\varepsilon_{AC} + \frac{ka^2}{5R} \cdot R = -\frac{ka^2}{4} + \frac{ka^2}{5} = -\frac{ka^2}{20}$$

4.68 $\dfrac{\mu_0 I}{2\pi r}$; $\dfrac{\mu_0 l_2}{2\pi} \ln \dfrac{l_0 + l_1}{l_0}$

利用安培环路定理很容易得出

$$B = \frac{\mu_0 I}{2\pi r}$$

直导线电流的磁场通过导线框的磁通量为

$$\Phi = \int_{l_0}^{l_0 + l_1} B \cdot l_2 \mathrm{d}r = \frac{\mu_0 I l_2}{2\pi} \ln \frac{l_0 + l_1}{l_0}$$

因为 $\Phi = MI$,所以

$$M = \frac{\mu_0 l_2}{2\pi} \ln \frac{l_0 + l_1}{l_0}$$

4.69 $\dfrac{\mu_0 I R^2}{2(R^2 + x^2)^{3/2}}$; $\dfrac{\mu_0 \pi r^2 R^2}{2(R^2 + x^2)^{3/2}}$

利用毕 - 萨定律可直接求出 $B(x) = \dfrac{\mu_0 I R^2}{2(R^2 + x^2)^{3/2}}$,$B(x)$ 的方向同 X 轴正方向。

大圆环的电流产生的磁场通过以小圆环为界的小圆面的磁通量为

$$\Phi \approx \pi r^2 B(x)$$

所以

$$M = \frac{\Phi}{I} = \frac{\mu_0 \pi r^2 R^2}{2(R^2 + x^2)^{3/2}}$$

4.70 $(L_1 - M^2/L_2)a$

对 L_2 所在的回路有

$$L_2 \frac{\mathrm{d}i_2}{\mathrm{d}t} + M \frac{\mathrm{d}i_1}{\mathrm{d}t} = 0$$

234

对 L_1 所在的电路有（以逆时针方向为回路正方向）

$$L_1 \frac{di_1}{dt} + M \frac{di_2}{dt} - u_{AB} = 0$$

所求电压为

$$u_{AB} = L_1 \frac{di_1}{dt} + M \frac{di_2}{dt} = L_1 \frac{di_1}{dt} + M\left(-\frac{M}{L_2}\frac{di_1}{dt}\right) = (L_1 - M^2/L_2)a$$

4.71 （1）载流大圆线圈在中心附近产生的磁场可近似看作均匀磁场 $B = \frac{\mu_0 I}{2b}$。

小线圈转动时，通过其平面的磁通量为

$$\Phi = \boldsymbol{B} \cdot d\boldsymbol{S} = \frac{\pi\mu_0 I a^2}{2b}\cos\omega t$$

小线圈中的感应电动势为

$$\varepsilon_1 = -\frac{d\Phi}{dt} = \frac{\pi\mu_0\omega I a^2}{2b}\sin\omega t$$

小线圈中感应电流的大小为

$$i\frac{\varepsilon_1}{R} = \frac{\pi\mu_0\omega I a^2}{2bR}\sin\omega t$$

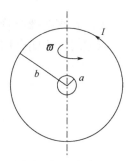

题 4.71 图

方向由楞次定律确定。

（2）要保持小线圈匀角速转动，线圈受到的合外力矩必须为零，即对线圈施加的外力矩必须等于线圈所受的磁力矩。

$$\boldsymbol{T} = \boldsymbol{M}_磁 = \boldsymbol{P}_m \times \boldsymbol{B}$$

所以，需对小线圈施加的力矩的大小为

$$T = iSB\sin\omega t = \frac{\omega}{R}\left(\frac{\pi\mu_0 I a^2}{2b}\right)\sin^2\omega t$$

（3）两个线圈的互感系数为

$$M = \Phi/I = \frac{\pi\mu_0 a^2}{2b}\cos\omega t$$

小线圈中的电流 i 产生的磁场通过大线圈的磁通量为

$$\Phi' = Mi = \frac{\pi\mu_0 a^2}{2b}\cos\omega t \cdot \frac{\pi\mu_0\omega I a^2}{2bR}\sin\omega t = \frac{\pi^2\mu_0^2 a^4 \omega I}{8b^2 R}\sin 2\omega t$$

大线圈中的感应电动势为

$$\varepsilon = -d\Phi'/dt = -\frac{\pi^2\mu_0^2 a^4 \omega^2 I}{4b^2 R}\cos 2\omega t$$

4.72 ε/R_2；ε/R_1

自感的特点是阻碍电流的增大，电容器的特点是阻碍电压的增大。

接通电键 K 后，通过自感的电流逐渐增大，电容器极板间的电压逐渐增大。

所以接通电键的瞬间，通过自感的电流为零，电容极板间的电压为零，通过 R_2 的电流为 ε/R_2；足够长时间后，电容器极板间电压达到稳定的最大值 ε，通过的电流为零，通过自感的电流达到稳定的最大值，自感上无电动势（因此无电压降），通过 R_1 的电流为 ε/R_1。

4.73 $-\dfrac{\mu_0 nC}{2}$；$-\dfrac{\mu_0 nCR^2}{2r}$

无限长密绕螺线管内的磁场 $B = \mu_0 ni$，磁场变化率 $dB/dt = \mu_0 nC$。

以顺时针为闭合回路的正方向，对管内的闭合回路，有

$$\oint_{(L)} \boldsymbol{E}_i^{\mathrm{in}} \cdot \mathrm{d}\boldsymbol{l} = -\iint_{(S)} \frac{\mathrm{d}\boldsymbol{B}}{\mathrm{d}t} \cdot \mathrm{d}\boldsymbol{S}$$

$$2\pi r E_i^{\mathrm{in}} = -\pi r^2 \mu_0 nC$$

$$E_i^{\mathrm{in}} = -\frac{\mu_0 nC}{2}r$$

对管外的闭合回路，有

$$\oint_{(L)} \boldsymbol{E}_i^{\mathrm{out}} \cdot \mathrm{d}\boldsymbol{l} = -\iint_{(S)} \frac{\mathrm{d}\boldsymbol{B}}{\mathrm{d}t} \cdot \mathrm{d}\boldsymbol{S}$$

$$2\pi r E_i^{\mathrm{out}} = -\pi R^2 \mu_0 nC$$

$$E_i^{\mathrm{out}} = -\frac{\mu_0 nCR^2}{2r}$$

负号表示感生电场场强的方向与磁感应强度变化率的方向不遵守右手螺旋规则。

4.74 $\dfrac{\pi a^2 bR_g}{R+R_g}$；$B$；$\dfrac{3\pi a^2 bR_g}{4(R+R_g)}$

金属丝、电压表及联接电压表的导线构成闭合回路，取顺时针方向为闭合回路的正方向，则闭合回路上的感应电动势为

$$\varepsilon = \oint_{(L)} \boldsymbol{E}_{\text{感}} \cdot \mathrm{d}\boldsymbol{l} = -\iint_{(S)} \frac{\mathrm{d}\boldsymbol{B}}{\mathrm{d}t} \cdot \mathrm{d}\boldsymbol{S} = -\iint_{(S)} \boldsymbol{b} \cdot \mathrm{d}\boldsymbol{S} = -bS$$

即感应电动势为逆时针方向，闭合回路中的感应电流沿顺时针方向。

当联接电压表的导线与位于第一象限的尼龙丝重合时，$S = \pi a^2$，闭合回路中感应电流的大小为 $I = \dfrac{\pi a^2 b}{R+R_g}$，电压表两端的电压为

$$U_B - U_A = IR_g = \frac{\pi a^2 b R_g}{R + R_g}$$

当把电压表放在坐标原点,接线与 X 轴和 Y 轴重合时, $S = \frac{3}{4}\pi a^2$,闭合回路中感应电流的大小为 $I = \frac{3\pi a^2 b}{4(R + R_g)}$,电压表两端的电压为

$$U_B - U_A = IR_g = \frac{3\pi a^2 b R_g}{4(R + R_g)}$$

4.75 将空腔部分看作磁感应强度分别为 B 和 $-B$ 的均匀磁场的叠加,于是整个磁场可以看作圆柱 O 内的均匀磁场 B 和圆柱 O' 内的均匀磁场 $-B$ 的叠加,金属棍上的感生电动势 ε_{AB} 就是 B 变化产生的感生电动势 ε_1 和 $-B$ 变化产生的感生电动势 ε_2 的代数和。

圆柱 O' 内的均匀磁场 $-B$ 的变化产生的感生电场 E_2 垂直于金属棍,所以 $\varepsilon_2 = 0$。

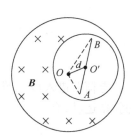

题 4.75 图

设想连接 OA、OB,与 AB 构成闭合回路,该闭合回路上沿逆时针方向的感生电动势为

$$\varepsilon_{回} = \oint_{OA+L+BO} E_1 \cdot dl = \varepsilon_{AB} = -\iint_{(S)} \frac{dB}{dt} \cdot dS = kS$$

其中: S 是三角形 OAB 的面积, $S = \frac{1}{2}Ld\sin 60° = \frac{\sqrt{3}}{4}Ld$。所以有

$$\varepsilon_{AB} = \frac{\sqrt{3}}{4}kLd$$

4.76 如题 4.76 图(a)所示,同步变化的圆柱形匀强磁场 B 在距中心轴 r 处产生的感生电场 E_i 为

$$\oint_L E_i \cdot dl = -\int_S \frac{dB}{dt} \cdot dS$$

$$E_i = \frac{1}{2}r \times \frac{dB}{dt}$$

本题所给磁场区域,可处理为半径为 R 的圆柱形均匀磁场区域(磁感应强度为 B)与半径为 $R/2$ 的小圆柱形区域(磁感强度 $-B$)的叠合,如图(b)所示。小圆柱形区域内任意点 A 处的感生电场强度便为

$$E_A = \frac{1}{2}r_1 \times \frac{dB}{dt} + \frac{1}{2}r_2 \times \left(\frac{dB}{dt}\right) = \frac{1}{2}r_0 \times \frac{dB}{dt}$$

即小圆柱形区域内为均匀电场区,如图(c) 所示,场强大小为

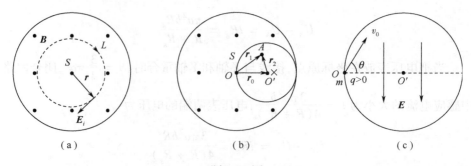

题 4.76 图

$$E = \frac{1}{2}r_0\frac{dB}{dt} = \frac{1}{4}KR$$

电荷 P 进入该区域后受到电场力 qE，产生加速度 $a = qE/m$。类比重力场中的斜抛运动，有

$$R = \frac{v_0^2\sin2\theta}{a}, \quad \frac{R}{2} = \frac{v_0^2\sin^2\theta}{2a}$$

解得

$$\theta = \arctan2 = 63.4°$$

$$v_0 = \frac{\sqrt{5}}{4}R\sqrt{\frac{Kq}{m}}$$

4.77 （1）长直螺线管中的磁感应强度为

$$B = \mu_0 NI(t) = \mu_0 Nkt$$

B 的方向与螺线管电流的方向满足右手螺旋关系，即 B 沿 Z 轴正方向。

B 的变化会在螺线管内外产生涡旋电场，利用 $\oint_L E \cdot dl = -\frac{d}{dt}\int_S B \cdot dS$，得

$$2\pi r E_{in} = -\mu_0 Nk\pi r^2, \quad E_{in} = -\frac{\mu_0 Nkr}{2} \quad (r < R)$$

符号表示 E_{in} 的方向与 Z 轴正向违背右手螺旋关系，即与螺线管的电流反向。

$$2\pi r E_{out} = -\mu_0 Nk\pi R^2, \quad E_{out} = -\frac{\mu_0 NkR^2}{2r} \quad (r > R)$$

E_{out} 的方向与螺线管的电流反向。

（2）玻璃管内的正离子和自由电子均受到涡旋电场的作用。正离子和自由电子带电量大小相等，它们受到的涡旋电场力大小相等。由于正离子的质量远大于自由电子的质量，所以自由电子所获得的加速度远大于正离子所获得的加速度，等离子体内的电流主要产生于自由电子的运动，正离子运动对电流的贡献可略去。

电子受到涡旋电场的作用力 $F_e = -eE_{in}$，它使电子获得切向加速度 a 和切向运动速度 u，产生切向的电流密度 j。F_e、a、u 的方向均与 Z 轴正方向满足右手螺旋关系，因此，j 的方向与 Z 轴正方向违背右手螺旋关系，即 j 的方向与螺线管中的电流方向相反。

$$j(r,t) = n_0 e u(r,t)$$

上式两边对时间求导，得

$$\frac{\partial j(r,t)}{\partial t} = n_0 e \frac{\partial u(r,t)}{\partial t} = n_0 e a(r,t) = n_0 e \frac{F_e}{m_e} = \frac{n_0 e^2}{m_e}|E_{in}| = \frac{\mu_0 N k n_0 e^2 r}{2 m_e}$$

所以

$$j(r,t) = \frac{\mu_0 N k n_0 e^2 r}{m_e} t$$

（3）自由电子获得的切向运动速度与螺线管的电流同向，使得电子受到指向中轴的洛仑兹力。正离子获得的切向运动速度与螺线管的电流反向，使其受到的洛仑兹力也指向中轴。由于玻璃管内 r 较大处的涡旋电场较强，自由电子、正离子获得较大的切向运动速度，它们受到较大的洛仑兹力作用，因此，螺线管通电后等离子体会迅速向中轴线压缩。

4.78 选顺时针方向为回路的正方向，左、右两个正方形回路上的感应电动势分别为

$$\varepsilon_1 = -\frac{d}{dt}(-a^2 B) = ka^2, \quad \varepsilon_2 = -\frac{d}{dt}(a^2 B) = -ka^2$$

（1）左边正方形回路上的回路电压方程为

$$I_1 \cdot 3R + IR - \varepsilon_1 = 0$$

右边正方形回路上的回路电压方程为

$$-I_2 \cdot 3R - IR - \varepsilon_2 = 0$$

另有对应节点 A 的节点电流方程

$$I - I_1 - I_2 = 0$$

解出

$$I_1 = I_2 = \frac{ka^2}{5R}, \quad I = \frac{2ka^2}{5R}$$

（2）$U_{AB} = -\frac{1}{4}\varepsilon_1 + \frac{1}{4}\varepsilon_2 + IR = -\frac{ka^2}{10}$。

4.79 沿顺时针方向，闭合回路上的总电动势为

$$\varepsilon = \oint_{(L)} E \cdot dl = -\iint_{(S)} \frac{dB}{dt} \cdot dS = -k\pi R^2 = -9(V)$$

等效电路如题 4.79 图所示,其中 $\varepsilon_1 = \varepsilon_2 = \varepsilon_3 =$ 4.5V, $R_1 = 30\Omega$, $R_2 = 60\Omega$, R_3 待求。

(1) 当未接电阻 R_3(电键打开)时,列节点电流方程:

$$I + I_1 + I_2 = 0$$

和回路电压方程:

$$I_1 R_1 - I R_1 - \varepsilon_1 = 0$$
$$I R_1 - I_2 R_2 - \varepsilon_2 = 0$$

解得:

$$I = -0.03\text{A}, \quad I_1 = 0.12\text{A}, \quad I_2 = -0.09\text{A}$$

所求电势差

$$U_{MN} = I R_1 = -0.9(\text{V})$$

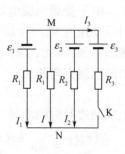

题 4.79 图

(2) 盒上电键 K 后,根据题目要求,$I = 0$。列节点电流方程:

$$I_1 + I_2 + I_3 = 0$$

和回路电压方程:

$$I_1 R_1 - I_2 R_2 - \varepsilon_1 - \varepsilon_2 = 0$$
$$I_2 R_2 - I_3 R_3 + \varepsilon_2 - \varepsilon_3 = 0$$
$$-I_3 R_3 - \varepsilon_3 = 0$$

解得:

$$I_1 = 0.15\text{A}, \quad I_2 = -0.075\text{A}, \quad I_3 = -0.075\text{A}$$

所求电阻

$$R_3 = -\frac{\varepsilon_3}{I_3} = 60(\Omega)$$

4.80 ___N___;$K\left(\dfrac{\sqrt{3}}{4} + \dfrac{1}{12}\pi\right)R^2$

如题 4.80 图所示,作三条辅助线,与磁场边界交于 M、E、F 点。
在闭合回路 $OMNO$ 上,取顺时针方向为正方向,有

$$\varepsilon = \oint_{(L)} \boldsymbol{E} \cdot d\boldsymbol{l} = -\iint_{\triangle OMN} \frac{d\boldsymbol{B}}{dt} \cdot d\boldsymbol{S}$$

$$= -\iint_{\triangle OME} \frac{d\boldsymbol{B}}{dt} \cdot d\boldsymbol{S} - \iint_{\text{扇}OEF} \frac{d\boldsymbol{B}}{dt} \cdot d\boldsymbol{S}$$

$$= -K\left(\frac{\sqrt{3}}{4}R^2 + \frac{1}{12}\pi R^2\right)$$

$$= -K\left(\frac{\sqrt{3}}{4} + \frac{1}{12}\pi\right)R^2$$

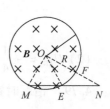

题 4.80 图

由于感生电场垂直于径向,所以线段 OM 和 ON 上没有感应电动势,ε 就是 MN 上的感应电动势,$\varepsilon < 0$ 表明感应电动势方向由 M 到 N。

4.81　$-\pi/2$;　0

以 S 表示极板面积($S = \pi R^2$),d 表示板间距,C 表示电容器电容($C = \varepsilon_0 S/d = \pi\varepsilon_0 R^2/d$)。

设外接交流电电压为 $u = u_0\cos(\omega t + \varphi)$,则板间电场强度为

$$E = \frac{u}{d} = \frac{u_0}{d}\cos(\omega t + \varphi)$$

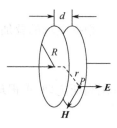

题 4.81 图

充电电流(传导电流)为

$$i = \frac{\mathrm{d}(Cu)}{\mathrm{d}t} = -Cu_0\omega\sin(\omega t + \varphi) = Cu_0\omega\cos\left(\omega t + \varphi + \frac{\pi}{2}\right)$$

板间无传导电流。根据全电流的连续性,加之不考虑边缘效应,可知板间位移电流密度为

$$j_d = \frac{i}{S} = \frac{Cu_0\omega}{S}\cos\left(\omega t + \varphi + \frac{\pi}{2}\right)$$

由位移电流的轴对称性,利用磁场的安培环路定理,可得板间距轴线为 r 处的 P 点的磁场为

$$H = \frac{\pi r^2 j_d}{2\pi r} = \frac{u_0 r C\omega}{2S}\cos\left(\omega t + \varphi + \frac{\pi}{2}\right)$$

所以板间 E 与 H 的相位差为 $-\dfrac{\pi}{2}$。

电容器边缘的坡印廷矢量 $\boldsymbol{S} = \boldsymbol{E} \times \boldsymbol{H}(R)$,方向沿径向向里,如题 4.81 图所示,$\boldsymbol{S}$ 的大小为

$$S = EH(R) = \frac{u_0^2 RC\omega}{2Sd}\cos\left(\omega t + \varphi + \frac{\pi}{2}\right)\cos(\omega t + \varphi)$$

其平均值为$\left(\text{周期 } T = \dfrac{2\pi}{\omega}\right)$:

$$\bar{S} = \frac{1}{T}\int_0^T S\mathrm{d}t = 0$$

4.82　导体球运动过程中的某一任意时刻,设场点 P 相对球心 O 的位矢为 $\boldsymbol{r}_0$。在球面上取一电荷元 $\mathrm{d}q$,设其到 P 的位矢为 $\boldsymbol{r}$,则(根据运动电荷产生的磁场公式)其在场点产生的磁感应强度为

$$\mathrm{d}\boldsymbol{B} = \frac{\mu_0}{4\pi}\frac{\mathrm{d}q\boldsymbol{v}\times\boldsymbol{r}}{r^3}$$

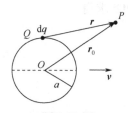

题 4.82 图

球面上电荷在 P 点的总磁感应强度为

$$B = \int dB = \frac{\mu_0}{4\pi} v \times \int_Q \frac{r dq}{r^3}$$

根据电场的叠加原理,球面电荷在 P 点的电场强度为

$$E = \int dE = \frac{1}{4\pi\varepsilon_0} \int_Q \frac{r dq}{r^3}$$

利用高斯定理,求得球面电荷在 P 点的电场强度为

$$E = \begin{cases} 0 & (r_0 < a) \\ \dfrac{Q}{4\pi\varepsilon_0} \dfrac{r_0}{r_0^3} & (r_0 > a) \end{cases}$$

所以有

$$\int_Q \frac{r dq}{r^3} = \begin{cases} 0 & (r_0 < a) \\ \dfrac{Q r_0}{r_0^3} & (r_0 > a) \end{cases}$$

代入得 P 点的磁感应强度为

$$B = \frac{\mu_0}{4\pi} v \times \int_Q \frac{r dq}{r^3} = \begin{cases} 0 & (r_0 < a) \\ \dfrac{\mu_0 Q}{4\pi r_0^3} v \times r_0 & (r_0 > a) \end{cases}$$

4.83 $\underline{\quad 40 \quad}$; $\underline{0.095}$

无论是接交流电还是直流电,电阻的阻值是不变的;电感则不同,纯自感 L 在接直流电时仅相当于一根导线,而接交流电时却有类似电阻的限流作用。

由直流电流强度(0.5A)大于交流电流强度的有效值(0.4A)可知,本题中 L 和 R 串联。

接直流电时,L 上感抗为零,串联电路的总电阻为

$$R = \frac{U}{I} = 40\Omega$$

接交流电时,串联电路的总阻抗为 $Z = \sqrt{R^2 + (\omega L)^2}$,同时有 $Z = \dfrac{U_0}{I_0} = 50\Omega$,求得

$$L = 0.095\text{H}$$

第五章 光 学

第一节 内容精粹

一、光的干涉

1. 光程差和相位差

光程:光在折射率为 n 的介质中传播 r 的距离,与在真空中传播 nr 的距离所用的时间和相位改变分别相等,定义 nr 为光程。

薄透镜的等光程性:薄透镜的物点和像点间,不同光束的光程相等;薄透镜物方平行光波阵面上各点,到平行光像点的光程相等;薄透镜物方焦平面上一物点,经透镜后变成像方的平行光,物点到平行光波阵面上各点的光程相等。

光程差和相位差:两束光的光程之差 δ 和相应的相位差 $\Delta\varphi$ 满足关系

$$\Delta\varphi = 2\pi\frac{\delta}{\lambda}$$

相干条件:频率相等、振动方向相同、相位差恒定。

获得相干光的方法:分波阵面法、分振幅法。

干涉相长、相消判据:

$$\delta = \begin{cases} \pm k\lambda \\ \pm(2k+1)\dfrac{\lambda}{2} \end{cases}, \quad \Delta\varphi = \begin{cases} \pm 2k\pi & (k=0,1,2,\cdots) \text{ 干涉相长} \\ \pm(2k+1)\pi & (k=0,1,2,\cdots) \text{ 干涉相消} \end{cases}$$

2. 杨氏双缝干涉

光程差:杨氏双缝出射的光,到屏上距屏中心(双缝中垂线与屏的交点)x 的观察点的光程差为

$$\delta = r_2 - r_1 = \frac{d}{D}x$$

式中:d 是双缝间距;D 是双缝与屏的距离。

条纹位置:

$$\delta = \begin{cases} \pm k\lambda \\ \pm (2k+1)\dfrac{\lambda}{2} \end{cases}, \quad x = \begin{cases} \pm k\dfrac{D}{d}\lambda & (k=0,1,2,\cdots) \text{ 明纹} \\ \pm (2k+1)\dfrac{D}{d}\dfrac{\lambda}{2} & (k=0,1,2,\cdots) \text{ 暗纹} \end{cases}$$

条纹形状：明暗相间、等间距（$\Delta x = \dfrac{D}{d}\lambda$）、平行于缝的直条纹。

杨氏双缝实验的分析，可类似地用于分析菲涅耳双面镜、菲涅耳双棱镜、洛埃镜实验等。

3. 平行膜的等倾干涉

平行光从折射率为 n_1 的介质以入射角 i 入射到折射率 n_2、厚度 e 的平行（等厚）膜，从折射率为 n_1 的介质中观察平行膜两表面反射的平行光经会聚透镜后的成像。

当平行膜两表面反射条件相同时，两束反射光的光程差为

$$\delta = 2e\sqrt{n_2^2 - n_1^2\sin^2 i}$$

当平行膜两表面反射条件不同时，两束反射光的光程差为

$$\delta' = 2e\sqrt{n_2^2 - n_1^2\sin^2 i} + \dfrac{\lambda}{2}$$

在透镜的焦平面上，观察结果为明暗相间的同心圆环。出现明环的条件是

$$\delta、\delta' = k\lambda \quad (k=1,2,3,\cdots)$$

出现暗环的条件是

$$\delta = (2k+1)\dfrac{\lambda}{2} \quad (k=0,1,2,\cdots)$$

$$\delta' = (2k+1)\dfrac{\lambda}{2} \quad (k=1,2,3,\cdots)$$

如果观察透射光的干涉情况，结果与从反射光中观察的结果恰恰相反。

4. 劈尖膜的等厚干涉

平行光垂直入射劈尖角 θ、折射率 n 的劈尖膜，从反射光中观察干涉结果。当劈尖膜两表面反射条件相同时，厚度为 e 处两束反射光的光程差为

$$\delta = 2ne$$

当劈尖膜两表面反射条件不同时，厚度为 e 处两束反射光的光程差为

$$\delta' = 2ne + \dfrac{\lambda}{2}$$

观察结果为明暗相间的与棱边平行的直条纹。出现明纹的条件是

$$\delta = k\lambda(k = 0,1,2,\cdots), \quad \delta' = k\lambda(k = 1,2,3,\cdots)$$

出现暗纹的条件是

$$\delta、\delta' = (2k+1)\frac{\lambda}{2}(k = 0,1,2,\cdots)$$

相邻两条明(暗)纹对应膜的厚度之差为

$$\Delta e = \frac{\lambda}{2n}$$

相邻两条明(暗)纹在膜上的距离为

$$\Delta l = \frac{\Delta e}{\sin\theta} = \frac{\lambda}{2n\sin\theta} \approx \frac{\lambda}{2n\theta}$$

如果观察透射光的干涉情况,结果与从反射光中观察的结果恰恰相反。

5. 牛顿环

牛顿环由等厚干涉产生,是明暗相间、内疏外密的同心圆环。

设平凸透镜的凸面曲率半径是 R、平凸透镜与平板玻璃间介质的折射率是 n、波长为 λ 的平行光垂直入射,从反射光中观察干涉结果。

当介质两表面反射条件相同时,半径为 r 处两束反射光的光程差为

$$\delta = n\frac{r^2}{R}$$

当介质两表面反射条件不同时,半径为 r 处两束反射光的光程差为

$$\delta' = n\frac{r^2}{R} + \frac{\lambda}{2}$$

出现明环的条件、明环半径是

$$\delta = k\lambda, \quad r = \sqrt{k\frac{R\lambda}{n}} \quad (k = 0,1,2,\cdots)$$

$$\delta' = k\lambda, \quad r = \sqrt{(2k-1)\frac{R\lambda}{2n}} \quad (k = 1,2,3,\cdots)$$

出现暗环的条件、暗环半径是

$$\delta = (2k+1)\frac{\lambda}{2}, \quad r = \sqrt{(2k+1)\frac{R\lambda}{2n}} \quad (k = 0,1,2,\cdots)$$

$$\delta' = (2k+1)\frac{\lambda}{2}, \quad r = \sqrt{k\frac{R\lambda}{n}} \quad (k = 0,1,2,\cdots)$$

如果观察透射光的干涉情况,结果与从反射光中观察的结果恰恰相反。

6. 迈克尔孙干涉仪

当两个反射镜严格垂直时,观察到等倾干涉,是一系列明暗相间的同心圆环;当两个反射镜不是严格垂直时,观察到等厚干涉,是一系列明暗相间的条纹。

当其中一个反射镜沿光的传播方向平移距离 d 时,光程差改变 $2d$,视场中有 N 个明环收缩到圆心消失或从圆心产生向外扩展(等倾干涉情况),或有 N 个明纹从视场中某点扫过(等厚干涉情况)。

$$2d = N\lambda$$

二、光的衍射

1. 惠更斯菲涅耳原理

波阵面上任一面元 dS 都可以作为子波源,它的振动引起相对面元 r 处的一场点振动,振幅不仅正比于面元 dS、反比于距离 r(根据"通过不同半径的球面的能流相等"而来),而且和面元法向与 r 的夹角 θ 有关系。设波阵面的初相为零,则

$$dE = C\frac{K(\theta)}{r}\cos\left(\omega t - 2\pi\frac{r}{\lambda}\right)dS$$

式中:$K(\theta)$ 随 θ 增大而减小;C 是比例系数。

场点处的振动就是无限多的面元子波源的波相遇时引起的振动的叠加:

$$dE = \int_S C\frac{K(\theta)}{r}\cos\left(\omega t - 2\pi\frac{r}{\lambda}\right)dS$$

该式称为菲涅耳积分。

2. 单缝夫琅和费衍射

设单缝宽度为 a,波长为 λ 的单色光垂直缝面照射。

半波带法分析:

衍射角为 θ 时,从单缝两边缘出射的光具有最大光程差 $a\sin\theta$。如果等于半波长的偶数倍,观察屏上为暗纹;如果等于半波长的奇数倍,观察屏上为明纹:

$$a\sin\theta = \begin{cases} \pm 2k\dfrac{\lambda}{2} & (k=1,2,3,\cdots)\text{ 暗纹} \\ \pm (2k+1)\dfrac{\lambda}{2} & (k=1,2,3,\cdots)\text{ 明纹} \end{cases}$$

对应 $\theta = 0$ 处是中央明纹中心

中央明纹以两侧的第一级暗纹为边界,其半角宽度为

$$\theta \approx \sin\theta = \frac{\lambda}{a}$$

线宽度为

$$\Delta x = 2f\tan\theta \approx 2f\sin\theta = 2f\frac{\lambda}{a}$$

菲涅耳积分法分析:

衍射角为 θ 时,屏上观察点的光强为

$$I = I_0 \frac{\sin^2\alpha}{\alpha^2}, \quad \alpha = \frac{\pi a \sin\theta}{\lambda}$$

式中:I_0 是中央明纹中心处的光强,它正比于单缝面积的平方。

菲涅耳积分法分析给出的暗纹位置与半波带分析完全一致,给出的明纹位置到屏中心的距离比半波带分析略微偏小。

3. 圆孔夫琅和费衍射和光学仪器的分辨本领

用波长为 λ 的单色光垂直入射直径为 D 的圆孔,在孔后屏幕中心处形成爱里斑,爱里斑占有圆孔透过光能的 84% 左右,爱里斑外是明暗相间的同心圆环,但明环亮度弱、数目少。

爱里斑以第一级暗环为边界,第一级暗环对应的衍射角即为爱里斑的角半径:

$$\theta_0 \approx \sin\theta_0 = 1.22\frac{\lambda}{D}$$

爱里斑对透镜光心的张角为

$$2\theta_0 = 2.44\frac{\lambda}{D}$$

瑞利判据:两个强度相等的点光源(物点)通过光学仪器圆孔衍射,当一个物点衍射的爱里斑中心恰好与另一物点衍射的第一极小相重合时,这两个物点恰能被这一光学仪器分辨。

光学仪器的最小分辨角:根据瑞利判据,光学仪器的最小分辨角为

$$\delta\theta = 1.22\frac{\lambda}{D}$$

光学仪器的分辨本领:最小分辨角的倒数称为分辨本领

$$R \equiv \frac{1}{\delta\theta} = \frac{D}{1.22\lambda}$$

4. 光栅衍射

波长 λ 的单色平行光垂直入射缝宽为 a、光栅常数为 d 的 N 缝平面光栅,缝间干涉出现主极大的必要条件——光栅方程:

$$d\sin\theta = \pm k\lambda \quad (k = 0,1,2,\cdots)$$

缝间干涉的结果受到单缝衍射的调制,中央主极大光强最大,级次越大的主极大光强越小(总体趋势)。衍射角满足

$$a\sin\theta = \pm k'\lambda \quad (k' = 1,2,3,\cdots)$$

的主极大不能出现,使得

$$k = k'\frac{d}{a} \quad (k' = 1,2,3,\cdots)$$

的主极大发生缺级。

光栅衍射的相邻两个主极大之间有个 $N-1$ 个极小,因此有 $N-2$ 个光强很小的次极大。缝数 N 越大则主极大越细,细亮纹间实际上是极小和次极大构成的暗区,在黑暗的背景上产生分立的细亮纹主极大。

当入射光不是单色光时,波长 λ 和 $\lambda + \delta\lambda$ 的同级(比如 k 级)主极大相互接近。当其中之一的主极大与另一主极大的最近极小重合时,二主极大恰能分辨。定义光栅的分辨本领

$$R \equiv \frac{\lambda}{\delta\lambda}$$

经分析可得

$$R = kN$$

5. X 射线的衍射

X 射线衍射产生劳厄斑,是入射 X 射线经"无限多"的晶格反射后相干叠加的结果。设入射 X 射线的波长为 λ、掠射角为 φ、晶面间距为 d,则产生劳厄斑的条件——布喇格方程为

$$2d\sin\varphi = k\lambda \quad (k = 1,2,3,\cdots)$$

三、光的偏振

1. 光的偏振态

光波是横波;光的偏振态有自然光、部分偏振光、线偏振光、椭圆偏振光、圆偏振光等,还有混合光。

普通光源发光是自然光。可使用渥拉斯顿棱镜、尼科耳棱镜、反射、人造偏振

片等起偏产生线偏振光;反射起偏可产生部分偏振光;线偏振光透过波晶片可产生椭圆偏振光和圆偏振光。

鉴别偏振态可使用偏振片、波晶片等检偏。

2. 马吕斯定律和布儒斯特定律

马吕斯定律:强度为 I_0 的线偏振光入射偏振片,当其振动方向与偏振片的透振方向成 α 角时,透射线偏振光的强度为

$$I = I_0 \cos^2 \alpha$$

布儒斯特定律:自然光在折射率为 n_1 的介质中传播,入射与折射率为 n_2 的介质的界面,发生反射和折射。改变入射角,当反射光与折射光垂直时,反射光为垂直于入射面振动的线偏振光,折射光为以平行于入射面振动为主的部分偏振光。这时的入射角 i_0 称为布儒斯特角或起偏振角,且

$$\tan i_0 = \frac{n_2}{n_1}$$

3. 双折射

o 光的主平面与双折射晶体的主截面平行,遵守折射定律,折射率 n_o 是定值,垂直于自己的主平面振动;e 光的主平面一般不与双折射晶体的主截面平行,不遵守折射定律,折射率随传播方向变化,当传播方向平行于光轴时折射率为 n_o,垂直于光轴传播时的折射率 n_e(称为主折射率)与 n_o 差别最大,平行于自己的主平面振动。

正晶体:$n_o < n_e$;负晶体:$n_o > n_e$。

4. 波晶片和偏振光的干涉

波晶片:光轴平行于表面的晶体薄片。

设波长为 λ 的线偏光垂直于晶片表面入射,振动方向与光轴成 α 角,晶片厚度为 d。在晶片内分为 o 光和 e 光,透射时二者的光程差 δ 和相位差 $\Delta\varphi$ 分别为

$$\delta = (n_o - n_e)d, \quad \Delta\varphi = \frac{2\pi}{\lambda}(n_o - n_e)d$$

透射光是二者的合成,一般情况下是椭圆偏振光。

$\lambda/4$ 片:$\delta = k\lambda \pm \frac{\lambda}{4}, \Delta\varphi = 2k\pi \pm \frac{\pi}{2}(k = 0, \pm 1, \pm 2, \cdots)$ 的波晶片。线偏振光经过 $\lambda/4$ 片后变为正椭圆偏振光,其短轴长度取决于 α。当 $\alpha = 0$ 或 $90°$ 时为线偏振光;当 $\alpha = 45°$ 时则为圆偏振光。$\lambda/4$ 片的最小厚度为

$$d_{1/4} = \frac{\lambda}{4 | n_o - n_e |}$$

$\lambda/2$ 片:$\delta = k\lambda \pm \dfrac{\lambda}{2}$,$\Delta\varphi = 2k\pi + \pi$($k = 0, \pm 1, \pm 2, \cdots$)的波晶片。线偏振光经过 $\lambda/2$ 片仍然为线偏振光,其振动方向与入射线偏振光的振动方向关于光轴对称。$\lambda/2$ 片的最小厚度为

$$d_{1/2} = \frac{\lambda}{2 \mid n_o - n_e \mid}$$

由晶片出射的 o 光和 e 光虽然来自同一束入射光,且具有固定的相位差,但它们的振动方向相互垂直,不是相干光。在其传播方向上垂直地放置另一偏振片,则 o 光和 e 光平行于透振方向的分量通过偏振片后可发生干涉(除了 o 光和 e 光在通过晶片时产生相位差外,它们在后一偏振片透振方向上分解时还产生一附加相位差 π)。

第二节 解题要术

一、光的干涉

光的干涉是两束或有限多束光的相遇叠加,强调的是相遇区域光强的非均匀分布。

当两束相干光的光程差和相位差分别为 $\delta = \pm k\lambda$、$\Delta\varphi = \pm 2k\pi$ ($k = 0, 1, 2, \cdots$) 时,干涉相长;当 $\delta = \pm (2k+1)\dfrac{\lambda}{2}$、$\Delta\varphi = \pm (2k+1)\pi$ ($k = 0, 1, 2, \cdots$) 时,干涉相消。因此在分析光的干涉问题时,光程差和相位差的分析是问题的关键。另外,分析时要时刻关注相位突变。

杨氏双缝干涉装置有变化时,分析问题的思路不变,但光程差变化。比如在缝 S_1 后放一片折射率为 n、厚度为 d 的介质波片,那么双缝出射的光到屏上距屏中心 x 的观察点的光程差变为

$$\delta = r_2 - r_1 - (n-1)d = \frac{d}{D}x - (n-1)d$$

屏幕中心处不再是中央明纹,所有条纹向 S_1 相对 S_2 一侧移动。

在内容精要的等倾干涉部分,列出的公式较多,读者实际上无需背下这些公式,背多了反而有害无益,只要会分析反射(及透射)时的光程差、时刻关注相位突变就足够了。

等厚干涉,尤其是牛顿环,相关的题目很多,条件稍有变化就是一个新题目,读者如何准备?关键还是要掌握通用的方法,举一反三。

二、光的衍射

光的衍射是无限多束光的相遇叠加,强调的是光偏离直线传播进入几何阴影区的现象。

宽度为 a 的单缝能分割成几个半波带?这个问题没有确切的答案,因为半波带的数目还与入射光波长 λ 和衍射角 θ 有关:

$$\text{半波带数} = \frac{a\sin\theta}{\lambda/2}$$

要注意入射光以一定入射角 φ 入射缝面的情况,这时对应衍射角 θ 观察屏上出现明、暗纹的条件为

$$a(\sin\theta + \sin\varphi) = \begin{cases} \pm 2k\dfrac{\lambda}{2} & (k=1,2,3,\cdots) \text{ 暗纹} \\ \pm(2k+1)\dfrac{\lambda}{2} & (k=1,2,3,\cdots) \text{ 明纹} \end{cases}$$

对应 $\theta = -\varphi$ 处是中央明纹中心

注意:φ 的符号确定方法与 θ 的符号确定方法是一致的,当入、衍射光线在缝面法线上方时为正,当入、衍射光线在缝面法线下方时为负。

也要注意入射光以一定入射角 φ 入射光栅平面的情况,这时对应衍射角 θ 观察屏上出现主极大的必要条件 —— 光栅方程为

$$d(\sin\theta + \sin\varphi) = \pm k\lambda \quad (k = 0,1,2,\cdots)$$

当入、衍射光线在光栅平面法线上方时 φ、θ 为正,当入、衍射光线在光栅平面法线下方时 φ、θ 为负。中央主极大对应衍射角 $\theta = -\varphi$。

当 $d/a =$ 自然数时,$k = k'd/a(k' = 1,2,3,\cdots)$ 的主极大全部缺级;当 $d/a \neq$ 自然数时,取 k' 为一系列自然数:$k' = 1,2,3,\cdots$,凡 $k = k'd/a =$ 自然数的主极大都不出现。

三、光的偏振

自然光从折射率为 n_1 的介质入射折射率为 n_2 的介质时,入射角 $i_0 = \tan^{-1}\dfrac{n_2}{n_1}$ 为布儒斯特角,记折射角为 r_0。那么当自然光从折射率为 n_2 的介质入射折射率为 n_1 的介质时,r_0 就是布儒斯特角。

在分析研究涉及偏振的问题时,尤其是偏振光的偏振态和偏振光的干涉问题,一定要勤于动手作图,这样做下来思路清晰、一目了然。

要注意晶片会使 o 光和 e 光产生相位差，它们欲通过偏振片时在透振方向上分解产生附加相位差。

第三节 精选习题

5.1（填空） 顶角为 θ 的直角三棱镜，如题 5.1 图所示。单色光经空气从斜边射入后，在棱镜中的折射光线与棱镜底边平行，再从棱镜出射后，相对原入射光线的偏向角为 α，则棱镜玻璃折射率 $n = $ _____。假设 $\alpha = \theta = 30°$，再将另一个材料相同的较大直角三棱镜以图(b) 所示方式拼接在图(a) 的三棱镜右侧。不改变原入射光线方位，则从组合棱镜第一次出射到空气的光线相对原入射光线的偏向角 $\alpha' = $ _____。

5.2（计算） 细圆柱形的光纤如题 5.2 图所示，折射率沿径向分布函数为 $n^2(r) = n_0^2(1 - \alpha^2 r^2)$，$\alpha > 0$，$\alpha^2 r_{max}^2 < 1$，其中 n_0 为光纤中央轴上（即 $r = 0$ 处）的折射率。沿中央轴设置 x 坐标，光线从原点 O 射出，与 x 轴夹角为 φ_0，设 φ_0 较小，光线不会与光纤壁相遇，试求光线方程 $r \sim x$。进而说明，若从 O 点出射的是半顶角 φ_0 为小角度的细圆锥形光束，则此光束又会汇聚在 x 轴上的某一点，即出现自聚焦现象。

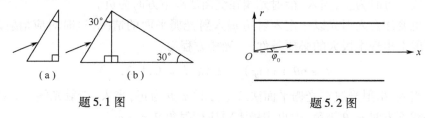

题 5.1 图　　　题 5.2 图

5.3（填空） 如题 5.3 图所示，圆柱形均匀透明体的底面下平放着一枚小硬币，两者间有微小间隙，且硬币厚度可忽略不计。设周围都是空气，若通过透明体侧壁看不到硬币，则透明体折射率 n 的取值范围为 _____。

5.4（填空） 如题 5.4 图所示的光路中，PO 是薄凸透镜的主光轴，f 是透镜的焦距，a 是 P 点与透镜的距离，且 $a > f$，A 是焦平面上与中心点 O 相隔小距离 x

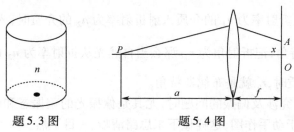

题 5.3 图　　　题 5.4 图

的一点,则自 P 点发出经透镜折射分别至 A 的光线的光程 L_{PA} 与至 O 的光线的光程 L_{PO} 之差 $\Delta = L_{PA} - L_{PO} = $ _____。(用 a、f、x 表示)

5.5（计算） 将一块双凸透镜等分为二,如题 5.5 图放置,主光轴上物点 S 通过它们分别可成两个实像 S_1、S_2,实像的位置也已在图中示出。(1) 在纸平面上作图画出可产生光相干叠加的区域;(2) 在纸平面上相干区域中相干叠加所成亮线是什么类型的曲面?

5.6（填空） 费马原理的文字表述为 _____。如题 5.6 图所示,两条频率相同的平行光线 A_1B_1P 和 A_2B_2P,通过透射会聚在透镜焦平面上的 P 点,透镜四周是折射率为 n 的相同介质。设 A_1、A_2 连线与主光轴 MN 垂直,两条平行光线的间距为 d,光线 A_1B_1P 通过透镜光心且与主光轴所成夹角为 θ,则光线 A_1B_1P 和 A_2B_2P 之间的光程差为 $\Delta = $ _____。

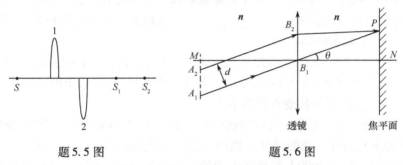

题 5.5 图　　　　　　题 5.6 图

5.7（计算） 由两根相距为 d 竖直放置的棒状天线 O_1 和 O_2 组成的天线阵列,可在水平平面内各向同性地发射波长为 λ、强度相同、但有一定相位差的无线电波。$\overline{O_1O_2}$ 中点 O 与远方 A、B 两镇的连线间的夹角为 $\varphi(\varphi < \pi)$,如题 5.7 图所示。现想通过调整二天线间的相位差,使 A 镇收到的信号最强,但 B 镇收不到信号;当改用另一相位差时,使 A 镇收不到信号,而 B 镇收到的信号最强。求:(1) 天线阵列 O_1、O_2 连线的最小长度 $d_{\min}$;(2) $\overline{O_1O_2}$ 与 $\overline{OA}$ 间的夹角 $\theta = $?两种情况中两天线所发射的无线电波间的相位差各为何值?

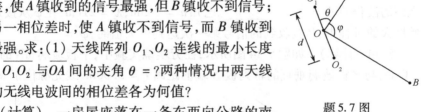

题 5.7 图

5.8（计算） 一房屋座落在一条东西向公路的南面距公路 100 m 的地方,屋内的电视机正接收远处电视台的信号,信号频率为 60 MHz,方向如题 5.8 图所示。一汽车沿公路自东向西匀速行使,使屋内电视信号的强度发生起伏变化。当汽车行经房屋正北面 O 点的瞬时,屋内电视信号的强度起伏为每秒两次,求汽车的行使速率。

5.9（计算） 波长为 λ 的两个相干的平行光束 1、2,分别以题 5.9 图所示的

253

入射角 θ、φ 入射在屏幕面 MN 上。求屏幕上干涉条纹的间距。

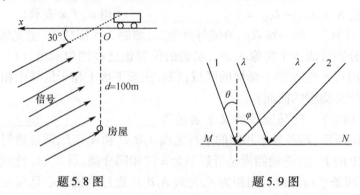

题 5.8 图　　　　　　　　　题 5.9 图

5.10（填空） 若用太阳光作光源观察双缝干涉花样，为使条纹不致模糊不清，两缝间隔的最大值 $d_{\max}$ = ＿＿＿＿＿＿。已知太阳光的发散角为 $1'$，取太阳光的平均波长为 500nm。

5.11（填空） 借助于滤光片从白光中取得蓝绿色光作为杨氏干涉装置的光源，其波长范围 $\Delta\lambda$ = 100nm，平均波长 λ = 490nm。其杨氏干涉条纹大约从第 ＿＿＿＿＿＿ 级开始将变得模糊不清。

5.12（计算） 用白光进行的杨氏双缝实验中，在屏幕中心一侧的 7000Å 波长光的亮条与另外一侧的同样颜色的一条亮线之间的距离为 1.4cm。(1) 求在屏幕中心同一侧的 4000Å 与 6000Å 光的一级亮条之间的距离。(2) 如果在其中一个狭缝的附近放一个对所有波长都有效的移相片使光程都增加半个波长，请给出 7000Å、6000Å、4000Å 的零级极大离屏幕中心的点的距离。

5.13（填空） 微波探测器 P 位于湖岸水面上方 h 处，发射波长为 λ 电磁波的射电星位于地平线上方 φ 角时，题 5.13 图中所示的直射波线 1 与反射波线 2 之间的波程差 Δ = ＿＿＿＿＿＿。已知 $h = 0.5$m，$\lambda = 21$cm，在 φ 从接近零度开始增大的过程中，P 接收到的信号第一次达到极大值时，φ = ＿＿＿＿＿＿。

5.14（计算） 如题 5.14 图所示，在劳埃镜实验中，平板玻璃 MN 的长度 r = 5.0cm，与平板玻璃垂直的幕到板 N 端的距离 l = 3.00m。线光源位于 M 端正上

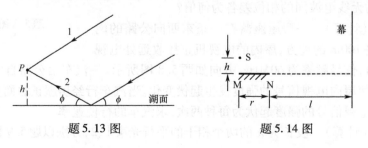

题 5.13 图　　　　　　　　　题 5.14 图

254

方,离板的高度 $h = 0.50$mm,光源波长 $\lambda = 500$nm,试求:(1)幕上相邻干涉亮条纹的间距;(2)幕上干涉亮条纹的最低级数。

5.15（计算） 一个三缝装置在单色平行光照射下,在透镜焦平面上形成干涉图样。已知缝间距为 d,缝宽比 d 小得多,入射光的波长为 λ,透镜焦距为 f,干涉图样的光强与 x 的关系如题5.15图所示。设 O 点的光强为 I_0。(1)以 $\frac{\lambda}{d}f$ 为单位,写出干涉图样第一极小、第一次极大、第二极小、第二极大诸点的 x 坐标 x_A、x_B、x_C、x_D,并求第一极大 B 点的光强 I_B。(2)今在中间狭缝前贴一薄膜,此薄膜产生 $\frac{1}{4}\lambda$ 的附加光程差,画出此时焦平面上干涉图样的光强分布,写出第一极小位置 A' 与第一极大位置 B' 的坐标 $x_{A'}$、$x_{B'}$,并求出它们的光强 $I_{A'}$、$I_{B'}$。

5.16（填空） 如题5.16图所示,沉积在玻璃衬底上的氧化钽薄层从A到B厚度递减到零,从而形成一尖劈。为测定氧化钽薄层的厚度 t,用波长为6328Å的 He-Ne 激光垂直照射到薄层上,观察到楔形部分共出现11条暗纹,且A处恰好为一暗纹位置。已知氧化钽的折射率为2.21,玻璃折射率为1.5,则氧化钽薄层的厚度 $t =$ _____。

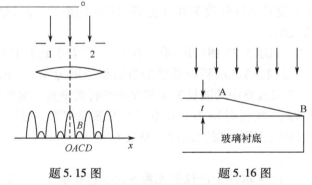

题5.15图　　　　　题5.16图

5.17（填空） 一肥皂膜的厚度为 $0.550\mu m$,折射率为1.35。白光(波长400~700nm)垂直照射在该肥皂膜上,则反射光中波长为 _____ 的光干涉增强,波长为 _____ 的光干涉相消。

5.18（填空） 折射率 $n_1 = 1.50$ 的平玻璃上有一层折射率 $n_2 = 1.20$ 的油膜,油膜的上表面可近似看作球面,油膜中心最高处的厚度 $d = 1.1\mu m$。用波长 $\lambda = 600$nm 的单色光垂直照射油膜,看到离油膜中心最近的暗条纹环的半径 $r = 0.3$cm,则整个油膜上可看到的完整的暗条纹数为 _____,油膜上表面球面的半径为 _____。

5.19（计算） 以波长 $\lambda = 0.6\mu m$ 的单色平行光垂直入射到牛顿环装置上,观测到某一暗环 n 的半径为1.56mm,在它外面第五个暗环的半径为2.34。试求

在暗环 m 处的干涉条纹间距是多少?

5.20（计算） 球面半径为 R_1 的平凸透镜,平放在半径为 R_2 的玻璃圆柱体侧面上方,两者间的最近距离记为 d。如题 5.20 图所示,设置固定的 $O-XYZ$ 坐标系,Z 轴与球心到圆柱体中央轴的垂线重合,$O-XY$ 平面与透镜平面平行,Y 轴与柱体中央轴平行,X 轴朝右。波长为 λ 的单色平行光逆着 Z 轴正入射,在球面与圆柱面之间的空气膜上形成类似于牛顿环的干涉图样,图样在 $O-XY$ 平面上表现为一系列的牛顿环。(1) 设一开始观测到图样的中心为亮点(注意,不是亮环),现通过将透镜上下平移使中心向内吞入 10 个亮环后中心仍为亮点,试确定透镜平移的方向(上或下)和大小 Δd;(2) 此时将透镜与玻璃圆柱体

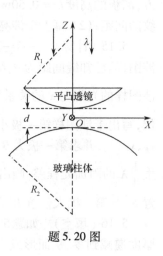

题 5.20 图

最小间距记为 d',试导出 $O-XY$ 平面上第 k 级亮环和第 k 级暗环各自的曲线方程;(3) 今已观测到图样的中心为亮点,并测定中心亮点到往外数第 10 个亮环的最大间距及中心亮点到往外数第 20 个亮环的最小间距皆为 ρ,试由 ρ 和波长 λ 确定 R_1 和 R_2 的大小。

5.21（填空） 如题 5.21 图所示,有一在空气(折射率 n_0) 中的镀有双层增透膜的玻璃,第一层膜、第二层膜及玻璃的折射率分别为 n_1、n_2、n_3,且知 $n_0 < n_1 < n_2$、$n_2 > n_3$,今以真空中的波长为 λ 的单色平行光垂直入射到增透膜上,设三束反射光(只考虑一次反射) a、b、c 在空气中的振幅相等,欲使这三束光相干叠加后的总强度为零,则第一层膜的最小厚度 $t_1 = $ _____、第二层膜的最小厚度 $t_2 = $ _____。

5.22（填空） 迈克尔孙干涉仪的光源 S 为单色扩展光源。设平面镜 M_1 和 M_2 严格垂直,平面镜 M_2 经半透半反膜 ab 所成的像 M_2' 与 M_1 的相对位置如题 5.22 图中所示。在 E 处将看到等 _____ 干涉条纹,干涉条纹的形状是 _____。当观察者的眼睛在 E 处附近垂直于光线的平面内稍微移动时,看到干涉条纹的变化是 _____。当镜 M_1 沿图中箭头"↑"所示方向平动少许时,在 E 处将观察到干涉条纹的粗细变化为 _____,干涉条纹的疏密变化为 _____。干涉条纹产生和消失的规律是 _____。

5.23（填空） 用钠黄光(波长 $\lambda = 589.3\text{nm}$) 观察迈克尔孙干涉仪的等倾圆条纹,开始时视场中心为亮斑。移动干涉仪一臂的平面镜,观察到共有 10 个亮环缩进中央,视场中心仍为亮斑,则平面镜移动的距离为 _____。若开始

时中心亮斑的干涉级次为 k,则最后中心亮斑的干涉级次为_____。

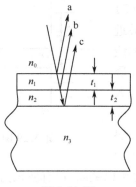

题 5.21 图

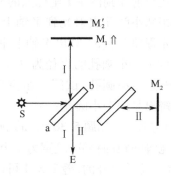

题 5.22 图

5.24（填空） 观察者通过缝宽为 5×10^{-4}m 的单缝观察位于正前方的相距 1km 远处发出波长为 5×10^{-7}m 单色光的两盏单丝灯,两灯丝皆与单缝平行,它们所在的平面与观察方向垂直,则人眼能分辨的两灯丝最短距离是_____。

5.25（填空） 一束单色平行光束通过一狭缝产生夫琅和费衍射时,当缝宽加倍时,衍射图样中心的光强为原来的_____倍,单位时间内通过缝的总能量为原来的_____倍。

5.26（填空） 波长 $\lambda = 500$nm 的单色光垂直入射到宽 $a = 0.25$mm 的单缝上,单缝后面放置一凸透镜,透镜焦平面上放置一屏幕。测得幕上中央明条纹一侧第 3 个暗条纹到另一侧第 3 个暗条纹之间的距离为 12mm,则中央明条纹的线宽度为_____,透镜焦距为_____。

5.27（作图） 令单色光垂直入射于宽度为 a 的单缝,观测其夫琅和费衍射。现在缝宽的一半上覆盖移相膜,使经此膜的光相位改变 π,但光能不损失。试在题 5.27 图上画出其衍射光强度 I 分布曲线(其中 θ 为衍射角,λ 为入射光波长)。

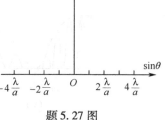

题 5.27 图

5.28（填空） 人眼瞳孔有效直径为 3.0mm,可见光的有效波长取为 550nm,则人眼的最小分辨角 $\theta_{\min}$ = _____ rad。桌上放两粒小糖豆,相距 2cm,在它们正前方人眼(视线方向与两粒小糖豆连线方向垂直)刚好还能分辨是两粒小糖豆时,人眼与糖豆的间距 S = _____ m。

5.29（计算） 频率为 ν 的单色平行光正入射到挡板上,挡板上有四个相同的小圆孔以相同的间距 a 排列在一直线上。挡板前方相距 $L \gg d$ 处有一平行放置的屏幕,挡板中心 O' 与屏幕中心 O 的位置如题 5.29 图所示,屏幕上过 O 点的 Y

257

坐标轴与四孔连线平行。(1)写出(不必推导)两个相邻小圆孔出射光到图中 Y 坐标点的光程差 δ；(2)求出两个相邻小圆孔出射光到 Y 轴上距 O 点最近暗点处的光程差 δ_1；(3)算出 Y 轴上中央亮纹的线宽度 Δl_0；(4)若小圆孔的直径为 $d < a$，人站在屏幕位置观看这些小圆孔，试问 a 至少取何值时，人眼方能分辨出是四个小圆孔？

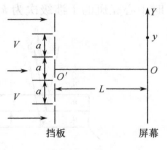

题 5.29 图

5.30（填空） 如题 5.30 图（a）所示，1、2、3、4 为四条等宽等间距的狭缝，缝宽为 a，相邻缝间距为 $2a$，其中缝 1 总是打开的，缝 2、3、4 可以打开，也可以关闭。设有波长为 λ 的单色平行光垂直入射在狭缝上。下图（b）、（c）、（d）画出了三种夫琅和费衍射图样的相对光强分布曲线，试分别填出它们各对应的是哪几个缝打开时的衍射。(1) 对应缝 _____ 的衍射；(2) 对应缝 _____ 的衍射；(3) 对应缝 _____ 的衍射。

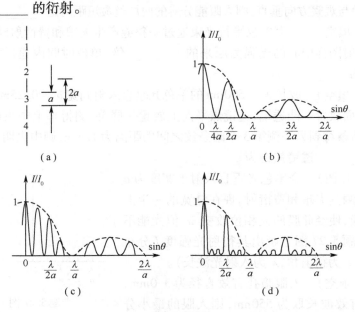

题 5.30 图

5.31（计算） 某光栅的光栅常数 $d = 10^{-3}$ cm，每个透光缝的宽度 $a = d/3$。(1) 以 $\lambda = 600$ nm 单色平行光正入射，通过光栅后，最多能观察到多少条谱线？(2) 以 $\lambda_1 = 589$ nm 和 $\lambda_2 = 589.59$ nm 复合平行光正入射，通过光栅后，恰能分辨这两个波长的二级谱线，试问此光栅有多少条刻缝？

5.32（计算） 一衍射光栅每毫米刻线 300 条，入射光包含红光和紫光两种成分,垂直入射到光栅。发现在与光栅法线夹 24.46° 角的方向上红光和紫光谱线重合。试问:(1) 红光和紫光的波长各为多少?(2) 在什么角度还会出现这种复合谱线?(3) 在什么角度处出现单一的红光谱线?

5.33（填空） 有三个透射光栅,分别为 100 条/mm、500 条/mm 及 1000 条/mm。以钠灯为光源,经准直正入射到光栅,要求两条黄谱线分离得尽量远。如果观察的是一级衍射谱,应选用＿＿＿＿＿光栅;如果观察的是二级衍射谱,应选用＿＿＿＿＿光栅。

5.34（计算） 题 5.34 图中示出一种制造光栅的原理图,激光器发出的光束（设波长为 6000Å）经分束器得到两束相干的平行光。这两种光分别以 0° 与 30° 的入射角射到感光板 H 上,形成一组等距的干涉条纹。经一定时间的曝光和显影、定影等处理后,H 就成为一块透射光栅,其光栅常数等于干涉条纹的间距。(1) 为了在第一级光谱能将 5000.0Å 和 5000.2Å 的两谱线分开,求所制得的光栅沿 x 方向应有的最小宽度。(2) 若入射到 H 上的两束光的光强之比为 1/4,试求干涉图样合成光强的最小值和最大值之比。

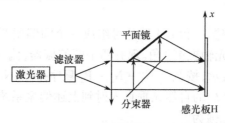

题 5.34 图

5.35（填空） 平行光垂直照射到每毫米 500 条刻缝的光栅上,用焦距 $f = 1\text{m}$ 的透镜观察夫琅和费衍射光谱,在第二级光谱中波长为 600nm 和 600.01nm 的两条谱线间的线间距 $\Delta l = $ ＿＿＿＿＿,为了分辨这两条谱线,光栅的宽度至少应是＿＿＿＿＿。

5.36（填空） 一束光由光强均为 I 的自然光和线偏振光混合而成,该光通过一偏振片,当以光的传播方向为轴转动偏振片时,从偏振片出射的最大光强为 I 的＿＿＿＿＿倍。最小光强为 I 的＿＿＿＿＿倍。当偏振片的偏振化方向与入射光中线偏振光的振动方向的夹角为＿＿＿＿＿时,出射光强恰为 I。(不考虑偏振片对光的吸收)

5.37（问答） 用旋转的检偏镜对某一单色光进行检偏,在旋转一圈的过程中,发现从检偏镜出射的光强并无变化。先让这一束光通过一块 $\lambda/4$ 波晶片,再通过旋转的检偏镜检偏,则测得最大出射光强度是最小出射光强度的 2 倍,试问:入射的是什么偏振态的光,其中自然光光强占总光强的百分之几?

5.38（填空） 一束线偏振光经过一个1/2波片,然后再经过一个1/4波片。两个波片的光轴平行。偏振光原先的偏振方向与光轴的夹角为π/8,经过1/2波片后变为线偏振光,偏振方向与光轴的夹角为_____,再经过1/4波片后变为_____光。

5.39（填空） 对于波长为λ的线偏振光,用主折射率为n_o和n_e的负晶体制成的四分之一波片,其最小厚度d_0 = _____;将其厚度增加一倍,波长为λ的线偏振光通过这一新波片后将成为_____偏振光。(填线、圆或椭圆)

5.40（填空） 用主折射率为n_o、n_e的负晶体制成两块波片,当波长为λ的单色线偏振光正入射经过其中的一块二分之一波片后,出射光为_____(填部分偏振光、线偏振光或圆偏振光)。接着,又正入射经过第二块波片,出射光恰好为圆偏振光,该波片的厚度至少为_____。

5.41（填空） 在通光轴互相正交的两偏振片之间放一1/4波片,其光轴与第一偏振片的通光轴成60°角,强度为I_0的单色自然光通过此系统后的光强为 I = _____。

5.42（填空） 偏振片和1/4波片可组成一个圆偏振器,其中偏振片的偏振化方向与1/4波片的光轴夹45°角。现有两个圆偏振器,偏振片用N_1和N_2表示,1/4波片用P_1和P_2表示,按$P_1 - N_1 - N_2 - P_2$顺序排列,N_1和N_2偏振化方向间的夹角为θ。以光强为I_0的自然光垂直入射到上述偏振系统,则透射光的偏振状态为_____,光强为_____。

5.43（填空） 如题5.43图所示,偏振片P_1、P_2互相平行地放置,它们各自透光方向与图中Y轴方向的夹角分别为α和β。光强为I_0、沿Y轴方向振动的线偏振光从P_1左侧正入射,最后通过P_2出射的光,其光强记为I_1。若将原线偏振光改为从P_2右侧正入射,最后通过P_1出射的光,其光强记为I_2。那么$I_2 : I_1$ = _____。若用自然光代替原线偏振光,则$I_2 : I_1$ = _____。

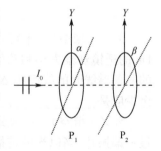

题5.43图

5.44（计算） 偏振分束器可把入射的自然光分成两束传播方向互相垂直的偏振光,其结构如题5.44图(a)和(b)所示。两个等边直角玻璃棱镜斜面相对合在一起,两斜面间夹一多层膜。多层膜由高折射率和低折射率材料交替组合而成。设高折射率材料为硫化锌,折射率为n_H = 2.38;低折射率材料为冰晶石,折射率为n_L = 1.25。氩离子激光的波长为λ = 5145,以45°角入射到多层膜上。(1) 为使反射光为线偏振光,玻璃棱镜的折射率n应取多少?(2) 为使透射光的偏振度最大,高折射率层的厚度 t_H 及低折射率层的厚度 t_L 的最小值是多少?

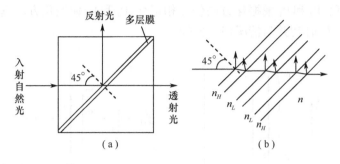

题 5.44 图

5.45（计算） 如题 5.45 图所示,单色平行自然光通过分束器 B 分成互相垂直的两束光 Ⅰ 与 Ⅱ,A_1 和 A_2 是相同的玻璃反射面,Ⅰ 与 Ⅱ 均以布儒斯特角 $i_B = 52°35'$ 分别入射到 A_1、A_2,反射后得到光强相等的两束光 Ⅰ′ 与 Ⅱ′。在 Ⅰ′ 和 Ⅱ′ 重叠区放一观察屏 P,使 Ⅰ′ 和 Ⅱ′ 对屏的法线对称。(1) 求屏上干涉条纹的间距 Δl;(2) 在 Ⅱ 的光路上放置一片偏振片,使其偏振化方向与纸面的法向成 60°角,求屏上干涉条纹的可见度。

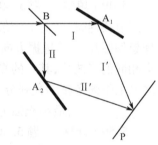

题 5.45 图

5.46（填空） 一厚度为 10 μm 的方解石晶片,其光轴平行于表面,放置在两正交偏振片之间,晶片主截面与第一个偏振片的偏振化方向夹角为 45°,若要使波长为 6000 Å 的光通过上述系统后呈现极大,晶片厚度至少需磨去 _____ μm。(方解石的 $n_o = 1.658$,$n_e = 1.486$)

5.47（填空） 如题 5.47 图所示,S、S_1、S_2 为狭缝,P_1、P_2、P、P′ 为偏振片（P 及 P′ 可以撤去),其中 P_1 和 P_2 的偏振化方向互相垂直,P 和 P′ 的偏振化方向互相平行,且与 P_1、P_2 的偏振化方向皆成 45°角。在下列四种情况下,屏上有无干涉条纹。(1) 撤去 P、P′,保留 P_1、P_2,屏上 _____ 干涉条纹;(2) 撤去 P′,保留 P、P_1、P_2,屏上 _____ 干涉条纹;(3) 撤去 P,保留 P′、P_1、P_2,屏上 _____ 干涉条纹;(4) P、P′、P_1、P_2 同时存在,屏上 _____ 干涉条纹。

5.48（计算） 如题 5.48 图所示,Q 是波长为 λ 的单色光源,S_1 上具有一狭缝,S_2 上具有两个宽度各为 a 且相距为 d 的狭缝。P_1、P_2、P_3 和 P_4 是偏振片,已知 $D \gg d \gg a$。(1) 除去 P_1、P_2、P_1 和 P_4 四个偏振片,试导出屏 S_3 上光强极大和光强极小的位置。(2) 除去偏振片 P_1，若 P_2 和 P_1 偏振化方向互相正交，且 P_2 和 P_4 偏振化方向成 45°角，说明屏 S_3 上的光强分布情况。(3) 若偏振片 P_1 和 P_2 偏振化方向成 45°角，P_2 和 P_1 偏振化方向仍互相正交，P_4 和 P_1 偏振化方向垂直，屏 S_3 上的光强分布又如何？并与情况(1)比较。

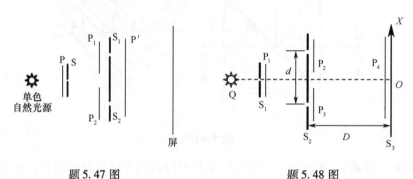

题 5.47 图   题 5.48 图

5.49（填空） 题 5.49 图所示的杨氏双缝干涉装置，当波长为 λ 的单色光垂直照射狭缝时，屏上干涉条纹的最大光强为 I_0，最小光强为零。现于 S 缝后放一理想偏振片 P，其透振方向与双缝中心连线 S_1S_2 平行；再在 S_1 和 S_2 后各插一完全相同的半波片，其一的光轴与 S_1S_2 连线平行，另一的光轴与 S_1S_2 连线垂直。则屏幕上干涉条纹的光强分布将有_____变化；此时屏幕上的最大光强为_____，最小光强为_____。

5.50（计算） 题 5.50 图为一杨氏干涉装置，单色光源 S 在对称轴上，在屏幕上形成双缝干涉条纹，P_0 处为 0 级亮纹，P_4 处为 1 级亮纹。P_1、P_2、P_3 为 $\overline{P_0P_4}$ 间的等间距点。(1) 在光源后面放置偏振片 N，在双缝 S_1、S_2 处放置相同的偏振片 N_1、N_2，它们的透光轴方向互相垂直，且与 N 的透光轴方向成 45°角，说明 P_0、P_1、P_2、P_3、P_4 处光的偏振状态，并比较它们的相对强度。(2) 在屏幕前再放置偏振片 N'，其透光轴方向与 N 的透光轴方向垂直，则上述各点光的偏振状态和相对强度变为如何？

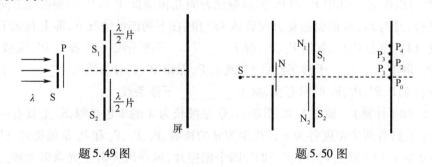

题 5.49 图   题 5.50 图

第四节 习题详解

5.1 $\dfrac{\sin(\alpha+\theta)}{\sin\theta}$;60°

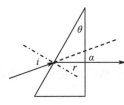
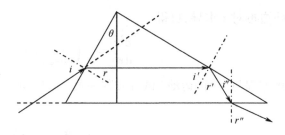

题 5.1 图

折射定律
$$\sin i = n\sin r$$

几何关系
$$r = \theta \quad \alpha = i - r$$

所以
$$n = \frac{\sin i}{\sin r} = \frac{\sin(\alpha+r)}{\sin r} = \frac{\sin(\alpha+\theta)}{\sin\theta}$$

如果 $\alpha = \theta = 30°$，则 $n = \sqrt{3}$，$i = 60°$。

入射光以 $i = 60°$ 入射第一个棱镜的斜面，折射光经两个棱镜后入射第二个棱镜的斜面，入射角 $i' = 60°$。i' 大于临界角，发生全反射，反射角 $r' = 60°$。再以入射 P 角 $i'' = 30°$ 入射底面，以折射角 $r'' = 60°$ 进入空气。

起始入射光、最终出射光分居组合棱镜斜面的两侧，与斜面的夹角都是 30°，所以它们的夹角为
$$\alpha' = 60°$$

5.2 为了方便阅读，将题图和 φ_0 放大如题 5.2 图所示。

设光线上任一点的坐标为 (x,r)，在此处传播方向与 x 轴所成角度为 φ。由于光在光纤中折射传播，所以有

$$n_0 \sin\left(\frac{\pi}{2} - \varphi_0\right) = n(r)\sin\left(\frac{\pi}{2} - \varphi\right)$$

即

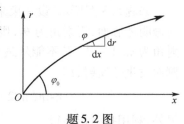

题 5.2 图

$$n_0\cos\varphi_0 = n(r)\cos\varphi$$

光纤切线的斜率为

$$\frac{dr}{dx} = \tan\varphi = \frac{\sqrt{n^2 - n_0^2\cos^2\varphi_0}}{n_0\cos\varphi_0} = \frac{\sqrt{\sin^2\varphi_0 - \alpha^2 r^2}}{\cos\varphi_0}$$

两边再对 x 求导,可得

$$\frac{d^2 r}{dx^2} = -\left(\frac{\alpha}{\cos\varphi_0}\right)^2 r$$

该方程与"简谐运动"微分方程一致,说明 r 随 x 周期性地变化。方程的通解为

$$r = A\cos\left(\frac{\alpha}{\cos\varphi_0}x + B\right)$$

考虑到 $x = 0$ 时 $r = 0$,及 $\left.\dfrac{dr}{dx}\right|_{x=0} = \dfrac{\sin\varphi_0}{\cos\varphi_0}$,可确定常量 A 和 B

$$A = \frac{\sin\varphi_0}{\alpha}, \quad B = -\frac{\pi}{2}$$

光线方程为

$$r = \frac{\sin\varphi_0}{\alpha}\sin\left(\frac{\alpha}{\cos\varphi_0}x\right)$$

从 O 点出射后,光线与 x 轴的第一个交点的坐标为

$$x_1 = \frac{\pi}{\alpha}\cos\varphi_0 \approx \frac{\pi}{\alpha}$$

从 O 点出射的是半顶角 φ_0 为小角度的细圆锥形光束,则光束中所有光线都会在 $x_1 = \dfrac{\pi}{\alpha}$ 处与 x 轴相交,即光束会汇聚在 x 轴上的 x_1 点,之后还会在 x 轴上的 $2x_1$、$3x_1$、… 处汇聚,形成自聚焦现象。

5.3 $\underline{n \geq \sqrt{2}}$

如题 5.3 图所示,设一束来自硬币的光线以入射角 θ_1 入射透明体底面,折射角为 θ_2,则折射线入射透明体侧面的入射角为 $\pi/2 - \theta_2$。若不能从透明体侧面看到硬币,则要求在侧面发生全反射,即

$$n\sin(\pi/2 - \theta_2) \geq 1$$

另外,利用折射定律得

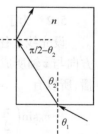

题 5.3 图

$$\sin\theta_1 = n\sin\theta_2$$

由以上两式解出

$$n \geq \sqrt{1 + \sin^2\theta_1}$$

由于来自硬币的光线以各种角度入射透明体底面,为了保证不能从侧面看到硬币,必有

$$n \geq \sqrt{2}$$

5.4 $-\dfrac{1}{2}\dfrac{a-f}{f^2}x^2$

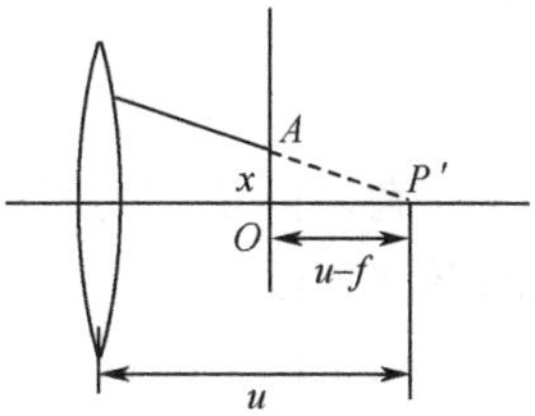

在题 5.4 图中,将到 A 的光线延长,设与主光轴交于 P',P' 是 P 的像点。根据薄透镜的等光程性,由 P 发出经薄透镜到 P' 的各光线的光程都相等,故有

$$L_{PAP'} = L_{POP'}$$

由于 $L_{PA} = L_{PAP'} - L_{AP'}$,$L_{PO} = L_{POP'} - L_{OP'}$,所以所求光程差为

题 5.4 图

$$\Delta = L_{PA} - L_{PO} = L_{OP'} - L_{AP'} = \overline{OP'} - \overline{AP'}$$

利用像距 u、物距 a、焦距 f 间的关系 $\dfrac{1}{a} + \dfrac{1}{u} = \dfrac{1}{f}$,以及 x 很小,得

$$\Delta = (u-f) - \sqrt{x^2 + (u-f)^2} = \dfrac{f^2}{a-f} - \sqrt{x^2 + \dfrac{f^4}{(a-f)^2}}$$

$$= \dfrac{f^2}{a-f} - \dfrac{f^2}{a-f}\sqrt{1 + \dfrac{(a-f)^2}{f^4}x^2} \approx \dfrac{f^2}{a-f}\left[1 - \left(1 + \dfrac{1}{2}\dfrac{(a-f)^2}{f^4}x^2\right)\right]$$

$$\approx -\dfrac{1}{2}\dfrac{a-f}{f^2}x^2$$

5.5 (1) 物点 S 发出的光经过凸透镜的上半部后,出射光分布在 S_1 的左上部和右下部;经过凸透镜的下半部后,出射光分布在 S_2 的左下部和右上部。经过凸透镜的出射光相遇在纸平面上的 $\triangle S_1QS_2$ 区域内,产生干涉现象。

三维地看,出射光分布在 $\triangle S_1QS_2$ 以 S_1S_2 为轴旋转形成的空间区域的下半部分。

(2) 在 $\triangle S_1QS_2$ 内取一点 P,它是 $SabS_1$

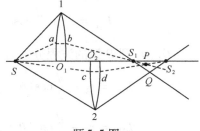

题 5.5 图

和 $ScdS_2$ 两束光线的交点,该两束光线从 S 发出到相交的光程分别为

$$L_{SabP} = L_{SabS_1} + \overline{S_1P}, \quad L_{ScdP} = L_{ScdS_2} - \overline{PS_2}$$

因为由物点 S 发出的经透镜后会聚于像点的各光线是等光程的,所以有

$$L_{SabS_1} = L_{SO_1S_1}, \quad L_{ScdS_2} = L_{SO_2S_2}$$

两束光线 $SabS_1$ 和 $ScdS_2$ 在 P 点的光程差为

$$\Delta = L_{SabP} - L_{ScdP} = (L_{SO_1S_1} + \overline{S_1P}) - (L_{SO_2S_2} - \overline{PS_2})$$
$$= (\overline{S_1P} + \overline{PS_2}) - \overline{S_1S_2}$$

P 点在干涉亮线上的条件是 $\Delta = 2n\pi$,其中 n 是整数。由于 $\overline{S_1S_2}$ 是常量,所以要求

$$\overline{S_1P} + \overline{PS_2} = 常量$$

满足该条件的所有 P 点构成以 S_1、S_2 为焦点的椭圆;"常量"不同,形成不同的椭圆亮纹。

由于(1)中相干区域的限制,相干叠加亮线既不是所有的椭圆,也不是完整的椭圆,只是以 S_1、S_2 为焦点的椭圆处于 ΔS_1QS_2 内的部分曲线。

三维地看,相干叠加结果是这些(椭圆上被截下的部分)曲线以 S_1S_2 为轴旋转形成的曲面的下半部。

5.6 光从空间中一点传播到另一点是沿着光程为极值的路径传播的;$nd\tan\theta$

在空间中,光从一点向另一点的传播遵从费马原理:沿着光程为极小值的路径。

$$\Delta = n \cdot \overline{A_1A_2}\sin\theta = n \cdot \frac{d}{\cos\theta}\sin\theta = nd\tan\theta$$

5.7 计 $\overline{OA} = r_1$、$\overline{OB} = r_2$。由题设知 r_1、$r_2 \gg d$。

O_1、O_2 到 A 镇的波程分别为

$$L_{1A} = r_1 - \frac{d}{2}\cos\theta$$

$$L_{2A} = r_1 + \frac{d}{2}\cos\theta$$

O_1、O_2 到 B 镇的波程分别为

$$L_{1B} = r_2 - \frac{d}{2}\cos(\theta + \varphi)$$

$$L_{2B} = r_2 + \frac{d}{2}\cos(\theta + \varphi)$$

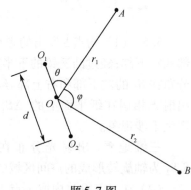

题 5.7 图

设 O_1、O_2 的相位差为 α,则天线阵列发射的无线电波在 A、B 两镇相遇时的相位差分别为

$$\delta_A = 2\pi \frac{L_{1A} - L_{2A}}{\lambda} + \alpha = -2\pi \frac{d}{\lambda}\cos\theta + \alpha$$

$$\delta_B = 2\pi \frac{L_{1B} - L_{2B}}{\lambda} + \alpha = -2\pi \frac{d}{\lambda}\cos(\theta + \varphi) + \alpha$$

(1) A 镇信号最强、B 镇收不到信号时,$\delta_A = 2k\pi$ (k 是自然数),$\delta_B = (2k' + 1)\pi$ (k' 是自然数)。

$$\delta_A - \delta_B = -2\pi \frac{d}{\lambda}[\cos\theta - \cos(\theta + \varphi)] = 2\pi(k - k' - 1/2)$$

$$d = -\frac{(k - k' - 1/2)\lambda}{2\sin\frac{\varphi}{2}\sin\left(\theta + \frac{\varphi}{2}\right)}$$

当 $k = k'$,$\sin(\theta + \varphi/2) = 1$ 时,d 的值最小,即

$$d_{\min} = \frac{\lambda}{4\sin\frac{\varphi}{2}}$$

A 镇收不到信号、B 镇信号最强时,δ_A、δ_B 的取值分别与以上取值相差 π 的奇数倍,但 d 的最小取值不变。

(2) 当 d 取最小值时,$\sin(\theta + \varphi/2) = 1$。所以

$$\theta = \frac{\pi}{2} - \frac{\varphi}{2}$$

由于 $\alpha = \delta_A + 2\pi \frac{d_{\min}}{\lambda}\cos\theta = \delta_A + \frac{\pi}{2}$,当 A 镇信号最强、B 镇收不到信号时,

$$\alpha = 2k\pi + \frac{\pi}{2}, k \text{ 为自然数}$$

当 A 镇收不到信号、B 镇信号最强时,

$$\alpha = 2k\pi - \frac{\pi}{2}, k \text{ 为自然数}$$

5.8 房屋接收到的讯号来自两方面:直接来自电视台和由汽车反射而来。来自这两方面的信号相遇叠加,引起干涉。由于两列波的波程差与汽车位置有关,所以汽车运动时波程差也变化,且波程差随时间的变化频率与汽车运动速率

有关。

如题 5.8 图所示,当汽车位于坐标为 x 的任意 C 点时,两列波的波程差为

$$\delta = \overline{BC} + \overline{CA} = \overline{CA}[1 - \cos(\theta + \varphi)]$$
$$= \sqrt{d^2 + x^2}[1 - \cos(\theta + \varphi)]$$

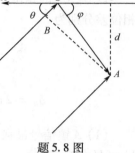

题 5.8 图

其中,

$$\cos(\theta + \varphi) = \cos\theta\cos\varphi - \sin\theta\sin\varphi$$
$$= \cos\theta \frac{x}{\sqrt{d^2 + x^2}} - \sin\theta \frac{d}{\sqrt{d^2 + x^2}}$$

所以

$$\delta = \sqrt{d^2 + x^2} - x\cos\theta + d\sin\theta$$

所谓"汽车行经房屋正北面 O 点的瞬时,屋内电视讯号的强度起伏为每秒两次",即 δ 对时间的变化率在 $x = 0$ 时为 $\pm 2\lambda$。

$$\frac{d\delta}{dt} = \frac{x}{\sqrt{d^2 + x^2}} \frac{dx}{dt} - \cos\theta \frac{dx}{dt} = \left(\frac{x}{\sqrt{d^2 + x^2}} - \cos\theta\right) v$$

在 $x = 0$ 时,$\frac{d\delta}{dt} = -v\cos\theta$,所以有

$$v = \frac{2\lambda}{\cos\theta} = \frac{2c}{\nu\cos 30°} = 11.5 \,(\text{m/s})$$

5.9 如题 5.9 图所示,设两束相干光在屏幕上 A、B 处形成两条相邻的明条纹。作 AC、BD 分别与光束 1、2 垂直。

光束 1 入射 A、B 处的相位差为

$$\delta_1 = \varphi_{1A} - \varphi_{1B} = -2\pi \frac{\overline{BC}}{\lambda} = -2\pi \frac{\overline{AB}\sin\theta}{\lambda}$$

光束 2 入射 A、B 处的相位差为

$$\delta_2 = \varphi_{2A} - \varphi_{2B} = 2\pi \frac{\overline{AD}}{\lambda} = 2\pi \frac{\overline{AB}\sin\varphi}{\lambda}$$

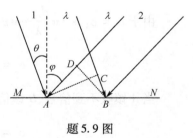

题 5.9 图

光束 1、2 在 A 处的相位差与在 B 处的相位差相差 $\pm 2\pi$:

$$(\varphi_{1A} - \varphi_{2A}) - (\varphi_{1B} - \varphi_{2B}) = (\varphi_{1A} - \varphi_{1B}) - (\varphi_{2A} - \varphi_{2B})$$

$$= -\frac{2\pi}{\lambda}\overline{AB}(\sin\theta + \sin\varphi)$$

所以

$$\overline{AB} = \frac{\lambda}{\sin\theta + \sin\varphi}$$

5.10 1.72mm

如题 5.10 图所示，设 O、A 是光源的边缘，O 在双缝 S_1S_2 的中垂线上。

O 处发出光线经双缝到屏上 P 点时的光程差为

$$\delta_O = r_2 - r_1$$

A 处发出光线经双缝到屏上 P 点时的光程差为

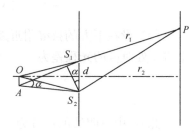

题 5.10 图

$$\delta_A = \overline{AS_2} - \overline{AS_1} + r_2 - r_1 = -d\sin\alpha + r_2 - r_1$$

如果光源中心处发出的光在 P 点的干涉结果与光源边缘处发出的光在 P 点的干涉结果正好相反，则光源上每一点都有对应的一点，它们分别在 P 点的干涉结果相反，屏上完全模糊不清。因此为了避免模糊不清，要求有那么一些点，找不到干涉结果相反的对应的点，即要求 δ_O 与 δ_A 之差不超过 λ（O 处发出的光在 P 点的光程差与中心处发出的光在 P 点的光程差之差不超过 $\lambda/2$）：

$$d\sin\alpha \leq \lambda$$

$$d_{max} = \frac{\lambda}{\sin\alpha} = 1.72 \times 10^{-3}\text{m}$$

5.11 5

由于光源不是单色的，波长有一定的范围，除了屏幕中央仍然是"明纹"外，其他各级都是"明带"。当波长较长的光的第 k 明纹与波长较短的光的第 $(k+1)$ 明纹重合时，这两个"明带"重叠，屏幕上开始变得模糊不清。

由题设可知，蓝绿光的波长下限 $\lambda_1 = \lambda - \Delta\lambda/2 = 440\text{nm}$，波长上限 $\lambda_2 = \lambda + \Delta\lambda/2 = 540\text{nm}$，令

$$k\lambda_2 = (k+1)\lambda_1$$

得 $k = 4.4$，所以从第 5 级开始模糊不清。

5.12 用白光做杨氏双缝干涉实验只能清晰地观察到一级明纹，其位置为

$$x = \pm \frac{D}{d}\lambda$$

（1）根据题意，当 $\lambda = 7 \times 10^{-7}$ m 时，$2x = 1.4 \times 10^{-2}$ m，所以 $\frac{D}{d} = 10^4$。在屏幕中心同一侧的 4000Å 与 6000Å 光的一级亮条之间的距离为

$$\Delta x = \frac{D}{d}(\lambda_1 - \lambda_2) = 2 \times 10^{-3}\,(\text{m})$$

（2）设在下方的狭缝附近放一个对所有波长都有效的移相片，则屏幕中心上方 x 处对应的光程差为

$$\delta = \frac{d}{D}x + \frac{\lambda}{2}$$

此时，中央明纹的位置为

$$x = -\frac{D}{2d}\lambda$$

所以 7000Å、6000Å、4000Å 的中央明纹离屏幕中心的距离分别为 3.5×10^{-3} m、3.0×10^{-3} m、2.0×10^{-3} m。

中央明纹与移相片在屏幕中心的同一侧。

5.13 $2h\sin\varphi \pm \frac{\lambda}{2}$；6.03°

考虑到电磁波入射湖水反射时有相位突变

$$\Delta = \overline{OP} \pm \frac{\lambda}{2} - \overline{PD}$$

$$\overline{OP} = \frac{h}{\sin\varphi}$$

$$\overline{PD} = \overline{OP}\sin\theta$$

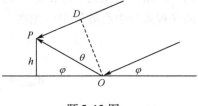

题 5.13 图

$$\theta = \pi - 2\varphi - \frac{\pi}{2} = \frac{\pi}{2} - 2\varphi$$

所以

$$\Delta = 2h\sin\varphi \pm \frac{\lambda}{2}$$

P 接收到的信号达到极大值时，Δ 为 λ 的整数倍。第一次达到极大值时

$$2h\sin\varphi = \frac{\lambda}{2}$$

$$\sin\varphi = \frac{\lambda}{4h}$$

所以

$$\varphi = \arcsin\frac{\lambda}{4h} = \arcsin\frac{0.21}{2} = \arcsin 0.105 = 6.03°$$

5.14 劳埃镜实验中,线光源 S 和它在平面反射镜 MN 中的像 S' 相当于杨氏双缝实验中的双缝。屏幕上距中心 x 处的 P 点,直射光和反射光在此相遇,光程差为(考虑到反射时有相位突变)

$$\Delta \approx 2h\frac{x}{l} - \frac{\lambda}{2}$$

(1)屏幕上干涉亮纹的位置为

$$x_k = \pm(2k-1)\frac{l}{2h}\frac{\lambda}{2}(k = 1,2,3,\cdots)$$

k 的最小取值见下一问的讨论。

相邻干涉亮纹的间距为

$$x_k - x_{k-1} = \frac{l}{2h}\lambda = 1.5 \times 10^{-3}(\text{m})$$

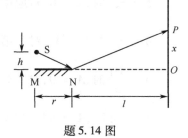

题 5.14 图

(2)以 $x_{\min}$ 表示屏幕上直射光和反射光相遇区域 x 的最小值,则有

$$\frac{h}{r} = \frac{\pm x_{\min}}{l}$$

令 $x_k = x_{\min}$,解得

$$k = \frac{1}{2}\left(\frac{4h^2}{r\lambda} + 1\right) = 20.5$$

即屏幕上第一级干涉亮纹在 $x = \pm 0.75$mm 处,干涉亮纹的最低级数是 20。

5.15 (1)考察屏上坐标为 x 的任意点 P,设其对应的透射光传播方向与缝面法向的夹角为 θ。

透过相邻两缝的光线到达 P 点的光程差为 $\Delta l = d\sin\theta \approx xd/f$,相位差为 $\delta = 2\pi\frac{xd}{\lambda f}$。利用旋转矢量法的原理(如题 5.15 图所示),设 P 点的合振幅为 A,则

$$A^2 = (A_1 + A_2\cos\delta + A_3\cos 2\delta)^2 + (A_2\sin\delta + A_3\sin 2\delta)^2$$

因为三个缝一样,有 $A_1 = A_2 = A_3$,所以

$$A^2 = A_1^2(1 + 2\cos\delta)^2$$

271

令 $\dfrac{\mathrm{d}A^2}{\mathrm{d}\delta} = 0$，得屏上光强出现极值的点满足方程：

$$(1 + 2\cos\delta)\sin\delta = 0$$

对应 δ 较小的几个解为

$$\delta = 0、\dfrac{2\pi}{3}、\pi、\dfrac{4\pi}{3}、2\pi、\dfrac{8\pi}{3}、\cdots$$

$\delta = 0$ 时，$A = 3A_1$，对应中央主极大，$x = 0$；

$\delta = \dfrac{2\pi}{3}$ 时，$A = 0$，对应第一极小，$x_A = \dfrac{\lambda f}{3d}$；

$\delta = \pi$ 时，$A = A_1$，对应第一次极大，$x_B = \dfrac{\lambda f}{2d}$；

$\delta = \dfrac{4\pi}{3}$ 时，$A = 0$，对应第二极小，$x_C = \dfrac{2\lambda f}{3d}$；

$\delta = 2\pi$ 时，$A = 3A_1$，对应第二极大，$x_D = \dfrac{\lambda f}{d}$。

第一次极大 B 处的光强为

$$I_B = \left(\dfrac{A_1}{3A_1}\right)^2 I_0 = \dfrac{I_0}{9}$$

(2) 由于中间缝贴一可产生 $\dfrac{\lambda}{4}$ 光程差的薄膜，它与1、3缝的光线的相位差改变 $\dfrac{\pi}{2}$，1、3缝间的相位差仍为 2δ。

设 P 点的合振幅为 A，则

$$A^2 = \left[A_1 + A_2\cos\left(\delta - \dfrac{\pi}{2}\right) + A_3\cos2\delta\right]^2 + \left[A_2\sin\left(\delta - \dfrac{\pi}{2}\right) + A_3\sin2\delta\right]^2$$

$$= A_1^2(1 + 4\cos^2\delta)$$

光强的分布规律为

$$I = \left(\dfrac{A}{3A_1}\right)^2 I_0 = \dfrac{I_0}{9}(1 + 4\cos^2\delta)$$

题 5.15 图(d) 为焦平面上的光强分布曲线。

令 $\dfrac{\mathrm{d}I}{\mathrm{d}\delta} = 0$，焦平面上光强的极值点满足：

$$\sin2\delta = 0$$

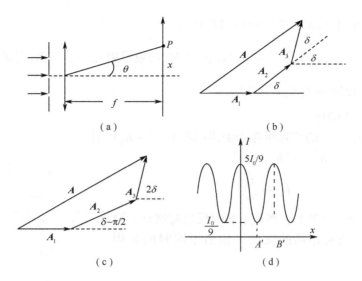

题 5.15 图

对应 δ 较小的几个解为

$$\delta = 0、\frac{\pi}{2}、\pi、\frac{3\pi}{2}、\cdots$$

$\delta = \frac{\pi}{2}$ 时,对应第一极小,$I_{A'} = \frac{I_0}{9}$,$x_{A'} = \frac{\lambda f}{4d}$;

$\delta = \pi$ 时,对应第一极大,$I_{B'} = \frac{5I_0}{9}$,$x_{B'} = \frac{\lambda f}{2d}$。

5.16　1.43μm

激光在劈尖的上表面和下表面反射条件不同,在上表面反射时要考虑半波损失,而在下表面反射时没有半波损失,劈尖的棱边处形成暗纹。

由于 A、B 处均是暗纹,所以劈尖的楔形部分一共有 10 条完整的亮纹。每一条纹对应劈尖的厚度差为 $\frac{\lambda}{2n}$,所以

$$t = 10 \cdot \frac{\lambda}{2n} = \frac{5\lambda}{2.21} = 1.43 \times 10^{-6} (\text{m})$$

5.17　424nm 和 594nm;495nm

由于肥皂泡的两个表面上反射条件不同,从两表面反射的光的光程差为

$$\delta = 2nd + \frac{\lambda}{2}$$

当 $\delta = k\lambda(k = 1,2,3,\cdots)$ 时,两束反射光干涉增强,满足该条件的波长

$\lambda = 424\text{nm}($对应$k = 4)$、$594\text{nm}(k = 3)$。

当 $\delta = (2k+1)\dfrac{\lambda}{2}(k = 0,1,2,\cdots)$ 时,两束反射光干涉相消,满足该条件的波长 $\lambda = 495\text{nm}($对应$k = 3)$。

5.18　<u>4</u>;<u>20m</u>

设半径为 r_k 的暗环所在处油膜厚度为 $(d - h_k)$,则
$$R^2 = (R - h_k)^2 + r_k^2$$
$$h_k \approx \dfrac{r_k^2}{2R}$$

入射光在油膜上表面和下表面反射时都有半波损失,所以两束相遇的反射光相消干涉时的光程差为

$$2n_2(d - h_k) = \left(k + \dfrac{1}{2}\right)\lambda, k = 0,1,2,\cdots,k_m$$

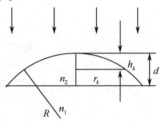

题 5.18 图

式中:k_m 是离油膜最高点最近的暗纹的级数。

$$k_m = \left[\dfrac{2n_2 d}{\lambda} - \dfrac{1}{2}\right] = [3.9] = 3$$

所以油膜上有 4 个完整的暗环,对应 $k = 0$、1、2、3。

距油膜中心最近的暗环对应 $k = 3, 2n_2(d - h_3) = \left(3 + \dfrac{1}{2}\right)\lambda = 3.5\lambda$;另外有 $h_3 \approx \dfrac{r_3^2}{2R}$。

所以
$$R = \dfrac{n_2 r_3^2}{2n_2 d - 3.5\lambda} = 20\text{m}$$

5.19　没有特别说明的牛顿环装置,其平凸透镜与平板玻璃间是空气,反射光中观察中心处是暗斑,第 k 级暗环半径 r_k 满足 $r_k^2 = kR\lambda$。

对暗环 n 有
$$r_n^2 = nR\lambda$$

对暗环 $m = n + 5$ 有
$$r_m^2 = (n+5)R\lambda$$

由此两式可知
$$R = \dfrac{r_m^2 - r_n^2}{5\lambda}, \quad n = \dfrac{r_n^2}{R\lambda} = \dfrac{5r_n^2}{r_m^2 - r_n^2}$$

所以有

$$\Delta r_m = r_m - r_{m-1} = r_m - \sqrt{\frac{4r_m^2 + r_n^2}{5}} = 0.134(\mathrm{mm})$$

5.20 (1) 空气膜上下表面反射光的光程差为

$$\delta = 2d - \frac{\lambda}{2}$$

其中, d 为薄膜厚度, $-\lambda/2$ 是相位突变对应的附加光程差。离干涉图样中心较远处的 d 较大,条纹级次较高。"中心向内吞入亮环"表明平移使得中心条纹级次增高,中心对应膜厚增大,需向上平移平凸透镜。

"吞入 10 个亮环"表明光程差改变 10λ,即

$$2 \cdot \Delta d = 10\lambda$$
$$\Delta d = 5\lambda$$

(2) 设某干涉条纹(亮点或暗点或亮环或暗环)上一点的坐标 (x,y) 对应平凸透镜凸面上的点到凸面最低点的垂直距离为 h_1、对应玻璃柱体上表面上的点到柱面最高点的垂直距离为 h_2,有

$$h_1 = R_1 - \sqrt{R_1^2 - (x^2 + y^2)} \approx \frac{x^2 + y^2}{2R_1}$$

$$h_2 = R_2 - \sqrt{R_2^2 - x^2} \approx \frac{x^2}{2R_2}$$

对应的光程差为 $2(h_1 + h_2 + d') - \frac{\lambda}{2}$,所以

$$2d' + \frac{x^2 + y^2}{2R_1} + \frac{x^2}{2R_2} - \frac{\lambda}{2} = \begin{cases} k\lambda & \text{亮点或暗环} \\ (2k-1)\frac{\lambda}{2} & \text{暗点或暗环} \end{cases}$$

干涉环的曲线方程为

$$\frac{x^2}{\frac{R_1 R_2}{R_1 + R_2}} + \frac{y^2}{R_1} = \begin{cases} (2k+1)\frac{\lambda}{2} - 2d' & \text{亮点或暗环} \\ k\lambda - 2d' & \text{暗点或暗环} \end{cases}$$

干涉环为椭圆。

(3) 设中心亮点对应的级次为 k_0,则

$$2d' - \frac{\lambda}{2} = k_0 \lambda$$

中心亮点往外数第 n 个亮环的曲线方程为

$$\frac{x^2}{\frac{R_1 R_2}{R_1 + R_2}} + \frac{y^2}{R_1} = n\lambda$$

根据题意,有

$$\frac{\rho^2}{R_1} = 10\lambda, \quad \frac{\rho^2}{\frac{R_1 R_2}{R_1 + R_2}} = 20\lambda$$

解出

$$R_1 = R_2 = \frac{\rho^2}{10\lambda}$$

5.21 $\dfrac{\lambda}{6n_1}; \dfrac{5\lambda}{12n_2}$

已知光束 a、b、c 的振幅相等,欲使三者相干叠加为零,表示光振动的矢量应有题 5.21 图所示的关系,即 a 与 b、b 与 c 的最小相位差均应为 $2\pi/3$。

光束 a 和 b 在反射时都有半波损失,所以二者的相位差为

$$\delta_1 = 2\pi \frac{2n_1 t_1}{\lambda}$$

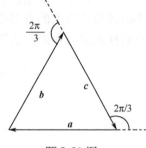

题 5.21 图

光束 b 在反射时有半波损失,光束 c 在反射时没有半波损失,所以二者的相位差为

$$\delta_2 = 2\pi \frac{2n_2 t_2}{\lambda} - \pi$$

它们都等于 $2\pi/3$,所以有

$$t_1 = \frac{\lambda}{6n_1}, \quad t_2 = \frac{5\lambda}{12n_2}$$

5.22 倾;一组明暗相间的同心圆环;圆环中心应随眼睛稍微移动;由细变粗;由密变疏;同心圆环向中心收缩而消失

M_1 和 M_2 严格垂直,则 M_1 和 M_2' 严格平行,不可能发生等厚干涉。如果光束 Ⅰ 和 Ⅱ 垂直入射,镜上各处的反射光光程差相等,也观察不到等倾干涉条纹。现 S 是扩展光源,Ⅰ 和 Ⅱ 不是平行光束,可观察到等倾干涉。

等倾干涉情况,入射角(及反射角)相同构成同一条纹。入射M_1和M_2'的光束成锥形,故应观察到一组明暗相间的同心圆环。

反射角为零处始终是干涉圆环的中心,当观察者的眼睛在E处附近垂直于光线的平面内稍微移动时,圆环中心应随眼睛稍微移动。

设M_1和M_2'间空气膜厚度为e,入射角为i的光形成第k级明环的条件是

$$2e\sqrt{1-\sin^2 i} = 2e\cos i = k\lambda$$

当e一定时,入射角越大,环半径就越大,环的级数就越小,即同心圆环的级数是外低内高。当镜M_1沿图中箭头"⇑"所示方向平动少许时,e减小,中心处的级数要变低,即同心圆环要向中心收缩而消失。因为最大入射角是一定的,当e减小时,能够观察到的圆环减少,所以圆环由细变粗、由密变疏。

5.23　<u>294.7nm;$k-10$</u>

如题所述,当一臂的平面镜移动d时,相当于空气膜厚度改变d,反射光光程差改变$2d$,即

$$2d = 10\lambda, \quad d = 5\lambda = 294.7\text{nm}$$

迈克尔孙等倾条纹的级数是外低内高,10个条纹在中心消失之后,中心处明环的级数为$k-10$。

5.24　<u>1m</u>

单缝宽度a很小,灯丝距单缝距离D很大,灯丝发光照射单缝相当于平行光,经单缝衍射是夫琅和费衍射。

瑞利判据:当一灯丝衍射的中央极大与另一灯丝衍射的第一极小重合时,二灯丝恰能分辨。

设二灯丝相距x,波长为λ,则有

$$\sin\theta_1 = \frac{\lambda}{a} = \frac{x}{D}$$

$$x = \frac{\lambda D}{a} = 1(\text{m})$$

5.25　<u>4;2</u>

设想将缝分割成与缝宽平行的N个窄缝子光源,每个子光源在夫琅和费衍射中央明纹处的振幅相等、相位相等,光矢量记为a。则中央明纹处光矢量为

$$A_1 = Na$$

缝宽加倍后,每个子光源在衍射中央明纹处的光矢量仍为a,总的光矢量为

$$A_2 = 2Na$$

因为光强正比于振幅的平方,所以
$$\frac{I_2}{I_1} = \frac{A_2^2}{A_1^2} = 4$$
入射光的强度未变,单位时间内透过缝的总能量即正比于缝的面积。所以缝宽加倍后,单位时间内透过缝的总能量为原来的 2 倍。

5.26 4mm；1m

单缝衍射产生暗纹的条件为
$$a\sin\theta = \pm k\lambda\,(k = 1,2,3,\cdots)$$
中央明纹两侧两个第三级暗纹间的距离为
$$2x_3 = 2f\tan\theta_3 \approx 2f\sin\theta_3 = 2f \cdot \frac{3\lambda}{a}$$
所以
$$f = \frac{a \cdot (2x_3)}{6\lambda} = \frac{2.5 \times 10^{-4} \times 12 \times 10^{-3}}{6 \times 5 \times 10^{-7}} = 1(\mathrm{m})$$
中央明纹以其两侧的两条第一级暗纹为边界,其线宽度为
$$2x_1 = 2f\tan\theta_1 \approx 2f\sin\theta_1 = 2f \cdot \frac{\lambda}{a} = 4 \times 10^{-3}(\mathrm{m})$$

5.27 利用半波带法分析。

当 $\theta = 0$ 时,来自单缝上各点的光光程相等,但移相膜使透过上下两个半缝的光有附加相位差 π,上下两个半缝的光相消干涉,强度为零。当
$$a\sin\theta = \pm (2k+1)\lambda\,(k = 0,1,2,\cdots)$$
时,可将单缝分成 $(4k+2)$ 个半波带。上方的 $2k$ 个半波带透过的光两两相消干涉,下方的 $2k$ 个半波带透过的光也是两两相消干涉。中间两个半波带透过的光的光程差为 $\lambda/2$,而移相膜产生附加相位差 π,透过这两个半波带的光相长干涉,光强极大,但以 $k = 0$ 即 $a\sin\theta = \pm \lambda$ 时光强最大。

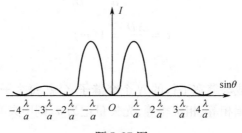

题 5.27 图

当 $a\sin\theta = \pm 2k\lambda\,(k = 1,2,3,\cdots)$ 时,可将单缝分成 $4k$ 个半波带。上方的 $2k$ 个半波带透过的光两两相消干涉,下方的 $2k$ 个半波带透过的光也是两两相消干

涉,移相膜不起作用,光强度为零。

光强的分布曲线如题 5.27 图所示。

5.28　2.237×10^{-4};89.42

$$\theta_{\min} = 1.22 \frac{\lambda}{D} = 2.237 \times 10^{-4} (\text{rad})$$

$$S = \frac{d}{\theta_{\min}} = 89.42(\text{m})$$

5.29　(1) 当出射光的衍射角为 θ 时,得

$$\delta = a\sin\theta \approx a\tan\theta \approx a\frac{y}{L}$$

(2) 当第 1、4 小圆孔出射光对应的光程差为半个波长时,在屏幕上叠加相消,但第 2、3 孔的出射光不相消,不能形成暗点。逐渐增大衍射角,当第 1、3 小圆孔的出射光第一次相消时,第 2、4 小圆孔的出射光也相消,这时形成距 O 点最近的暗点。故应有

$$2\delta_1 = \frac{\lambda}{2}$$

即

$$\delta_1 = \frac{\lambda}{4} = \frac{c}{4\nu}$$

(3) y 轴上中央亮纹的线宽度,即 O 点上、下两个距 O 点最近的暗点间的距离为

$$\Delta l_0 = 2y_1 = 2 \times \frac{L\delta_1}{a} = \frac{cL}{2a\nu}$$

(4) 每个小圆孔的出射光都在屏幕上产生衍射,在各自的正前方形成爱里斑。小圆孔衍射爱里斑的半角宽度为

$$\Delta\theta = 1.22 \frac{\lambda}{d}$$

当一个爱里斑的中心在另一个爱里斑的边缘之外(即 $L \cdot \Delta\theta \leq a$)时,屏上可分辨出四个爱里斑(观察到可分辨的四个小圆孔),故

$$a_{\min} = L \cdot \Delta\theta = 1.22 \frac{cL}{\nu d}$$

5.30　1 和 2;1 和 3;1、2、3 和 4

N 缝衍射的特点:① 相邻的主极大间,有 $(N-1)$ 个极小和 $(N-2)$ 个次极

大;②d/a 不一定是整数,当其整数倍是整数 k 时,相应级次 k 的主极大发生缺级。

(1) $N = 2, d/a = 2$,所以打开的缝是 1 和 2;
(2) $N = 2, d/a = 4$,所以打开的缝是 1 和 3;
(3) $N = 4, d/a = 2$,所以打开的缝是 1、2、3 和 4。

5.31 (1) 利用光栅方程 $d\sin\theta = \pm k\lambda$,得最大衍射级次为

$$k = \left[\frac{d}{\lambda}\right] = [16.\dot{6}] = 16$$

由于 $k = \pm 3, \pm 6, \pm 9, \pm 12, \pm 15$ 的谱线发生缺级,所以最多能观察到 23 条谱线。

(2) 对应第 k 级谱线,光栅的分辨本领为 $R_k = kN$。

为了分辨这两个波长的谱线,要求分辨本领为 $R = \dfrac{\bar{\lambda}}{\lambda_2 - \lambda_1} = 998.8$,所以光栅的刻痕数应达到 500 条。

5.32 光栅常数 $d = \dfrac{1}{3} \times 10^{-5}$ m。

(1) 红光波长 λ_r 约 7000 Å,紫光波长 λ_v 约 4000 Å。利用光栅方程得与光栅法线夹 24.46° 角的方向上红光和紫光谱线的级次

$$k_r = \frac{d\sin\theta}{\lambda_r} = 1.97, \quad k_v = \frac{d\sin\theta}{\lambda_v} = 3.45$$

取整数,得

$$k_r = 2, \quad k_v = 3$$

所以

$$\lambda_r = \frac{d\sin\theta}{2} = 6900(\text{Å}), \quad \lambda_v = \frac{d\sin\theta}{3} = 4600(\text{Å})$$

(2) 红光可能出现的最大衍射级次为

$$k_{r\max} = \left[\frac{d}{\lambda_r}\right] = [4.83] = 4$$

紫光可能出现的最大衍射级次为

$$k_{v\max} = \left[\frac{d}{\lambda_v}\right] = [7.25] = 7$$

根据光栅方程可知,两种谱线重合的条件是

$$k_r \lambda_r = k_v \lambda_v$$

即

$$\frac{k_v}{k_r} = \frac{\lambda_r}{\lambda_v} = \frac{3}{2}, \quad \frac{6}{4}$$

红光的第 4 级和紫光的第 6 级衍射谱线还会重合，对应的衍射角为

$$\theta' = \arcsin\frac{4\lambda_r}{d} = 55.9°$$

(3) 最多只可能观察到 4 级红光谱线，其中第二级、第四级分别与紫光的第三级、第六级衍射谱线重合，中央谱线也是重合的。单一的红光谱线只能是第一、三级，对应的衍射角分别为

$$\theta_1 = \sin^{-1}\frac{\lambda_r}{d} = 11.9°$$

$$\theta_3 = \sin^{-1}\frac{3\lambda_r}{d} = 38.4°$$

5.33 <u>1000 条/mm；500 条/mm</u>

三个光栅的光栅常数分别是：10^{-5}m、2×10^{-6}m 和 10^{-6}m。钠黄光的短波成分波长是 $\lambda_1 = 5890$Å，长波波长是 $\lambda_2 = 5896$Å，用上述三个光栅观察，可出现的最大衍射级次分别为 16、3 和 1。三个光栅都可用来观察一级衍射谱，只有前两个光栅可用于观察二级衍射谱。

利用光栅方程 $d\sin\theta = k\lambda$，第 k 级衍射谱中波长 λ 和 $\lambda + \delta\lambda$ 的两条谱线间的角间距

$$\delta\theta = \frac{\delta\lambda}{\sqrt{d^2/k^2 - \lambda^2}}$$

观察一级衍射谱时，三个光栅观察到两条谱线的角间距分别为 0.0035°、0.018°、0.043°。

观察二级衍射谱时，前两个光栅观察到两条谱线的角间距分别为 0.007°、0.043°。

5.34 两束相干光以不同入射角入射时，干涉条纹的间距为

$$d = \frac{\lambda}{\sin 0° + \sin 30°} = 2\lambda$$

(1) 为了在第一级光谱能将 5000.0Å 和 5000.2Å 的二谱线分开，要求所制得的光栅的分辨本领为

$$kN = N \geqslant \frac{\lambda'}{\delta\lambda'}$$

沿 x 方向应有的最小宽度为

$$x \geqslant Nd = \frac{2\lambda\lambda'}{\delta\lambda'} = 0.03(\mathrm{m})$$

（2）两束相干光的光强 I_1、I_2 与干涉结果的光强 I：

$$I = I_1 + I_2 + 2\sqrt{I_1 I_2}\cos\Delta\varphi$$

其中，$I_1/I_2 = 1/4$，所以

$$\frac{I_{\min}}{I_{\max}} = \frac{I_1 + I_2 - 2\sqrt{I_1 I_2}}{I_1 + I_2 + 2\sqrt{I_1 I_2}} = \frac{1}{9}$$

5.35 $\underline{1.95 \times 10^{-5}\mathrm{m}};\underline{0.06\mathrm{m}}$

第 k 级谱线中，波长 λ 和 $\lambda + \delta\lambda$ 的两条谱线间的间距为

$$\Delta l = f\sec^2\theta \cdot \Delta\theta = k\frac{f}{d}\frac{\delta\lambda}{\cos^3\theta} = \frac{d^2 k f \delta\lambda}{(d^2 - k^2\lambda^2)^{3/2}}$$

代入已知数据，得

$$\Delta l = 1.95 \times 10^{-5}(\mathrm{m})$$

光栅的宽度为

$$x = Nd \geqslant \frac{1}{k} \cdot \frac{\lambda}{\delta\lambda} \cdot d = 0.06(\mathrm{m})$$

5.36 $\underline{1.5};\underline{0.5};\underline{45°}$

设偏振片的透振方向与入射光中线偏振光的振动方向成 θ 角，则透过偏振片的光强为

$$I' = \frac{I}{2} + I\cos^2\theta$$

所以有

$$I'_{\max} = \frac{3I}{2}, \quad I'_{\min} = \frac{I}{2}$$

当 $I' = I$ 时，$\theta = 45°$。

5.37 自然光和圆偏振光通过检偏镜，出射光强度都不随检偏镜的旋转而发生变化。所以本题中入射光的成分可能是自然光，也可能是圆偏振光，或者是它们的混合。假设是二者的混合。

假设入射光中自然光成分的强度是 I_1。自然光通过 $\lambda/4$ 波片后，仍然是自然光，强度仍然是 I_1。再通过检偏镜后，变成强度为 $I_1/2$ 的偏振光。

假设入射光中圆偏振光成分的强度是 I_2。圆偏振光通过 $\lambda/4$ 波片后,变成线偏振光,强度仍然是 I_2。再通过检偏镜后,变成强度为 0 到 I_2 之间的线偏振光。

根据题意,有

$$I_1/2 + I_2 = 2(I_1/2 + 0) \quad I_1 = 2I_2 \quad \frac{I_1}{I_1 + I_2} = 2/3$$

即入射的是自然光和圆偏振光的混合光,其中自然光光强占总光强的 67%。

5.38 $\pi/8$;椭圆偏振光

线偏振光经过一个 1/2 波片后,还是线偏振光,其振动方向与进入波片前的振动方向是关于 1/2 波片的光轴对称的,所以经过 1/2 波片后线偏振光的偏振方向与光轴的夹角仍然是 $\pi/8$。

线偏振光进入 1/4 波片后,分为 o 光和 e 光,它们的振幅 $A_o = A\sin\dfrac{\pi}{8}$ 和 $A_e = A\cos\dfrac{\pi}{8}$(其中 A 为入射线偏振光的振幅)不等,从 1/4 波片出来后二者的位相差是 $\dfrac{\pi}{2}$ 的奇数倍,叠加为变为椭圆偏振光。

5.39 $\dfrac{\lambda}{4(n_o - n_e)}$;线

对于负晶体,$n_o > n_e$。所谓四分之一波片,就是光通过其中后,垂直、平行于光轴方向振动的偏振光产生的光程差为奇数个四分之一波长的晶片,即

$$(n_o - n_e)d = (2k + 1)\frac{\lambda}{4} \quad (k = 0,1,2,\cdots)$$

所以

$$d_0 = \frac{\lambda}{4(n_o - n_e)}$$

当 $d = 2d_0$ 时,$(n_o - n_e)d = \dfrac{\lambda}{2}$,从晶片出射的是振动方向垂直、相位差为 π 的两束线偏振光,这样的两束线偏振光合成的结果仍为线偏振光。

5.40 线偏振光;$\dfrac{\lambda}{4(n_o - n_e)}$

单色线偏振光正入射二分之一波片后,在波片中分解为垂直于主平面振动的 o 光和平行于主平面振动的 e 光。二者从波片出射时,沿相互垂直的方向振动,有 π 的奇数倍的相位差,所以合成光仍为线偏振光。

线偏振光经过波片,出射光一般为椭圆偏振光。如果出射光为圆偏振光,说

明出射时振动方向相互垂直的 o 光和 e 光有 π/2 的奇数倍的相位差,而且振幅相等。设波片厚度为 d,则

$$2\pi \frac{(n_o - n_e)d}{\lambda} = (2k+1)\frac{\pi}{2} \quad (k = 0,1,2,\cdots)$$

所以,波片的最小厚度为

$$d_{\min} = \frac{\lambda}{4(n_o - n_e)}$$

5.41 单色自然光通过第一个偏振片后变成线偏振光,强度减半,为 $I_0/2$,记其振幅为 A_1。

线偏振光入射波片,分解成 o 光和 e 光,振幅分别为 $A_e = A_1\cos\alpha$、$A_o = A_1\sin\alpha$。

o 光和 e 光与第二个偏振片透光方向平行的成分才能通过,振幅分别为 $A'_e = A_e\sin\alpha$、$A'_o = A_o\cos\alpha$。

o 光和 e 光通过 1/4 波片后产生 π/2 的相位差,再在第二个偏振片透光方向分解时产生附加相位差 π。所以同方向的 A'_e 和 A'_o 的合成振幅为

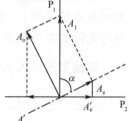

题 5.41 图

$$A = \sqrt{A'^2_e + A'^2_o + 2A'_e A'_o \cos\left(\pi - \frac{\pi}{2}\right)} = \sqrt{2}A'_e = \sqrt{2}A_1\sin\alpha\cos\alpha$$

故光强为

$$I = \frac{A^2}{A_1^2} \cdot \frac{I_0}{2} = I_0\sin^2\alpha\cos^2\alpha = \frac{3}{16}I_0$$

5.42 圆偏振光;$\dfrac{I_0}{2}\cos^2\theta$

光强为 I_0 的自然光通过 1/4 波片 P_1 后,仍然为光强为 I_0 的自然光;

光强为 I_0 的自然光通过偏振片 N_1 后,为光强为 $I_0/2$ 的线偏振光;

光强为 $I_0/2$ 的线偏振光通过偏振片 N_2 后,为光强为 $\dfrac{I_0}{2}\cos^2\theta$ 的线偏振光;

光强为 $\dfrac{I_0}{2}\cos^2\theta$ 的线偏振光振动方向与 1/4 波片 P_2 的光轴夹 45° 角,通过后为圆偏振光,光强仍然为 $\dfrac{I_0}{2}\cos^2\theta$。

5.43 $\dfrac{\cos^2\beta}{\cos^2\alpha}$;1

设线偏振光的振幅为 A_0,如题 5.43 图(a)所示,通过偏振片 P_1 的振幅为 A'_0,

最后通过偏振片 P_2 的振幅为

$$A_1 = A_0'\cos(\beta - \alpha) = A_0\cos\alpha\cos(\beta - \alpha)$$

从 P_2 右侧入射时,通过偏振片 P_2 的振幅为 A_0',最后通过偏振片 P_1 的振幅为

$$A_2 = A_0'\cos(\beta - \alpha) = A_0\cos\beta\cos(\beta - \alpha)$$

所以有

$$\frac{I_2}{I_1} = \frac{A_2^2}{A_1^2} = \frac{\cos^2\beta}{\cos^2\alpha}$$

如果入射光是自然光,设自然光通过一个偏振片后的振幅为 A_0。

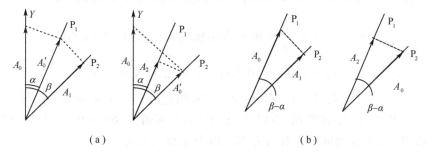

题 5.43 图

如图(b)所示,自然光最后通过偏振片 P_2 后的振幅为 A_1;自然光最后通过偏振片 P_1 后的振幅为 A_2:

$$A_1 = A_0\cos(\beta - \alpha), \quad A_2 = A_0\cos(\beta - \alpha)$$

$$\frac{I_2}{I_1} = \frac{A_2^2}{A_1^2} = 1$$

5.44 (1) 欲使反射光为线偏振光,根据布儒斯特定律,光由硫化锌入射硫化锌与冰晶石界面时,反射光与折射光垂直(光由冰晶石入射冰晶石与硫化锌界面时,反射光与折射光亦垂直),即入射角与折射角互余:

$$\theta_H + \theta_L = \frac{\pi}{2}$$

另外根据折射定律有

$$n\sin 45° = n_H\sin\theta_H = n_L\sin\theta_L$$

由此可以解出

$$n = \frac{\sqrt{2}\,n_H n_L}{\sqrt{n_H^2 + n_L^2}} = 1.565$$

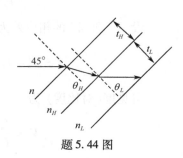

题 5.44 图

(2) 当反射光为线偏振光时,其振动方向垂直于入射面,折射光以平行于入射面的振动为主。为了提高透射光的偏振度,应尽量使垂直于入射面的成分反射最强。即将硫化锌作为平行膜时,反射光满足等倾相长干涉条件:

$$2t_H \sqrt{n_H^2 - n_L^2 \sin^2\theta_L} + \frac{\lambda}{2} = k\lambda \quad (k = 1, 2, 3, \cdots)$$

同时,将冰晶石作为平行膜时,反射光也满足等倾相长干涉条件:

$$2t_L \sqrt{n_L^2 - n_H^2 \sin^2\theta_H} + \frac{\lambda}{2} = k'\lambda \quad (k' = 1, 2, 3, \cdots)$$

此两式中取 $k = 1$、$k' = 1$,再利用(1)中两式解出的 θ_H 和 θ_L ($\cos\theta_H = \sqrt{1 - \frac{n^2}{2n_H^2}}$、$\cos\theta_L = \sqrt{1 - \frac{n^2}{2n_L^2}}$) 即可求出硫化和锌冰晶石厚度的最小值:

$$t_H = 6.11 \times 10^{-8} \text{m}, \quad t_L = 2.24 \times 10^{-7} \text{m}$$

5.45 (1) 光束 Ⅰ、Ⅱ、Ⅰ′和 Ⅱ′构成四边形,Ⅰ 与 Ⅱ 垂直、Ⅰ 与 Ⅰ′夹 105°角、Ⅱ 与 Ⅱ′夹 105°角,所以 Ⅰ′和 Ⅱ′间的夹角为 360° - 90° - 210° = 60°,Ⅰ′和 Ⅱ′入射观察屏的入射角为 30°,屏上条纹间距为

$$\Delta l = \frac{\lambda}{\sin 30° + \sin 30°} = \lambda$$

(2) 设经过分束器后,两束自然光的强度均为 I_0。

Ⅰ 经反射镜面 A_1 反射后变成 Ⅰ′,Ⅰ′是振动方向垂直于纸面的线偏振光,强度

$$I_1' = I_0/2$$

Ⅱ 首先经过一偏振片,从偏振片出射的光是线偏振光,振动方向与纸面的法向成 60° 角,强度是 $I_0/2$。此光入射平面镜 A_2,只有纸面法向的分量可反射,所以反射光是振动方向垂直于纸面的线偏振光,强度

$$I_2' = I_0/2 \cdot \cos^2 60° = I_0/8$$

设 Ⅰ′和 Ⅱ′的相位差为 δ,则二者在屏上相干的光强为

$$I = I_1' + I_2' + 2\sqrt{I_1' I_2'} \cos\delta = \frac{I_0}{2}\left(\frac{5}{4} + \cos\delta\right)$$

可见度(对比度)为

$$V = \frac{I_{\max} - I_{\min}}{I_{\max} + I_{\min}} = \frac{9/8 - 1/8}{9/8 + 1/8} = 0.8$$

5.46　1.28

光通过第一个偏振片后变成线偏振光。进入晶片后变成振幅相等的 o 光和 e 光,从晶片出射时二者的相位差为

$$2\pi \frac{(n_o - n_e)d}{\lambda}$$

二者在第二个偏振片透振方向的分量才能通过,分解产生相位差 π。

所以,从第二个偏振片透射的光呈现极大的条件是

$$2\pi \frac{(n_o - n_e)d}{\lambda} + \pi = 2k\pi \quad (k = 1, 2, 3, \cdots)$$

当 $k = 3$ 时,d 小于 $10\mu m$ 而且最接近 $10\mu m$。待求结果为

$$10 - \frac{5\lambda}{2(n_o - n_e)} = 1.28(\mu m)$$

5.47　无;无;有;有

(1) 只撤去 P、P′,透过 S 的光经 P_1、P_2 变成振动方向相互垂直的线偏振光,不满足相干条件,屏上不出现干涉条纹;

(2) 只撤去 P′,透过 S 的是线偏振光,透过 P_1、P_2 的仍然是振动方向互相垂直的线偏振光,不满足相干条件,屏上不出现干涉条纹;

(3) 只撤去 P,透过 S 的是自然光,透过 P_1、P_2 的是振动方向相互垂直的线偏振光,它们都能部分地通过 P′ 变成同方向振动的偏振光,屏上应出现干涉条纹;

(4) P、P′、P_1、P_2 同时存在时,透过 S 的是线偏振光,透过 S_1、S_2 的是振动方向相互垂直的线偏振光,它们部分地通过 P′ 后变成振动方向相互平行的线偏振光,屏上出现干涉条纹。

5.48　(1) 除去 P_1、P_2、P_3 和 P_4 四个偏振片后,就是典型的杨氏双缝实验装置。S_2 上双缝出射的光到屏 S_3 上坐标 x 处的光程差为

$$\delta = \frac{d}{D}x$$

光强极大处:$\delta = \pm k\lambda, x = \pm k \frac{D}{d}\lambda \quad (k = 0, 1, 2, \cdots)$;

光强极小处:$\delta = \pm (2k+1)\frac{\lambda}{2}, x = \pm (2k+1)\frac{D}{2d}\lambda \quad (k = 0, 1, 2, \cdots)$。

(2) 除去偏振片 P_1 后,透过 P_2 和 P_3 的是振动方向互相垂直的线偏振光,再透过 P_4 变成振动方向相互平行的线偏振光,屏上应出现干涉条纹。与(1)的情

况比较,每一束光在到达屏时强度减为原来的 1/4,所以干涉条纹的光强也减为原来的 1/4。

(3) 透过 P_1 的是线偏振光,透过 P_2 和 P_3 的是振动方向相互垂直的线偏振光,透过 P_4 的是同方向振动的线偏振光,出现干涉条纹。与情况(1)比较,通过 P_1 时光强减半、通过 P_2 和 P_3 时光强再减半、最后通过 P_4 时光强又减半,所以条纹光强减为情况(1) 的 1/8。

5.49 原来的亮纹变成了暗纹,原来的暗纹变成了亮纹;$I_0/2$;0

透过偏振片 P 的是振动方向平行于 S_1S_2 连线的线偏振光。

对两个半波片之一(光轴与 S_1S_2 连线垂直),该光是纯 o 光,入射偏振光经过半波片后,振动方向改变 π 角度。对另一个半波片(光轴与 S_1S_2 连线平行),该光是纯 e 光,入射偏振光经过波片后,振动方向不变。

由此可见,经由两个半波片的光振动方向相同,但较入射之前,相位差改变 π。插入半波片后,原来的亮纹变成了暗纹,原来的暗纹变成了亮纹。

半波片不改变入射光的强度,但是偏振片 P 透射的光强仅为入射光强度的一半。所以屏幕上最大光强变为原来的 1/2,最小光强仍为零。

5.50 (1) 题 5.50 图(a)所示为偏振片 N、N_1、N_2 的相对方位。因为 N_1、N_2 的偏振化方向互相垂直,经 S_1、S_2 的出射光是振动方向互相垂直的线偏振光,它们在屏幕上相遇后不能发生干涉,只能是相互垂直光振动的叠加。

由于不能发生干涉,屏幕上光强就是透过 S_1、S_2 光强的和,P_0、P_1、P_2、P_3、P_4 等各点的光强相等。

未放置偏振片时,因为 P_0 处是 0 级亮纹、P_4 处是 1 级亮纹,表明经 S_1、S_2 出射的两束光到 P_0 处的光程差是 0、到 P_4 处的光程差是 λ。又因为 P_1、P_2、P_3 为 $\overline{P_0P_4}$ 间的等间距点,则经 S_1、S_2 出射的两束光到 P_1 处的光程差是 $\lambda/4$、到 P_2 处的光程差是 $\lambda/2$、到 P_3 处的光程差是 $3\lambda/4$。

放置偏振片后,由于偏振片不引起附加光程差,所以两束振动方向垂直的线偏振光在 P_0、P_1、P_2、P_3、P_4 点相遇时的相位差分别为

$$\delta_0 = 0, \delta_1 = \pi/2, \delta_2 = \pi, \delta_3 = 3\pi/2, \delta_4 = 2\pi$$

所以,各点处的偏振状态为:P_0 点处是线偏振光,光矢量在 1-3 象限振动(题 5.50 图(a) $N_1 - N - N_2$ 区间即为第一象限);P_1 点处是右旋圆偏振光;P_2 点是线偏振光,光矢量在 2-4 象限振动;P_3 点处是左旋圆偏振光;P_4 点是线偏振光,光矢量在 1-3 象限振动。

(2) 在屏幕前再放置偏振片 N′ 后,各偏振片相对方位如图(b) 所示。经 S_1、S_2 的出射光虽是振动方向互相垂直的线偏振光,但它们在 N′ 的透振方向上有分

量,透过 N′ 后振动方向一致,在屏幕上相遇后发生干涉,而且屏幕上各点处都是线偏振。

由于透过 N_1、N_2 的线偏振光在通过 N′ 时产生附加相位差 π,所以两束振动方向一致的线偏振光在 P_0、P_1、P_2、P_3、P_4 点相遇时的相位差分别为

$$\delta_0' = \pi, \delta_1' = 3\pi/2, \delta_2' = 2\pi, \delta_3' = 5\pi/2, \delta_4' = 3\pi$$

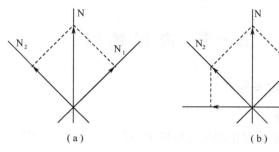

题 5.50 图

由于 N 与 N_1、N_2 的夹角相等,由 N_1、N_2 出射的光强相等;由于 N_1、N_2 与 N′ 夹角相等,由 N_1、N_2 出射再由 N′ 出射的两束光强度相等,记为 I'。则

P_0 点的光强:$I_0' = I' + I' + 2\sqrt{I'I'}\cos\delta_0' = 0$;

P_1 点的光强:$I_1' = I' + I' + 2\sqrt{I'I'}\cos\delta_1' = 2I'$;

P_2 点的光强:$I_2' = I' + I' + 2\sqrt{I'I'}\cos\delta_2' = 4I'$;

P_3 点的光强:$I_3' = I' + I' + 2\sqrt{I'I'}\cos\delta_3' = 2I'$;

P_4 点的光强:$I_4' = I' + I' + 2\sqrt{I'I'}\cos\delta_4' = 0$。

第六章 狭义相对论力学基础

第一节 内容精粹

一、狭义相对论运动学

1. 两个基本原理

19世纪中叶,对电磁现象的研究形成了一套严整的电磁理论——麦克斯韦理论。该理论给出:光在真空中的传播速率 $c = 1/\sqrt{\varepsilon_0\mu_0}$ 是一个与参考系无关的常量。这一结论为后来很多精确的实验和观察所证实,最著名的是迈克尔孙-莫雷实验(1887年),它否定了地球相对"以太"的运动,明确无误地证明光速的测量结果与光源和测量者的相对运动无关。

爱因斯坦对这种"光的运动不服从伽利略变换"的现象进行深入研究后,于1905年发表了题为《论动体的电动力学》的著名论文,提出了两条基本假设:

① 相对性原理:物理定律对所有惯性系都是一样的,不存在任何一个特殊的惯性系(如"绝对静止"的"以太")。

② 光速不变原理:在任何惯性系中,光在真空中的速率都相等。

2. 相对论时空坐标变换 — 洛仑兹变换

设有两个惯性参考系 $S - OXYZ$ 和 $S' - O'X'Y'Z'$,它们的坐标轴彼此平行,且 X' 轴与 X 轴重合,其中 S' 系以速度 u 沿 X 轴(X' 轴)正方向运动。两系中的观察者分别以相对于各自参考系静止的时钟和尺子对所观察事件的时空坐标进行测量,且 O 与 O' 重合时开始计时: $t = t' = 0$。如此两个惯性系称为约定系统。对同一事件,S 系和 S′ 系中观测的时空坐标分别为 (t,x,y,z) 和 (t',x',y',z')。则从两条基本原理出发,可以导出从 S 系到 S′ 系的时空坐标变换(正变换):

$$x' = \frac{x - ut}{\sqrt{1 - u^2/c^2}}, y' = y, z' = z, t' = \frac{t - ux/c^2}{\sqrt{1 - u^2/c^2}}$$

从 S′ 系到 S 系的时空坐标变换(逆变换):

$$x = \frac{x' + ut'}{\sqrt{1 - u^2/c^2}}, y = y', z = z', t = \frac{t' + ux'/c^2}{\sqrt{1 - u^2/c^2}}$$

在狭义相对论中常用两个恒等符号：

$$\beta \equiv \frac{u}{c}, \quad \gamma \equiv \frac{1}{\sqrt{1-u^2/c^2}}$$

3. 相对论速度变换

当事件的时空坐标变化时（如物体的运动），S 系中观测其速度定义为：$v_x = \frac{dx}{dt}, v_y = \frac{dy}{dt}, v_z = \frac{dz}{dt}$；S′ 系中观测其速度为：$v'_x = \frac{dx'}{dt'}, v'_y = \frac{dy'}{dt'}, v'_z = \frac{dz'}{dt'}$。利用时空坐标变换，可以导出从 S 系到 S′ 系的速度变换（正变换）：

$$v'_x = \frac{v_x - u}{1 - uv_x/c^2}, v'_y = \frac{v_y \sqrt{1-u^2/c^2}}{1 - uv_x/c^2}, v'_z = \frac{v_z \sqrt{1-u^2/c^2}}{1 - uv_x/c^2}$$

从 S′ 系到 S 系的速度变换（逆变换）：

$$v_x = \frac{v'_x + u}{1 + uv'_x/c^2}, v_y = \frac{v'_y \sqrt{1-u^2/c^2}}{1 + uv'_x/c^2}, v_z = \frac{v'_z \sqrt{1-u^2/c^2}}{1 + uv'_x/c^2}$$

4. 同时的相对性和时钟延缓

设在 S′ 系中观测两个事件的时空坐标分别为：(t'_1, x'_1, y'_1, z'_1)、(t'_2, x'_2, y'_2, z'_2)，则在 S 系中观测的时间间隔为

$$\Delta t = t_2 - t_1 = \frac{(t'_2 - t'_1) + u(x'_2 - x'_1)/c^2}{\sqrt{1-u^2/c^2}}$$

如果 $t'_2 = t'_1$，则 Δt 一般不等于零——同时的相对性，除非 S′ 系中观测同时发生的这两个事件发生在同一地点（$x'_2 = x'_1$）；如果 $t'_2 > t'_1$，则 $t_2 > t_1$ 不一定成立——时序颠倒；当两事件有因果关系时，$|x'_2 - x'_1| \leq c(t'_2 - t'_1)$，不会发生时序颠倒。

固有时间和测量时间：如果 S′ 系中观测两个事件在同一地点发生，则 S′ 系测得的时间 $\tau = t'_2 - t'_1$ 称为固有时间。S 系观测的这两个事件时间间隔 Δt 称作测量时间。

时钟延缓：

$$\Delta t = \tau / \sqrt{1-u^2/c^2}$$

在 S 系看来，S′ 系（及其中的时钟）在运动，运动的时钟走得慢（记录的时间 τ 较短），称运动时钟延缓。反过来，S′ 系看来，S 系及其中的时钟是运动的，S 系中的时钟延缓。

5. 长度收缩

固有长度：在 S′ 系中两个固定点间的距离 $l_0 = x'_2 - x'_1$ 称为固有长度。因为两

点相对 S′ 系固定，S′ 系中的观察者不论何时测量都会给出相同的结果 l_0。

测量长度：S 系中的观察者同时定出 x'_2 和 x'_1 在 S 系中的位置 x_2 和 x_1，由此得出的距离 $l = x_2 - x_1$ 称为测量长度。

长度收缩：

$$l = l_0 \sqrt{1 - u^2/c^2}$$

在 S 系看来，S′ 系及其上固定的两点 x'_2 和 x'_1 是运动的，S′ 系中的固有长度 l_0 相对 S 系是运动的，而测量长度 $l < l_0$，故称为运动长度收缩。反过来，在 S′ 系看来，S 系是运动的，S 系中的固有长度经 S′ 系中观察者测量后也是缩短的。

二、狭义相对论动力学

1. 相对论质量

在某惯性系中观察，一个静止质点的质量 m_0 称为静止质量。当该质点以速度 v 运动时，观测其质量 m 为

$$m = m_0 / \sqrt{1 - v^2/c^2}$$

2. 相对论动量

当质点相对某一惯性系以速度 v 运动时，其动量表示为

$$\boldsymbol{P} = m\boldsymbol{v} = m_0\boldsymbol{v} / \sqrt{1 - v^2/c^2}$$

如果质点的动量发生变化，这时质点一定受到了合力的作用，合力与动量的时间变化率间满足

$$\boldsymbol{F} = \frac{\mathrm{d}\boldsymbol{P}}{\mathrm{d}t} = \frac{\mathrm{d}(m\boldsymbol{v})}{\mathrm{d}t} \neq m\frac{\mathrm{d}\boldsymbol{v}}{\mathrm{d}t}$$

3. 相对论动能

利用动能定理可以推得运动质点的动能 E_k 为

$$E_k = mc^2 - m_0 c^2$$

4. 相对论能量

只有当质点相对观察者运动时，才能测出其具有动能（$m \neq m_0, E_k \neq 0$），所以可以这样理解：动能是质点相对观察者运动时具有的能量。就称

$$E_0 = m_0 c^2$$

为静止能。相应地，运动时的总能量称为相对论能量：

$$E = mc^2 = m_0 c^2 / \sqrt{1 - v^2/c^2}$$

由此可得

$$\Delta E = \Delta m \cdot c^2$$

即质量和能量的变化总是相伴的,或者说能量和质量是等价的物质形式。此式绝不能理解为"质能转换"。

5. 能量 — 动量关系

由以上动量、能量表示式,可以导出能量和动量间的关系:

$$E^2 = P^2 c^2 + m_0^2 c^4$$

6. 动量 — 能量变换

设 S 和 S′ 是约定系统(相对速度为 u),有一运动物体,S′ 系观测其速度、动量、能量分别为 v'、P'、E',S 系观测结果为 v、P、E。利用以上动量、能量表示式及速度变换关系,可推得相对论动量 — 能量变换关系。

正变换(从 S 系到 S′ 系):

$$P'_x = \frac{P_x - Eu/c^2}{\sqrt{1 - u^2/c^2}}, \quad P'_y = P_y, P'_z = P_z, \quad E' = \frac{E - P_x u}{\sqrt{1 - u^2/c^2}}$$

逆变换(从 S′ 系到 S 系):

$$P_x = \frac{P'_x + E'u/c^2}{\sqrt{1 - u^2/c^2}}, \quad P_y = P'_y, P_z = P'_z, \quad E = \frac{E' + P'_x u}{\sqrt{1 - u^2/c^2}}$$

第二节 解题要术

一、相对论运动学

首先,读题,弄清楚题中已知条件是相对于哪个参考系的;其次,选定 S 系和 S′ 系,将已知条件和求解内容用数学语言表述清楚;最后,利用熟记的洛伦兹时空坐标(或速度)变换公式求解。

所以,熟记变换公式是基础,但关键还是要条理清楚(选参考系、写已知条件和求解项目、公式的运用)。

以上内容掌握了,就可以求解相对论运动学的各种问题:不同观察者观测同一事件的时空坐标、不同观察者观测两个事件的时间间隔和空间距离(含"时钟延缓"和"长度收缩",只有按上述要求,才能正确理解和运用)、不同观察者观测同一物体的速度(含两物间的相对速度 —— 取其中一物为参考系之一)等等。

二、相对论动力学

要牢记各种关系。如果物体相对观察者没有运动,则观测的质量、动量、动能、能量都是"静的"(其中动量、动能为零);如果物体相对观察者运动,则观测的各物理量是"相对论"量;不同时刻物体相对观察者速度不同时,观测结果是不同的,这一点在分析求解用到 $F = \dfrac{dP}{dt}$ 的问题时尤其要注意。

有些问题要用到动力学和运动学两方面的知识,如求运动物体的密度等。

第三节 精选习题

6.1(计算) 一飞船装有无线电发射和接收装置,正以速度 $v = 0.6c$ 飞离地球。当它发射一个无线电信号,并经地球反射,40s 后飞船才收到返回信号。试求:(1) 当信号被地球反射时刻,从飞船参考系测量,地球离飞船有多远?(2) 当飞船接收到地球反射信号时,从地球参考系测量,飞船离地球有多远?

6.2(填空) 如题 6.2 图所示,高速列车内有一滑轨 AB 沿车身长度方向固定放置,列车以 $0.6c$(c 为光速)的速率相对地面沿从 A 到 B 的方向匀速直线运动。列车上的观察者测得滑轨长为 10m,另有一小滑块 D 在 10s 内由滑轨的 A 端滑到 B 端。则地面上的观察者测得滑轨的长度为_____,地面上的观察者测得滑块移动的距离为_____。

6.3(填空) 如题 6.3 图所示,静长 l_0 的空心管 AB 相对惯性系 S 以恒定的速度 v 沿着长度方向高速运动。管内有一微观粒子 P,在 S 系的 $t = 0$ 时刻从 B 壁内侧朝着 A 壁高速运动,相对 AB 管的速度大小也为 v,S 系测得 $t_1 =$ _____ 时刻 P 到达 A 壁。设 P 与 A 壁弹性碰撞,S 系又可测得 $t_2 =$ _____ 时刻 P 回到 B 壁。

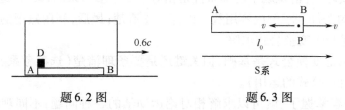

题 6.2 图　　　　题 6.3 图

6.4(填空) 一艘无人飞船和一颗彗星相对于地面参考系分别以 $0.6c$ 和 $0.8c$ 的速度相向运动。地面系时钟读数 $t_S = 0$ 时,恰好飞船时钟读数也为 $t = 0$。地面系认为 $t_S = 5$s 时飞船会与彗星碰撞,飞船则认为 $t =$ _____ 时自己会与彗星碰撞。而且飞船在 $t = 0$ 时认为彗星与它相距_____ cs(光秒)。

6.5（填空） 静止长度为 l_0 的飞船以恒定速度 v 相对某惯性系 S 高速运动，如题 6.5 图所示。从火箭头部 A 发出一光信号，飞船上观察者认为需经时间 t' = _____ 到达尾部 B；S 系中的观察者认为需经时间 t = _____ 到达尾部 B。

6.6（填空） 两个在同一直线上沿相反方向以速度 v 飞行的飞船 A（向左飞行），B（向右飞行）。飞船 A 中的观察者看到相对其静止的中子的寿命为 τ，那么飞船 B 中观察者看到的此中子的寿命为 _____，A 船看到 B 船的速度为 _____。

6.7（填空） 如题 6.7 图所示，各边静长为 L 的正方形面板 ABCD，在惯性系 S 的 xy 坐标面上以匀速度 v 沿 x 轴运动。运动过程中 AB 边和 BC 边各点均朝 x 轴连续发光，在 S 系中各点发光方向均与 y 轴平行。这些光在 x 轴上照亮出一条随着面板运动的轨迹线段，它的长度 l = _____ L。若改取 AB 边静长为 L'，BC 边静长仍为 L 的长方形面板，当 $v = 0.6c$ 时，x 轴上运动的轨迹线段长度恰好等于 L，那么必有 L' = _____。

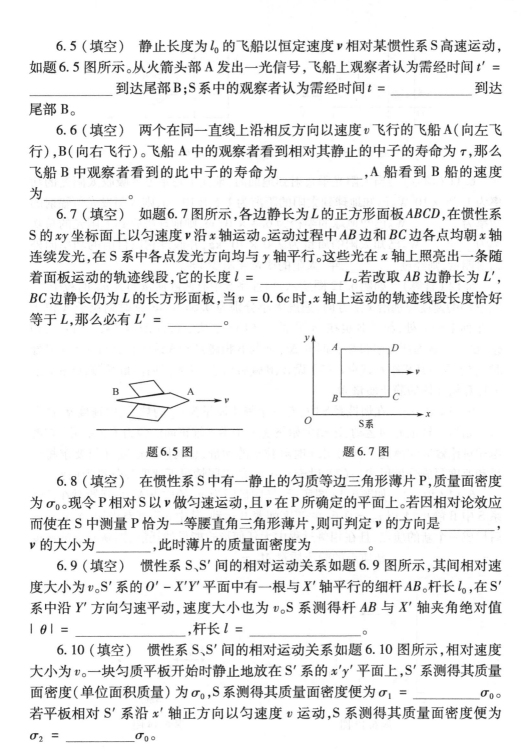

题 6.5 图　　　　　　　题 6.7 图

6.8（填空） 在惯性系 S 中有一静止的匀质等边三角形薄片 P，质量面密度为 σ_0。现令 P 相对 S 以 v 做匀速运动，且 v 在 P 所确定的平面上。若因相对论效应而使在 S 中测量 P 恰为一等腰直角三角形薄片，则可判定 v 的方向是 _____，v 的大小为 _____，此时薄片的质量面密度为 _____。

6.9（填空） 惯性系 S、S' 间的相对运动关系如题 6.9 图所示，其间相对速度大小为 v。S' 系的 $O'-X'Y'$ 平面中有一根与 X' 轴平行的细杆 AB。杆长 l_0，在 S' 系中沿 Y' 方向匀速平动，速度大小也为 v。S 系测得杆 AB 与 X' 轴夹角绝对值 $|\theta|$ = _____，杆长 l = _____。

6.10（填空） 惯性系 S、S' 间的相对运动关系如题 6.10 图所示，相对速度大小为 v。一块匀质平板开始时静止地放在 S' 系的 $x'y'$ 平面上，S' 系测得其质量面密度（单位面积质量）为 σ_0，S 系测得其质量面密度便为 σ_1 = _____ σ_0。若平板相对 S' 系沿 x' 轴正方向以匀速度 v 运动，S 系测得其质量面密度便为 σ_2 = _____ σ_0。

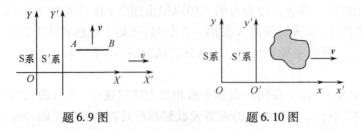

题6.9图 题6.10图

6.11（填空） 当太阳光垂直射到地面时,地面上每平方米吸收太阳光的功率为 1.35×10^3 W。已知地球到太阳的距离为 1.5×10^{11} m,则太阳发光所辐射的功率为_____W。已知地球的半径为 6.4×10^6 m,则地球吸收到太阳光的总功率为_____W。已知太阳的质量为 2.0×10^{30} kg,并假设它以目前的功率向外辐射能量,则经过_____年,太阳的质量将减少1%。

6.12（计算） 如题6.12图所示,惯性系 S 中有两静质量同为 m_0 的粒子 A、B,它们的速度分别沿 x、y 方向,速度大小分别为 $0.6c$、$0.8c$。某时刻粒子 A 位于 xy 平面上的 P 处,粒子 B 也在 xy 平面上。(1) S 系认定再过 $\Delta t = 5$ s,A 和 B 会相碰,试问 A 认为还需经过多长时间 Δt_A 才与 B 相碰？(2) A 认为自己位于 S 系 P 处时,粒子 B 与其相距 l,试求 l。(3) 设 A、B 碰后粘连,且无任何能量耗散,试在 S 系中计算粘连体的静止质量 M_0。

6.13（计算） 在惯性系 S 中,有一个静止质量为 m_0 的粒子,以速度 u_0 从原点开始沿 X 轴正方向运动,运动中始终受一个沿 Y 轴正向的恒力 F 的作用。在考虑相对论效应的情况下:(1) 求 t 时刻粒子的动量、总能量和速度。(只要求将动量和速度写成分量形式);(2) 讨论 $t \to \infty$ 的极限情况下速度各分量为何？

6.14（填空） 如题6.14图所示,静质量同为 m_0 的质点 A、B,开始时在惯性系 S 中 B 静止,A 以 $v_0 = 0.6c$ 的速度朝着 B 运动,其中 c 为真空光速。A、B 相碰后形成一个新的质点,且在相碰过程中无任何形式能量的耗散,则新质点的速度 $v = $ _____,新质点的静止质量 $M_0 = $ _____。

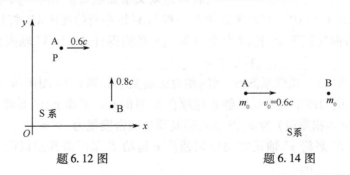

题6.12图 题6.14图

第四节 习题详解

6.1 (1) 在飞船参考系中观察,地球以速度 $v = 0.6c$ 飞离。设信号到达地球时刻(也即信号被地球反射时刻),在飞船参考系中地球与飞船的距离为 x。在飞船参考系中,信号速度是 c,地球的运动对信号速度无任何影响,信号从飞船到地球和从地球到飞船的时间同为 x/c,于是有 $2x/c = 40$,即

$$x = 20c$$

(2) 在飞船参考系中,在信号从地球返回飞船的 20s 内,地球又远离飞船 $20v$ 的距离,两者的距离为 $x + 20v = 20(c + v)$。"地球的位置"和"飞船接收到返回信号"是飞船参考系中同一时刻不同地点发生的两个事件:$t'_2 = t'_1, x'_2 - x'_1 = 20(c + v)$。

在地球参考系看,两者的距离为

$$x_2 - x_1 = \frac{20(c + v)}{\sqrt{1 - v^2/c^2}} = 40c$$

6.2 $\underline{8\text{m}}; \underline{2.25 \times 10^9 \text{m}}$

滑轨相对列车静止,列车中测得其长度是固有长度 $l_0 = 10\text{m}$;滑轨相对地面高速运动,所以地面系中测其长度为

$$l = l_0 \sqrt{1 - v^2/c^2} = 8\text{m}$$

列车参考系中,"D 在 A 端"和"D 到 B 端"两个事件的时空坐标为 $x'_2 - x'_1 = 10\text{m}, t'_2 - t'_1 = 10\text{s}$;地面系测得这两个事件间距为

$$x_2 - x_1 = \frac{(x'_2 - x'_1) + v(t'_2 - t'_1)}{\sqrt{1 - v^2/c^2}} = 12.5 + 2.25 \times 10^9 \approx 2.25 \times 10^9 (\text{m})$$

6.3 $\underline{\sqrt{1 - \beta^2} \frac{l_0}{v}}; \underline{\frac{2l_0}{v \sqrt{1 - \beta^2}}}$ ($\beta = v/c$)

以粒子离开 B 为事件 1,与 A 碰撞为事件 2,回到 B 为事件 3。则已知

$$t'_2 - t'_1 = \frac{l_0}{v}, x'_2 - x'_1 = -l_0, t'_3 - t'_1 = \frac{2l_0}{v}, x'_3 - x'_1 = 0$$

因此

$$t_1 = \gamma \left(t'_2 + \frac{v}{c^2} x'_2 \right) - \gamma \left(t'_1 + \frac{v}{c^2} x'_1 \right) = \frac{l_0}{v} \sqrt{1 - v^2/c^2}$$

$$t_2 = \gamma(t_3' - t_1') = \frac{2l_0}{v} \Big/ \sqrt{1 - v^2/c^2}$$

6.4 $4\text{s}; \dfrac{140}{37}$

以地面为约定系统的 S 系,飞船为 S′ 系,飞船沿 $X(X')$ 轴正方向运动,O、O' 重合时 $t = 0, t_S = 0$。

O、O' 重合事件和彗星撞击事件,在飞船参考系观察是发生在同一地点,时间间隔为固有时间,即

$$t = t_S \sqrt{1 - u^2/c^2} = 4(\text{s})$$

飞船参考系观察,彗星的速度

$$v' = \frac{v - u}{1 - vu/c^2} = \frac{-0.8c - 0.6c}{1 + 0.8c \times 0.6c/c^2} = -\frac{35}{37}c$$

所以飞船在 $t = 0$ 时认为彗星与它的距离为

$$|v'| \, t = \frac{35}{37}c \times 4\text{s} = \frac{140}{37}(c\text{s})$$

6.5 $l_0/c; \sqrt{\dfrac{c-v}{c+v}} l_0/c$

光信号的传播速度不依赖于观察者及光源的运动,飞船上观察者认为光信号的传播速度是 c,所以 $t' = l_0/c$。

以飞船飞行方向为约定系统的 $X(X')$ 轴正方向,以飞船为 S′ 系,则 $t_2' - t_1' = l_0/c, x_2' - x_1' = -l_0$。

所以

$$t = t_2 - t_1 = \frac{(t_2' - t_1') + (x_2' - x_1')v/c^2}{\sqrt{1 - v^2/c^2}} = \sqrt{\frac{c-v}{c+v}} l_0/c$$

6.6 $\dfrac{c^2 + v^2}{c^2 - v^2}\tau; \dfrac{2v}{1 + v^2/c^2}$

以飞船 A 以速度 v 相对其向左飞行、飞船 B 相对其以速度 v 向右飞行的参考系为 S′ 系,飞船 A 为观察对象,飞船 B 为 S 系,向左的方向为 X 轴正方向,则 S′ 系相对 S 系的速度 $u = v$、S′ 系中观察物体的速度 $v_x' = v$。S 系中观察物体的速度(即 B 船看到 A 船的速度)为

$$v_x = \frac{v_x' + u}{1 + \dfrac{v_x' u}{c^2}} = \frac{2v}{1 + v^2/c^2}$$

根据运动的相对性,这也是 A 船看到 B 船的速度。

飞船 A 中观察到的中子寿命 τ 是固有时间,飞船 B 观察到此中子的寿命为

$$\frac{\tau}{\sqrt{1-v_x^2/c^2}} = \frac{\tau}{\sqrt{1-\dfrac{4v^2}{(1+v^2/c^2)^2 c^2}}} = \frac{c^2+v^2}{c^2-v^2}\tau$$

6.7 $\left(\dfrac{v}{c} + \sqrt{1-v^2/c^2}\right); \dfrac{1}{3}$

以运动的面板为 S′ 系。已知在 S 系中观察到的光速为:$(0, -c)$,则在 S′ 系中观察,光速为

x 轴方向:$\dfrac{0-v}{1-\dfrac{v}{c^2}\cdot 0} = -v$

y 轴方向:$\dfrac{-c\sqrt{1-v^2/c^2}}{1-\dfrac{v}{c^2}\cdot 0} = -c\sqrt{1-v^2/c^2}$

在 S′ 系中,各点所发的光照亮 x 轴方向的长度为

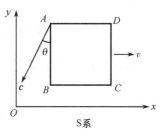

题 6.7 图

$$l' = L + L\tan\theta = \left(1 + \frac{v}{c\sqrt{1-v^2/c^2}}\right)L$$

在 S 系中观察,各点所发的光照亮 x 轴方向的长度则为

$$l = l'\sqrt{1-v^2/c^2} = \left(\frac{v}{c} + \sqrt{1-v^2/c^2}\right)L$$

改为长方形面板后,在 S′ 系中观察各点所发的光照亮 x 轴方向的长度为

$$l'^* = L + L'\tan\theta = L + \frac{v}{c\sqrt{1-v^2/c^2}}L'$$

在 S 系中观察,各点所发的光照亮 x 轴方向的长度为

$$l^* = l'^*\sqrt{1-v^2/c^2}$$

令 $l^* = L$,则有

$$L' = \frac{(1-\sqrt{1-v^2/c^2})}{v/c}L = \frac{1}{3}L$$

6.8 沿任一高的方向;$\sqrt{2/3}\,c$;$3\sigma_0$

因为有两条边保持等长且其夹角较静止时增大,根据"沿运动方向长度收

缩,垂直于运动方向长度不变"可知薄片应沿一条高的方向运动。

这一结论可以严格证明如下:

如题6.8图所示,设等边三角形薄片的 AB 和 AC 边将因为运动而变成等腰直角三角形的腰,薄片的运动方向与底边 BC 的夹角为 θ。

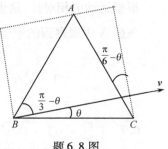

题6.8图

将 AB、AC 在垂直于运动方向和平行于运动方向投影,根据"沿运动方向长度收缩,垂直于运动方向长度不变",AB 的长度将变为

$$\sqrt{a^2\sin^2\left(\frac{\pi}{3}-\theta\right)+\left(1-\frac{v^2}{c^2}\right)a^2\cos^2\left(\frac{\pi}{3}-\theta\right)}$$

AC 的长度将变为

$$\sqrt{a^2\cos^2\left(\frac{\pi}{6}-\theta\right)+\left(1-\frac{v^2}{c^2}\right)a^2\sin^2\left(\frac{\pi}{6}-\theta\right)}$$

二者相等,简化得

$$\cos\theta = 0, \quad \sin\theta = 0$$

解出

$$\theta = \frac{\pi}{2} \text{ 或 } \theta = \frac{3\pi}{2}, \quad \theta = 0 \text{ 或 } \theta = \pi$$

当 $\theta = 0$ 或 $\theta = \pi$ 时,顶角减小,不能满足题目要求;当 $\theta = \frac{\pi}{2}$ 或 $\theta = \frac{3\pi}{2}$ 时,顶角增大,可能达到题目要求。证毕。

设静止时等边三角形的质量为 m_0,边长为 a,则其高为 $\sqrt{3}a/2$,面积为 $S_0 = \sqrt{3}a^2/4$。运动时,垂直于运动方向的边的长度仍然为 a,相应的直角三角形的高度为 $a/2$,根据

$$\frac{a}{2} = \frac{\sqrt{3}}{2}a \cdot \sqrt{1-v^2/c^2}$$

得

$$v = \sqrt{2/3}\,c$$

及

$$\sigma = \frac{m_0/\sqrt{1-v^2/c^2}}{a^2/4} = 3\sigma_0$$

补充说明:任意形状的匀质平面薄片,设静止时的质量面密度为 σ_0,则运动时其质量面密度为 $\sigma = \gamma^2 \sigma_0$;任意形状的匀质三维物体,设静止时的质量体密度为 ρ_0,则运动时其质量体密度为 $\rho = \gamma^2 \rho_0$。

6.9 $\arctan \dfrac{\beta^2}{\sqrt{1-\beta^2}}$;$\sqrt{1-\beta^2+\beta^4}\, l_0$

设在 S 系中观测细杆左、右两端的时空坐标分别为 (t_1, x_1, y_1)、(t_2, x_2, y_2)。将 S 系的观测作为两个事件,在 S′ 系中观测的时空坐标分别记为 (t'_1, x'_1, y'_1)、(t'_2, x'_2, y'_2),则有

$$x'_2 - x'_1 = l_0, \quad y'_2 = y'_1 + v(t'_2 - t'_1)$$

在 S 系中观测,细杆长度在 X 轴上的投影长度为 $|x_2 - x_1|$,在 Y 轴上的投影长度为 $|y_2 - y_1|$。其中,

$$x_2 - x_1 = \frac{1}{\sqrt{1-\beta^2}}(x'_2 - x'_1) + \frac{v}{\sqrt{1-\beta^2}}(t'_2 - t'_1)$$

$$y_2 - y_1 = y'_2 - y'_1 = v(t'_2 - t'_1)$$

由于 $t_1 = \dfrac{1}{\sqrt{1-\beta^2}}\Big(t'_1 + \dfrac{v}{c^2}x'_1\Big), t_2 = \dfrac{1}{\sqrt{1-\beta^2}}\Big(t'_2 + \dfrac{v}{c^2}x'_2\Big)$,而在 S 系中观测要求 $t_2 = t_1$,所以

$$t'_2 - t'_1 = -\frac{v}{c^2}(x'_2 - x'_1) = -\frac{v}{c^2}l_0$$

即

$$|x_2 - x_1| = \frac{1}{\sqrt{1-\beta^2}}l_0 - \frac{v^2}{c^2\sqrt{1-\beta^2}}l_0 = \sqrt{1-\beta^2}\, l_0$$

$$|y_2 - y_1| = \beta^2 l_0$$

所以

$$\tan|\theta| = \frac{|y_2 - y_1|}{|x_2 - x_1|} = \frac{\beta^2}{\sqrt{1-\beta^2}}$$

$$l = \sqrt{|x_2 - x_1|^2 + |y_2 - y_1|^2} = \sqrt{1-\beta^2+\beta^4}\, l_0$$

6.10 $\dfrac{1}{1-v^2/c^2}$;$\dfrac{(1+\beta^2)^2}{(1-\beta^2)^2}$

设在平板静止于其中的参考系中观测,平板的质量为 m_0、面积为 S_0。则当平

板以速度 u 相对该参考系运动时,观测平板的质量 $m_u = \dfrac{m_0}{\sqrt{1-u^2/c^2}}$、面积 $S_u = S_0\sqrt{1-u^2/c^2}$、质量面密度 $\sigma_u = \dfrac{m_u}{S_u} = \dfrac{m_0/S_0}{1-u^2/c^2} = \dfrac{\sigma_0}{1-u^2/c^2}$。

本题第一种情况下,$u = v$;第二种情况下,$u = \dfrac{2v}{1+v^2/c^2}$。所以

$$\sigma_1 = \dfrac{\sigma_0}{1-v^2/c^2}$$

$$\sigma_2 = \dfrac{(c^2+v^2)^2}{(c^2-v^2)^2}\sigma_0$$

6.11 3.8×10^{26}；1.74×10^{17}；1.5×10^{11}

已知：$I_{in} = 1.25 \times 10^3 \text{W/m}^2$，$D = 1.5 \times 10^{11} \text{m}$，$R_E = 6.4 \times 10^6 \text{m}$，$m_S = 2.0 \times 10^{30} \text{kg}$，$\Delta m_S = -0.01 m_S$

求：P_S、P_{in}、t。

解：$P_S = 4\pi D^2 I_{in} = 3.8 \times 10^{26} \text{W}$

$P_{in} = \pi R_E^2 I_{in} = 1.74 \times 10^{17} \text{W}$

因为 $-P_S t = \Delta E_S = \Delta m_S c^2$，所以

$$t = -\dfrac{\Delta m_S c^2}{P_S} = \dfrac{0.01 m_S c^2}{P_S} = 1.5 \times 10^{11} \text{ 年}$$

6.12 (1) 在粒子 A 的惯性系中,起始 A 位于 P 处及其与 B 碰撞的事件发生在同一地点,这个时间间隔是固有时间。由于 A 一直沿 x 方向运动,所以有

$$\Delta t = \dfrac{\Delta t_A}{\sqrt{1-v_A^2/c^2}}$$

$$\Delta t_A = \Delta t \sqrt{1-v_A^2/c^2} = 4\text{s}$$

(2) 在 S 系中,粒子 B 的速度 $v_{Bx} = 0$，$v_{By} = 0.8c$。在粒子 A 的参考系中观察，B 的速度为

$$v'_{Bx} = \dfrac{v_{Bx} - v_A}{1 - v_A v_{Bx}/c^2} = -0.6c$$

$$v'_{By} = \dfrac{v_{By}\sqrt{1-v_A^2/c^2}}{1 - v_A v_{Bx}/c^2} = 0.64c$$

在粒子 A 看来,粒子 B 的速率

$$v'_B = \sqrt{v'^2_{Bx} + v'^2_{By}} = 0.877c$$

所以,A 认为自己位于 S 系 P 处时,粒子 B 与其相距为

$$l = v'_B \Delta t_A = 0.877c \times 4\text{s} = 3.51c(\text{s})$$

(3) 在 S 系中观察,碰撞前 A、B 的质量分别为

$$m_A = \frac{m_0}{\sqrt{1 - v_A^2/c^2}} = \frac{5}{4}m_0, \quad m_B = \frac{m_0}{\sqrt{1 - v_B^2/c^2}} = \frac{5}{3}m_0$$

利用总能量守恒,可知碰撞后粘连体的质量为

$$M = m_A + m_B = \frac{35}{12}m_0$$

设粘连体的速度为 v,利用动量守恒定律,则有

$$M\boldsymbol{v} = m_A \boldsymbol{v}_A + m_B \boldsymbol{v}_B$$

$$v_x = \frac{m_A v_{Ax}}{M} = \frac{9}{35}c, \quad v_y = \frac{m_B v_{By}}{M} = \frac{16}{35}c$$

所以,粘连体的静止质量为

$$M_0 = M\sqrt{1 - v^2/c^2} = \frac{\sqrt{222}}{6}m_0 = 2.483 m_0$$

6.13 (1) 动量定理:$d\boldsymbol{P} = \boldsymbol{F}dt$, $\boldsymbol{P} - \boldsymbol{P}_0 = \int_0^t \boldsymbol{F}dt = \boldsymbol{F}t$ 给出

$$\boldsymbol{P} = \boldsymbol{P}_0 + \boldsymbol{F}t = \gamma_0 m_0 u_0 \boldsymbol{i} + Ft\boldsymbol{j}$$

其中, $\gamma_0 = 1/\sqrt{1 - u_0^2/c^2}$, $\boldsymbol{i}$, $\boldsymbol{j}$ 分别是 X、Y 正方向的单位矢量。

$$P_x = \frac{m_0 u_0}{\sqrt{1 - u_0^2/c^2}}, \quad P_y = Ft$$

由 $E^2 = E_0^2 + P^2 c^2$ 及 $P^2 = P_x^2 + P_y^2$,得总能量:

$$E = c\sqrt{P_x^2 + P_y^2 + m_0^2 c^2} = c\sqrt{\frac{m_0^2 c^4}{c^2 - u_0^2} + F^2 t^2}$$

由 $E = mc^2$,得 $m = E/c^2$,所以速度分量为

$$v_x = P_x/m = \frac{m_0 u_0 c^2}{\sqrt{m_0^2 c^4 + (c^2 - u_0^2)F^2 t^2}}$$

$$v_y = P_y/m = \frac{Ftc\sqrt{c^2 - u_0^2}}{\sqrt{m_0^2 c^4 + (c^2 - u_0^2)F^2 t^2}}$$

(2) $\lim\limits_{t\to\infty}v_x = 0$, $\lim\limits_{t\to\infty}v_y = c$。

6.14 $\dfrac{1}{3}c$; $\dfrac{3\sqrt{2}}{2}m_0$

在惯性系 S 中观察，A、B 两个质点的总动量守恒、总质量守恒

$$Mv = \frac{m_0}{\sqrt{1 - v_0^2/c^2}}v_0, \quad M = m_0 + \frac{m_0}{\sqrt{1 - v_0^2/c^2}}$$

且

$$M = \frac{M_0}{\sqrt{1 - v^2/c^2}}$$

所以

$$v = \frac{v_0}{(1 + \sqrt{1 - v_0^2/c^2})} = \frac{1}{3}c$$

$$M_0 = \frac{2\sqrt{2}}{3}M = \frac{2\sqrt{2}}{3}\left(1 + \frac{1}{\sqrt{1 - v_0^2/c^2}}\right)m_0 = \frac{3\sqrt{2}}{2}m_0$$

第七章 量子物理基础

第一节 内 容 精 粹

一、量子论

1. 黑体辐射和能量子

黑体是能够完全吸收辐射到其表面上的各种波长的热辐射而不产生反射和透射的物体,同时它也产生热辐射。平衡热辐射的黑体在同一时间内吸收和辐射的辐射能相等,温度不变。不同材质的黑体热辐射的规律相同。

普朗克认为,构成黑体的带电谐振子每次热辐射的能量只能取最小能量单元(能量子)的整数倍

$$E = n\varepsilon, n = 0,1,2,3,\cdots$$

频率为 ν 的谐振子,能量子为

$$\varepsilon = h\nu, h = 6.626 \times 10^{-34} \text{J} \cdot \text{s}$$

据此,普朗克导出黑体单位表面积在单位时间内辐射的频率介于 $\nu \sim \nu + \mathrm{d}\nu$(或波长介于 $\lambda \sim \lambda + \mathrm{d}\lambda$)之间的能量 $\mathrm{d}M$ 与 $\mathrm{d}\nu$(或 $\mathrm{d}\lambda$)的比值(称为单色辐射度或光谱辐射出射度)为

$$M_\nu \equiv \frac{\mathrm{d}M}{\mathrm{d}\nu} = \frac{2\pi h\nu^3}{c^2} \frac{1}{e^{h\nu/kT} - 1}$$

或

$$M_\lambda \equiv \frac{\mathrm{d}M}{\mathrm{d}\lambda} = \frac{2\pi hc^2}{\lambda^5} \frac{1}{e^{hc/\lambda kT} - 1}$$

由此可以在理论上揭示黑体辐射的两条基本的实验规律:斯忒藩-玻耳兹曼定律和维恩位移定律。

斯忒藩-玻耳兹曼定律:黑体单位表面积在单位时间内辐射的各种频率(波长)的热辐射能(辐射出射度 M)正比于黑体热力学温度的四次方。

$$M = \sigma T^4, \sigma = 5.67 \times 10^{-8} \text{W} \cdot \text{m}^{-2} \cdot \text{K}^{-4}$$

$$M = \int_0^\infty M_\nu d\nu = \int_0^\infty M_\lambda d\lambda$$

维恩位移定律:在热力学温度为 T 的黑体辐射中,对应单色辐出度最大值的频率 ν_m(波长 λ_m)满足

$$\nu_m = CT, C = 5.88 \times 10^{10} \text{Hz/K};$$

$$\lambda_m T = b, b = 2.897 \times 10^{-3} \text{m} \cdot \text{K};$$

$$\left.\frac{dM_\nu}{d\nu}\right|_{\nu=\nu_m} = 0, \quad \left.\frac{dM_\lambda}{d\lambda}\right|_{\lambda=\lambda_m} = 0$$

2. 光电效应和光子

爱因斯坦在 1905 年指出,一束光线的能量是由有限个数的能量子(光子)组成的,光子运动时不分裂,只能以完整的单元产生或被吸收;光照射金属时,一个光子将它的全部能量给予一个电子,一部分用来克服金属的束缚,剩余部分转化为电子从金属表面逸出后的最大动能,即光电效应方程:

$$h\nu = \frac{1}{2}mv_m^2 + A$$

由此可以完满地解释光电效应实验的基本规律:

(1) 存在一个红限频率(截止频率)ν_0,当 $\nu < \nu_0$ 时,无论多强的光照射多长的时间,都不会产生光电流。

$$\nu_0 = A/h$$

(2) 当 $\nu > \nu_0$ 时,遏止电压 U_a 随 ν 的增大而线性地增大,与光强无关。

$$U_a = (h\nu - A)/e$$

(3) 当 $\nu > \nu_0$ 时,饱和光电流随入射光强的增大而增大。

光强大,即单位时间内照射光电阴极的光子数目多,产生的光电子多,全部在单位时间内到达光电阳极时形成饱和光电流,所以饱和光电流就大。

(4) 当 $\nu > \nu_0$ 时,无论光如何微弱,一旦照射,立即有光电子产生,延迟时间极短(10^{-9} s 以下)。

光的波动性:ν, λ

光的粒子性:$m_0 = 0, E = h\nu, m = \dfrac{h\nu}{c^2} = \dfrac{h}{c\lambda}, P = \dfrac{h}{\lambda}$

当研究光的干涉、衍射、偏振等现象时,光的波动性占主导地位;当光与微观粒子相互作用时,光的粒子性凸现。

3. 康普顿效应

X 射线入射电子和原子核联系较弱的物质时,散射射线的波长与入射波长

相比有变长的成分：

$$\Delta\lambda = \lambda' - \lambda = 2\lambda_c \sin^2 \frac{\varphi}{2}$$

式中：$\lambda_c = \dfrac{h}{m_{e0}c} = 2.43 \times 10^{-12}$ m 称为电子的康普顿波长。

该过程的物理图像是：一个入射光子与一个自由电子作用，极短的时间内产生一个散射光子和一个反冲电子（相当于完全弹性碰撞），动量守恒，总能量守恒。

康普顿效应证实了光的粒子性。

4. 实物粒子的波动性

德布罗意假说：实物粒子（质量 m，动量 P，能量 E）也具有波动性

$$\lambda = \frac{h}{P} = \frac{h}{mv}, \nu = \frac{E}{h} = \frac{mc^2}{h}$$

戴维孙和革末的镍单晶电子衍射实验首先证实了该公式。

5. 波函数

微观粒子的粒子性，是指粒子具有质量、能量、动量等属性，不是说它有确切的位置或轨道。

微观粒子的波动性，指粒子具有波的干涉、衍射等特征，既不是说大量的微观粒子构成波，也不是说波组成粒子。

描述微观粒子波动性的波函数 $\Psi(r,t)$ 是一种概率波，其模方 $|\Psi(r,t)|^2$ 的值与粒子在 t 时刻、位置 r 处体积元内 $\mathrm{d}V$ 出现的概率成正比，称为概率密度。

正因为如此，波函数满足下列基本条件：

① 标准条件：单值、有限、连续。

② 归一化条件：

$$\int_\infty |\Psi(r,t)|^2 \mathrm{d}V = 1$$

6. 不确定度关系

正因为微观粒子的波动性，它在空间的位置、运动方向、动量、处于某一状态的能量以及处于这一状态的时间等，都只有一定的出现概率，或者说都不是确定的。

粒子在某一方向 x_i 的位置不确定度和粒子动量在该方向分量的不确定度间满足：

$$\Delta P_i \cdot \Delta x_i \geq \frac{\hbar}{2}$$

粒子处于某一状态时,能量的不确定度和时间的不确定度间满足:

$$\Delta E \cdot \Delta t \geqslant \frac{\hbar}{2}$$

式中:$\hbar = \frac{h}{2\pi} = 1.05 \times 10^{-34} \text{J} \cdot \text{s}$。

7. 薛定谔方程及其应用

描述粒子波动性的波函数 $\Psi(r,t)$ 遵守薛定谔方程:

$$-\frac{\hbar^2}{2m}\nabla^2 \Psi(r,t) + V(r,t)\Psi(r,t) = i\hbar \frac{\partial}{\partial t}\Psi(r,t)$$

在恒定势场 $V(r,t) = V(r)$ 中,可分离变量:

$$\Psi(r,t) = \psi(r) e^{-iEt/\hbar}$$

得定态波函数 $\psi(r)$ 遵从的定态薛定谔方程:

$$-\frac{\hbar^2}{2m}\nabla^2 \psi(r) + V(r)\psi(r) = E\psi(r)$$

① 一维无限深方势阱

$$V(x) = \begin{cases} 0, & |x| \leqslant a/2 \\ \infty, & |x| > a/2 \end{cases}$$

中粒子的定态波函数

$$\psi(x) = \begin{cases} \sqrt{\frac{2}{a}}\sin\frac{n\pi}{a}x, n = 2,4,6,\cdots, & |x| \leqslant \frac{a}{2} \\ \sqrt{\frac{2}{a}}\cos\frac{n\pi}{a}x, n = 1,3,5,\cdots, & |x| \leqslant \frac{a}{2} \\ 0, & |x| > \frac{a}{2} \end{cases}$$

粒子的能量

$$E_n = n^2 \frac{\pi^2 \hbar^2}{2ma^2}, n = 1,2,3,\cdots$$

能量量子数 n 的不连续取值决定了粒子的能级 E_n 是离散的。

粒子的动量(考虑到沿 X 轴正方向和沿 X 轴负方向运动)

$$P_n = \pm\sqrt{2mE_n} = \pm\frac{n\pi\hbar}{a}, n = 1,2,3,\cdots$$

粒子的德布罗意波长

$$\lambda_n = \frac{h}{P_n} = \frac{2a}{n}, n = 1,2,3,\cdots$$

势阱的宽度是德布罗意半波长的整数倍。

② 受一维谐振子势

$$V(x) = \frac{1}{2}m\omega^2 x^2$$

作用的粒子,其能级也是离散的:

$$E_n = \left(n + \frac{1}{2}\right)\hbar\omega, n = 0,1,2,3,\cdots$$

不确定度关系表明,微观粒子不可能完全静止,所以谐振子具有零点能 $\frac{1}{2}\hbar\omega = \frac{1}{2}h\nu$。

二、原子中的电子

1. 氢原子

1)玻尔理论

稳定状态的氢原子要求核外电子的轨道角动量是量子化的:

$$rm_e v = n\hbar, n = 1,2,3,\cdots$$

德布罗意的解释是:电子轨道长度是其波长的整数倍

$$2\pi r = n\lambda, n = 1,2,3,\cdots$$

由玻尔理论能够导出氢原子量子化的能级,可以成功地说明氢原子线状谱线的规律。但是,它不能处理复杂原子(即使是氦原子)光谱、不能解决谱线强度问题、不能解决非束缚态问题(如散射)、不能从根本上解决"不连续"的本质问题,等等。

量子力学理论能够回答玻尔理论不能解决的问题,在量子力学中,氢原子问题得到了严格求解。以下能量量子化、轨道角动量量子化、轨道角动量的空间取向量子化就是量子力学的直接结果。

2)能量量子化和主量子数 n

$$E_n = -\frac{e^2}{2(4\pi\varepsilon_0)a_0}\frac{1}{n^2} = -\frac{13.605}{n^2}(\text{eV}), n = 1,2,3,\cdots$$

其中,玻尔半径:$a_0 = \frac{4\pi\varepsilon_0 \hbar^2}{m_e e^2} = 0.529 \times 10^{-10}\text{m}$

氢原子的电离能:$E_\infty - E_1 = 13.6\text{eV}$

玻尔频率条件：$h\nu = E_{n_i} - E_{n_f}$

赖曼系：　　　$n_f = 1, n_i = 2, 3, 4, \cdots$

巴尔末系：　　$n_f = 2, n_i = 3, 4, 5, \cdots$

帕邢系：　　　$n_f = 3, n_i = 4, 5, 6, \cdots$

布喇开系：　　$n_f = 4, n_i = 5, 6, 7, \cdots$

普丰特系：　　$n_f = 5, n_i = 6, 7, 8, \cdots$

（3）轨道角动量量子化和轨道量子数（角量子数、副量子数）l

$$L = \sqrt{l(l+1)}\hbar, l = 0, 1, 2, \cdots, n-1$$

（4）轨道角动量空间量子化和磁量子数 m_l

$$L_z = m_l \hbar, m_l = 0, \pm 1, \pm 2, \cdots, \pm l$$

（5）自旋角动量、自旋量子数 s、自旋磁量子数 m_s

$$S = \sqrt{s(s+1)}\hbar, s = \frac{1}{2}$$

$$S_z = m_s \hbar, m_s = \pm \frac{1}{2}$$

（6）自旋 - 轨道耦合和角动量量子数 j

$$J = L + S$$

$$J = \sqrt{j(j+1)}\hbar, j = |l-s|, l+s$$

2. 类氢原子

具有 Z 个质子的核外有一个电子围绕着原子核运动

$$E_n = -\frac{Z^2 m_e e^4}{2(4\pi\varepsilon_0)^2 \hbar^2}\frac{1}{n^2} = -\frac{13.6Z^2}{n^2}\text{eV}, n = 1, 2, 3, \cdots$$

3. 原子核外电子的排布

泡利不相容原理：同一状态不可能有多于一个电子存在。

能量最低原理：电子总处于尽可能最低的能级。

n, l, m_l 相同，但 m_s 不同的可能状态有2个；n, l 相同，但 m_l, m_s 不同的可能状态有 $2(2l+1)$ 个，组成一个支壳层（s,p,d,f,$\cdots$）；n 相同，但 l, m_l, m_s 不同的可能状态有 $\sum_{l=0}^{n-1} 2(2l+1) = 2n^2$ 个，组成一个壳层（K,L,M,N,$\cdots$）。

三、激光、固体、原子核

这部分内容超出基本要求，即使是竞赛题中也仅偶见，因此只列出一些简单概念。

1. 激光

自发辐射和受激辐射。

产生激光的条件：量子数反转、亚稳态、谐振腔。

激光的特性：单色性、偏振性、相干性、高准直、高强度。

2. 固体中的电子

在通常温度或更低温度下，可以认为电子处于一个三维的无限深方势阱中，电子的动量

$$P_x = \frac{\pi\hbar}{a}n_x, P_y = \frac{\pi\hbar}{a}n_y, P_z = \frac{\pi\hbar}{a}n_z$$

电子的能量

$$E = \frac{\pi^2\hbar^2}{2m_e a^2}(n_x^2 + n_y^2 + n_z^2), n_x, n_y, n_z = 1,2,3,4,\cdots$$

极低温度（$T \to 0$）下，根据能量最低原理和泡利不相容原理，自由电子尽量填充低能级的状态，这时所占据的最高能级称为费密能级

$$E_F = (3\pi^2)^{2/3}\frac{\hbar^2}{2m_e}n^{2/3}$$

n 是自由电子数密度。

一般金属的费米能级的量级是 eV。

3. 核反应和粒子衰变性质

核反应和粒子衰变遵守的一些基本规律有电荷守恒、轻子数守恒、重子数守恒、能量守恒、动量守恒等。

第二节 解题要术

一、量子论

涉及的量子论问题一般比较简单，多为直接利用概念和关系，主要掌握黑体辐射规律、光电效应规律及其解释、光子及光的波粒二象性、康普顿效应及其解释、物质波及实物粒子的波粒二象性。

二、薛定谔方程的应用

掌握波函数的意义、条件、不确定度关系、定态薛定谔方程。

掌握一维无限深方势阱、谐振子的结果。

了解氢原子和类氢原子的轨道半径、能级、结合能、电离能、谱线；电子的轨道角动量及空间取向量子化、自旋角动量及空间取向量子化、自旋－轨道耦合。

第三节 精选习题

7.1（填空） 如题 7.1 图所示，真空中有四块完全相同且彼此靠近的大金属板平行放置，表面涂黑（可看成绝对黑体）。最外侧两块板的热力学温度各维持为 T_1 和 T_4，且 $T_1 > T_4$。当达到热稳定时，第二和第三块板的热力学温度分别为 $T_2 = $ _____，$T_3 = $ _____。

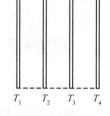

题 7.1 图

7.2（计算） 假设太阳和地球都可看作绝对黑体，各有其固定的表面温度，地球的热辐射能源全部来自太阳，现取地球表面温度 $T_E = 300K$，地球半径 $R_E = 6400km$，太阳半径 $R_S = 6.95 \times 10^5 km$，太阳与地球距离 $D = 1.496 \times 10^8 km$，求太阳表面温度 T_S。

7.3（填空） 对太阳光谱的强度分析，确定太阳辐射本领的峰值在 465nm 处。将太阳处理为黑体，可知太阳表面温度为_____K，单位面积上辐射功率为_____W/m^2。

7.4（填空） 某光电阴极对于 $\lambda_1 = 491nm$ 的单色光，发射光电子的遏止电压为 0.71V，当改取波长为 λ_2 的单色光时，其遏止电压升为 1.43V，则 $\lambda_2 = $ _____。

7.5（填空） 能使某种金属产生光电效应的入射光最小频率为 $6.0 \times 10^{14} Hz$，此种金属的电子逸出功为_____。若在金属表面上再施加 3V 的反向电压，那么可激起光电流的入射光最小频率为_____。

7.6（计算） 在题 7.6 图所示的密闭容器内有一空腔，加热容器会使腔壁产生热辐射，在空腔内形成包含各种频率的光子气。而后，腔壁会继续向空腔输运各种频率的光子，光子气中各种频率的光子也会输运到腔壁，在给定温度下达到动态平衡。平衡时，可等效地将腔壁处理成既不产生新的热辐射光子，也不吸收腔内已有的光子，这相当于假设腔壁对光子气中的光子是全反射的，于是光子气可类比成理想气体。已知腔内光子气的能量密度 u 与温度 T 的 4 次方正比，试求光子气压强 P 与温度 T 的关系。

题 7.6 图

7.7（填空） 波长为 λ_0 的光子与静止的电子发生碰撞，碰撞后反冲电子的速率为$0.6c$。将电子的康普顿波长记为$\lambda_c = \dfrac{h}{m_0 c} = 0.00243$nm，则散射光子的波长为$\lambda =$ _____；若$\lambda_0 = 0.00300$nm，则$\lambda =$ _____nm。

7.8（填空） 在一次康普顿散射中，入射光子传递给电子的最大能量为E_k，电子的静止质量为m_0，则入射光子的能量为_____。

7.9（填空） 能量为62keV的X射线与物质中的电子发生康普顿散射，则在与入射线成180°角的方向上所散射的X射线的波长是_____Å，电子获得的反冲动能是_____eV。

7.10（填空） 一光子的波长与一电子的德布罗意波长皆为5.0Å，此光子的动量P_γ与电子动量P_e之比$P_\gamma/P_e =$ _____；光子的动能E_γ与电子的动能E_e之比$E_\gamma/E_e =$ _____。

7.11（证明） 证明玻尔氢原子理论的圆轨道长度，恰等于电子的德布罗意波长的整数倍。

7.12（填空） 据玻尔的氢原子理论，氢原子中电子绕核做圆周运动的最小半径为5.29×10^{-11}m，此时电子运动速度大小为_____。若将此电子沿某直径方向的位置不确定量取为$\Delta x \approx 1.0 \times 10^{-10}$m，则根据不确定关系，电子沿该方向的速度不确定量已达$\Delta v_x =$ _____，可见玻尔理论是一种"粗糙"的理论。

7.13（填空） 设粒子处于态$\psi(x) = Axe^{-\lambda x}(0 < x < \infty)$，$\lambda$为常数，$A$为归一化常数。则归一化常数$A =$ _____；粒子出现概率密度最大的位置为_____。

7.14（证明） 一维谐振子沿X轴做振幅为A的简谐振动。求证：在振动区间内任一x处振子出现的概率线密度（即x处附近无限小区间单位距离上振子出现的概率）$p(x) = \dfrac{1}{\pi\sqrt{A^2-x^2}}$。

7.15（填空） 用氢原子玻尔半径R_1、电子电量绝对值e及真空介电常数ε_0表述氢原子的结合能$\Delta E =$ _____。

7.16（填空） 已知氢原子的电离能为13.6eV，由此可以求出赖曼线系前两条谱线的频率为_____Hz、_____Hz。

7.17（计算） （1）试用玻尔氢原子理论中电子绕核运动轨道角动量量子化条件，导出高能态能量E_n与基态能量E_1间的关系式。（2）已知$E_1 = -13.6$eV，用动能为12.9eV的电子使处于基态的氢原子激发，而后可能产生的光谱线中波长最短的为972Å，试求其它可能产生的光谱线的波长。

7.18（计算） 一个由μ^-子和氦核组成的类氢离子，μ^-子的质量为电子质量的207倍,电量与电子电量相同,对此种离子,玻尔的轨道量子化理论同样适用。若已知氢原子的玻尔半径 $R_1 = 5.3 \times 10^{-2}$ nm,电离能 $E = 13.6$ eV,试求这种类氢离子的玻尔半径 R_1' 和基态电离能 E'(计算时不考虑氦核的运动)。

7.19(填空) 如果加热氦气,使氦原子的热运动平均动能达到两个原子相碰时,可将其中的一个氦原子从基态激发到第一激发态(高于基态19.8 eV)。试估计此时氦气的温度是_____K。太阳表面温度约为6000 K,太阳表面的氦原子一般处在_____态。

7.20(填空) 如果电子处在 $4f$ 态,它的轨道角动量的大小为_____。

7.21(填空) 用X射线衍射测定普通金属的晶格常数,X光管的加速电压的最小量级为_____。

7.22(填空) 普通光源的发光机制是_____辐射占优势;激光器发出的激光则是_____辐射占优势,要实现这些条件,必须使激光器的工作物质处于_____超过处于_____,这种粒子分布状态称为_____。

7.23(填空) 激光冷却原子的原理:激光束1和激光束2相向传播,光频率相同,且略低于原子吸收光谱线中心频率。现在考察一个往右方运动的原子,这个原子是逆着激光束2运动的,根据多普勒效应,这个原子感受到激光束2的光频率升高,原子从激光束2吸收光子的概率增大;但由于这个原子的运动方向与激光束1的传播方向相同,所以它感受到激光束1的频率减小。这意味着,这个原子将受到把它往左推的作用力,阻止它往右运动而使其速度减慢。同样地,一个往左运动的原子,它将受到激光束1的推动力,阻止它往左运动,它的速度也减慢。如题7.23图所示。(1)为了能够使得朝各个方向运动的原子都减慢速度,亦即降低气体的温度,至少要配置_____对激光束。(2)图中朝右运动的原子吸收激光束2中一个光子后,在减速的同时升为激发态。那么,处于激发态的原子是否又会朝左发射光子,在回到基态的同时又朝右加速,能否达到冷却的目的?_____。

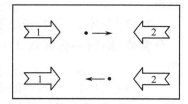

题7.23图

7.24(填空) 反应 e^-(电子)→ γ_0(中微子)+ γ(光子)能否发生? _____,因为_____。

7.25(计算) 衰变中的原子核个数 N 随时间 t 指数减少,规律为 $N(t) = N_0 e^{-\lambda t}$,其中 λ 为衰变常数。原子核个数减少为 $N_0/2$ 的时间称为半衰期,记为 τ,有 $\tau = \ln2/\lambda$。自然界中存在下述核衰变: $\rightarrow{}^{228}_{90}$Th $\xrightarrow{\tau_1 = 1.91y}{}^{224}_{88}$Ra $\xrightarrow{\tau_2 = 3.66d}{}^{220}_{86}$Rn →,如果矿物中这三种原子核的数目已近似不随时间变,则可模型化为不随

时间变化,称这三种元素已处于平衡态。从这样的矿物中提取出全部$^{228}_{90}$Th 和$^{224}_{88}$Ra,构成质量$M = 1g$的混合物,试求:(1)开始时($t = 0$),混合物中$^{228}_{90}$Th的原子核个数N_1和$^{224}_{88}$Ra的原子核个数N_2;(2)$t > 0$时刻,混合物中$^{224}_{88}$Ra的原子核个数$N_2(t)$;(3)$^{228}_{90}$Th原子核数减为初值一半时,$^{224}_{88}$Ra的原子核数N_2^*。数学参考知识:线性一次型微分方程$\frac{dy}{dx} + p(x)y = Q(x)$的通解为$y(x) = e^{-\int p(x)dx}\left(\int Q(x)e^{\int p(x)dx}dx + C\right)$。

7.26(填空) 核潜艇中U^{238}核的半衰期为4.5×10^9年,衰变中有0.7%的概率成为U^{234}核,同时放出一个高能光子,这些光子中的93%被潜艇钢板吸收。1981年,苏联编号U137的核潜艇透射到艇外的高能光子被距核源(处理为点状)1.5m处的探测仪测得。仪器正入射面积为22cm²,效率为0.25%(每400个入射光子可产生1个脉冲信号)。每小时测得125个信号。据上所述,可知U^{238}核的平均寿命$\tau = $ _____年(ln2 = 0.693),该核潜艇中U^{238}的质量$m = $ _____kg(给出2位数字)。

7.27(填空) 卢瑟福α粒子散射实验证实了_____,斯特恩 – 盖拉赫实验证实了_____,康普顿效应证实了_____,戴维孙 – 革末实验证实了_____。

第四节 习题详解

7.1 $\sqrt[4]{\frac{2T_1^4 + T_4^4}{3}}$;$\sqrt[4]{\frac{2T_4^4 + T_1^4}{3}}$

对第二块板,左、右侧单位时间内净获得的辐射热量分别为

$$Q_{2L} = \sigma(T_1^4 - T_2^4)$$

$$Q_{2R} = \sigma(T_3^4 - T_2^4)$$

达到热稳定时应有:

$$Q_{2L} + Q_{2R} = 0$$

以上三式解出

$$T_2 = \sqrt[4]{\frac{2T_1^4 + T_4^4}{3}}$$

同理可以求出：
$$T_3 = \sqrt[4]{\frac{2T_4^4 + T_1^4}{3}}$$

7.2 地球单位时间内辐射的总能量为 $4\pi R_E^2 \cdot \sigma T_E^4$，此即太阳在单位时间内辐射到地球上的能量，太阳在单位时间内辐射的总能量为

$$\frac{4\pi D^2}{\pi R_E^2} \cdot 4\pi R_E^2 \cdot \sigma T_E^4 = 16\pi\sigma D^2 T_E^4$$

太阳单位时间单位表面积辐射的能量为

$$E_{0S} = \frac{16\pi\sigma D^2 T_E^4}{4\pi R_S^2} = 4\frac{D^2}{R_S^2}\sigma T_E^4$$

因为 $E_{0S} = \sigma T_S^4$，所以

$$T_S = \sqrt[4]{4D^2/R_S^2}\ T_E = 6.22 \times 10^3 \mathrm{K}$$

7.3 $\underline{6232; 8.552 \times 10^7}$

根据维恩位移定律 $\lambda_m T = b$，得

$$T = b/\lambda_m = 6232\mathrm{K}$$

根据斯忒藩-玻耳兹曼定律 $M_b = \sigma T^4$，得

$$M_b = 8.552 \times 10^7 (\mathrm{W/m^2})$$

7.4 $\underline{382\mathrm{nm}}$

因为 $A + eU_a = h\nu = hc/\lambda$，所以

$$e(U_{a2} - U_{a1}) = hc\left(\frac{1}{\lambda_2} - \frac{1}{\lambda_1}\right)$$

$$\lambda_2 = \frac{1}{\frac{e}{hc}(U_{a2} - U_{a1}) + \frac{1}{\lambda_1}} = 382(\mathrm{nm})$$

7.5 $\underline{3.978 \times 10^{-19}\mathrm{J}; 1.32 \times 10^{15}\mathrm{Hz}}$

根据光电效应方程

$$h\nu - A = \frac{1}{2}mv_{\max}^2$$

其中，$v_{\max}$ 是光电子从金属表面逸出时的最大速率，可得金属的逸出功与红限频率的关系：

$$A = h\nu_0 = 6.63 \times 10^{-34} \times 6.0 \times 10^{14} = 3.978 \times 10^{-19}(\mathrm{J})$$

加上反向电压 U 后,设电子到达阳极的速率为 v,则有

$$h\nu - A - eU = \frac{1}{2}mv^2$$

恰能产生光电流时,入射光的频率为

$$\nu_0' = \frac{A + eU}{h} = \frac{(3.978 + 4.8) \times 10^{-19}}{6.63 \times 10^{-34}} = 1.32 \times 10^{15}(\text{Hz})$$

7.6 空腔内有各种频率的光子,其中,频率 ν 的光子质量为

$$m_\nu = \frac{h\nu}{c^2}$$

将其数密度记为 n_ν,仿照理想气体压强公式的推导,可得此种频率的光子气分压强为

$$P_\nu = \frac{1}{3}n_\nu m_\nu c^2$$

空腔中,频率为 ν 的光子气能量密度为

$$u_\nu = n_\nu h\nu = n_\nu m_\nu c^2$$

所以,上式分压强又可写作

$$P_\nu = \frac{1}{3}u_\nu$$

于是,光子气的总压强为

$$P = \sum_\nu P_\nu = \frac{1}{3}\sum_\nu u_\nu = \frac{1}{3}u$$

式中:$u = \sum_\nu u_\nu$ 是光子气的能量密度。

因为 u 与 T^4 成正比,所以有

$$P \propto T^4$$

7.7 $\lambda_0/(1 - 0.25\lambda_0/\lambda_c)$;0.00434

由能量守恒有

$$h\nu_0 + m_0 c^2 = h\nu + mc^2$$

其中,$m = \gamma m_0$,$\gamma = 1/\sqrt{1 - 0.6^2} = 1.25$。

得出 $\lambda = \lambda_0/(1 - 0.25\lambda_0/\lambda_c) = 0.00434\text{nm}$。

7.8 $(1+\sqrt{1+2m_0c^2/E_k})E_k/2$

光子的散射角 $\varphi = \pi$ 时电子获得的能量最大,电子的反冲速度沿入射光子的运动方向。设 ν 为入射光的频率,ν' 为散射光的频率,P_e 为反冲电子的动量。利用能量守恒:

$$h\nu + E_0 = h\nu' + E \text{ 即 } h(\nu - \nu') = E_k$$

动量守恒:

$$h\nu/c = -h\nu'/c + P_e$$

相对论能量动量关系:

$$E^2 = P_e^2 c^2 + m_0^2 c^4$$

联立解出

$$h\nu = (1+\sqrt{1+2m_0c^2/E_k})E_k/2$$

7.9 0.248;12 000

X 射线光子波长 $\lambda_0 = hc/E$。
由康普顿散射公式 $\lambda - \lambda_0 = \lambda_c(1-\cos\varphi) = 2\lambda_c$ 得

$$\lambda = \lambda_0 + 2\lambda_c = 0.248 \text{Å}$$

光子散射前能量 $E = hc/\lambda_0$,散射后能量 $E' = hc/\lambda$。
电子获得的反冲动能即光子散射前后损失的能量:

$$|\Delta E| = E - E' = 12 \text{keV}$$

7.10 1;410

$$P_\gamma = h/\lambda_\gamma, \quad P_e = h/\lambda_e, \quad P_\gamma/P_e = 1$$

光子的动能 $E_\gamma = P_\gamma c$,电子的动能 $E_e = \sqrt{P_e^2 c^2 - m_e^2 c^4} - m_e c^2$,由于 $\dfrac{P_e^2 c^2}{m_e^2 c^4} \ll 1$,$E_e = \dfrac{P_e^2}{2m_e}$。故

$$\frac{E_\gamma}{E_e} = \frac{2m_e P_\gamma c}{P_e^2} = 2m_e c/P_e = 410$$

7.11 设电子质量为 m,氢原子中的圆轨道半径为 r,该轨道上电子的速率为 v。

玻尔氢原子理论的量子化条件

$$rmv = n\frac{h}{2\pi}, n = 1,2,3,\cdots$$

电子的德布罗意波长为
$$\lambda = \frac{h}{mv}$$
比较可见,电子圆轨道的周长 $2\pi r = n\lambda, n = 1,2,3,\cdots$

7.12 $2.19 \times 10^6 \text{m/s}; 7.3 \times 10^6 \text{m/s}$

氢核与电子间的库仑力提供电子做圆周运动的向心力:
$$m\frac{v^2}{r} = \frac{e^2}{4\pi\varepsilon_0 r^2}$$

$$v = \sqrt{\frac{e^2}{4\pi\varepsilon_0 mr}} \approx 2.19 \times 10^6 (\text{m/s})$$

利用不确定关系:
$$\Delta P_x \cdot \Delta x \geqslant h$$
得
$$\Delta v_x \approx \frac{h}{m \cdot \Delta x} = 7.3 \times 10^6 (\text{m/s})$$

7.13 $2\lambda^{3/2}; \lambda^{-1}$

利用归一化条件 $A^2 \int_0^\infty x^2 e^{-2\lambda x} dx = \frac{A^2}{4\lambda^3} = 1$,得
$$A = 2\lambda^{3/2}$$
概率密度 $p(x) = A^2 x^2 e^{-2\lambda x}$,令 $dp(x)/dx = 0$,得
$$x = 1/\lambda$$

7.14 谐振子在区间 x 至 $x + dx$ 出现的概率正比于振子在该区间的时间间隔 dt 与振动周期 T 的比值,取比例常数为 C,则有
$$p dx = C dt/T$$
代入 $dt = dx/|v|$,有 $p = \dfrac{C}{|v|T}$

根据简谐运动方程 $x = A\cos(\varpi t + \varphi)$ 求得
$$|v| = \omega\sqrt{A^2 - x^2}$$
所以
$$p = \frac{C}{2\pi\sqrt{A^2 - x^2}}$$

利用归一化条件 $\int_{-A}^{A} p dx = 1$ 求出 $C = 2$，最后得

$$p = \frac{1}{\pi \sqrt{A^2 - x^2}}$$

7.15 $\dfrac{e^2}{8\pi\varepsilon_0 R_1}$

对于基态氢原子

$$E_1 = \frac{1}{2}mv^2 - \frac{e^2}{4\pi\varepsilon_0 R_1}$$

$$m\frac{v^2}{R_1} = \frac{e^2}{4\pi\varepsilon_0 R_1^2}$$

得到 $E_1 = -\dfrac{e^2}{8\pi\varepsilon_0 R_1}$，所以

$$\Delta E = E_\infty - E_1 = \frac{e^2}{8\pi\varepsilon_0 R_1}$$

7.16 $2.46 \times 10^{15}; 2.92 \times 10^{15}$

氢原子赖曼系光谱线频率为 $\nu = \dfrac{13.6\text{eV}}{h}\left(1 - \dfrac{1}{n^2}\right)$。

$n = 2$ 时，$\nu = 2.46 \times 10^{15}\text{Hz}$；

$n = 3$ 时，$\nu = 2.92 \times 10^{15}\text{Hz}$。

7.17 （1）玻尔氢原子理论中电子绕核运动轨道角动量量子化条件为

$$mrv = n\hbar = n \cdot \frac{h}{2\pi}$$

利用电子圆周运动关系式

$$m\frac{v^2}{r} = \frac{e^2}{4\pi\varepsilon_0 r^2}$$

可求得氢原子体系的能量

$$E = \frac{1}{2}mv^2 - \frac{e^2}{4\pi\varepsilon_0 r} = -\frac{me^4}{8n^2h^2\varepsilon_0^2}$$

即

$$E_1 = -\frac{me^4}{8h^2\varepsilon_0^2}, \quad E_n = \frac{E_1}{n^2}$$

（2）动能为 12.9eV 的电子碰撞基态氢原子，氢原子最多可获得 12.9eV 的能

量,总能量达到 -0.7eV。由于 $E_4 = -0.85\text{eV} < -0.7\text{eV}$ 而 $E_5 = -0.544\text{eV} > -0.7\text{eV}$,所以氢原子最高可被激发到第三激发态。

最短波长的谱线来自能级间距最大的能级间的跃迁:$E_4 \to E_1$。由 $h\nu_{41} = hc/\lambda_{41} = E_4 - E_1 = -15E_1/16$,得

$$\lambda_{41} = -\frac{16}{15}\frac{hc}{E_1} = 972(\text{Å})$$

任两个能级间跃迁 $E_i \to E_f (i > f)$ 产生的谱线的波长为 λ_{if}

$$hc/\lambda_{if} = E_i - E_f = \frac{f^2 - i^2}{i^2 f^2} E_1$$

$$\lambda_{if} = \frac{i^2 f^2}{f^2 - i^2} \frac{hc}{E_1} = \frac{15}{16} \cdot \frac{i^2 f^2}{i^2 - f^2} \times 972 \text{Å}$$

其它可能的跃迁和产生的光谱线的波长为

$$E_4 \to E_3 : \lambda_{43} = \frac{15}{16} \cdot \frac{144}{7} \times 972 = 18750(\text{Å})$$

$$E_4 \to E_2 : \lambda_{42} = \frac{15}{16} \cdot \frac{64}{12} \times 972 = 4860(\text{Å})$$

$$E_3 \to E_2 : \lambda_{32} = \frac{15}{16} \cdot \frac{36}{5} \times 972 = 6561(\text{Å})$$

$$E_3 \to E_1 : \lambda_{31} = \frac{15}{16} \cdot \frac{9}{8} \times 972 = 1025(\text{Å})$$

$$E_2 \to E_1 : \lambda_{21} = \frac{15}{16} \cdot \frac{4}{3} \times 972 = 1215(\text{Å})$$

7.18 将 μ^- 子质量记为 m',对这一类氢原子基态有

$$m'\frac{u_1'^2}{R_1'} = \frac{(2e)e}{4\pi\varepsilon_0 R_1'^2}$$

$$m'u_1'R_1' = \hbar$$

因此

$$R_1' = \frac{\varepsilon_0 h^2}{2\pi m' e^2}$$

氢原子基态相应有

$$R_1 = \frac{\varepsilon_0 h^2}{\pi m e^2}$$

即
$$R_1' = \frac{m}{2m'}R_1 = 1.28 \times 10^{-4}(\text{nm})$$

类氢原子基态能量与基态半径的关系为
$$E_1' = -\frac{(2e)^2}{8\pi\varepsilon_0 R_1'} = 828E_1$$

电离能为
$$E' = E_\infty' - E_1' = 1.13 \times 10^4 \text{eV}$$

7.19 $\underline{10^5}$；$\underline{基}$

当氦气的热力学温度为 T 时，氦原子的平均热运动动能为 $\frac{3}{2}kT$。如果两个氦原子对心正碰，其热运动动能转化为激发能，则有 $\frac{3}{2}kT = 19.8\text{eV}$。据此估计氦气的热力学温度是：
$$T = 19.8\text{eV} \times \frac{2}{3k} = 1.53 \times 10^5 \text{K}$$

这一温度值远比太阳表面的温度高，所以太阳表面的氦原子一般处在基态。

7.20 $2\sqrt{3}\hbar$

电子轨道角量子数是 $l = 3$，所以它的轨道角动量大小为
$$\sqrt{3(3+1)}\hbar = 2\sqrt{3}\hbar$$

7.21 $\underline{10^4 \text{V}}$

在电场中加速的电子打到靶上，激发靶原子内层电子，外层电子向空缺电子层跃迁，从而产生一系列 X 光辐射。电子的动能要大于或等于最短波长的 X 光子能量，即
$$eU \geqslant hc/\lambda_{\min}$$

金属的晶格常数为 Å 量级。由布喇格公式，检测的 X 光最短波长也应是 Å 量级。
$$U = \frac{hc}{e\lambda_{\min}} = 1.24 \times 10^4 \text{V}$$

7.22 $\underline{自发}$；$\underline{受激}$；$\underline{高能级的粒子数}$；$\underline{低能级的粒子数}$；$\underline{粒子数反转}$

7.23 $\underline{3}$；$\underline{能达到冷却目的}$

激发态原子自发辐射跃迁而发射出的光子是各向同性的，即除了有朝左发射的，也有朝其它方向发射的，不会影响冷却目的的实现。

7.24 不能；该反应过程前后电荷不守恒

7.25 由 $N(t) = N_0 e^{-\lambda t}$，得 dt 时间内衰变的原子核数目为

$$-dN = \lambda N_0 e^{-\lambda t} dt = \lambda N(t) dt$$

（1）处于平衡态时，某个时刻 t 矿物中 $^{228}_{90}\text{Th}$ 和 $^{224}_{88}\text{Ra}$ 原子核数目分别记为 $N_1(t)$ 和 $N_2(t)$，经 dt 时间，$N_2(t)$ 的增量应为

$$dN_2 = \lambda_1 N_1(t) dt - \lambda_2 N_2(t) dt$$

因为 $dN_2 = 0$，所以

$$\frac{N_1(t)}{N_2(t)} = \frac{\lambda_2}{\lambda_1} = \frac{\tau_1}{\tau_2} = 190$$

混合物中原子核总数为

$$N = N_1 + N_2 = 191 N_2$$

由于 $^{228}_{90}\text{Th}$ 和 $^{224}_{88}\text{Ra}$ 的相对原子质量十分接近，且 $N_1 \gg N_2$，所以混合物的平均摩尔质量近似为 $^{228}_{90}\text{Th}$ 的摩尔质量，得

$$N = \frac{M}{\mu} N_A = \frac{1}{228} \times 6.02 \times 10^{23} = 2.64 \times 10^{21}$$

即有 $^{228}_{90}\text{Th}$ 和 $^{224}_{88}\text{Ra}$ 原子核数目分别为

$$N_1 \approx N = 2.64 \times 10^{21}, \quad N_2 = N/191 = 1.38 \times 10^{19}$$

（2）混合物刚提取完成的时刻记为 $t = 0$，任一 $t > 0$ 时刻，$^{228}_{90}\text{Th}$ 原子核数目为

$$N_1(t) = N_1 e^{-\lambda_1 t}$$

此时，记 $^{224}_{88}\text{Ra}$ 原子核的数目为 $N_2(t)$，经 dt 时间，$N_2(t)$ 的增量为 $dN_2(t) = \lambda_1 N_1(t) dt - \lambda_2 N_2(t) dt$，即

$$\frac{dN_2(t)}{dt} + \lambda_2 N_2(t) = \lambda_1 N_1 e^{-\lambda_1 t}$$

该方程的解为

$$N_2(t) = e^{-\int \lambda_2 dt} \left[\int \lambda_1 N_1 e^{-\lambda_2 dt} dt + C \right] = e^{-\lambda_2 t} \left[\frac{\lambda_1}{\lambda_2 - \lambda_1} N_1 e^{-\lambda_1 t} e^{\lambda_2 t} + C \right]$$

利用 $N_2(0) = N_2$，求得积分常量 C 为

$$C = N_2 - \frac{\lambda_1}{\lambda_2 - \lambda_1} N_1$$

所以有

$$N_2(t) = \frac{\lambda_1}{\lambda_2 - \lambda_1} N_1 (e^{-\lambda_1 t} - e^{-\lambda_2 t}) + N_2 e^{-\lambda_2 t}$$

(3) 因为 $\tau_1 \gg \tau_2$, $N_1 \gg N_2$, 所以,近似有

$$N_2^* = \frac{\tau_2}{2\tau_1} N_1 = 6.94 \times 10^{18}$$

7.26 $\underline{6.49 \times 10^9}$; $\underline{30}$

原子核衰变的规律(母核数目随时间变化的规律)为

$$N = N_0 e^{-\lambda t}$$

式中:λ 是衰变常数。

核的平均寿命 τ 和半衰期 $t_{1/2}$ 及它们的关系分别为

$$\tau = \frac{1}{\lambda}, t_{1/2} = \frac{\ln 2}{\lambda}, \tau = \frac{t_{1/2}}{\ln 2}$$

本题中,

$$\tau = \frac{t_{1/2}}{\ln 2} = 6.49 \times 10^9 (年)$$

单位时间内衰变的核数目为

$$-\frac{dN}{dt} = \lambda N (个/s)$$

本题中,

$$-\frac{dN}{dt} = \frac{125}{3600} \times \frac{1}{0.25\%} \times \frac{4\pi \times 1.5^2}{22 \times 10^{-4}} \times \frac{1}{7\%} \times \frac{1}{0.7\%}$$

$$= 3.64 \times 10^8 (个/s)$$

所以,该核潜艇中 U^{238} 的质量为

$$m = 238 \times 1.67 \times 10^{-27} N = 29.64 (\text{kg})$$

7.27 原子的有核模型;原子中电子轨道运动在磁场中取向量子化;光的粒子性;电子的波动性

1911 年,卢瑟福根据 α 粒子被金箔散射的实验提出了原子的有核模型;

1921 年,由斯特恩和盖拉赫的实验首次证实了原子在磁场中取向量子化;

1920 年,康普顿效应的发现,证实了光的粒子性;

1927 年,戴维孙和革末以电子射向晶体镍表面的实验,首次证实了电子的波动性。

第八章 综合习题

第一节 精选习题

8.1（填空） 一端固定在天花板上的长细线下,悬吊一装满水的瓶子(瓶的质量不可忽略),瓶底有一小孔,在摆动过程中,瓶内的水不断向外漏。如忽略空气阻力,则从开始漏水到水漏完为止的整个过程中,此摆的摆动频率_____。

8.2（填空） 有一半球形光滑的碗,小球 1 在碗的球心处,小球 2 在碗壁离底部中心 A 点很近的地方,如题 8.2 图所示。现同时从静止释放两个小球,所有阻力均不计,则小球 1 与小球 2 到达碗底 A 点所需时间之比为 $t_1 : t_2 =$ _____。

8.3（计算） 一内部连有弹簧的架子静置于光滑的水平桌面上,架子的质量为 M,弹簧的倔强系数为 k。现有一质量为 m 的小球以 v_0 的速度射入架子内,并开始压缩弹簧,如题 8.3 图所示。设小球与架子内壁间无摩擦。试求:(1) 弹簧的最大压缩量 l;(2) 从弹簧开始被压缩到弹簧达最大压缩所需的时间 t;(3) 从弹簧开始被压缩到弹簧达最大压缩期间架子的位移 x_M。

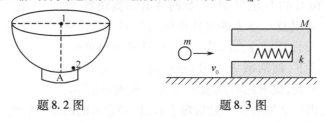

题 8.2 图　　　　　　题 8.3 图

8.4（填空） 一根质量可略、劲度系数为 k、自由长度恰好等于题 8.4 图中水平桌面距水平地面高度的均匀弹性绳,一端固定在地面上,另一端穿过正上方的桌子小孔连结质量为 m 的小物块。以小孔为原点,在桌面上设置 XY 坐标轴,将小物块拉到 $(R, 0)$ 处,并给其沿着 Y 轴方向的初速度 v_0。设系统处处无摩擦,可证明小物块而后在桌面上的运动可分解为 X 方向的简谐振动和 Y 方向的简谐振动,则 X 方向振动角频率为_____,Y 方向振动振幅为_____。

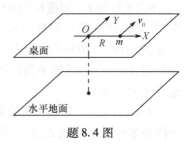

题 8.4 图

8.5（计算） 每边长76cm的密封均匀正方形导热细管按题8.5图(a)所示直立在水平地面上，稳定后，充满上方AB管内气体的压强 $P_{AB} = 76\text{cmHg}$，两侧BC管和AD管内充满水银，此时下方DC管内也充满了该种气体。不改变环境温度，将正方形细管按图(b)所示倒立放置，试求稳定后AB管内气体柱的长度 l_{AB}（用计算器作近似计算，给出3位有效数字答案）。

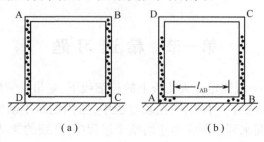

题8.5图

8.6（计算） 如题8.6图所示，在内壁光滑固定直立的圆筒形汽缸内，有一个质量可略的活塞A紧密地与气缸壁接触，此活塞上有一个小孔，装有只能朝下打开的阀门K_1。汽缸的下部有一个固定的薄隔板C和一个固定在缸壁上厚度可略的卡环B，隔板C的中央有一个小孔，装有只能朝下打开的阀门K_2。隔板C与气缸底部的距离为L，卡环B到隔板C的距离为$L/2$，活塞A能够到达的最高位置在隔板C的上方$4L$处。开始时A在最高位置，汽缸内A到C之间以及C下方的气体压强与外界大气压强相同，均为p_0。假设阀门K_1、K_2打开和关闭时间均可略。(1)在等温条件下，使活塞A从最高位置缓慢朝下移动，直到最低位置B处，试求此时隔板C下方气体的压强p_1；

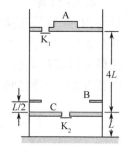

题8.6图

(2)承(1)问，再将活塞A从B处缓慢上拉，拉到距C的高度h达到什么值时，方能使C上方气体的压强等于p_0？(3)令活塞A从B处移动到原最高位置，然后再次移动到B处，如此往复进行，试求隔板C下方气体压强所能达到的最大值p_e。

8.7（计算） 如题8.7图所示，在某竖直面内有一个半径为$R = 5.0\text{cm}$的固定圆环，环的最高点悬挂着长度为l的绝缘轻绳，绳的另一端系着质量为$m = 1.0\text{g}$的小球。当圆环和小球两者分别带有$Q = 9.0 \times 10^{-8}\text{C}$的正电荷且环上的电荷均匀分布时，小球的平衡位置恰好处在过环心且与环面垂直的水平轴上。试求绝缘绳的长度l。

8.8（计算） 如题8.8图所示，在水平$O-XY$坐标平面的第Ⅰ象限上，有一个内外半径几乎同为R、圆心位于$(R,0)$处的半圆环形固定细管道，坐标平面上有沿着Y轴方向的匀强电场。带电质点P在管道内,从(0,0)位置出发,在管道内无摩擦地运动,其初始动能为E_{k0}。P运动到(R,R)位置时,其动能减少了二分之一。(1)试问P所带电荷是正的还是负的,为什么?(2)P所到位置可用该位置的x坐标来表示,试在$0 \leq x \leq 2R$范围内导出P的动能E_k随x变化的函数。(3)P在运动过程中受管道侧壁的弹力N也许是径向朝里(即指向圆心)的,也许是径向朝外(即背离圆心)的。通过定量讨论,判定在$0 \leq x \leq 2R$范围内是否存在N径向朝里的x取值区域,若存在,试给出该区域;继而判定在$0 \leq x \leq 2R$范围内是否存在N径向朝外的x取值区域,若存在,请给出该区域。

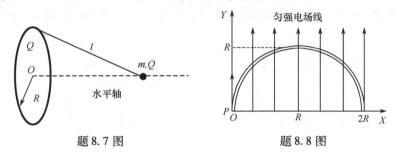

题8.7图 题8.8图

8.9（计算） 题8.9图示电路中,空气平行板电容器可处理为真空平行板电容器,电键K合上后,充电过程已完成。图中外力F以朝右为正方向画出,F的真实方向也可能朝左。(1)若将电键K断开,利用图示外力F让介质块缓慢地全部进入电容器两极板之间。(1.1)试求全过程中F作功量A_1;(1.2)再求该过程中,介质块进入的长度为$x (0 < x < l)$时,F的方向和大小。(2)改设电键K未被断开,利用图示外力F让介质块缓慢地全部进入电容器两极板之间。(2.1)试求全过程中F作功量A_2;(2.2)再求该过程中,介质块进入的长度为$x(0 < x < l)$时,F的方向和大小。

8.10（填空） 三个质量同为m,电量同为$q > 0$的小球1、2、3,用长度同为l的轻绝缘线连成等边三角形后,静放在光滑水平面上,如题8.10图所示。将球1、2间的轻绳剪断,三个小球开始运动。球3在运动过程中,相对其初始位置位移的最大值$l_{\max} = $ _____,运动的最大速度值$v_{\max} = $ _____。

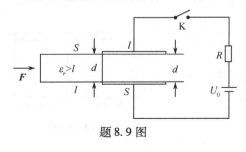
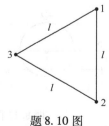

题8.9图 题8.10图

8.11（计算） 如题 8.11 图所示,面积同为 S 的两块相同导体薄平板平行放置,间距为 d。左侧导体板带电量 $3Q > 0$,右侧导体板带电量 Q,其右侧相距 d 处有一个质量为 m,电量为 $-q(q>0)$ 的粒子 P。导体板静电平衡后,P 从静止释放,假设它可自由穿越导体板,且不会影响板上的电荷分布。试问经过多长时间 T、多长路程 L 后,P 第一次返回到其初始位置?

8.12（填空） 如题 8.12 图所示,某质子加速器使每个质子获得动能 $E = 2\text{keV}$,很细的质子束射向一个远离加速器、半径为 r 的金属球,从球心到质子束延长线的垂直距离为 $d = r/2$。假定质子与金属球相碰后将其电荷全部交给金属球,经足够长时间后,金属球的最高电势（以无穷远处的电势为零）为 _____。

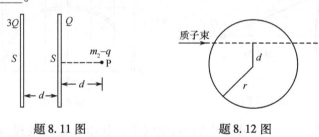

题 8.11 图 题 8.12 图

8.13（计算） 两个固定的均匀带电球面 A、B 的球心间距 d 远大于 A、B 的半径,A 的带电量为 $4Q(Q > 0)$,B 的带电量为 Q。由两球心确定的直线记为 MN,在 MN 与球面相交处均开出一个足够小的孔,以至于随小孔挖去的电荷量可忽略不计。如题 8.13 图所示,将一带负电的质点 P 静止地放在 A 球面的左侧某处,假设 P 被释放后恰能经三个小孔越过 B 球面的球心,试确定开始时 P 与 A 球面球心的距离 x。

8.14（填空） 如题 8.14 图所示,板间距为 $2d$ 的大平行板电容器水平放置,电容器的右半部充满相对介电常数为 ε_r 的固态电介质,左半部空间的正中位置有一带电小球 P,电容器充电后 P 恰好处于平衡状态。拆去充电电源,将固态电介质快速抽出,略去静电平衡经历的时间,不计带电小球 P 对电容器极板电荷分布的影响,则 P 将经 $t = $ _____ 时间与电容器的一个极板相碰。

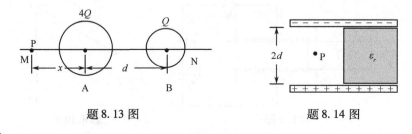

题 8.13 图 题 8.14 图

8.15（计算） 如题 8.15 图所示,水平面上两个带有电量 $+e$ 的点电荷,距离为 $2a$,有一 α 粒子(所带电量为 $+2e$),很快地从这两个点电荷中间穿过,其路径恰好在两个点电荷连线的中垂线上。如果 α 粒子的速度很快,以至于两个点电荷在 α 粒子穿过时仍保持静止,试求:(1)当 α 粒子处在位置 x 处时,两点电荷构成的体系与 α 粒子之间的相互作用能;(2) α 粒子在哪些位置时受作用力最大。

8.16（计算） 题 8.16 图所在平面为某惯性系中无重力的空间平面,O 处固定着一个带负电的点电荷,空间有垂直于图平面朝外的匀强磁场 B。荷质比为 γ 的带正电粒子 P,恰好能以速度 v_0 沿着逆时针方向绕着 O 点做半径为 R 的匀速圆周运动。(1)将 O 处负电荷电量记为 $-Q$,试求 Q;(2)将磁场 B 撤去,P 将绕 O 做椭圆运动,设在图示位置的初速度也为 v_0,试求 P 在椭圆四个顶点处的速度大小(本小问最后答案不可出现 Q 量)。

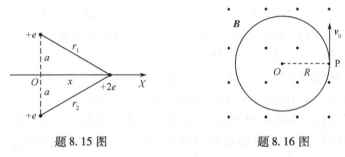

题 8.15 图　　　　题 8.16 图

8.17（计算） 在均匀磁场空间内,与磁感应强度 B 垂直的一个平面上,质量为 m、带电量为 q($q>0$)的粒子从 $t=0$ 时刻,以 v_0 初速度开始运动,运动过程中粒子速度为 v 时所受阻力为 $f=-\gamma v$,其中 γ 是正的常量。(1)计算 $t>0$ 时刻粒子速度大小 v 和已通过的路程 s;(2)计算粒子运动方向(即速度方向)相对初始运动方向恰好转过 $\pi/2$ 时刻的速度大小 v^*。

8.18（计算） 如题 8.18 图所示,一矩形管长 l、宽 a、高 b,管的两侧面为导体,上下两面是绝缘体。两侧面间有导线相连,管内充满水银(水银的电阻率为 ρ)并沿管流动。已知水银流速与管两端所加压强差成正比。外加均匀磁场 B,B 垂直于上下两面,且方向向上。已知:无外磁场时,管两端压强差为 P_0 且保持不变,水银流速为 v_0。试求:(1)外加磁场后,导线中的电流 $I=?$(2)外加磁场后,水银流速 v 与磁感应强度 B 之间的关系。

8.19（计算） 两根电阻可略、平行放置的竖直固定金属长导轨相距 l,上端与电动势为 ε、内阻为 r 的直流电源连接,电源正、负极位置如题 8.19 图所示。另有一根质量为 m、长为 l、电阻为 R 的匀质导体棒,两端约束在两导轨上,可无摩擦地上下滑动。设空间有与导轨平面垂直的水平均匀磁场 B,方向已在图中标出,将导体棒静止释放,试求导体棒朝下运动过程中的最大加速度 a_{max} 和最大速度 v_{max}。

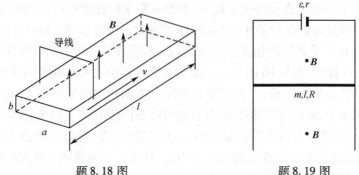

题 8.18 图　　　　题 8.19 图

8.20（计算）　如题 8.20 图所示,一金质圆环以其边缘为支点直立在两磁极之间,环的底部受两个固定挡的限制,使其不能滑动。现环受一扰动偏离竖直面 0.1rad,并开始倒下。已知金的电导率为 $\sigma = 4.0 \times 10^7/\Omega \cdot m$,$B = 0.5T$,环半径 $r_1 = 0.4cm$,环截面半径 $r_2 = 1mm$,设环重 $F = 0.075N$,并可以认为环倒下的过程中重力矩时时都与磁力矩平衡,求环倒下所需的时间 t。

8.21（填空）　如题 8.21 图所示,光滑绝缘水平桌面上有场强为 E 的均匀电场,质量 m、半径 R 的匀质薄圆板均匀带电,电量 $q > 0$。可以过圆周上的 P_1 或 P_2 或 P_3 点设置一个竖直、光滑、绝缘转轴,P_1、P_2、P_3 的方位已经在图中示出。设置转轴后,从静止释放的圆板便会做定轴转动,转动角速度的最大值依次记为 ω_{1max}、ω_{2max}、ω_{3max}。三个中最大者为＿＿＿＿。当角速度达到此值时,转轴提供的支持力大小为＿＿＿＿。

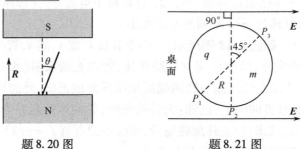

题 8.20 图　　　　题 8.21 图

8.22（填空）　在两平行无限大平面内是电荷体密度 $\rho > 0$ 的均匀带电空间,如题 8.22 图所示,有一质量为 m,电量为 $q(<0)$ 的点电荷在带电板的边缘自由释放。在仅考虑电场力不考虑其他阻力的情况下,该点电荷运动到中心对称面 OO' 的时间是＿＿＿＿。

330

8.23（计算） 在所讨论空间区域内，磁场 B 相对 x 轴对称分布。引入正的常量 α、β 和 B_0，磁场 B 的轴向分量 B_x 和径向分量 B_r 分别为

$$\begin{cases} B_x = (1-\alpha x)B_0, B_r = \beta r B_0 & (0 < x < 1/\alpha) \\ B_x = B_0, B_r = 0 & (x = 0) \\ B_x = (1+\alpha x)B_0, B_r = -\beta r B_0 & (-1/\alpha < x < 0) \end{cases}$$

$$B_0 = 10^{-2}\text{T}$$

质量 $m = 5.0 \times 10^{-2}$g、半径 $r_0 = 0.5$cm、电感 $L = 1.3 \times 10^{-8}$H 的均匀超导（零电阻）圆环，开始时环内无电流，如题 8.23 图放置，环心位于 $x = 0$ 点，轴为其中心垂直轴。设 $t = 0$ 时刻环具有沿 x 轴方向的平动速度 $v_0 = 50$cm/s，(1) 已知 $\alpha = 16\text{m}^{-1}$，求 β；(2) 确定而后环沿 x 轴的运动范围。

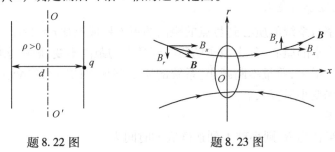

题 8.22 图　　　　　题 8.23 图

8.24（填空） 由于核之间存在静电斥力，氘核和氚核聚变成氦核的反应只有在极高温条件下才能发生。已知核力的作用范围是 10^{-13}cm，用经典物理观点粗略估计发生此反应所需温度的数量级为_____。

8.25（填空） 一束线偏振光垂直射到地面上，已知某时刻电场强度 E 的方向向东，则该时刻 H 的方向为_____。

8.26（填空） 惯性系 S' 相对惯性系 S 沿 X 轴以 v 高速运动。S' 系中沿 X' 轴有一弹簧振子，弹簧劲度系数为 k，振子质量为 m，振子速度远小于光速，振幅为 A。在 S 系中可测得该振子的振动周期为_____，振子从题 8.26 图中平衡位置 $x' = 0$ 到 $x' = A$ 所经时间为_____。

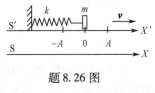

题 8.26 图

8.27（填空） 有三个惯性参考系 S、S'、S''，其中 S'、S'' 系以相同的速率 u 相对 S 沿相反方向运动，在 S 系中观察一与 S' 系同方向运动的光子，测得其频率为 ν，而在 S' 和 S'' 系中观察，测得其频率分别依次为 ν' 和 ν''。则根据相对论的原理，$\nu' = $_____$\nu$、$\nu'' = $_____$\nu$。

8.28（填空） 声波是_____（填"横波"或"纵波"）。若声波波源是置于空气中的一个球面物，它发出的球面简谐波在与球心相距 r_0 处的振动振幅为 A_0，不计空气对声波能量吸收等引起的损耗，则在 $r > r_0$ 处声波振动振幅为 $A =$ _____，光波是_____（填"横波"或"纵波"）。光波在真空中传播的速度大小为 c，光波在折射率为 n 的媒质中传播的速度大小是_____，光子在此媒质中运动速度大小是_____。

8.29（填空） 进入新世纪以来，获诺贝尔物理学奖的科学家及主要贡献有（任填三项）_____。

第二节 习题详解

8.1 先变小后变大

摆的频率与系统的质心到悬点的距离的平方根成反比 $f \propto 1/\sqrt{l}$。系统的质心即瓶子与瓶中水的质心，其中瓶子的质心到悬点的距离不变，瓶中水的质心到悬点的距离不断增大，质量不断减小。系统的质心到悬点的距离先变大后变小，所以摆的频率先变小后变大。

8.2　0.9

记碗的半径为 R，则小球 1 到达碗底的时间为

$$t_1 = \sqrt{2R/g}$$

小球 2 相当于摆线长为 R 的单摆，单摆周期为 $T = 2\pi\sqrt{R/g}$，所以

$$t_2 = T/4 = \frac{\pi}{2}\sqrt{R/g}$$

因此，有

$$t_1 : t_2 = \frac{2\sqrt{2}}{\pi} = 0.9$$

8.3
以小球、架子和弹簧为系统，在整个过程中，系统受外力为零，且只有保守内力（弹性力）作功。故系统动量守恒（竖直方向动量为零，水平方向动量守恒）、机械能守恒。

（1）当弹簧达到最大压缩量 l 时，小球和架子应具有相同的速度 v，则有

$$mv_0 = (M + m)v$$

$$\frac{1}{2}mv_0^2 = \frac{1}{2}(M + m)v^2 + \frac{1}{2}kl^2$$

解得：
$$l = v_0\sqrt{\frac{Mm}{k(M+m)}}$$

（2）设弹簧自然长度为 l_0，任意时刻弹簧右端点、左端点的位置分别为 x_1、x_2，则弹簧的压缩量为 $(l_0 - x_1 + x_2)$，架子和小球间的作用力为 $k(l_0 - x_1 + x_2)$，小球的运动方程为

$$m\frac{d^2 x_2}{dt^2} = -k(l_0 - x_1 + x_2)$$

架子的质心与 x_1 相差一个常量，所以由架子的运动方程得

$$M\frac{d^2 x_1}{dt^2} = k(l_0 - x_1 + x_2)$$

即有

$$\frac{d^2 x_2}{dt^2} - \frac{d^2 x_1}{dt^2} = -k(x_2 - x_1 + l_0)\left(\frac{1}{M} + \frac{1}{m}\right)$$

令 $x = x_2 - x_1 + l_0$，$\frac{1}{\mu} = \frac{1}{M} + \frac{1}{m}$，则有

$$\frac{d^2 x}{dt^2} = -\frac{k}{\mu}x$$

x 就是弹簧的压缩量，可见它随时间周期性地变化。从开始被压缩（$x = 0$）到最大压缩（x 达到最大值），所用时间为 x 变化周期 T 的四分之一：

$$t = \frac{T}{4} = \frac{\pi}{2}\sqrt{\frac{\mu}{k}} = \frac{\pi}{2}\sqrt{\frac{Mm}{k(M+m)}}$$

（3）系统的质心以 $v_c = \frac{m}{M+m}v_0$ 匀速运动，在时间 $t = \frac{T}{4}$ 内的位移为

$$x_c = v_c t = \frac{\pi m v_0}{2(M+m)}\sqrt{\frac{Mm}{k(M+m)}}$$

再设弹簧最大压缩时，小球、架子相对质心的位移（注意不是相对质心的位置）分别为 x'_m、x'_M，则有

$$x'_m - x'_M = l$$
$$mx'_m + Mx'_M = 0$$

解得

$$x'_M = -\frac{m}{M+m}l$$

所以架子的位移为

$$x_M = x_c + x'_M = \frac{mv_0}{M+m}\sqrt{\frac{Mm}{k(M+m)}}\left(\frac{\pi}{2}-1\right)$$

8.4 $\sqrt{k/m}$；$\sqrt{m/k}\,v_0$

在桌面参考系图示坐标系中,当小物块位于 r 处时,受到合力 $\boldsymbol{F} = -k\boldsymbol{r}$。由牛顿第二定律 $m\dfrac{\mathrm{d}^2\boldsymbol{r}}{\mathrm{d}t^2} = \boldsymbol{F}$ 知,小物块在 X、Y 方向的运动皆为简谐运动,角频率同为 $\omega = \sqrt{k/m}$。

小物块在运动过程中,机械能守恒,相对 O 点的角动量守恒。将小物块在 Y 方向的振幅记为 A、运动到 Y 轴时的速率记为 v,则有

$$\frac{1}{2}kR^2 + \frac{1}{2}mv_0^2 = \frac{1}{2}kA^2 + \frac{1}{2}mv^2, \quad mRv_0 = mAv$$

即

$$kA^4 - (kR^2 + mv_0^2)A^2 + mR^2v_0^2 = 0$$

该方程的解有三种情况：

(1) 当 $mv_0^2 = kR^2$ 时,有唯一解

$$A = \sqrt{m/k}\,v_0 = R$$

(2) 当 $mv_0^2 < kR^2$ 时,有两个解

$$A = R \text{ 和 } A = \sqrt{m/k}\,v_0$$

其中,$A = R$ 应舍弃。

(3) 当 $mv_0^2 > kR^2$ 时,有两个解

$$A = R \text{ 和 } A = \sqrt{m/k}\,v_0$$

其中,$A = R$ 应舍弃。

根据以上分析可知,Y 轴方向的振幅可以统一表示为

$$A = \sqrt{m/k}\,v_0$$

实际上,当 $mv_0^2 = kR^2$ 时,小物块做圆周运动。其他情况下,小物块做椭圆轨道运动,其中,当 $mv_0^2 < kR^2$ 时,A 是椭圆的半短轴;当 $mv_0^2 > kR^2$ 时,A 是椭圆的半长轴。

8.5 倒立之前,上、下细管内的空气压强分别为

$$P_{AB} = 1\text{atm}, \quad P_{CD} = 2\text{atm}$$

倒立之后,记 $l_{AB} = x(\text{cm})$,则上部空气柱长度为 $2l_0 - x$(其中 l_0 是正方形边长,单位:cm);记上部管内的空气压强为 P'_{CD},则下部空气压强为

$$P'_{AB} = P'_{CD} + \frac{l_0 + x}{2} \cdot \frac{1}{76} = P'_{CD} + \frac{l_0 + x}{2l_0}$$

倒立前后,空气的温度相等,所以有

$$P_{AB}l_0 = P'_{AB}x \Rightarrow l_0 = \left(P'_{CD} + \frac{l_0 + x}{2l_0}\right)x$$

$$P_{CD}l_0 = P'_{CD}(2l_0 - x) \Rightarrow 2l_0 = P'_{CD}(2l_0 - x)$$

两式联立,消去 P'_{CD},得

$$x^3 - l_0 x^2 - 8l_0^2 x + 4l_0^3 = 0$$

其近似解为

$$x \approx 36.8(\text{cm})$$

8.6 (1) 因为开始时气缸内充满了空气,与外界大气压强同为 p_0。所以,当 A 第一次朝下缓慢移动时,K_1 关闭,K_2 打开。当 A 到达 B 处时,有

$$p_0 \cdot 5L = p_1 \cdot \frac{3}{2}L$$

即

$$p_1 = \frac{10}{3}p_0$$

(2) 在 A 被朝上缓慢拉动时,K_2 随即关闭。C 上方气体压强下降,有

$$p_1 \cdot \frac{L}{2} = p_0 h$$

即

$$h = \frac{5}{3}L$$

此时 K_1 打开,再上拉 A,外部大气进入汽缸。

(3) 此后,每一次下移 A,只有一次比一次更接近 B,K_2 方能打开。而每一次上拉 A,K_2 均随即关闭,一次比一次拉到更接近开始时最高位置时 K_1 方打开。K_1 一旦打开,外界大气进入汽缸,C 上方的气压为 p_0。设经过 N 次下移 A 之后,C 下

方的气压为 p_N,第 $N+1$ 次下移 A 至 B 使 C 下方的气压变为 p_{N+1},则有

$$p_0 \cdot 4L + p_N L = p_{N+1} \cdot \frac{3}{2}L$$

当 C 下方气压达到极大值 p_e 后,就不再变化。对上式取极限,有

$$p_0 \cdot 4L + p_e L = p_e \cdot \frac{3}{2}L$$

即得

$$p_e = 8p_0$$

8.7 小球受到的力有:竖直向下的重力 $m\boldsymbol{g}$、轻绳的张力 $\boldsymbol{T}$、水平向右的静电斥力 $\boldsymbol{F}_e$。

小球相对环心距离为 x 处,圆环产生的电场强度 $E = \dfrac{Q}{4\pi\varepsilon_0 l^2} \cdot \dfrac{x}{l}$,小球受到的静电力 $F_e = QE = \dfrac{Q^2 x}{4\pi\varepsilon_0 l^3}$。

平衡时

$$m\boldsymbol{g} + \boldsymbol{T} + \boldsymbol{F}_e = 0$$

所以,$mg/F_e = R/x$,即得

$$l = \sqrt[3]{\frac{Q^2 R}{4\pi\varepsilon_0 mg}} = 0.072(\text{m})$$

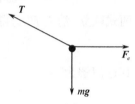

题 8.7 图

8.8 (1) 带电质点 P 在细管道内运动的过程中,不受摩擦力,所受管道侧壁的弹力不作功,只有电场力作功。P 由 $(0,0)$ 出发到 (R,R),动能减少,根据动能定理,电场力对 P 作功为负,说明 P 带负电。

(2) 将匀强电场的场强大小记为 E,所带电量记为 $-q(q>0)$。P 运动到坐标 (x,y) 处时,根据动能定理,有

$$E_k - E_{k0} = -qEy$$

所以

$$E_k = E_{k0} - qEy$$

利用 $(x-R)^2 + y^2 = R^2$ 及 $\dfrac{1}{2}E_{k0} = E_{k0} - qER$,可得

$$E_k = E_{k0}\left(1 - \frac{y}{2R}\right) = \left(1 - \frac{\sqrt{2Rx-x^2}}{2R}\right)E_{k0}$$

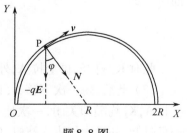

题 8.8 图

(3) 将带电质点 P 的质量记为 m,运动到坐标 (x,y) 处时的速率记为 v,假设细管道侧壁的弹力 N 指向圆心,如题 8.8 图所示,则

$$N + qE\cos\varphi = m\frac{v^2}{R}$$

即

$$N = m\frac{v^2}{R} - qE\cos\varphi$$

开始时,E_k 取最大值 E_{k0},$\cos\varphi = 0$,对应的 N 为最大

$$N_{\max} = \frac{2E_{k0}}{R} > 0$$

其后,E_k 减小,$\cos\varphi$ 增大,到达 (R,R) 时,E_k 取最小值 $\frac{1}{2}E_{k0}$,$\cos\varphi = 1$,对应的 N 为最小

$$N_{\min} = \frac{E_{k0}}{R} - qE = \frac{E_{k0}}{2R} > 0$$

然后,E_k 增大,$\cos\varphi$ 减小,N 增大。

由此可知,$0 \leq x \leq 2R$ 在的范围内,N 始终是朝里指向圆心的,不存在 N 背离圆心朝外的情形。

8.9 真空电容器的电容 C_0、充电完成后真空电容器极板上所带电量的绝对值 Q_0 及电容器储有的静电能 W_0 分别为

$$C_0 = \frac{\varepsilon_0 S}{d}, \quad Q_0 = C_0 U_0, \quad W_0 = \frac{1}{2}Q_0 U_0 = \frac{Q_0^2}{2C_0} = \frac{1}{2}C_0 U_0^2$$

(1) 将电键 K 断开,利用外力 F 让介质块缓慢地进入电容器两极板之间的过程中,电容器极板上所带的总电量保持为 Q_0 不变,电源对电容器不作功。由于电场的变化,电量在极板上的分布发生变化,电容也将变化。

(1.1) 介质块全部进入电容器后,电容器的电容变为 $C = \varepsilon_r C_0$,外力 F 所作的功就等于电容器所储静电能的增量,即

$$A_1 = W - W_0 = \frac{Q_0^2}{2C} - \frac{Q_0^2}{2C_0} = \left(\frac{1}{\varepsilon_r} - 1\right)W_0$$

由于 $\varepsilon_r > 1$,外力 F 在全过程中所作的功为负。

(1.2) 如题 8.9 图所示,介质块进入的长度为 x 时,可以将电容器看作左部充有电介质的电容器与右部真空电容器的并联,其电容为

$$C_x = C_L + C_R = \varepsilon_r \frac{\varepsilon_0 \frac{x}{l} S}{d} + \frac{\varepsilon_0 \frac{l-x}{l} S}{d}$$

$$= \frac{(\varepsilon_r - 1)x + l}{l} C_0$$

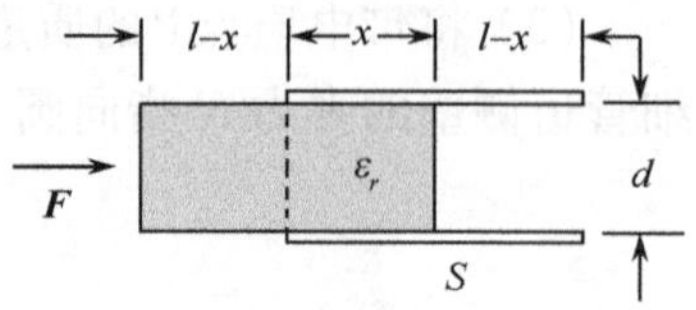

题 8.9 图

这时,电容器所储的静电能为

$$W_x = \frac{Q_0^2}{2C_x} = \frac{l}{(\varepsilon_r - 1)x + l} W_0$$

介质块继续发生位移 dx 的元过程中,电容器储能增量为 dW_x,此即该元过程中外力 F 所作的功

$$F\mathrm{d}x = \mathrm{d}W_x = \frac{-(\varepsilon_r - 1)l}{[(\varepsilon_r - 1)x + l]^2} W_0 \mathrm{d}x$$

所以,外力 F 的方向向左,大小为

$$F = \frac{(\varepsilon_r - 1)l}{[(\varepsilon_r - 1)x + l]^2} W_0$$

实际上,在介质块进入电容器的过程中,由于介质块上下表面产生极化电荷,电容器对介质块有吸引作用。为了介质块缓慢进入电容器而不是被电容器快速地吸入,外力应一直拉着介质块。

(2) 电键 K 不断开,介质块缓慢地进入电容器,电容器极板上的电量亦缓慢地变化。这种情况下,可以忽略电容器外电路中的电流强度,因而,电容器极板间的电势差保持为 U_0 不变;介质中的电流密度也可以忽略,电解质不消耗能量。

(2.1) 介质块全部进入电容器后,电容器的电容变为 $C = \varepsilon_r C_0$,电容器极板所带电量的绝对值为 $Q = CU_0$。电容器所储静电能的增量来源于外力 F 所作的功及电源所作的功,即

$$A_2 + A_{电源} = W - W_0$$

$$A_2 = W - W_0 - A_{电源} = \frac{1}{2}CU_0^2 - \frac{1}{2}C_0U_0^2 - (Q - Q_0)U_0 = -(\varepsilon_r - 1)W_0$$

由于 $\varepsilon_r > 1$,外力 F 在全过程中所作的功为负。

(2.2) 介质块进入的长度为 x 时,电容器的电容及所储静电能分别为

$$C_x = \frac{(\varepsilon_r - 1)x + l}{l} C_0, \quad W_x = \frac{1}{2} C_x U_0^2 = \frac{(\varepsilon_r - 1)x + l}{l} W_0$$

介质块继续发生位移 dx 的元过程中,电容器储能增量为 dW_x,此即该元过

程中外力 F 所作功 $F\mathrm{d}x$ 与电源所作功 $\mathrm{d}A_{电源} = U_0\mathrm{d}Q_x$ 之和,即有

$$F\mathrm{d}x = \mathrm{d}W_x - \mathrm{d}A_{电源} = \mathrm{d}W_x - U_0^2\mathrm{d}C_x = \frac{\varepsilon_r - 1}{l}W_0\mathrm{d}x - \frac{\varepsilon_r - 1}{l}C_0U_0^2\mathrm{d}x$$

$$= -\frac{\varepsilon_r - 1}{l}W_0\mathrm{d}x$$

所以,外力 F 的方向向左,大小为

$$F = \frac{\varepsilon_r - 1}{l}W_0$$

8.10 $\dfrac{2\sqrt{3}}{3}l$; $\dfrac{q}{\sqrt{6\pi\varepsilon_0 ml}}$

三个小球组成的系统所受的合外力为零,而且没有外力作功,只有保守内力作功,所以系统运动过程中动量守恒、机械能守恒。

动量守恒,系统的质心静止不动。当球 3 相对其初始位置的位移达到最大值时,其速度应为零,球 1、2 的速度也应为零,系统处于势能最大的状态,如题 8.10 图(a)虚线所示,因此

$$l_{\max} = 2 \times \frac{\sqrt{3}}{3}l = \frac{2\sqrt{3}}{3}l$$

因质心静止,球 3 的速度达到最大值时,球 1、2 的速度均达到最大值,系统地动能达到最大值,处于势能最小状态,如题 8.10 图(b)所示。其中 $v_1 = v_2 = v_3/2$(因质心动量保持为零)。

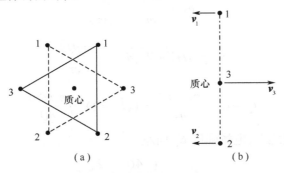

题 8.10 图

根据机械能守恒,有

$$3 \times \frac{q^2}{4\pi\varepsilon_0 l} = 2 \times \frac{q^2}{4\pi\varepsilon_0 l} + \frac{q^2}{4\pi\varepsilon_0 \cdot 2l} + \frac{1}{2}m\left[v_{\max}^2 + 2 \times \left(\frac{1}{2}v_{\max}\right)^2\right]$$

解出

$$v_{\max} = \frac{q}{\sqrt{6\pi\varepsilon_0 ml}}$$

8.11 在右导体板之右，电场强度 E_1 向右

$$E_1 = \frac{1}{2\varepsilon_0}\frac{4Q}{S} = \frac{2Q}{\varepsilon_0 S}$$

点电荷 P 在 $t = 0$ 时刻从静止开始以加速度 a_1 向左加速，t_1 时刻到达右导体板，速率达到 v_1，有

$$a_1 = \frac{qE_1}{m} = \frac{2qQ}{\varepsilon_0 mS}$$

$$v_1 = \sqrt{2a_1 d} = 2\sqrt{\frac{qQd}{\varepsilon_0 mS}}$$

$$t_1 = \frac{v_1}{a_1} = \sqrt{\frac{\varepsilon_0 mSd}{qQ}}$$

在两块导体板之间，电场强度 E_2 向右

$$E_2 = \frac{1}{2\varepsilon_0}\left(\frac{3Q}{S} - \frac{Q}{S}\right) = \frac{Q}{\varepsilon_0 S}$$

点电荷 P 以加速度 a_2 向左加速，t_2 时刻到达左导体板，速率达到 v_2，有

$$a_2 = \frac{qE_2}{m} = \frac{qQ}{\varepsilon_0 mS}$$

$$v_2 = \sqrt{v_1^2 + 2a_2 d} = \sqrt{\frac{6qQd}{\varepsilon_0 mS}}$$

$$t_2 - t_1 = \frac{v_2 - v_1}{a_2} = (\sqrt{6} - 2)\sqrt{\frac{\varepsilon_0 mSd}{qQ}}$$

在左导体板之左，电场强度 E_3 向左

$$E_3 = \frac{1}{2\varepsilon_0}\frac{4Q}{S} = \frac{2Q}{\varepsilon_0 S}$$

点电荷 P 以加速度 a_3 向左减速运动，t_3 时刻速度变为零，运动距离 s，有

$$a_3 = \frac{qE_3}{m} = \frac{2qQ}{\varepsilon_0 mS}$$

$$t_3 - t_2 = \frac{v_2}{a_3} = \sqrt{\frac{3\varepsilon_0 mSd}{2qQ}}$$

$$s = \frac{v_2^2}{2a_3} = \frac{3}{2}d$$

之后，点电荷从静止开始以加速度 a_3 向右加速，到达左导体板时的速率达到 v_2，用时 $(t_3 - t_2)$；以加速度 a_2 向右减速运动，到达右导体板时的速率减为 v_1，用时 $(t_2 - t_1)$；以加速度 a_1 向右减速运动，返回初始位置时速率减为零，用时 t_1。所以

$$T = 2[t_1 + (t_2 - t_1) + (t_3 - t_2)] = (3\sqrt{6} - 2)\sqrt{\frac{\varepsilon_0 mSd}{qQ}}$$

$$L = 2(d + d + s) = 7d$$

8.12 <u>1500 V</u>

金属球的电势正比于球面所带电荷，球面电荷由质子"带来"（注：质子是不会轻易"让出"所带电量的）。因此，当质子从金属球表面掠过、不能撞击金属球时，金属球表面电量不能再增加，电势达到最大。

质子在射向金属球的过程中，受到的是有心力（作用力线始终通过球心），质子对金属球中心的角动量守恒：

$$mv_0 d = mvr$$

质子与金属球间的电场力同时又是保守力，系统的能量守恒：

$$E = \frac{1}{2}mv_0^2 = eU + \frac{1}{2}mv^2$$

由以上两式联立解出：

$$U = \left(1 - \frac{d^2}{r^2}\right)\frac{E}{e} = 1500(\text{V})$$

8.13 在穿越 A 球面前，带负电质点受到 A、B 上正电荷的吸引力；在 A 球面内部时，受到 B 的吸引力；在穿越 A 球面后、进入 B 球面前，受到 A 向左的吸引力、B 向右的吸引力，有一个作用力平衡点 S；进入 B 球面后，受到 A 的吸引力。

根据以上分析，质点 P 能到达 B 球心的必要条件之一是能够到达 S 点，必要条件之二是到 B 球心时具有一定的动能。

对力的平衡点，有

$$\frac{4Q}{4\pi\varepsilon_0 r_1^2} = \frac{Q}{4\pi\varepsilon_0 r_2^2}$$

如果质点到达 S 点时接近静止,则质点在初始位置和 S 点时,系统具有相同的静电势能:

$$\frac{4Q(-q)}{4\pi\varepsilon_0 x} + \frac{Q(-q)}{4\pi\varepsilon_0(x+d)} = \frac{4Q(-q)}{4\pi\varepsilon_0 r_1} + \frac{Q(-q)}{4\pi\varepsilon_0 r_2}$$

另外,有

$$r_1 + r_2 = d$$

由以上各式解出:

$$x = \frac{2}{9}(\sqrt{10}-1)d, \quad r_1 = \frac{2}{3}d, \quad r_2 = \frac{1}{3}d$$

质点 P 在 S 点、B 球面中心处时,系统的电势能 W_S、W_B 分别为

$$W_S = \frac{4Q(-q)}{4\pi\varepsilon_0 r_1} + \frac{Q(-q)}{4\pi\varepsilon_0 r_2} = \frac{-qQ}{4\pi\varepsilon_0} \cdot \frac{9}{d}$$

$$W_B = \frac{4Q(-q)}{4\pi\varepsilon_0 d} + \frac{Q(-q)}{4\pi\varepsilon_0 R_B} = \frac{-qQ}{4\pi\varepsilon_0}\left(\frac{4}{d} + \frac{1}{R_B}\right)$$

当 $R_B < d/5$ 时, $W_B < W_S$。因为 $d \gg R_A$、R_B,故质点 P 必能越过 B 球面中心。

8.14 $2\sqrt{\dfrac{d}{(\varepsilon_r-1)g}}$

令小球的质量为 m,电量为 $Q(>0)$,电容器极板的面积为 S,带电量为 Q'。令抽出介质前电容器的电容为 C_0,小球处的电场强度为 E_0(竖直向上);抽出介质后的电容为 C,板间场强为 E(竖直向上)。

抽出介质前,将电容器看作极板面积均为 $S/2$ 的一个真空电容器和一个充满介质的电容器的并联,则

$$C_0 = \frac{\varepsilon_0 S/2}{2d} + \frac{\varepsilon_0 \varepsilon_r S/2}{2d} = \frac{\varepsilon_0 S(1+\varepsilon_r)}{4d}$$

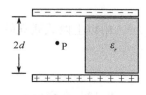

题 8.14 图

由平衡条件知 $E_0 = \dfrac{mg}{Q}$,板间电势差 $\Delta U_0 = 2E_0 d$,

板上带电量为

$$Q' = C_0 \Delta U_0 = \frac{\varepsilon_0 S(1+\varepsilon_r)mg}{2Q}$$

抽出介质后,$C = \dfrac{\varepsilon_0 S}{2d}, E = \dfrac{\Delta U}{2d} = \dfrac{Q'}{2Cd}$。小球受到合力为

$$F = QE - mg = \frac{\varepsilon_r - 1}{2}mg$$

因为 $\frac{1}{2}\frac{F}{m}t^2 = d$，所以

$$t = \sqrt{\frac{2md}{F}} = \sqrt{\frac{4d}{(\varepsilon_r - 1)g}}$$

8.15 （1）设某时刻 α 粒子位于坐标 x 处。两个正电荷在该处的总电势为

$$U = \frac{e}{4\pi\varepsilon_0}\left(\frac{1}{r_1} + \frac{1}{r_2}\right) = \frac{e}{2\pi\varepsilon_0\sqrt{x^2 + a^2}}$$

所以，两个正电荷构成的体系与 α 粒子之间的相互作用能为

$$W = 2eU = \frac{e^2}{\pi\varepsilon_0\sqrt{x^2 + a^2}}$$

（2）静电力是保守力，α 粒子受到的电场力为

$$\boldsymbol{F} = -\boldsymbol{i}\frac{dW}{dx} = \frac{e^2 x}{\pi\varepsilon_0(x^2 + a^2)^{3/2}}\boldsymbol{i}$$

当 $x > 0$ 时，$\boldsymbol{F}$ 沿 X 轴正方向；当 $x < 0$ 时，$\boldsymbol{F}$ 沿 X 轴负方向。

F 取极值时，

$$\frac{dF}{dx} = \frac{e^2}{\pi\varepsilon_0}\frac{a^2 - 2x^2}{(x^2 + a^2)^{5/2}} = 0$$

$$x = \pm\frac{\sqrt{2}}{2}a$$

因为 $\frac{d^2 F}{dx^2} = \frac{3e^2}{\pi\varepsilon_0}\frac{x(2x^2 - 3a^2)}{(x^2 + a^2)^{7/2}}$，$\left.\frac{d^2 F}{dx^2}\right|_{x=\sqrt{2}a/2} < 0$，$\left.\frac{d^2 F}{dx^2}\right|_{x=-\sqrt{2}a/2} > 0$，所以 $F(x)$ 在 $x = \frac{\sqrt{2}}{2}a$ 处取得极大值，在 $x = -\frac{\sqrt{2}}{2}a$ 处取得极小值，$|F(x)|$ 在 $x = \pm\frac{\sqrt{2}}{2}a$ 处取得极大值

$$|F|_{max} = \frac{2\sqrt{3}e^2}{9\pi\varepsilon_0 a^2}$$

8.16 （1）设粒子带电量为 q，质量为 m，则 $\gamma = q/m$。

P 运动的过程中，O 处的负电荷对其作用力指向 O 点，磁场对其作用力方向远离 O 点，所以有

$$\frac{Qq}{4\pi\varepsilon_0 R^2} - qv_0 B = m\frac{v_0^2}{R}$$

$$Q = \frac{4\pi\varepsilon_0 v_0 R}{\gamma}(v_0 + \gamma BR)$$

(2) 撤去磁场后,粒子做椭圆轨道运动,O 是焦点之一,且撤去磁场瞬间粒子所在位置(位置"1")是椭圆的顶点之一。以 a 表示位置 1 与椭圆中心的距离、c 表示 O 点与椭圆中心的距离。

假设粒子的轨道如题 8.16 图(a) 所示,则有

$$a - c = R \tag{1}$$

$$(a-c)v_1 = (a+c)v_3 \tag{2}$$

$$\frac{1}{2}mv_1^2 - \frac{Qq}{4\pi\varepsilon_0(a-c)} = \frac{1}{2}mv_3^2 - \frac{Qq}{4\pi\varepsilon_0(a+c)} \tag{3}$$

利用(1) 问的结果及(1)、(3) 式,导出

$$(v_3 - v_1)^2 = 2\gamma BR(v_3 - v_1)$$

它要求 $v_3 > v_1$,这与(2) 式矛盾。

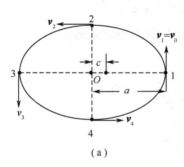
(a)

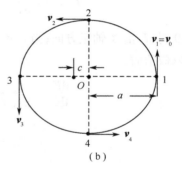
(b)

题 8.16 图

假设粒子的轨道如图(b) 所示,则有

$$a + c = R \tag{4}$$

$$(a+c)v_1 = (a-c)v_3 \tag{5}$$

$$\frac{1}{2}mv_1^2 - \frac{Qq}{4\pi\varepsilon_0(a+c)} = \frac{1}{2}mv_3^2 - \frac{Qq}{4\pi\varepsilon_0(a-c)} \tag{6}$$

利用(1) 问的结果及(4)、(6) 式,导出

$$(v_3 - v_1)^2 = 2\gamma BR(v_3 - v_1) \tag{7}$$

它要求的 $v_3 > v_1$ 与(5)式不矛盾。

根据角动量守恒,

$$v_2 = v_4 \quad \text{且} \quad \sqrt{a^2 - c^2} v_2 = (a+c) v_1 \tag{8}$$

由(7)式得

$$v_3 = v_1 + 2\gamma BR = v_0 + 2\gamma BR$$

由(5)、(8)式得

$$v_2 = v_4 = \sqrt{(v_0 + 2\gamma BR) v_0}$$

8.17 (1) 任意时刻,粒子所受的洛仑兹力都与其速度垂直,而速度沿轨迹的切线方向,所以洛仑兹力是法向力。在切线方向上,粒子受力及其加速度分别为

$$f = -\gamma v, \quad a_\tau = \frac{dv}{dt} = -\frac{\gamma v}{m}$$

得

$$\frac{dv}{v} = -\frac{\gamma}{m} dt$$

积分后得

$$v = v_0 e^{-\frac{\gamma}{m} t}$$

因为 $v = \frac{ds}{dt}$,所以

$$s = \int_0^t v dt = v_0 \int_0^t e^{-\frac{\gamma}{m} t} dt = \frac{m}{\lambda} v_0 (1 - e^{-\frac{\gamma}{m} t})$$

(2) 在速度为 v 的瞬时,粒子受到洛仑兹力

$$f_B = qvB$$

粒子轨迹的曲率半径为

$$\rho = \frac{mv}{qB}$$

在 dt 时间内,速度方向偏转的角度为

$$d\theta = \frac{v dt}{\rho} = \frac{qB}{m} dt$$

所以

$$\theta = \frac{qB}{m}t$$

当 $\theta = \pi/2$ 时,$t^* = \frac{\pi m}{2qB}$,此时粒子的速率为

$$v^* = v_0 \mathrm{e}^{-\frac{\gamma}{m}t^*} = v_0 \mathrm{e}^{-\frac{\pi\gamma}{2qB}}$$

8.18 （1）外加磁场 **B** 后,由于水银垂直于磁场方向流动,在与磁场和水银流速垂直的方向产生感应电动势 ε,ε 的极性如题 8.18 图所示。ε 通过连接导线产生感应电流 I,方向如图所示,ε 和 I 大小如下：

$$\varepsilon = vBa$$

$$I = \frac{\varepsilon}{R} = \frac{vBa}{\rho \frac{a}{bl}} = \frac{vBbl}{\rho}$$

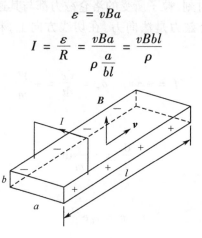

题 8.18 图

（2）水银中的感应电流使水银在磁场中受到安培力 **F**,**F** 与 **v** 反向。此安培力使水银受到一附加压强 P'。具体如下：

$$F = IBa = \frac{vB^2 abl}{\rho}$$

$$P' = \frac{F}{ab} = \frac{vB^2 l}{\rho}$$

因为

$$v_0 = kP_0, \quad v = k(P_0 - P')$$

所以

$$\frac{v}{v_0} = \frac{P_0 - P'}{P_0} = 1 - \frac{vB^2 l}{P_0 \rho}, \quad v = v_0 \left(1 + \frac{v_0 B^2 l}{P_0 \rho}\right)^{-1}$$

8.19 设某任意时刻导体棒向下运动的速度为 v，则产生有感应电动势 $\varepsilon_i = Blv$。

ε_i 的方向与电源电动势的方向相反，所以导体棒中自左至右的电流为

$$I' = \frac{\varepsilon - \varepsilon_i}{R + r} = \frac{\varepsilon - Blv}{R + r}$$

导体棒受到竖直向下的安培力为

$$F = I'Bl = \frac{\varepsilon - Blv}{R + r}Bl$$

因此，导体棒向下的加速度为

$$a = \frac{F + mg}{m} = \frac{\varepsilon - Blv}{m(R + r)}Bl + g$$

导体朝下运动 ($v \geqslant 0$) 时的最大加速度为

$$a_{\max} = \frac{\varepsilon Bl}{m(R + r)} + g$$

即开始时导体棒具有最大的向下加速度，导体棒开始向下运动。当导体棒达到最大速度时，应有 $a = 0$，即

$$v_{\max} = \frac{\varepsilon}{Bl} + \frac{mg(R + r)}{B^2 l^2}$$

8.20 环倒下的过程中，当偏离原竖直方向 θ 角时，通过环面的磁通量为

$$\varPhi = \boldsymbol{B} \cdot \boldsymbol{S} = \pi r_1^2 B \sin\theta$$

磁通量随 θ 变化而变化，引起的感应电动势为

$$\varepsilon = -\frac{\mathrm{d}\varPhi}{\mathrm{d}t} = -\pi r_1^2 B \cos\theta \frac{\mathrm{d}\theta}{\mathrm{d}t}$$

圆环的电阻为

$$R = \frac{1}{\sigma}\frac{2\pi r_1}{\pi r_2^2} = \frac{2 r_1}{\sigma r_2^2}$$

圆环中的感应电流为

$$i = \frac{\varepsilon}{R} = -\frac{\pi \sigma r_1 r_2^2 B \cos\theta}{2}\frac{\mathrm{d}\theta}{\mathrm{d}t}$$

圆环磁矩在磁场中受到的磁力矩大小为

$$M = |i\boldsymbol{S} \times \boldsymbol{B}| = |i\pi r_1^2 B \cos\theta| = \frac{\pi^2 \sigma r_1^3 r_2^2 B^2 \cos^2\theta}{2}\frac{\mathrm{d}\theta}{\mathrm{d}t}$$

由题设"环倒下的过程中重力矩时时都与磁力矩平衡"得

$$\frac{\pi^2 \sigma r_1^3 r_2^2 B^2 \cos^2\theta}{2} \frac{d\theta}{dt} = F r_1 \sin\theta$$

由此得出：

$$t = \frac{\pi^2 \sigma r_1^2 r_2^2 B^2}{2F} \int_{0.1}^{\pi/2} \frac{\cos^2\theta}{\sin\theta} d\theta = 2.11(\text{s})$$

8.21 $\underline{\omega_{3\max}}$； $\underline{\frac{1}{3}(7+2\sqrt{2})qE}$

根据动能定理，电场对圆板所做的功就是圆板绕轴转动的动能 $\frac{1}{2}I\omega^2$。三种情况下，圆板对转轴的转动惯量相等。而相对过 P_3 的轴转动，从初始状态到转到 P_3 为圆板最左端点的过程中电场作功最大，所以 $\omega_{3\max}$ 最大。

如题 8.21 图所示，当 P_3 为圆板最左端点时，圆板质心 C 相对 P_3 做圆周运动的角速度为 $\omega_{3\max}$。C 相对 P_3 没有切向加速度，只有向心加速度，即转轴提供的支持力 N 向左，且

$$N - F = N - qE = mR\omega_{3\max}^2$$

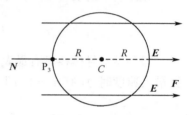

题 8.21 图

静电力是保守力，从初始状态到题 8.21 图所示的状态，电场力作功为 $qE \cdot \frac{2+\sqrt{2}}{2}R$，根据动能定理，有

$$\frac{1}{2} \cdot \frac{3}{2}mR^2 \cdot \omega_{3\max}^2 = \frac{2+\sqrt{2}}{2}qER$$

所以

$$N = qE + mR\omega_{3\max}^2 = \frac{7+2\sqrt{2}}{3}qE$$

8.22 $\frac{\pi}{2}\sqrt{\frac{m\varepsilon_0}{-q\rho}}$

由于电荷分布具有对称性，可以直接利用高斯定理求出场强：

$$\boldsymbol{E} = \frac{\rho}{\varepsilon_0}x\boldsymbol{i} \quad \left(-\frac{d}{2} \leq x \leq \frac{d}{2}\right)$$

点电荷 q 位于任意 x 处时，受到的电场力为

$$F = qE = \frac{q\rho}{\varepsilon_0}x\boldsymbol{i}$$

由于 $q < 0$, 点电荷受力与位移成正比,方向相反。所以点电荷在两平行的无限大平面内做简谐运动,圆频率 $\varpi = \sqrt{\frac{-q\rho}{m\varepsilon_0}}$, 周期 $T = \frac{2\pi}{\varpi} = 2\pi\sqrt{\frac{m\varepsilon_0}{-q\rho}}$, 从边缘自由释放到运动到对称面的时间为 $\frac{T}{4} = \frac{\pi}{2}\sqrt{\frac{m\varepsilon_0}{-q\rho}}$。

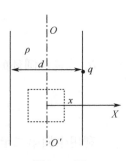

题 8.22 图

8.23 (1) 在 $0 < x < 1/\alpha$ 区域内,取一半径为 r、高为 dx 的圆柱面为闭合高斯面,使其中轴同 x 轴,左底面位于 x 处,右底面位于 $x + dx$ 处,如题 8.23 图 (a) 所示。根据磁场的高斯定理,通过该圆柱面的磁通量为零

$$\pi r^2[1 - \alpha(x + dx)]B_0 - \pi r^2(1 - \alpha x)B_0 + 2\pi r dx \cdot \beta r B_0 = 0$$

$$\beta = \alpha/2 = 8\text{m}^{-1}$$

(2) 在 $0 < x < 1/\alpha$ 区域内,当圆环位于任意的 x 时,设其速度为 v。由于通过圆环所围圆面的磁通量发生变化,圆环内将产生动生电动势 ε_k 和感应电流。当圆环向右运动时,ε_k 和感应电流沿逆时针方向,如题 8.23 图 (b) 所示。

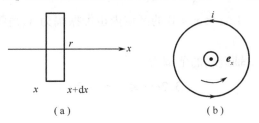

(a)   (b)

题 8.23 图

如果感应电流发生变化,圆环逆时针方向上将产生自感电动势 ε_l。
由于超导圆环无电阻,所以有回路电压方程

$$\varepsilon_k + \varepsilon_l = 0$$

其中,$\varepsilon_k = vB_r \cdot 2\pi r_0 = \pi r_0^2 \alpha B_0 v$, $\varepsilon_l = -L di/dt$,因此

$$di = \frac{\pi r_0^2 \alpha B_0}{L}v dt = \frac{\pi r_0^2 \alpha B_0}{L}dx$$

当圆环由 $-1/\alpha < x < 0$ 的区域向 $x = 0$ 运动时,i 沿顺时针方向;当圆环由 $x = 0$ 向 $0 < x < 1/\alpha$ 区域运动时,i 沿逆时针方向。所以,在 $x = 0$ 时,$i = 0$。由上式得出

$$i = \frac{\pi r_0^2 \alpha B_0}{L} x$$

B_x 分量对圆环的安培力的合力为零，B_r 分量对圆环的安培力为

$$f = -iB_r \cdot 2\pi r_0 = -\frac{\pi^2 r_0^4 \alpha^2 B_0^2}{L} x$$

利用牛顿第二定律 $f = m\dfrac{d^2 x}{dt^2}$，得

$$\frac{d^2 x}{dt^2} = -\omega_0^2 x$$

这是典型的简谐运动的微分方程，表明圆环在 $t = 0$ 时、$x = 0$ 处具有初速度 v_0，进入 $0 < x < 1/\alpha$ 后即做简谐运动。角频率为

$$\omega_0 = \sqrt{\frac{\pi^2 r_0^4 \alpha^2 B_0^2}{mL}} = 15.6 (\text{Hz})$$

振幅为

$$A = \sqrt{x_0^2 + \frac{v_0^2}{\omega_0^2}} = \frac{v_0}{\omega_0} = 0.032 (\text{m})$$

同理，圆环在 $-1/\alpha < x < 0$ 的区域内也做振幅为 A、角频率为 ω_0 的简谐运动。

所以，圆环沿 x 轴运动的范围为

$$-3.2\text{cm} \leqslant x \leqslant 3.2\text{cm}$$

8.24 $\underline{10^{10}\text{K}}$

要实现此反应，两核的距离必须在核力作用范围之内。由于斥力的存在，两核接近时势能增大，所以两核要具有足够的动能以转变为势能，即

$$\frac{3}{2}kT = \frac{e^2}{4\pi\varepsilon_0 r_0}, \quad r_0 = 10^{-15} (\text{m})$$

$$T = \frac{e^2}{6\pi\varepsilon_0 r_0 k} = 1.11 \times 10^{10} (\text{K})$$

8.25 <u>向南</u>

光是一种电磁波。光引起人的视觉、使照相底片感光，产生作用的是电场 **E**。电场强度 **E** 垂直于光的传播方向，当 **E** 与光的传播方向确定的平面始终如一时，这样的光就是线偏振光。

电磁波的电场强度 **E** 与磁场强度 **H** 在垂直于波的传播方向上相互垂直，而

且 $\boldsymbol{E} \times \boldsymbol{H}$ 与波的传播方向相同，$\boldsymbol{E}$ 与 $\boldsymbol{H}$ 同相。

所以，当 $\boldsymbol{E} \times \boldsymbol{H}$ 向下、$\boldsymbol{E}$ 向东时，$\boldsymbol{H}$ 向南。

8.26 $\dfrac{2\pi\sqrt{m/k}}{\sqrt{1-v^2/c^2}}$；$\dfrac{\dfrac{\pi}{2}\sqrt{m/k}+\dfrac{v}{c^2}A}{\sqrt{1-v^2/c^2}}$

在 S 系中观察，物体显然不是做简谐运动。所以第一空应理解为在 S 系中观察物体在 S′ 系中完成一次全振动的时间。

在 S′ 系中，振子两次沿同一方向经过同一位置的时间（周期）是 $T_0 = 2\pi\sqrt{m/k}$。由于是在同一地点发生，所以这一时间是固有时间。在 S 系中观察到的时间为

$$T = \gamma T_0 = \dfrac{2\pi\sqrt{m/k}}{\sqrt{1-v^2/c^2}}$$

振子从"平衡位置"到"最大位移"处，这两个事件对应：

$$x_1' = 0, \quad x_2' = A, \quad t_2' - t_1' = T_0/4$$

利用洛仑兹变换，得

$$t_2 - t_1 = \dfrac{(t_2'-t_1') + \dfrac{v}{c^2}(x_2'-x_1')}{\sqrt{1-v^2/c^2}} = \dfrac{\dfrac{\pi}{2}\sqrt{m/k}+\dfrac{v}{c^2}A}{\sqrt{1-v^2/c^2}}$$

8.27 $\sqrt{\dfrac{1-u/c}{1+u/c}}$；$\sqrt{\dfrac{1+u/c}{1-u/c}}$

利用相对论动量 - 能量变换：

$E' = \gamma(E - uP_x)$，$E'' = \gamma(E + uP_x)$

$E' = h\nu'$，$E = h\nu$

$P_x = P = h\nu/c$，$\gamma = 1/\sqrt{1-u^2/c^2}$

得

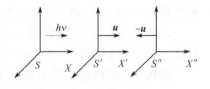

题 8.27 图

$$\nu' = \sqrt{\dfrac{1-u/c}{1+u/c}}\nu, \quad \nu' = \sqrt{\dfrac{1+u/c}{1-u/c}}\nu$$

8.28 纵波；$A_0 r_0/r$；横波；c/n；c

单位时间内由各同心球面流出的平均能流相等：$4\pi r_0^2 I_0 = 4\pi r^2 I$

而 $I_0 \propto A_0^2$，$I \propto A^2$，所以 $A = \dfrac{r_0}{r}A_0$。

关于介质中光子的速度,根据 $m = m_0/\sqrt{1-v^2/c^2}$,如果介质中光子速度 $v \neq c$,则 $m = 0, E = mc^2 = 0$,即 $h\nu = 0$,这显然是错误的,所以必有 $v = c$。

另外,描述光的波动性和粒子性均可使用平面简谐波,都有相位 $(\omega t - kx)$。其中 $\omega = 2\pi\nu, k = 2\pi/\lambda$。光波的传播速度是相速度:$\frac{d}{dt}(\omega t - kx) = 0$ 给出 $\frac{dx}{dt} = \omega/k$;光子的速度是群速度:$\frac{d\omega}{dk}$。真空中二者相等,均为 c;介质中只有 $d\omega/dk$ 仍为 c。

8.29 2000 年:泽罗斯·阿尔费罗夫(俄)、赫伯特·克勒默(美)、杰克·基尔比(美),在信息技术方面进行的基础性工作。

2001 年:埃里克·康奈尔(美)、卡尔·维曼(美)、沃尔夫冈·克特勒(德),碱金属原子稀薄气体的玻色 – 爱因斯坦凝聚。

2002 年:雷蒙德·戴维斯(美)、小柴昌俊(日)、卡尔多·贾科尼(美),探测宇宙中微子和发现宇宙 X 射线。

2003 年:阿列克谢·阿布里科索夫(俄、美)、维塔利·金茨堡(俄)、安东尼·莱格特因(英、美),在超导体和超流体理论上的开创性工作。

2004 年:戴维·格罗斯、戴维·波利策、弗兰克·维尔切克(美),发现粒子物理强相互作用理论中的渐近自由现象。

2005 年:罗伊·格劳伯、约翰·霍尔(美)、特奥尔多·亨施(德),对光学相干的量子理论的贡献和对基于激光的精密光谱学发展做出的贡献。

2006 年:约翰·马瑟、乔治·斯穆特(美),发现宇宙微波背景辐射的黑体形式和各向异性。

2007 年:阿尔贝·费尔(法)、彼德·格林贝格尔(德),发现巨磁电阻效应。

2008 年:南部阳一郎(美)、小林诚、益川敏(日),亚原子物理学中的自发对称性破缺机制及对称性破缺起源的发现。

2009 年:高锟(英籍华裔,有关光在纤维中的传输以用于光学通信方面)、微拉德·博伊尔和乔治·史密斯(美,电荷耦合器件图像传感器)。

2010 年:安德烈·海姆和康斯坦丁·诺沃肖洛夫(英),石墨烯材料。

2011 年:萨尔·波尔马特(美)、布莱恩·施密特(美/澳)和亚当·里斯(美),通过观测遥远超新星发现宇宙加速膨胀。

2012 年:沙吉·哈罗彻(法)、大卫·温兰德(美),突破性的试验方法使得测量和操纵单个量子系统成为可能。

2013 年:弗朗索瓦·恩格勒特(比利时)、彼得·希格斯(英),希格斯玻色子的理论预言。